HUELLAS

[*]ES

QUÍMICA

LA QUÍMICA EN LOS COMBUSTIBLES, LOS SERES VIVOS Y LA INDUSTRIA

Patricia Alberico | Silvia Corneli | Marcela Cousau | Marcela Gleiser |
| Adriana Liserra | Liliana Medeiros | Mauro Spagnuolo |
| **Coordinación:** Patricia Alberico |

Estrada
SECUNDARIA

Química ES • La química en los combustibles, los seres vivos y la industria • Serie Huellas
es un proyecto ideado y realizado por el Departamento Editorial de Editorial Estrada S.A.
bajo la dirección editorial de Graciela Valle.

Gerencia editorial: Judith Rasnosky
Edición: Luz Salatino
Corrección: Diego Kochmann, Verónica Álvarez Pesce
Jefe del Departamento de Arte y Diseño: Lucas Frontera Schällibaum
Coordinación de Diseño: Natalia Udrisard
Coordinación de Gestión: Paola Burniego
Diseño y diagramación: Susana Cofman, Patricia I. Cabezas
Coordinación de imágenes y archivos: Samanta Méndez Galfaso
Tratamiento de imágenes: Máximo Giménez, Pamela Donnadio y Tania Meyer
Fotografías: Marcelo Perinetti y Uri Gordon, Patricia Curcio. Latinstock, Thinkstock, Wikimedia Commons, Telam, Municipalidad de Bahía Blanca
Cartografía: Miguel Ángel Forchi
Ilustraciones: Martín Bustamante y Marcela Colace
Coordinación de Marcas y Derechos: Amorina Scalercio

Agradecimientos:
Lic. Daniel Gastón Montero, Dra. Nora Slobodianik, Ing. Mario Baudino,
Municipalidad de la ciudad de Bahía Blanca.

Alberico, Patricia
Química ES : la química en los combustibles, los seres vivos y la industria / Patricia Alberico ; Silvia Corneli ; Marcela Cousau. - 1a ed . 3a reimp. - Boulogne : Estrada, 2018.
224 p. ; 28 x 20 cm. - (Huellas)

ISBN 978-950-01-1361-8

1. Química. 2. Educación Secundaria. I. Corneli, Silvia II. Cousau, Marcela III. Título
CDD 540.712

Editorial Estrada S.A. forma parte del Grupo Macmillan.
Avda. Blanco Encalada 104 – San Isidro, provincia de Buenos Aires, Argentina.
Internet: www.editorialestrada.com.ar
Obra registrada en la Dirección Nacional del Derecho de Autor.
Hecho el depósito que marca la Ley 11.723.
Impreso en la Argentina.
Printed in Argentina.
ISBN 978-950-01-1361-8

La presente publicación se ajusta a la cartografía establecida por el Poder Ejecutivo Nacional a través del IGN —Ley 22.963—, y fue aprobada por el Expte. N°: EX -2018 -39986668 -APN -DGA#IGN, del 30 de agosto de 2018.

La presente obra se ha elaborado teniendo en cuenta los aportes surgidos de los encuentros organizados por el "Instituto Nacional contra la Discriminación, la Xenofobia y el Racismo" (INADI) con los editores de textos.

HUELLAS

QUÍMICA

[*]ES

LA QUÍMICA EN LOS COMBUSTIBLES, LOS SERES VIVOS Y LA INDUSTRIA

Autores

Patricia Alberico (Coordinadora)
Profesora en Disciplinas Industriales especializada en Química y Química Aplicada Instituto Nacional Superior del Profesorado Técnico (Conet). Autora en el Proyecto. Horizontes del Ministerio de Educación, Ciencia y Tecnología de la Nación, Canal Encuentro.
Formadora de docentes del nivel primario. Docente en los niveles primario y medio (Colegio Tarbut). Ex docente del nivel superior (Facultad de Ingeniería, UBA).

Silvia Corneli
Profesora en Química egresada del I.S.P. "Joaquín V. González".
Capacitadora de docentes de los tres niveles educativos.

Maria Marcela Cousau de Graham
Bioquímica (FFYB-UBA) Profesora de nivel medio y superior en Química (FCEYN-UBA). Profesora y coordinadora del departamento de Ciencias Naturales de colegios secundarios. Miembro de QDA (Quince Docentes Argentinos).

Marcela Gleiser
Licenciada en Ciencias Biológicas (UBA). Docente en el área de Ciencias Naturales en nivel secundario, modalidad presencial y a distancia.

Adriana Liserra
Profesora en Química egresada del I.S.P. "Joaquín V. González".
Especialista en Investigación Educativa. Capacitadora de docentes de los tres niveles educativos. Docente de nivel medio y superior.

Liliana Medeiros
Profesora en Química egresada del I.S.P. "Joaquín V. González". Licenciada en Educación de la UNQUI. Profesora de nivel medio y técnico, y de Didáctica de las Ciencias Naturales en nivel superior. Capacitadora de docentes de niveles primario y secundario. Ex miembro del ETR de la Dirección de Capacitación de la DGEYC de la Provincia de Buenos Aires.

Mauro G. Spagnuolo
Licenciado en Ciencias Geológicas de la UBA, universidad en la que actualmente se encuentra realizando un doctorado. Docente de dedicación exclusiva en el área de geodinámica interna de la carrera de grado. Investigador y divulgador científico en medios nacionales e internacionales.

ÍNDICE

Capítulo 4

BLOQUE 2

La química y los seres vivos

Capítulo 5

Capítulo 6

Capítulo 7

PARA APROVECHAR ESTE LIBRO

INTRODUCCIÓN

Presenta un panorama amplio de la química como ciencia.
Hace un recorrido por conceptos fundamentales de la química, vistos durante la secundaria básica.

INTRODUCCIÓN
UN VIAJE POR EL MUNDO DE LA QUÍMICA

LOS BLOQUES

El libro está organizado en tres bloques, cada uno de ellos contiene capítulos que tratan acerca del intercambio y las transformaciones de materia y energía en: los combustibles (bloque 1), los seres vivos (bloque 2) y los procesos industriales (bloque 3).

BLOQUE
LA QUÍMICA Y LOS COMBUSTIBLES

Al finalizar cada bloque se presenta una entrevista a un profesional argentino contemporáneo, referida a la tarea que realiza y su vínculo con la química, así como sus implicancias para la ciencia y la sociedad.
Como cierre se da una síntesis conceptual que recupera e integra la información de cada bloque.

SÍNTESIS CONCEPTUAL
RESUMEN
PROFESIONALES EN ACTIVIDAD
ENTREVISTA AL
ING. MARIO BAUDINO

LOS CAPÍTULOS

Presentan los temas del libro, apoyados con ilustraciones, fotografías e infografías.
En ellos además encontrarán plaquetas con temas relacionados con los contenidos desarrollados, incluidos aquellos que vinculan la ciencia con la tecnología, la sociedad y el ambiente (CTSA).

PROPUESTA DE ACTIVIDADES

Al final de cada capítulo se proponen actividades para integrar, aplicar y reflexionar acerca de lo que allí se estudió.
Están diferenciadas por color: las actividades de color violeta son breves y permiten reorganizar los conceptos desarrollados.
Las de fondo marrón son más extensas y proponen actividades de exploración, de experimentación, de lectura y análisis de artículos periodísticos, y de planificación, desarrollo y evaluación de una investigación.

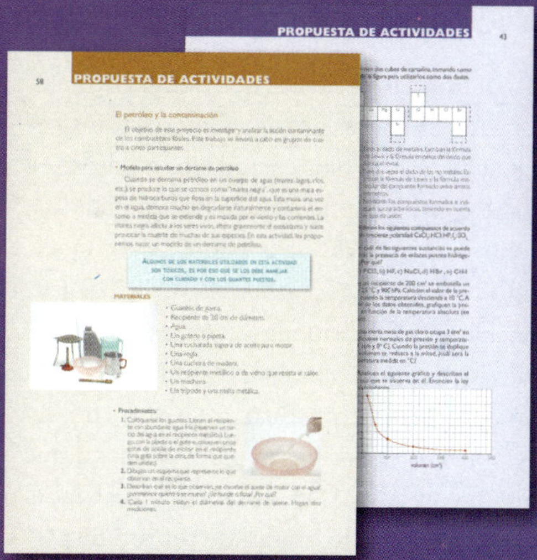

LA BIOLOGÍA COMO EMPRENDIMIENTO HUMANO

La sección final del libro presenta a la química en el contexto de la sociedad y la cultura. Allí, además, se brinda información de instituciones en las que se estudian e investigan temas relacionados con los del libro.

CONTENIDOS || LA ESTRUCTURA DEL ÁTOMO | LA TABLA PERIÓDICA | CONCEPTO DE MOLÉCULA Y DE CRISTAL IÓNICO | PROPIEDADES ESPECÍFICAS: PUNTO DE EBULLICIÓN, FUSIÓN Y DENSIDAD | REACCIONES QUÍMICAS: REACTIVO, PRODUCTO Y ECUACIONES QUÍMICAS | LAS ACTIVIDADES EXPERIMENTALES: EL MATERIAL, LAS NORMAS DE SEGURIDAD Y LA REDACCIÓN DEL INFORME

INTRODUCCIÓN
UN VIAJE POR EL MUNDO DE LA QUÍMICA

La palabra "química" habría tenido su origen en el término árabe *kēme*, que significa "tierra". Podría decirse que la química es la ciencia de las transformaciones. Los seres humanos hacemos química desde que comenzamos a dominar el fuego, a fermentar bebidas, a teñir telas o a momificar cuerpos. En los últimos doscientos años, la química ha avanzado al punto que puede explicar muchas de las transformaciones que ocurren a nuestro alrededor.

Química, una ciencia con mucho pasado y gran futuro

La química es la ciencia que estudia la materia, su estructura, sus propiedades, sus transformaciones y los cambios energéticos asociados a ellas. Se considera una ciencia básica debido a su contribución en diversos campos del conocimiento, como biología, farmacia, medicina, geología, ingeniería y astronomía, entre otros.

Desde tiempos remotos, la humanidad intentó controlar y transformar su entorno. La vida moderna es posible en parte gracias a que los químicos, además de observar y analizar el mundo circundante, tratan de reproducir fenómenos naturales, de innovar en procesos de elaboración y conservación de medicamentos y alimentos, y de generar nuevos materiales para el desarrollo de tecnologías como las telecomunicaciones, la electrónica, las energías no contaminantes o el tratamiento de desechos.

La química está presente en objetos y situaciones cotidianas: al elegir comer una ensalada, al respirar, en la pintura de una pared, en la vestimenta, etcétera.

Todas las sustancias naturales son productos químicos, sin embargo, la palabra "químicos" se suele usar, de forma inadecuada, como sinónimo de aquellos materiales producidos por el hombre y que son perjudiciales debido al mal uso o tratamiento que se hace de ellos. También se piensa que para ser saludables, los alimentos no deberían contener productos químicos; sin embargo, las proteínas, los glúcidos, las vitaminas y las sales que los componen son compuestos químicos.

Al amasar y cocinar los alimentos se hace química. Los humanos que la empezaron a ejercer sabían que estaban transformando la naturaleza, pero no podían explicar cómo lo hacían.

En la actualidad, la química es una fuente de conocimientos que permite el desarrollo de actividades muy diversas.

El átomo

En su novela *El principito*, el francés Antoine de Saint-Exupéry escribió: "Lo esencial es invisible a los ojos". Esto tiene sentido para la química ya que, para conocer el mundo que nos rodea, no basta con una visión macroscópica, sino que es necesario poner la mirada en aquello que conforma la materia: el átomo, un universo submicroscópico invisible a nuestros ojos.

Alrededor del año 420 a. C., el filósofo griego Demócrito pensaba que la materia estaba formada por innumerables partículas, a las que llamó átomos (en griego: *a tomon*, "indivisible").

Los primeros indicios que revelaron que la materia estaba constituida por cargas eléctricas se deben al físico inglés Michael Faraday (1791-1867), quien investigó acerca del electromagnetismo. En 1886, su colega alemán Eugen Goldstein, que trabajaba con hidrógeno gaseoso, postuló la existencia del protón (p), partícula de naturaleza eléctrica positiva. En 1891, el irlandés George Stoney propuso el nombre *electrón* (e) para las partículas de naturaleza eléctrica negativa.

Para tratar de explicar las propiedades de la materia a lo largo de la historia, los científicos plantearon distintos modelos de átomos.

1 Modelo de Thomson

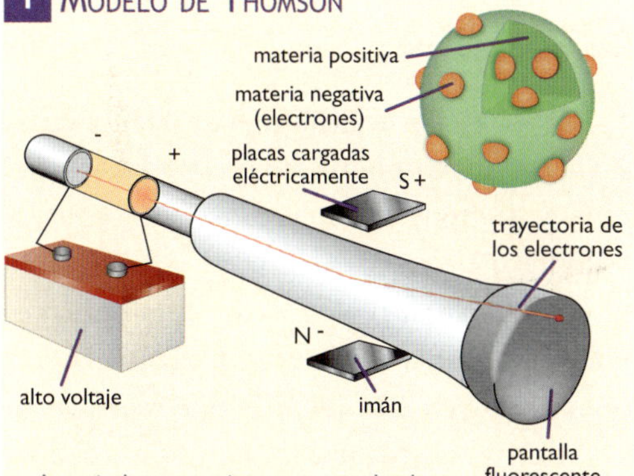

A partir de un experimento en un tubo de rayos catódicos, Joseph Thomson confirmó la presencia de electrones. En 1904, expuso un modelo en el que el átomo es una esfera maciza positiva y contiene, diseminados en ella y en forma irregular, los electrones.
En un tubo de rayos catódicos se tienen gases a muy baja presión y bajo el efecto de un campo magnético. En él, los electrones se mueven de un lado al otro e impactan en una placa fluorescente.

2 Modelo de Rutherford

En 1908, Ernest Rutherford corrigió el modelo de Thomson al postular que un átomo está formado por un pequeño núcleo constituido por protones (donde se concentra toda la masa positiva y casi toda la masa atómica) y, fuera de este, los electrones girando dispersos en un gran espacio vacío.
En el experimento de Rutherford, la mayoría de las partículas atraviesan la lámina sin cambiar su dirección, unas pocas se desvían y una de cada cien mil rebota. Sobre la base de sus observaciones, Rutherford planteó que el 99% del volumen atómico debe de ser espacio vacío.

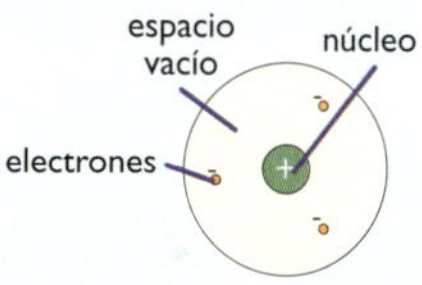

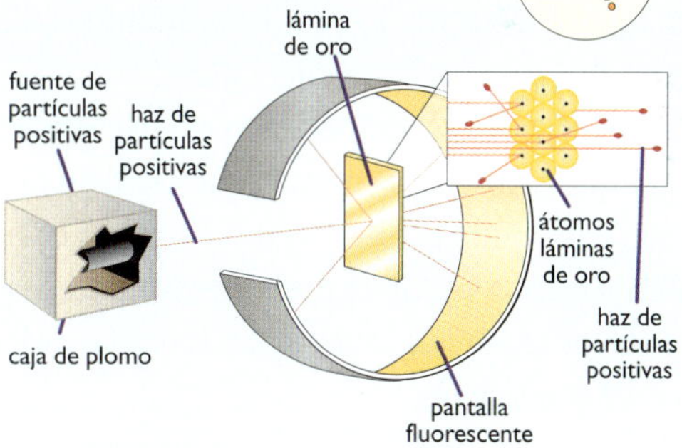

3 Modelo de Bohr

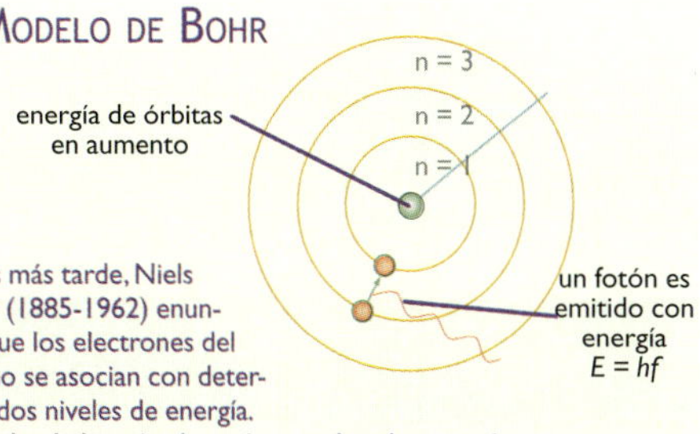

Años más tarde, Niels Bohr (1885-1962) enunció que los electrones del átomo se asocian con determinados niveles de energía.
Cuando el electrón de un átomo absorbe energía, pasa por un breve instante de un nivel energético inferior a otro superior, más alejado del núcleo. Luego, atraído por la carga nuclear positiva, regresa a su órbita emitiendo una cantidad determinada de energía propia de cada átomo y de cada uno de sus niveles.
En 1912, Bohr propuso un modelo atómico planetario con un núcleo central positivo y los electrones girando alrededor de este, en órbitas circulares que correspondían a distintos niveles de energía.

4 Modelo de Sommerfeld

El modelo de Bohr había resultado consistente con los experimentos hechos sobre el átomo de hidrógeno (con un solo electrón), pero no con los otros átomos: se observaba que para un mismo nivel de energía había más de un electrón. Arnold Sommerfeld sugirió en 1916 que, además de las órbitas circulares, el electrón podría describir órbitas elípticas en un mismo nivel; de este modo mejoró el modelo de Bohr y lo adaptó a los resultados experimentales de otros elementos.

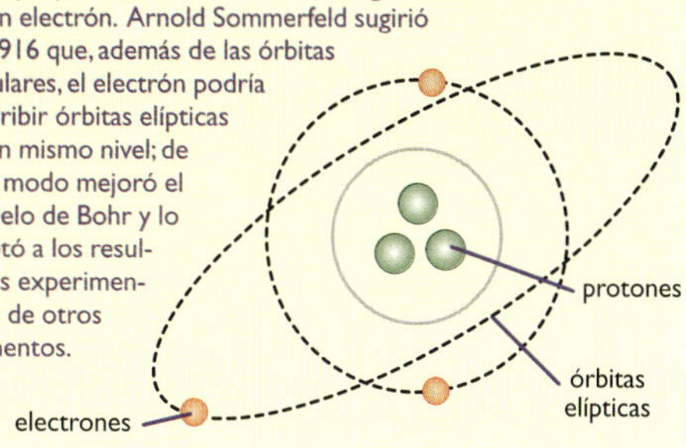

El modelo probabilístico o cuántico

El modelo atómico propuesto por Bohr explicaba de manera satisfactoria el átomo de hidrógeno. Y el de Sommerfeld podía aclarar parcialmente el comportamiento de otros elementos con pocos electrones. Pero para intentar describir átomos con mayor número de electrones, fue necesario recurrir a funciones probabilísticas.

El físico alemán Werner Heisenberg (1901-1976) formuló el denominado **Principio de incertidumbre**, que afirma que es imposible conocer simultáneamente y con certeza el momento y la posición de un electrón (en física se llama momento o cantidad de movimiento al producto de la masa y la velocidad). A partir del postulado de Heisenberg quedó manifiesto que no se puede saber con exactitud la posición de un electrón en un instante dado (como ocurre con un planeta que gira en torno al Sol), pero se puede conocer la zona donde es más probable que se encuentre. Esta zona se calcula mediante métodos matemáticos muy complejos. A partir de esta concepción, los modelos atómicos son considerados modelos matemáticos.

Las ecuaciones que permiten calcular la zona en la que es probable encontrar un electrón fueron desarrolladas por Erwin Schrödinger en 1925. Dichas zonas se denominan **orbitales**, término que reemplaza al concepto de órbitas de los modelos anteriores.

Erwin Schrödinger fue homenajeado en un billete austríaco.

La resolución de la ecuación de Schrödinger permite obtener valores numéricos denominados **números cuánticos**, que definen el tamaño, la forma y la orientación del orbital en el que se ubica cada electrón del átomo. El modelo atómico probabilístico también ubica los electrones en niveles y subniveles de energía.

Este es el modelo aceptado en la actualidad y al que se sumó en 1932 el descubrimiento del neutrón (n) por parte de James Chadwick (1891-1974). El **neutrón** es una partícula eléctricamente neutra ubicada en el núcleo atómico. Al conjunto de partículas (protones y neutrones) que conforman el núcleo se las denomina **nucleones**.

Estructura atómica

La descripción cualitativa y cuantitativa de las partículas que forman el átomo (protones, neutrones y electrones) permite conocer su estructura atómica.

La cantidad de protones o de electrones presentes en el átomo se expresa con el **número atómico** y se representa con la letra Z (del alemán *zahl*, número). Dado que los átomos son eléctricamente neutros, la cantidad de protones es igual a la de electrones, Z = p = e.

El **número másico** o **número de masa**, indicado con A (del alemán *atomgewicht*, masa atómica) señala la cantidad de protones y de neutrones ubicados en el núcleo del átomo, A = p + n.

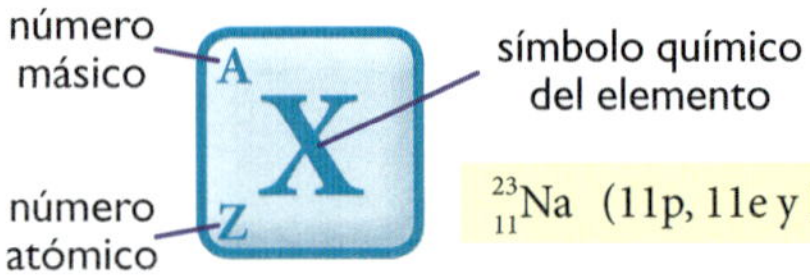

$^{23}_{11}Na$ (11p, 11e y 12n)

Partícula	Símbolo	Carga eléctrica (C)	Carga relativa	Masa (kg)	Masa relativa	Ubicación en el átomo
Electrón	e	$-1,6 \times 10^{-19}$	-1	$9,11 \times 10^{-31}$	0	zona cortical
Protón	p	$+1,6 \times 10^{-19}$	+1	$1,673 \times 10^{-27}$	1	núcleo
Neutrón	n	0	0	$1,675 \times 10^{-27}$	1	núcleo

La configuración electrónica de los átomos

La configuración electrónica (CE) describe la ubicación de los electrones de un átomo en los distintos niveles, subniveles y orbitales. Los números cuánticos sirven para caracterizar a cada uno de los electrones.

- El **número cuántico principal *(n)*** indica en qué nivel de energía se puede encontrar el electrón; presenta valores enteros y positivos, y está relacionado con la distancia promedio del electrón al núcleo.
- El **número cuántico secundario o azimutal *(l)*** señala el subnivel energético (s, p, d, f), toma valores desde 0 hasta $n - 1$.
- El **número cuántico magnético *(m)*** describe el número y la orientación espacial de los orbitales presentes en cada subnivel; puede tener los valores $-l$, 0 y $+l$.
- El **número cuántico de spin *(s)*** está asociado con el giro de cada electrón sobre su eje; toma los valores de $+\frac{1}{2}$ y $-\frac{1}{2}$.

Según el **Principio de exclusión de Pauli** (así llamado en honor a Wolfang Pauli, quien lo postuló), dos electrones de un mismo átomo no pueden tener sus cuatro números cuánticos iguales. Esto determina que en cada orbital solo puede haber dos electrones con distinto número de spin.

Si tomamos como ejemplo al átomo de fósforo cuyo número atómico es 15, su configuración electrónica por subniveles es $_{15}P\ 1s^2\ 2s^2\ 2p^6\ 3s^2\ 3p^3$ y por niveles $_{15}P$ 2, 8, 5. Otra manera de representar la CE por subniveles es mediante las denominadas **casillas cuánticas**; cada casilla simboliza un orbital y cada flecha representa un electrón cuyo sentido indica su spin. La **regla de Hund** o de máxima multiplicidad establece que la distribución electrónica más estable de un orbital *p, d* o *f* es aquella que tenga mayor número de **electrones desapareados**, es decir, con igual número de spin $(+\frac{1}{2})$. El último electrón o electrón diferencial ($3pz^1$) está caracterizado por los siguientes números cuánticos: $n = 3, l = 2, m = 1$ y $s = +\frac{1}{2}$.

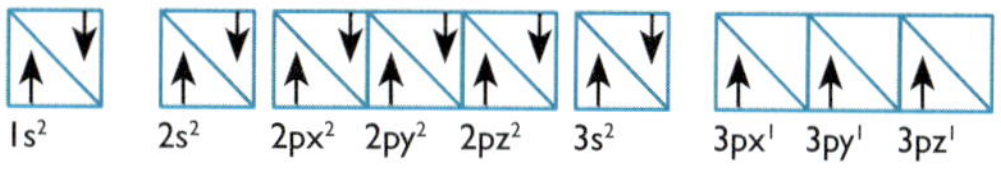

Representación gráfica de los orbitales

En matemática, las ecuaciones lineales del estilo: $y = x + b$, se representan de forma gráfica con una recta. Cuando se representan los valores obtenidos de la ecuación de Schrödinger para calcular los orbitales atómicos, se obtienen figuras tridimensionales.

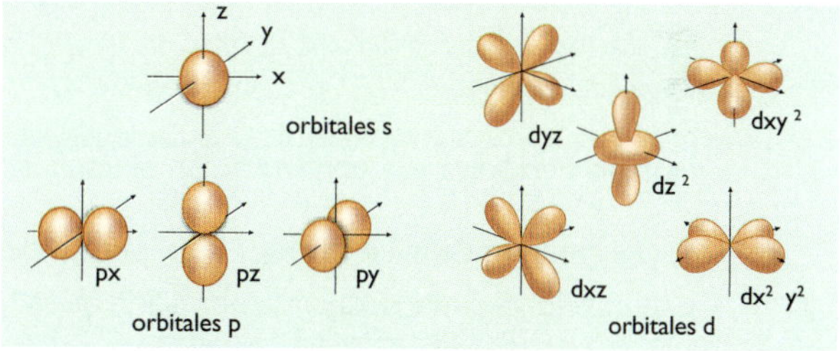

Orientación en el espacio de los orbitales s, p y d.

Niveles de energía (n)	N° cuántico secundario (l)	Subnivel	N° cuántico magnético (m)	Electrones que completan cada subnivel	Electrones que completan cada nivel
1	0	s	0	2	2
2	0	s	0	2	8
	1	p	-1, 0, +1	6	
3	0	s	0	2	18
	1	p	-1, 0, +1	6	
	2	d	-2, -1, 0, +1, +2	10	
4	0	s	0	2	32
	1	p	-1, 0, +1	6	
	2	d	-2, -1, 0, +1, +2	10	
	3	f	-3, -2, -1, 0, +1, +2, +3	14	

Valores de los números cuánticos hasta el nivel 4.

Cómo se organizó el desorden de los elementos

A comienzos del siglo XIX se descubrieron muchos elementos. Era necesario ordenarlos.

Dimitri Mendeleiev (1869) y Lothar Meyer (1870) encontraron de manera independiente una relación periódica entre las masas de los elementos y las propiedades fisicoquímicas de las sustancias simples y compuestas. En 1913, el físico inglés Henry Moseley postuló que las propiedades físicas y químicas de los elementos son función periódica de sus números atómicos; esto modificó el criterio de ordenamiento periódico y ubicó los elementos según el orden creciente de sus números atómicos.

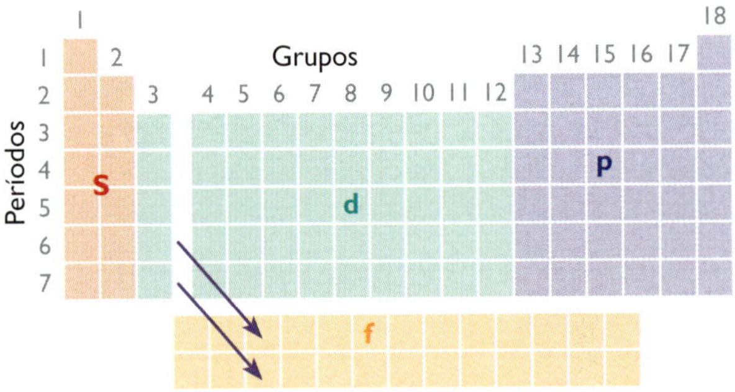

La Tabla Periódica está diagramada en 7 períodos (filas) y 18 grupos (columnas).

La Tabla Periódica y la configuración electrónica

La configuración electrónica (CE) por niveles y subniveles permite deducir la ubicación de cada elemento en la tabla periódica. Todos los períodos comienzan con un elemento en el que los electrones se ubican en el subnivel *s* y terminan con un gas inerte, en el que se completa el subnivel *p*.

Para el sodio (Na) Z = 11, la CE es: $1s^2\ 2s^2\ 2p^6\ 3s^1$. Los electrones ocupan 3 niveles energéticos coincidentes con el período. La cantidad de electrones en la configuración electrónica externa (CEE) $3s^1$ es igual a 1, al igual que el número de grupo. El electrón diferencial se ubica en el subnivel *s*, esto determina que el sodio es representativo.

Para el bromo (Br) Z = 35, el número de niveles ocupados es 4, la cantidad de electrones en la CEE es igual a 17 y el electrón diferencial se ubica en el subnivel *p*. El bromo se ubica en el período 4, grupo 17 y también es representativo.

Para el itrio (Y) Z = 39, el número de niveles ocupados es 5, la cantidad de electrones en la CEE es igual a 3 y el electrón diferencial se ubica en el subnivel *d*. El elemento itrio se ubica en el período 5, grupo 3 y es de transición. Cuando el electrón diferencial se ubica en el subnivel *f*, se dice que este elemento es de transición interna.

Propiedades periódicas

Las propiedades de los elementos ubicados en un mismo período varían gradualmente, mientras que las de los elementos que comparten un mismo grupo son similares. Interpretar estas reglas de variación permite conocer el comportamiento y las propiedades de los compuestos.

El **radio atómico** es la distancia que existe entre el núcleo y el orbital más externo. En un grupo aumenta hacia abajo debido al incremento en el número de niveles energéticos. En cada período, disminuye de izquierda a derecha debido a la atracción que ejerce el núcleo sobre los electrones más externos.

La **electronegatividad** es la capacidad de un átomo para atraer pares de electrones compartidos al unirse con otro átomo. En la Tabla Periódica, la electronegatividad tiende a aumentar a lo largo del período y a disminuir en el grupo (aunque hay excepciones).

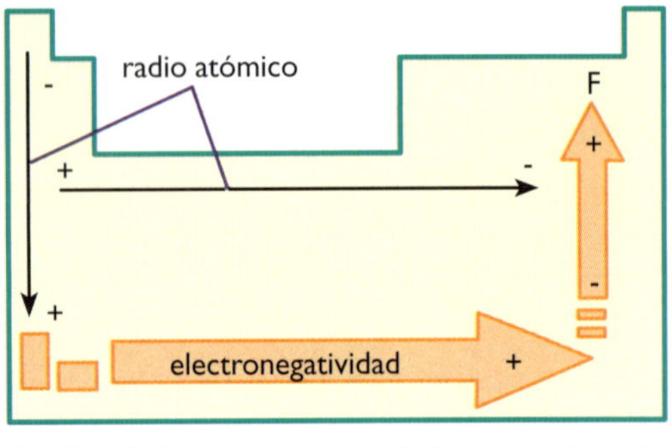

El radio atómico aumenta hacia abajo en un grupo y disminuye de izquierda a derecha en un período. La electronegatividad aumenta de izquierda a derecha y disminuye hacia abajo en un grupo.

La arquitectura de la materia

En el mundo que nos rodea existen sustancias con diferentes características. Algunas de ellas son frágiles, como las barritas de azufre y otras funden a temperaturas elevadas, como la sal de mesa. A temperatura ambiente hay sustancias gaseosas como el oxígeno, líquidas como el agua y sólidas como el carbón. Para comprender estas y otras características es necesario analizar el interior de la materia.

Las moléculas

Las moléculas son la menor partícula de sustancia que mantiene las propiedades físicas y químicas del cuerpo que constituyen. Pueden estar formadas por átomos iguales (homonucleares) o diferentes (heteronucleares) que comparten pares electrónicos. Están en constante movimiento, unidas entre sí por fuerzas relativamente débiles.

Las sustancias moleculares a 25 °C y 1 atm se presentan en los tres estados de agregación; son frágiles y quebradizas o blandas, de aspecto céreo, tienen bajos puntos de fusión y de ebullición y, por lo general, no conducen la corriente eléctrica.

Las moléculas están constituidas por un número definido de átomos y se representan mediante **fórmulas químicas**, que indican el número y la clase de átomos que las constituyen. El agua (H_2O), por ejemplo, tiene dos átomos de hidrógeno y uno de oxígeno.

En moléculas complejas como la de glucosa, la fórmula química brinda poca información, por lo que se las suele representar mediante fórmulas estructurales que indican la disposición espacial de los átomos (ver tabla).

Los cristales

Los sólidos cristalinos están constituidos por iones positivos y negativos unidos mediante fuerzas de atracción electrostática. A 25 °C y 1 atm se presentan en estado de agregación sólido, con altos puntos de fusión y de ebullición; además conducen la corriente eléctrica fundidos o en solución.

A. Cristal de cloruro de sodio. B. Representación de la estructura del cristal. La fórmula que representa el compuesto debería ser $(Na^+)n\ (Cl^-)m$. Sin embargo, se indica la mínima relación del par iónico mediante la fórmula empírica NaCl.

Molécula	Fórmula química	Fórmula estructural	Modelo de esferas y palos	Modelo de esferas
Nitrógeno	N_2	N ≡ N	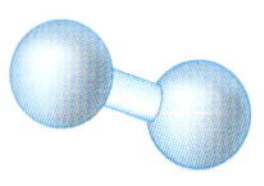	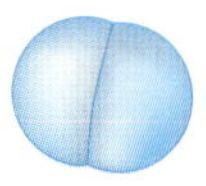
Metano	CH_4	H–C(–H)(–H)–H	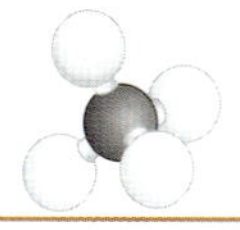	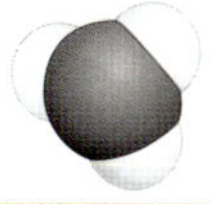
Amoníaco	NH_3	H–N(–H)–H	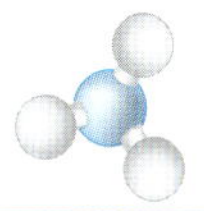	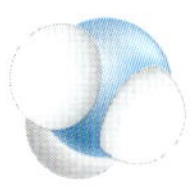
Glucosa	$C_6O_6H_{12}$	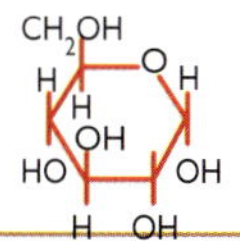	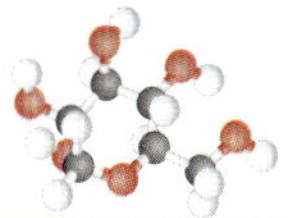	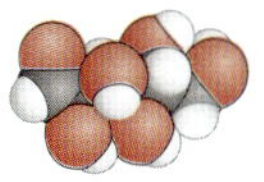

Tabla que ejemplifica distintas maneras de representar moléculas.

Propiedades de los materiales: una pista para conocer el entorno

El Universo está formado por una gran diversidad de materiales; el análisis de sus propiedades permite identificarlos y orienta sobre el uso que la ciencia y la tecnología pueden darles. Algunas propiedades (masa, volumen, superficie) se denominan **generales** porque son comunes a todos los cuerpos, independientemente del estado en que se encuentren, y no identifican la clase de material con el que está hecho el objeto considerado.

En cambio, otras toman valores constantes, según la sustancia o el material del que se trate, y el estado en el que se encuentren. Son independientes de la cantidad de materia considerada y se conocen como propiedades **específicas** (punto de fusión, índice de refracción, densidad, conductividad eléctrica).

Puntos de fusión y de ebullición

El punto de fusión es la temperatura a la cual un material funde, es decir, es la temperatura a la que la sustancia pasa del estado sólido al estado líquido (y viceversa). Es una propiedad característica debido a que cada sustancia presenta un punto de fusión fijo y determinado, a una presión dada.

Análogamente, el punto de ebullición de una sustancia es la temperatura a la cual un material pasa del estado líquido a vapor (y viceversa) a una presión dada.

Cuando la presión de vapor del líquido es igual a la presión atmosférica, se forma vapor en toda la masa líquida.

La temperatura de fusión del agua pura, a 1 atm, es 0 °C. Su temperatura de ebullición es 100 °C. Esta propiedad del agua hace posible que en el planeta Tierra se encuentre en los tres estados.

La densidad

La densidad (δ) es una propiedad característica de cada material que no depende de la forma ni del tamaño del cuerpo considerado. Relaciona la cantidad de masa de un cuerpo con el volumen que este ocupa. Depende de la presión y temperatura del entorno.

Para medir la densidad de los líquidos se utilizan densímetros específicos: alcoholímetro (alcohol), lactómetro (leche), sacarómetro (melaza).

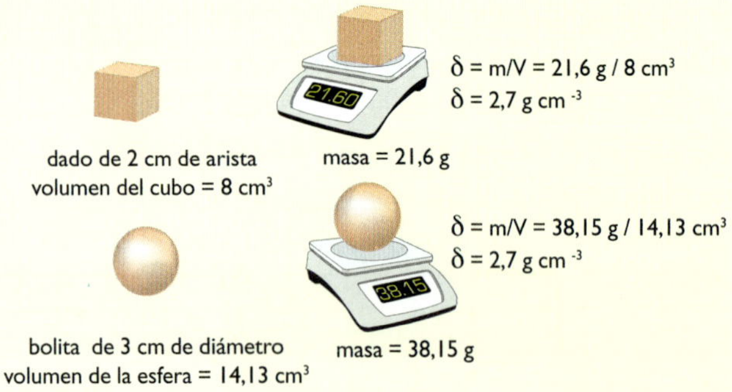

Cálculo de la densidad para cuerpos geométricos.

Si se ponen en un medio como, por ejemplo, agua líquida ($\delta_{25\,°C} = 1$ g/cm³) varios cuerpos que tengan la misma forma y volumen pero que sean de distintos materiales, flotará más aquel que sea de un material menos denso que el medio en el que se encuentre (en este caso que el agua líquida), y se hundirá el que sea más denso. Sin embargo, la flotabilidad no depende solo de la densidad, sino de la forma de un cuerpo. Si se coloca en agua líquida una bolita de plastilina ($\delta_{25\,°C} = 1{,}52$ g/cm³), esta se hunde; en cambio, un barco de plastilina flota.

El agua en estado sólido es menos densa que en estado líquido. Esto permite que el hielo flote.

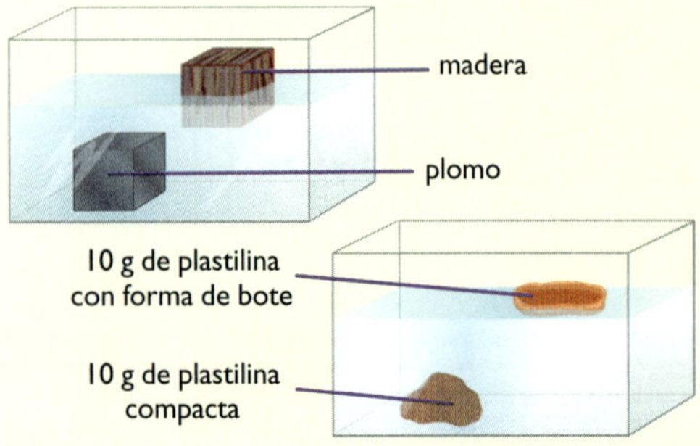

Para las mismas formas y volúmenes, la flotabilidad depende de la densidad de los materiales. Para un mismo material, la flotabilidad depende de la forma.

Las reacciones químicas

En el mundo que nos rodea se producen a cada instante reacciones químicas coordinadas y simultáneas: en la fotosíntesis, la respiración, la digestión de los seres vivos, en la cocina, en laboratorios, en la industria, etcétera. Estas reacciones se producen en equilibrio con el ambiente. Se denomina **reacción química** a todo proceso mediante el cual, por efecto de un factor energético (luz, calor, corriente eléctrica, etc.), una o varias sustancias denominadas **reactivos** se transforman en otras, llamadas **productos.**

En toda reacción química, se conservan la masa, el tipo y la cantidad de átomos. Conociendo el mecanismo de una determinada reacción química, es posible predecir lo que ocurre en otras semejantes.

Tipos de reacciones: A. Combustión. B. Efervescente. C. Coloreada. D. Precipitación.

Reacciones	Características
Exotérmicas	Liberan calor
Endotérmicas	Absorben calor
Exergónicas	Son espontáneas
Endergónicas	No son espontáneas
Fotoquímicas	Absorben o generan luz
Efervescentes	Desprenden burbujas
Explosivas	Son instantáneas y detonantes
Precipitación	Se produce una fase sólida
Coloreada	Se genera una coloración

Ecuaciones químicas

La ecuación química permite interpretar procesos, describir lo que sucede en los estados inicial y final de una reacción química, y conocer el intercambio de energía con el medio. La flecha que separa ambos miembros indica el sentido de la reacción.

$$\text{reactivos} \longrightarrow \text{productos}$$

$$aA + bB \longrightarrow cC + dD$$

Las letras a, b, c y d son los coeficientes estequiométricos e indican las cantidades relativas de reactivos (A, B) y productos (C, D).

Tipos de reacciones

Combinación	Unión de dos o más sustancias para formar una nueva, con propiedades diferentes de las que poseían las sustancias iniciales. $A + BC \rightarrow ABC$
Descomposición	Obtención de dos o más sustancias con propiedades diferentes a partir de un reactivo. $ABC \rightarrow A + BC$
Análisis	Descomposición total en la que se obtienen sustancias simples. $AB \rightarrow A + B$
Síntesis	Combinación de dos o más sustancias simples. $A + B \rightarrow AB$
Desplazamiento	Reacción entre una sustancia simple y una compuesta. $A + BC \rightarrow AC + B$
Oxido reducción	Cambio en el estado de oxidación de reactivos mediante una transferencia de electrones. $A^0 + B^0 \rightarrow A^+ B^-$
Neutralización ó ácido-base	Combinación de un ácido con un hidróxido para generar sal y agua. $AOH + BH \rightarrow AB + H_2O$
Sustitución	Reemplazo de un átomo o grupo de átomos de una molécula. $RH + X_2 \rightarrow RX + HX$
Adición	Unión de dos o más sustancias para formar un solo producto. Son reacciones características de compuestos orgánicos con enlaces múltiples. $R{=}R + X\text{-}Y \rightarrow X\text{-}R\text{-}R\text{-}Y$
Polimerización	Adición sucesiva de varias unidades de monómeros. $[-CH_2{=}CH_2-]n$

No es magia, la química lo explica

La actividad experimental es una herramienta que permite desarrollar la capacidad de observación, describir e interpretar procesos y comportamientos, predecir reacciones, e inferir y descubrir propiedades.

Para maximizar los resultados de una actividad es necesario identificar el material que se va a utilizar, conocer las técnicas y procedimientos a implementar, seguir las indicaciones dadas, tener en cuenta las normas de seguridad para evitar accidentes y acordar las tareas que cada integrante del grupo realizará.

El material de laboratorio

En el laboratorio se encuentran diversos materiales; cuando se realizan actividades experimentales es necesario conocer su función y uso correcto.

En un laboratorio de química, es muy común tener que medir volúmenes de líquidos; para eso se emplean recipientes graduados como la probeta o la pipeta, de acuerdo con la cantidad y precisión de la medida.

Cuando se emplean estos instrumentos de medición, es necesario reconocer la escala, se debe identificar su unidad y la medida que representan las divisiones mayores y menores; en la figura, las divisiones mayores corresponden a 100 ml y cada división menor, a 20 ml.

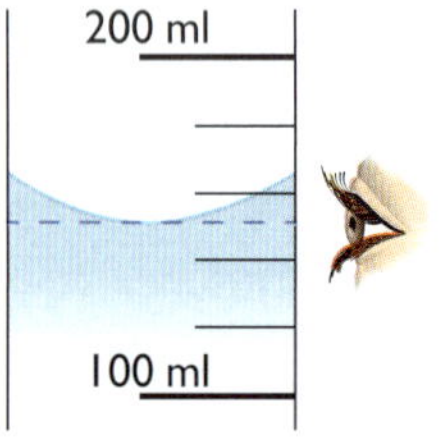

Al realizar la lectura del volumen, el recipiente se ubica en dirección perpendicular a la vista y se observa la parte inferior del menisco que forma el líquido, como indica la figura.

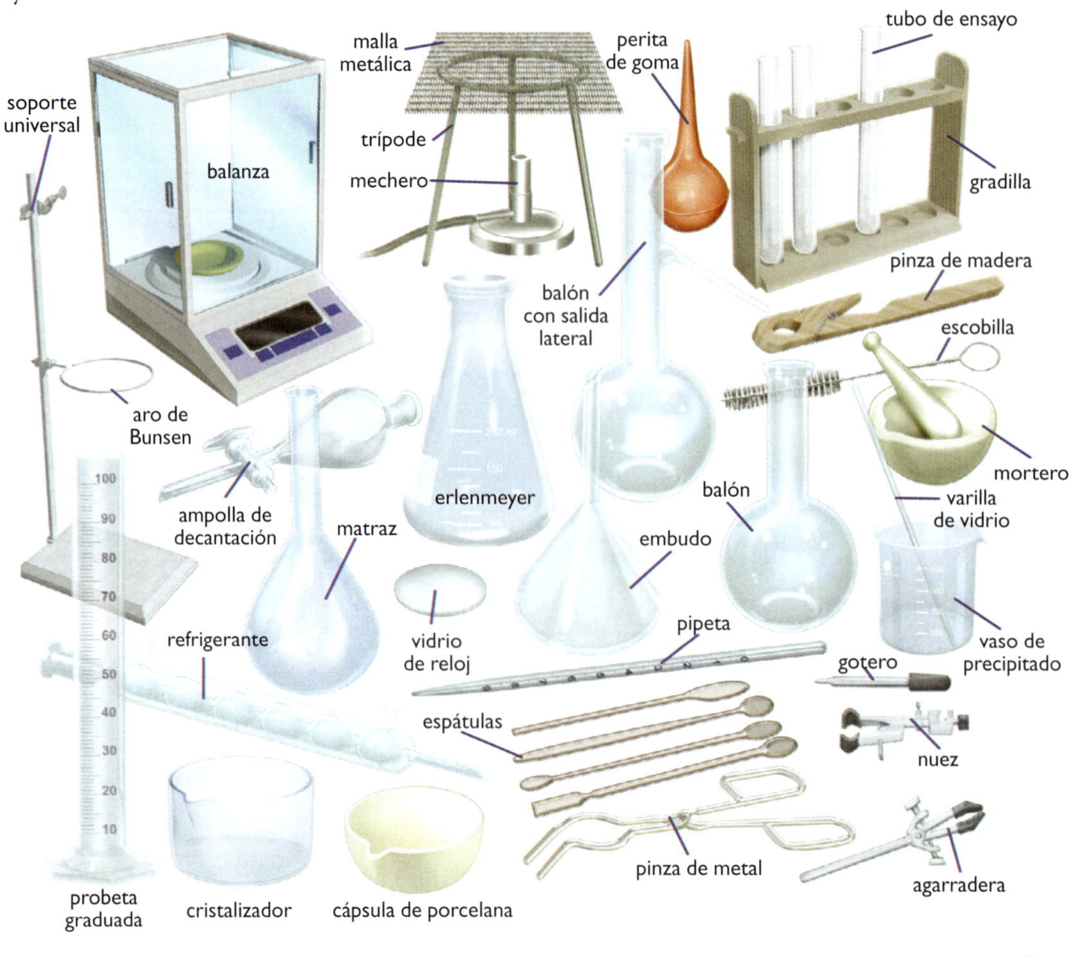

Normas de seguridad para el trabajo experimental

Cuando se realiza una actividad experimental, se deben seguir determinadas normas.

- Mantener la mesa de trabajo despejada de útiles y mochilas.
- No ingerir alimentos, tocar ni probar ninguna sustancia química. Si fuera necesario percibir el olor, se recomienda mantener el recipiente que contiene la muestra a una distancia moderada de la nariz y agitar la mano sobre él para atraer los vapores.
- Leer atentamente las etiquetas de los envases para evitar equivocaciones peligrosas.
- Utilizar la pipeta gotero con perita o propipeta para extraer líquidos de un recipiente, y evitar así la succión.
- No introducir la misma pipeta o gotero en diferentes frascos ni intercambiar sus tapas.
- Cuando se calienten muestras, no dirigir la boca del tubo de ensayo hacia quien lo manipule o quienes se hallen próximos, debido a que pueden producirse proyecciones y salpicaduras peligrosas.
- Evitar que los reactivos empleados se derramen sobre las mesadas; si esto sucediera, enjuagar de inmediato con abundante agua.

El registro de la actividad experimental

La identificación de los propósitos de la actividad experimental, la realización de esquemas de los dispositivos utilizados (en los que se indica el nombre del material empleado), el ordenamiento de datos y observaciones, y la confección de gráficos contribuyen a organizar la información, analizarla e interpretarla.

Un registro sistematizado de la descripción de los procedimientos y la explicación de los cambios producidos, redactados en un lenguaje preciso y propio de la ciencia, permite elaborar respuestas, predecir y contrastar hipótesis, deducir conclusiones y fijar contenidos.

- Observen esta imagen y discutan en clase qué situaciones consideran que van en contra de las recomendaciones para trabajar en el laboratorio.

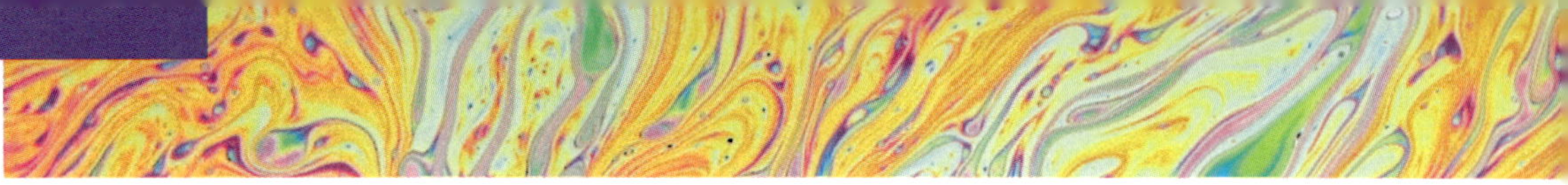

BLOQUE I

LA QUÍMICA Y LOS COMBUSTIBLES

Efecto de la luz al incidir sobre una mezcla de hidrocarburos.

"El consumo mundial de petróleo es tan grande que las provisiones solo pueden durar unas cuantas generaciones más. La solución es el alcohol, un combustible limpio y perfecto".

Alexander Graham Bell, científico e inventor escocés (1847-1922)

CONTENIDOS || LA QUÍMICA DEL CARBONO, CONCEPTOS DE INORGÁNICO Y ORGÁNICO | EL ÁTOMO DE CARBONO. ESTRUCTURA ATÓMICA Y CONFIGURACIÓN ELECTRÓNICA | PROPIEDADES | EL CARBONO EN LA NATURALEZA: EL CICLO DEL CARBONO | EL CARBONO EN LA ATMÓSFERA | LA HUELLA ECOLÓGICA | EFECTO INVERNADERO

I

EL ÁTOMO DE CARBONO, UN ELEMENTO EXCEPCIONAL

El carbono es un elemento asombroso y versátil, y es la base química de los seres vivos. Permite investigar el pasado y el futuro del Universo. Sus compuestos tienen aplicaciones medicinales, industriales, tecnológicas y de ornamentación. En este capítulo, se estudiarán las principales características de este notable elemento químico.

Historia de la clasificación de las sustancias

En la Antigüedad, los seres humanos clasificaron las sustancias minerales, vegetales y animales que conocían de acuerdo con su capacidad para arder. Observaron que el agua, la arena y las rocas no se quemaban. Sin embargo, el carbón y el azufre, materiales provenientes de la parte no viviente de la corteza terrestre, sí ardían. Por otro lado, la madera, las grasas y los aceites que procedían de los reinos animal o vegetal resultaban buenos combustibles.

En el siglo XVIII, el avance de la química fue vertiginoso y se obtuvieron en los laboratorios muchos compuestos y productos denominados inorgánicos, como sales, ácidos y óxidos. En cambio, el desarrollo de la química de la materia viva estaba detenido porque se creía que compuestos como azúcares, grasas y proteínas podían ser elaborados únicamente por plantas y animales. Se pensaba que una misteriosa fuerza vital, irreproducible por el hombre, era la creadora de esas sustancias. Esta teoría se conoció con el nombre de **teoría del vitalismo**. En 1807, el sueco Jöns Berzelius sugirió sobre la base de esta teoría que las sustancias provenientes de los organismos vivos se llamaran **orgánicas** y las sustancias características del medio no viviente, **inorgánicas**.

En 1828 un colega de Berzelius, el alemán Friedrich Wöhler, sintetizó urea a partir de sustancias inorgánicas (la urea es una sustancia orgánica, presente en la orina de los animales). La clasificación de Berzelius resultó entonces obsoleta. Este descubrimiento marcó el comienzo de numerosos trabajos relacionados con la obtención de compuestos orgánicos en el laboratorio.

En la actualidad, se conocen más de 10 millones de compuestos orgánicos, en los que el elemento carbono está presente y suele estar unido a otros átomos de carbono. Hoy en día, se considera a estos compuestos dentro de la denominada **química del carbono**. Los compuestos como monóxido y dióxido de carbono, carbonatos y bicarbonatos no son considerados orgánicos debido a que tienen propiedades generales (tipo de enlace, solubilidad, puntos de fusión y ebullición) muy distintas de las de estos compuestos.

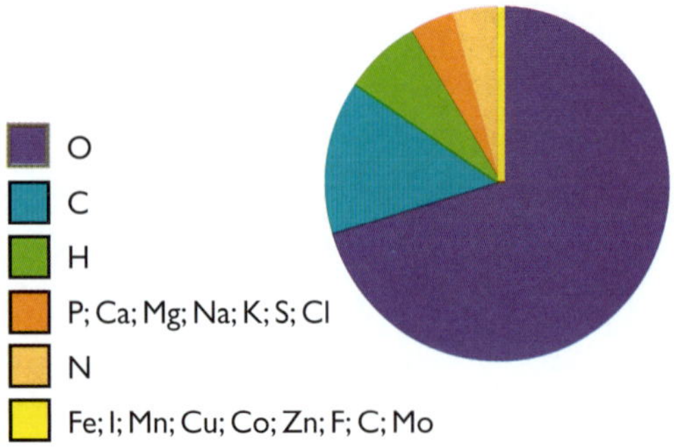

La materia orgánica está formada por los llamados elementos biogenésicos, que son algunos de todos los elementos presentes en la corteza terrestre. Carbono, hidrógeno, oxígeno y nitrógeno constituyen un 96% de estos elementos.

El átomo de carbono y la hibridación de orbitales

La presencia del carbono en una gran variedad de compuestos se explica a partir de las cualidades que presenta este átomo, que están directamente vinculadas con su configuración electrónica.

El átomo de carbono se caracteriza, entre otros aspectos, por que su número atómico es 6 y, por lo tanto, su configuración electrónica (CE) se representa mediante el siguiente diagrama.

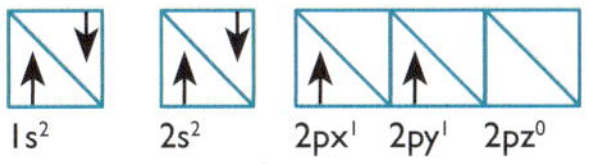

Sin embargo, las características de los compuestos del carbono no pueden explicarse a partir de esta configuración electrónica. El estadounidense Linus Pauling propuso en 1930 la teoría de **hibridación de orbitales** que permitió explicar los datos experimentales.

La hibridación es la asociación de orbitales atómicos que genera un conjunto de nuevos orbitales atómicos, denominados **orbitales híbridos**, con diferente tamaño, orientación y forma.

En el átomo de carbono, los orbitales s y p generan orbitales híbridos llamados **sp^3**, **sp^2** y **sp.**

Para explicar la hibridación sp^3 en el átomo de carbono, se postula que uno de los electrones del subnivel 2s salta al orbital vacío 2pz, lo que origina la siguiente configuración.

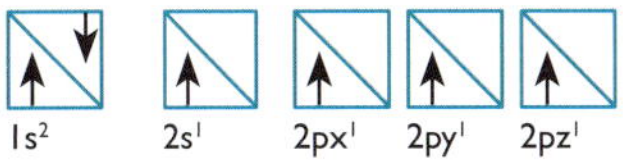

Por la combinación del orbital 2s con los tres orbitales 2p se generan cuatro orbitales híbridos sp^3 iguales y dirigidos hacia los vértices de un tetraedro regular, formando entre sí ángulos de 109°.

Análogamente, a partir del orbital 2s y dos orbitales 2p se generan tres orbitales híbridos sp^2 de estructura plana que forman un ángulo de 120°, por lo que queda libre el orbital pz.

Los orbitales híbridos sp se generan al mezclarse el orbital 2s con un orbital 2p, presentan estructura lineal y forman un ángulo de 180°. Los orbitales py y pz quedan libres, y se ubican perpendicularmente entre sí y por encima y debajo del plano en el que están ubicados los orbitales híbridos.

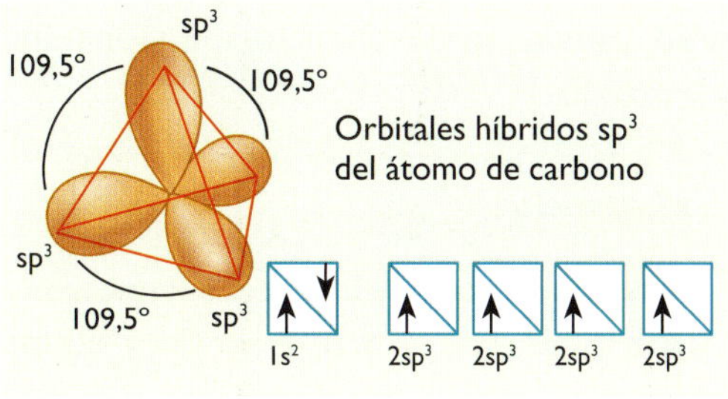

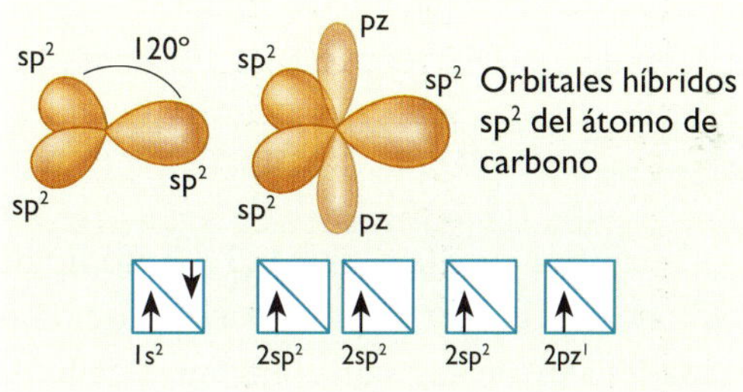

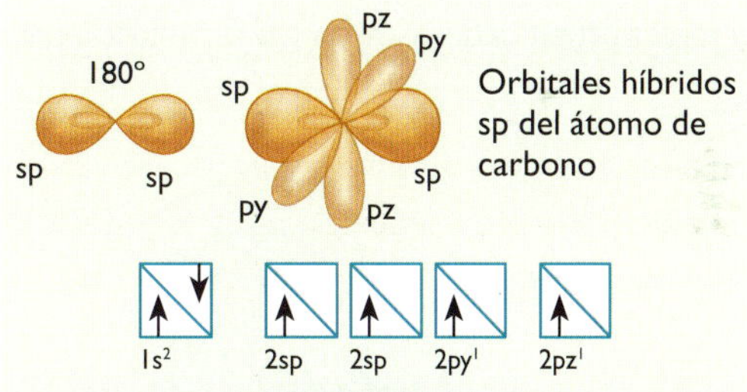

CRONOLOGÍA DE LA QUÍMICA DEL CARBONO

1675. Nicolas Lémerg clasifica los compuestos según su origen en minerales, vegetales y animales.

1700. Georg Stahl es el precursor de la teoría del vitalismo.

1784. Antoine Lavoisier demuestra que los compuestos vegetales y animales están formados mayoritariamente por C e H y, en menor proporción O, N y S.

1807. Jöns Berzelius propone los términos "orgánico" e "inorgánico" para clasificar los compuestos que proceden de organismos vivos o de la materia inerte.

1828. Friedrich Wöhler sintetiza la urea.

1857. Friedrich Kekulè postula la capacidad de autoenlace del átomo de carbono y propone su tetravalencia.

La química del carbono

El elemento carbono forma un número de compuestos que es superior a la suma de todos los compuestos originados por los demás elementos. Algunas características para destacar del átomo de carbono son la concatenación, la alotropía y la isotopía.

Concatenación

La concatenación es la capacidad que tienen los átomos de carbono para unirse entre sí y formar cadenas. Estas cadenas son largas y abiertas (con más de sesenta átomos de carbono), o cerradas o anillos estables (con cinco o seis átomos).

Alotropía

La alotropía es la capacidad del átomo de carbono para formar lo que se conoce como variedades alotrópicas: con el mismo estado de agregación a temperatura ambiente pero con diferentes propiedades y estructuras moleculares.

En el **grafito**, los átomos de carbono presentan hibridación sp^2 y se unen para formar estructuras hexagonales que se disponen en forma de láminas. Este material es negro, blando y quebradizo, brillante, y conduce la corriente eléctrica.

La unión de átomos de carbono enlazados con hibridación sp^3 en forma tetraédrica da origen a la estructura del **diamante**, que brinda una extraordinaria dureza. Es un sólido cristalino, buen conductor térmico, y no conduce la corriente eléctrica. Los diamantes naturales se encuentran en lugares donde el carbono ha sido sometido a grandes presiones y altas temperaturas. Cuando se trata grafito en las mismas condiciones, se obtienen diamantes artificiales que poseen la misma dureza, color y transparencia de los naturales, pero su valor es significativamente menor.

Los **fullerenos** están constituidos por 20 a 60 átomos de carbono, organizados en anillos hexagonales o pentagonales en forma esférica, elíptica o cilíndrica. Según el número de átomos entrelazados, presentan hibridación sp^2 o sp^3.

Grafito
Su nombre proviene del griego *graféin* = escribir, pues desde tiempos remotos se utilizó para ese fin. Se emplea tanto en la fabricación de minas de lápiz; cintas de impresoras, máquinas de escribir, fotocopiadoras y lubricantes sólidos; en reactores nucleares, como moderadores y reflectores; como también en electrónica y medicina.

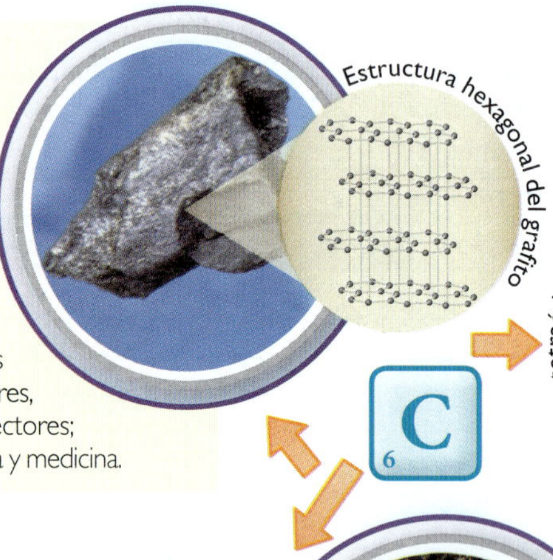

Diamante
Su nombre proviene del griego *diáfanes* = transparente y *adamas* = dureza. Se utiliza en joyería, y en la industria como material de corte, perforación y pulido.

Fullereno
Su nombre se debe al arquitecto alemán R. B. Fuller, quien utilizó la forma del C_{60} en alguna de sus obras. Tiene aplicaciones en el campo de la nanotecnología, en plásticos, productos alimenticios, medicamentos, lubricantes, combustibles, semiconductores, entre otros.

En: http://es.wikipedia.org/wiki/Archivo:C60-Fulleren-kristallin.JPG
Descripción: C60 fullereno cristalina ministro de Buck, de la Innsbruck Leopold-Franzens-Universität. Fotógrafo: Jochen Gschnaller
Bajo licencia Creative Commons Genérica de Atribución/Compartir-Igual 3.0.

Otra variedad alotrópica son los **nanotubos**, estructuras tubulares cuyo diámetro es del orden del nanómetro (1 nm = 1.10^{-9} m), aproximadamente 10 000 veces más delgados que un cabello. Con este material se pueden formar fibras diez veces más resistentes que otros materiales y se utilizan en raquetas de tenis, motores microeléctricos, cables para aparatos electrónicos, transporte de ADN a nivel celular, etcétera.

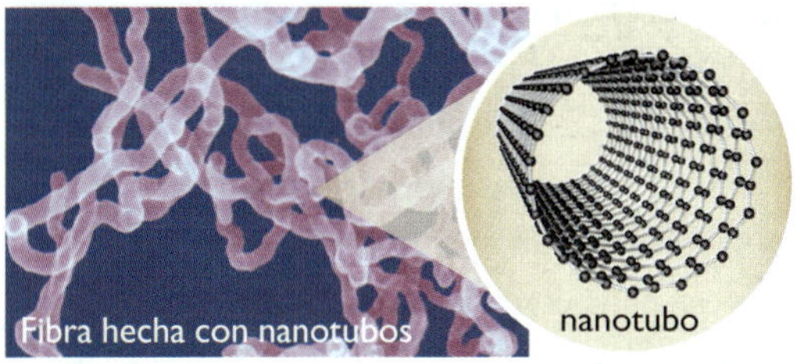

Los nanotubos de carbono se utilizan para sintetizar fibras que se emplean en diferentes industrias.

Isotopía

Los isótopos son átomos de un mismo elemento que tienen diferente número másico; tienen el mismo número de protones y electrones, pero difierente número de neutrones.

El carbono 14 es radiactivo e inestable, y se usa para estimar la edad de objetos arqueológicos, rocas y material biológico.

El carbono 14 o ^{14}C se forma cuando la radiación proveniente del espacio transmite su energía a los átomos de un isótopo de nitrógeno, el ^{14}N, presente en la atmósfera. Este choque produce una reacción nuclear en la que los átomos pierden un protón y pasan a ser átomos ^{14}C. Estos átomos se combinan con oxígeno y forman CO_2 radiactivo, que difunde en la atmósfera y es incorporado por los organismos productores a través de la fotosíntesis, en primera instancia; luego pasa a los consumidores que se alimentan de los productores. Pero el ^{14}C es inestable y transmuta de manera espontánea a ^{14}N por decaimiento radiactivo. Los procesos de formación y degradación de ^{14}C se encuentran en equilibrio.

El ^{14}C: un detector de la edad de los materiales

La datación por carbono es un método utilizado para determinar la edad de materiales orgánicos de menos de 6 000 años. Se basa en la ley de decaimiento exponencial de los isótopos radiactivos. La masa de ^{14}C en los seres vivos disminuye a un ritmo conocido; a los 5 730 años de la muerte de un organismo, la cantidad de ^{14}C se reduce a la mitad. Si se mide la radiactividad en una muestra, se calcula la cantidad de ^{14}C que queda en el material, así se puede conocer su edad radiocarbónica que se expresa en años antes del presente o BP, que es su sigla en inglés: *Before Present*.

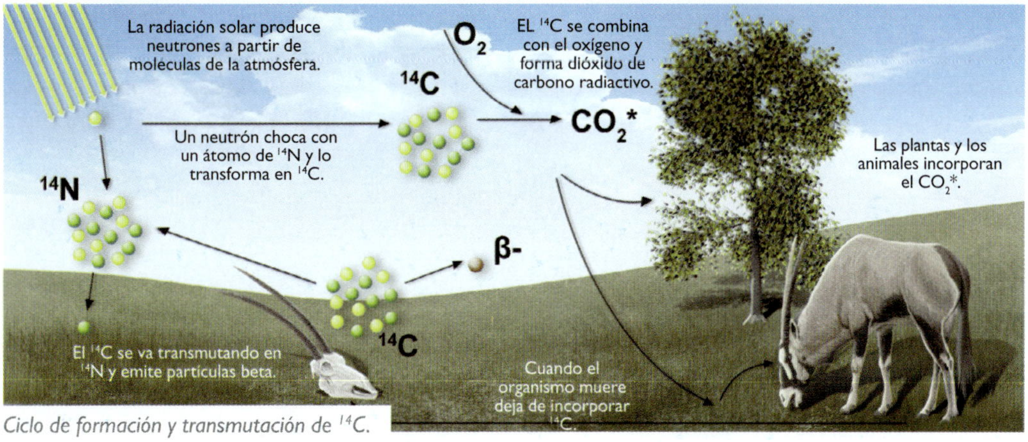

Ciclo de formación y transmutación de ^{14}C.

El carbono en la naturaleza

El carbono es el cuarto elemento más abundante en el Universo. Los materiales de carbono se utilizan desde la antigüedad, cuando se los obtenía a partir de la combustión de materiales orgánicos. Lavoisier propuso su nombre en 1789 a partir de la palabra latina *carbo*, que significa carbón.

Está presente en la atmósfera principalmente como dióxido de carbono; en la hidrosfera como parte de bicarbonatos y carbonatos, y en la litosfera, en rocas, combustibles fósiles y en moléculas que forman parte de los seres vivos.

Al combinarse con otros elementos forma una gran variedad de compuestos como hidratos de carbono, proteínas, lípidos y ácidos nucleicos, que desempeñan funciones fundamentales para el desarrollo de la vida en la Tierra.

El carbono forma parte de la mezcla de gases de la atmósfera, de los minerales de la corteza terrestre, de los combustibles fósiles y de las células que forman los seres vivos.

Ciclo biogeoquímico del carbono

El carbono circula en reservorios naturales, la atmósfera, la corteza y el interior de la Tierra, en un gran ciclo biogeoquímico. Los procesos biológicos del ciclo suceden en un tiempo mucho menor que los procesos geológicos.

El ciclo del carbono se relaciona con la regulación del clima de la Tierra: podría decirse que el eje del ciclo está dado por la absorción del dióxido de carbono y su retorno a la atmósfera. Este CO_2 es asimilado y fijado por los organismos fotosintetizadores terrestres y acuáticos, que lo transforman en materia orgánica, que es aprovechada como alimento por los organismos consumidores.

El retorno del carbono hacia la atmósfera y la hidrosfera se produce mediante la formación de CO_2 a partir de la respiración de los seres vivos, las erupciones volcánicas y la combustión de combustibles fósiles extraídos de la corteza terrestre. Muchos organismos participan de procesos de fermentación y descomposición que también liberan CO_2 a la atmósfera.

Puede suceder también que la materia orgánica quede bajo la superficie terrestre sin tener contacto con oxígeno. El carbón, el petróleo y el gas natural que no son extraídos no aumentan la cantidad de dióxido de carbono en la atmósfera.

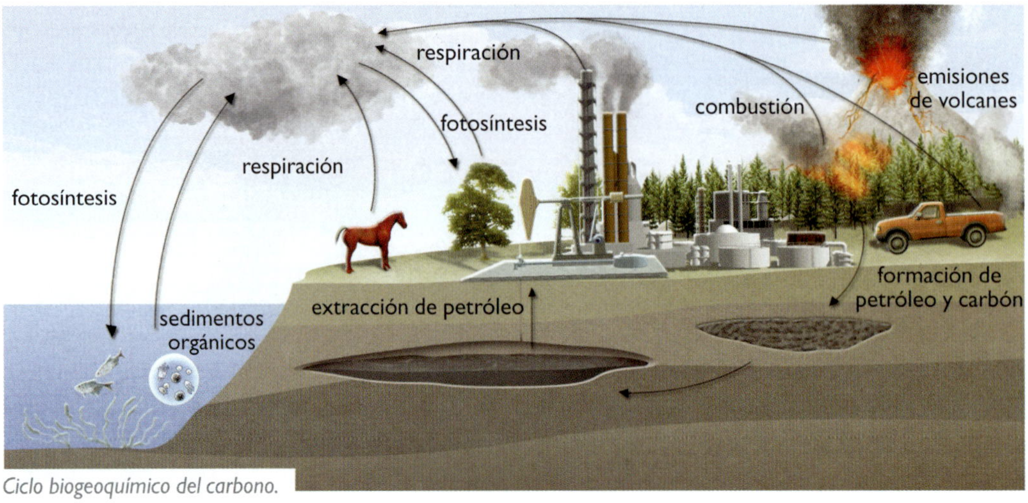

Ciclo biogeoquímico del carbono.

El carbono en la atmósfera

La atmósfera es la capa gaseosa que rodea la Tierra, sin ella no podría existir la vida tal como la conocemos. En la atmósfera se pueden delimitar zonas que difieren en sus características.

La capa más próxima a la superficie terrestre se denomina **troposfera**, allí se producen los fenómenos meteorológicos; en esta zona la temperatura, la densidad del aire y presión disminuyen con la altura. La **estratosfera** se extiende desde los 13 km hasta los 50 km de altitud y contiene altas concentraciones de ozono (O_3) que absorbe luz ultravioleta; en esta zona, la temperatura aumenta con la altura. La **mesosfera** alcanza los 80 km de altura y es la zona más fría de la atmósfera. Contiene solo el 0,1% de la masa total del aire.

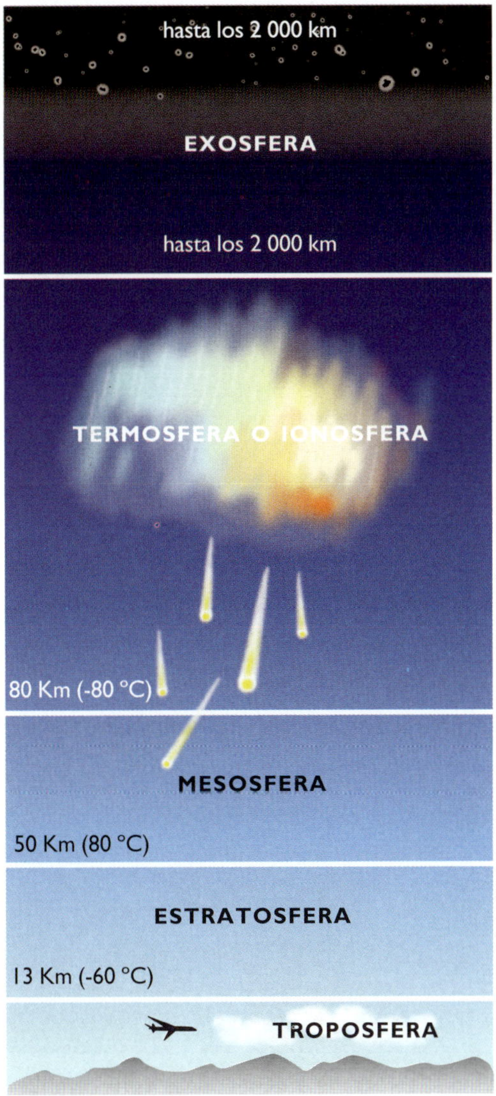

La atmósfera está dividida en diferentes zonas, caracterizadas por su composición, temperatura y altitud.

La **termosfera** o **ionosfera** es una capa muy delgada y favorece la reflexión de las ondas de radio. El aire es poco denso, la temperatura puede alcanzar los 1 500 °C. La zona de transición entre la atmósfera terrestre y el espacio interplanetario es la **exosfera**.

Cuando la Tierra se formó, hace 4 500 millones de años, la atmósfera contenía nitrógeno (N_2), dióxido de carbono (CO_2), metano (CH_4), amoníaco (NH_4) y vapor de agua (H_2O).

Es muy frecuente relacionar la vida en la Tierra con la presencia de oxígeno en la atmósfera, sin embargo, la vida en la Tierra se originó mucho antes de que la composición de la atmósfera fuera parecida a la actual, hace unos 3 500 millones de años. La presencia de oxígeno en la atmósfera se debe a la evolución de bacterias capaces de realizar fotosíntesis, hace 3 400 millones de años. Actualmente, la atmósfera terrestre es un 78,08% de nitrógeno, 20,95% de oxígeno y 0,97% de otros gases, entre los cuales el dióxido de carbono constituye el 0,035% y representa aproximadamente el 0,001% del carbono total global.

Pese a que la proporción de CO_2 pueda parecer baja, este gas es responsable del equilibrio térmico del planeta.

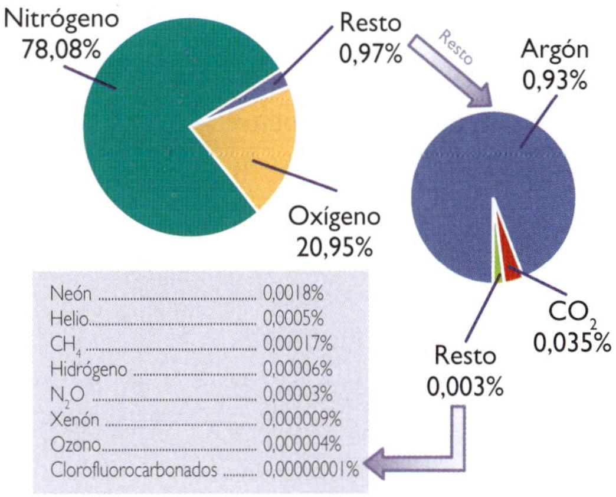

La atmósfera terrestre está formada por una mezcla de gases, partículas sólidas y líquidas en suspensión, cuya cantidad varía según la presión y la altura.

La huella ecológica

La huella ecológica es un indicador que analiza la sustentabilidad de las acciones humanas y permite medir el impacto que tiene el uso que se hace de los recursos naturales, a nivel económico, ambiental y de seguridad. En la actualidad, este indicador da cuenta de que la humanidad excede la capacidad regenerativa del planeta Tierra.

Existe otro indicador más específico, la **huella de carbono**, que mide (para cada persona) la emisión de dióxido de carbono y la demanda de energía en la obtención de las materias primas, en la producción de bienes y alimentos, tratamiento de residuos y transporte.

A través de un cálculo estandarizado de las emisiones de CO_2 generadas por los procesos industriales, se intenta lograr una reducción en los niveles de contaminación. Hoy en día, las empresas tienden a exhibir en sus etiquetas el certificado de emisión de CO_2 a fin de que los consumidores puedan optar por los productos menos contaminantes. La Secretaría de Ambiente y Desarrollo Sustentable de la Nación recomienda acciones responsables para que cada individuo pueda disminuir su huella ecológica.

El efecto invernadero

La radiación solar que llega a la Tierra y calienta su superficie es retenida en parte por la atmósfera. De no existir esta capa de gases, la temperatura en la superficie del planeta sería mucho menor y la amplitud térmica entre el día y la noche sería enorme. Los gases presentes naturalmente en la capa atmosférica, en particular los llamados gases de invernadero (como el vapor de agua y el dióxido de carbono), absorben parte de la energía del Sol e impiden la salida de esa radiación al espacio. Este proceso se denomina **efecto invernadero** y hace posible una temperatura adecuada para la vida.

Las actividades humanas provocan un aumento en la emisión de CO_2 como producto del uso de combustibles fósiles, y liberan gases industriales como los CFC (compuestos clorofluorocarbonados), el óxido nitroso (N_2O) y el metano (CH_4). Estos gases también retienen el calor del Sol y como resultado de su liberación a la atmósfera se incrementa el efecto invernadero que origina un notable aumento de la temperatura de la Tierra: el **calentamiento global**. Sus consecuencias representan una amenaza para los seres vivos debido a las modificaciones en la temperatura media del planeta. Esto trae aparejado el derretimiento de las masas de hielo que se mezclan con las de los océanos y modifican su composición, lo cual provoca un cambio climático a nivel global.

LAS VENTAJAS DE LA FORESTACIÓN

Los vegetales absorben más de 120 000 toneladas de dióxido de carbono por año. El bambú absorbe un 30% más de CO_2 que un roble, por lo que constituye un recurso muy beneficioso para disminuir los efectos del calentamiento global. Es económico, resistente, no requiere mucha agua, crece rápido y es muy fuerte.

El paraíso es capaz de absorber el CO_2 emitido diariamente por 10 373 vehículos; el jacarandá, el de 1 405, y el olmo, el de 1 320 automóviles. La forestación puede llevar a disminuir el efecto de los gases de invernadero.

El término efecto invernadero *fue acuñado por Svante Arrhenius en 1896, quien anticipó que el uso de los combustibles fósiles incrementaría la cantidad de dióxido de carbono en la atmósfera y esto conduciría a un calentamiento del planeta.*

1. Observen las siguientes imágenes y expliquen cómo están relacionadas y en qué se diferencian.

2. Con la ayuda de la Tabla Periódica de los Elementos, escriban la estructura atómica de 5 elementos biogenésicos.

3. Indiquen qué tipo de hibridación presenta la unión carbono-carbono en las moléculas de etano, eteno y etino.

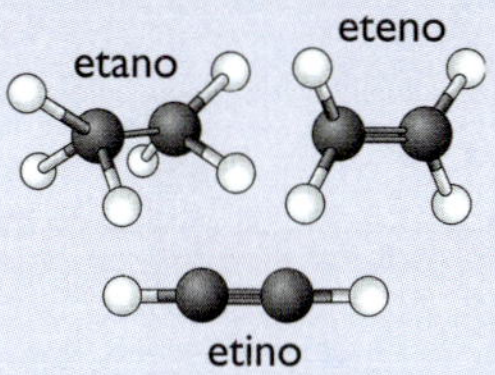

4. Ingresen a la siguiente página web de la Secretaría de Ambiente y Desarrollo Sustentable de la República Argentina. Allí encontrarán el documento: La huella de carbono - 4 de junio de 2008 http://www.ambiente.gov.ar/archivos/web/UCC/File/030608_metodologia_huella_carbono.pdf

Sobre la base de la lectura del documento, resuelvan las siguientes consignas:

a. ¿Qué entienden por deuda y reserva ecológica?

b. Mencionen un país de cada continente que tenga deuda ecológica y otro que posea reserva ecológica.

c. ¿Cómo se vincula el efecto invernadero con la huella del carbono?

5. Los siguientes datos corresponden a emisiones anuales de CO_2 *per capita* en algunos países, expresadas en gigatoneladas (Gt) .

EE. UU.: 5,84 Gt	China: 3,26 Gt
Japón: 1,20 Gt	Francia: 3,68 Gt
Argentina: 0,13 Gt	Rusia: 1,4 Gt
India: 1,22 Gt	Brasil: 0,31 Gt

Total de emisión: 24,13 Gt

A partir de esta información

a. Calculen el porcentaje de emisión de cada país.

b. Construyan un gráfico de barras de porcentajes de emisión frente a país emisor.

6. A partir de la información del capítulo

a. Resuelvan el siguiente crucigrama. Luego, escriban una frase que contenga el término formado en la columna sombreada.

Referencias

1. Apellido del científico que sintetizó urea en 1828.
2. Planta que tiene elevada capacidad de absorción de dióxido de carbono.
3. Estructura del diamante.
4. Capacidad del átomo de carbono para formar sustancias simples con igual estado de agregación, y diferentes propiedades y estructuras moleculares.
5. Apellido del científico que propuso la teoría de hibridación de orbitales.
6. Capa gaseosa del planeta Tierra.
7. Proceso por el cual los vegetales asimilan y fijan el CO_2.
8. Capacidad que tienen los átomos de carbono para unirse entre sí y generar largas cadenas.
9. Nombre en latín del elemento presente en todas las sustancias orgánicas.
10. Una de las variedades alotrópicas del carbono utilizada en nanotecnología.
11. Átomos de un mismo elemento con igual número atómico y diferente número másico.
12. Conjunto de elementos que forman parte de los seres vivos (elementos…).
13. Variedad alotrópica del carbono que presenta estructura hexagonal.
14. Asociación de orbitales atómicos.
15. Efecto que asegura una temperatura estable y adecuada para la vida en el planeta.

Combustión completa e incompleta

El dispositivo que se utiliza en el laboratorio como fuente de calor es el mechero y el combustible es el gas natural, que es una mezcla de compuestos orgánicos. El objetivo de esta actividad es observar y diferenciar una combustión completa de una incompleta.

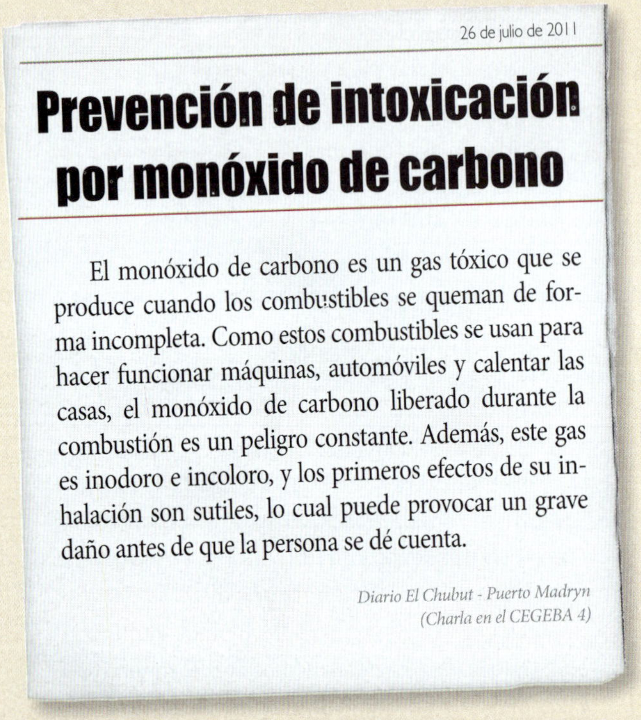

26 de julio de 2011

Prevención de intoxicación por monóxido de carbono

El monóxido de carbono es un gas tóxico que se produce cuando los combustibles se queman de forma incompleta. Como estos combustibles se usan para hacer funcionar máquinas, automóviles y calentar las casas, el monóxido de carbono liberado durante la combustión es un peligro constante. Además, este gas es inodoro e incoloro, y los primeros efectos de su inhalación son sutiles, lo cual puede provocar un grave daño antes de que la persona se dé cuenta.

Diario El Chubut - Puerto Madryn
(Charla en el CEGEBA 4)

MATERIALES

Mechero Bunsen, pinza, tubo de ensayo y fósforos.

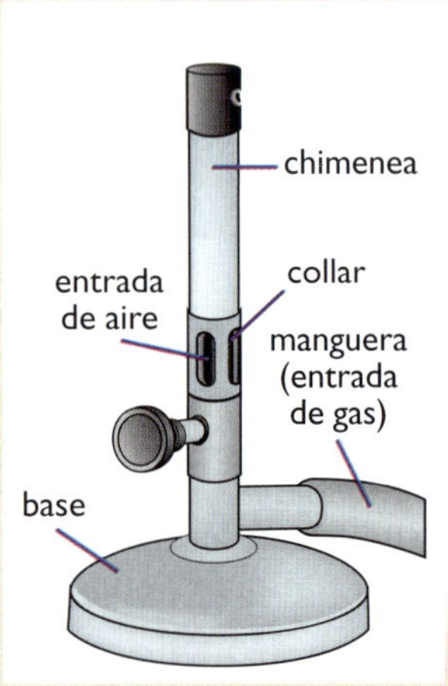

Partes del mechero Bunsen.

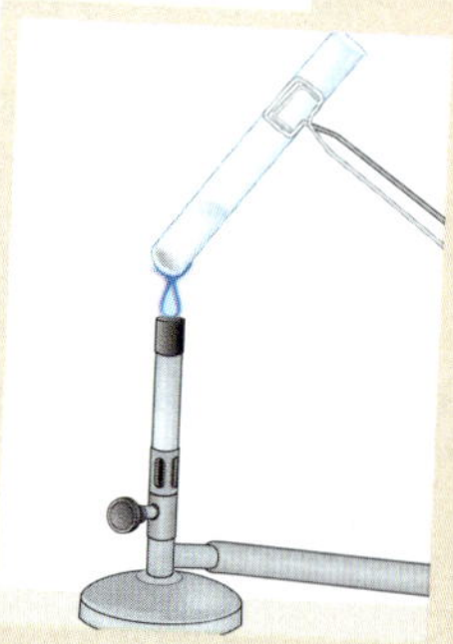

El tubo de ensayo se sujeta con la pinza y se coloca sobre la llama en forma inclinada.

- **Procedimiento**

1. Conecten el mechero a la salida de gas. Cierren la entrada de aire. Enciendan un fósforo, abran la llave de gas y acerquen la llama a la chimenea. Regulen la entrada de gas hasta obtener una llama de unos 5 cm de altura.
2. Abran lentamente la entrada de aire. Esquematicen la llama observada.
3. El tipo de reacción producida en este caso se denomina combustión completa. La reacción química que interpreta el proceso es:

combustible + oxígeno → dióxido de carbono + agua

4. Cierren la entrada de aire. Observen y dibujen el aspecto de la llama.
5. Coloquen en la parte superior de la llama un tubo de ensayos que contenga agua fría, como indica la figura.
6. Muevan suavemente el tubo sobre la llama evitando proyecciones de materiales por fuera del recipiente. Observen y describan.

- **Consignas para el análisis**

1. Visiten la siguiente página web, http://www.enargas.gov.ar/Publicaciones/Capacita/011/Index.php, luego respondan a las preguntas.
   - **a.** ¿Cuáles son los síntomas y consecuencias de la inhalación de monóxido de carbono?
   - **b.** ¿Cómo puede evitarse la formación de monóxido de carbono en el hogar y en las escuelas?

Dióxido de carbono: reconocimiento y propiedades

El objetivo de esta actividad es reconocer la presencia del gas dióxido de carbono y verificar alguna de sus propiedades.

MATERIALES

Almidón de maíz, óxido cúprico, cloruro de sodio, hidróxido de calcio (recién preparado), vela, tubos de ensayo, sorbete, tubo acodado, tapón de goma perforado, mortero, gradilla, soporte, agarradera con nuez, mechero, frasco de boca ancha, bandeja o plato plástico, tapa de gaseosa.

PARTE 1

1. En un tubo de ensayos coloquen hidróxido de calcio (agua de cal) recién preparado con óxido de calcio y agua.
2. Introduzcan un sorbete y soplen, con mucho cuidado de no aspirar, hasta observar cambios.
3. La reacción química que interpreta lo sucedido en el tubo de ensayos es:

hidróxido de calcio + dióxido de carbono (exhalado) → carbonato de calcio + agua

(El hidróxido de calcio permite reconocer la presencia de dióxido de carbono). Describan los resultados.

PARTE 2

1. En un mortero mezclen bien cantidades iguales de almidón y óxido cúprico.
2. Coloquen la mezcla en un tubo de ensayos limpio y seco.
3. Armen el dispositivo según el esquema y nombren los materiales utilizados.
4. Calienten suavemente el tubo A.
5. Luego orienten la llama sobre la mezcla. Continúen calentando hasta observar cambios en el tubo B.
6. Retiren primero el tubo con agua de cal y después el mechero.
7. ¿Qué sustancia reconocen? La formación de dióxido de carbono se debe a la oxidación del carbono presente en el almidón.

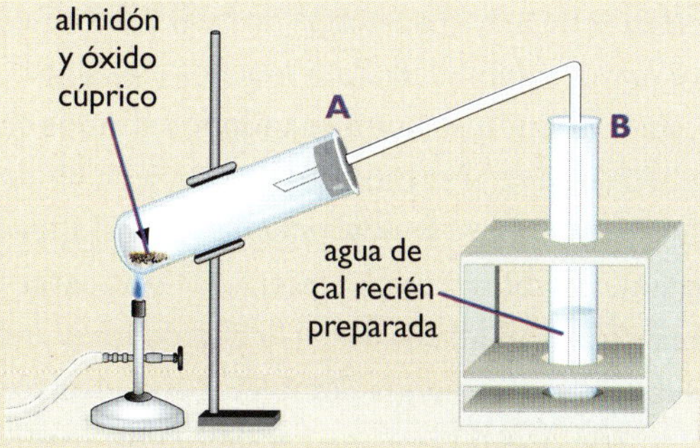

PARTE 3

1. En un mortero mezclen bien cantidades iguales de cloruro de sodio (sal de mesa) y óxido cúprico.
2. Repitan el procedimiento desarrollado en la parte 2. Describan lo observado en el tubo B.

- **Análisis de datos:**

1. Basándose en la información recogida en las partes 2 y 3, indiquen cuál de las sustancias investigadas (almidón y sal) es orgánica. Justifiquen su respuesta.
2. ¿Qué gas se desprende durante la combustión de la vela?
3. ¿Es comburente el dióxido de carbono? Justifiquen la respuesta.

CONTENIDOS || ENLACES INTERATÓMICOS | PROPIEDADES DE LOS COMPUESTOS | FÓRMULAS DE LEWIS | MODELOS MOLECULARES | POLARIDAD DEL ENLACE COVALENTE | ENLACES INTERMOLECULARES | CARACTERÍSTICAS DE LOS SÓLIDOS, LOS LÍQUIDOS Y LOS GASES A LA LUZ DE LA TEORÍA CINÉTICO-MOLECULAR | COMPORTAMIENTO DE LOS GASES: LEYES DEL ESTADO GASEOSO

2

LAS MOLÉCULAS, LAS SUSTANCIAS Y SUS PROPIEDADES

Al estudiar cómo se enlazan los átomos obtenemos información sobre las características y propiedades de los compuestos químicos. El vertiginoso avance en el desarrollo de la industria química tiene su origen en el estudio de las estructuras moleculares. ¿Por qué el hielo flota en el agua? ¿Por qué el agua atenúa los cambios climáticos? Son algunas de las preguntas que se discuten en este capítulo.

¿Por qué se unen los átomos?

En el siglo XIX, los químicos trataban de interpretar y explicar las uniones entre los átomos. El conocimiento de la estructura atómica permitió entender la importancia que tienen los electrones en la formación de los enlaces químicos y predecir la formación de diferentes compuestos.

La **teoría del enlace químico**, que comenzó con el trabajo del alemán Richard Abegg (1869-1910), explica las uniones entre los átomos a partir del estudio de la afinidad electrónica.

Los sistemas naturales tienden a alcanzar estados de mínima energía, lo cual les confiere mayor estabilidad. Para muchos elementos, esta condición se logra cuando los átomos se unen entre sí. Si se estudian las propiedades de los gases nobles, se observa que son químicamente estables y poco reactivos. Estas características son atribuidas al hecho de tener los subniveles de energía completos con electrones, como se observa en las siguientes configuraciones electrónicas.

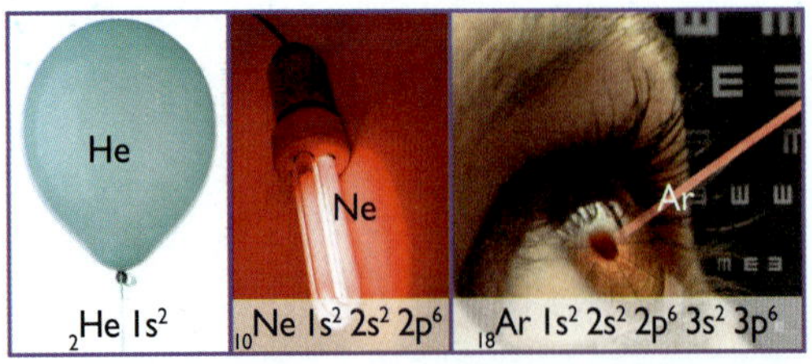

Los gases nobles tienen múltiples aplicaciones, y su estabilidad está relacionada con su configuración electrónica.

El estadounidense Gilbert N. Lewis estableció en 1917 que los átomos tienden a adquirir la configuración electrónica del gas noble más próximo. Esto se logra cuando los átomos ganan, pierden o comparten electrones en enlaces químicos cuya naturaleza determina el comportamiento y las propiedades de las sustancias.

Lewis ideó una manera sencilla de representar la configuración electrónica externa de los átomos para explicar cómo se producen las uniones. De acuerdo con este planteo, se escribe el símbolo del elemento y, a su alrededor, puntos que representan los electrones del último nivel energético.

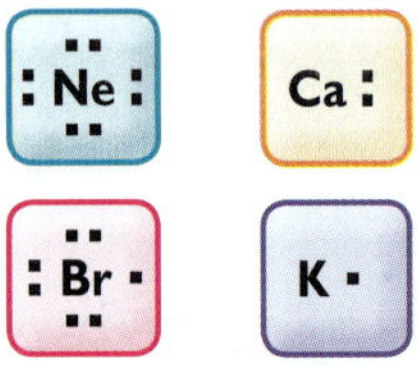

¿Cómo se unen los átomos?

Cuando los átomos se unen, lo hacen mediante fuerzas o enlaces interatómicos.

Conocer los distintos tipos de enlaces entre átomos es fundamental para interpretar e inferir las propiedades físicas y el comportamiento químico de los compuestos. Existen tres tipos de enlaces entre átomos: el iónico, el metálico y el covalente.

Enlace iónico

El **enlace iónico** se produce entre átomos cuya diferencia de electronegatividad resulta igual o mayor a 1,7.

Los átomos con baja electronegatividad tienden a perder electrones para adquirir la configuración electrónica del gas noble ubicado en el período anterior; de esta manera, quedan transformados en iones de signo positivo, denominados **cationes**. Paralelamente, los átomos con alta electronegatividad captan electrones para alcanzar la configuración electrónica del gas noble ubicado en el mismo período, con lo que se transforman en iones de signo negativo o **aniones**.

La atracción electrostática entre iones de carga opuesta genera pares iónicos. Por ejemplo, el átomo de sodio, cuya electronegatividad es 0,9 y cuya configuración electrónica (CE) es $1s^2\,2s^2\,2p^6\,3s^1$, cede un electrón para adquirir la CE del neón, $1s^2\,2s^2\,2p^6$. Se forma así el catión sodio monovalente. En cambio, el átomo de cloro, cuya electronegatividad es 3 y su CE es $1s^2\,2s^2\,2p^6\,3s^2\,3p^5$, capta un electrón para adquirir la CE del argón (gas noble que se encuentra en el período 3) $1s^2\,2s^2\,2p^6\,3s^2\,3p^6$; así se forma el anión cloruro monovalente.

Como los iones de signo opuesto se atraen por fuerzas electrostáticas, se origina el par iónico cloruro de sodio.

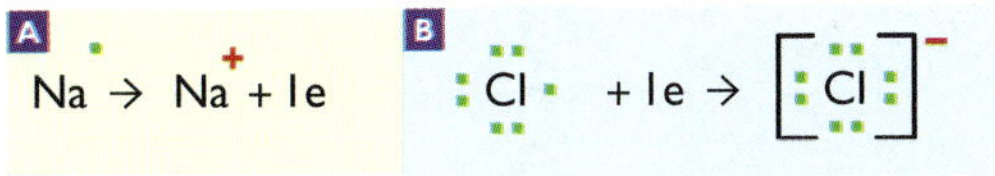

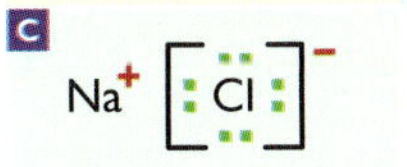

Formación del catión sodio (A) y del anión cloruro (B). Estructura de Lewis del cloruro de sodio (NaCl) (C).

El dibromuro de magnesio ($MgBr_2$) y el trióxido de dihierro (Fe_2O_3) son compuestos que presentan enlaces iónicos en su estructura, y se los representa mediante las siguientes fórmulas de Lewis.

El siguiente cuadro muestra la diferencia de electronegatividades entre los elementos que forman los compuestos analizados.

Compuesto	Electronegatividad	Diferencia de electronegatividad
cloruro de sodio	Na: 0,9 - Cl: 3	2,1
difluouro de magnesio	Mg: 1,2 - F: 4	2,8
trióxido de dihierro	Fe: 1,8 - O: 3,5	1,7

Los compuestos que presentan uniones iónicas forman cristales sólidos; en ellos, los iones están fuertemente unidos, tienen altos puntos de fusión y de ebullición, y son solubles en agua. Fundidos o en solución, conducen la corriente eléctrica, por lo que se los denomina electrolitos. Las sales son compuestos iónicos.

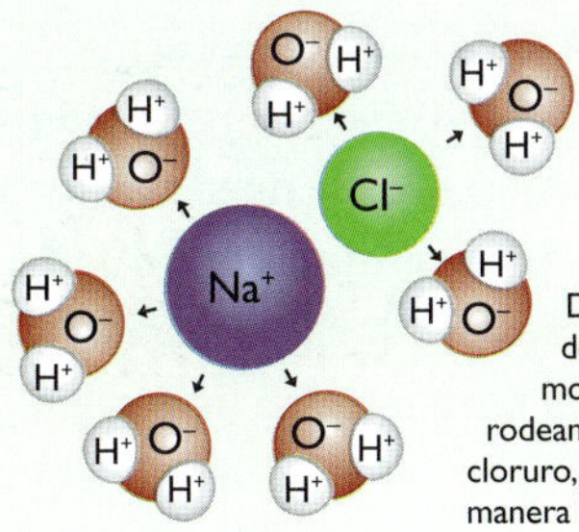

Disolución del cloruro de sodio en agua. Las moléculas del agua rodean los iones sodio y cloruro, los separan y de esta manera la sal se disuelve.

Enlace metálico

Como se verá en el Capítulo 11, los compuestos metálicos se caracterizan por que los electrones del último nivel energético se encuentran deslocalizados. Debido a esta característica se generan cationes metálicos, entre los que los electrones se desplazan libremente entre muchos núcleos; esto proporciona una alta conductividad térmica y eléctrica, brillo, maleabilidad y ductilidad. La estructura de los compuestos metálicos está constituida por redes tridimensionales muy compactas, razón por la cual los metales son generalmente sólidos a temperatura ambiente (excepto el mercurio) y sus puntos de fusión y ebullición son elevados (ver página 176).

Enlace covalente

El **enlace covalente** se caracteriza por que los átomos que intervienen en él presentan baja o nula diferencia de electronegatividad, y por lo general son no metálicos. En este tipo de unión, los átomos comparten uno o más pares electrónicos del último nivel energético de acuerdo con la regla de Lewis. De este modo, adquieren la configuración electrónica del gas noble más próximo.

Cada uno de los átomos del enlace aporta un electrón para formar el par electrónico compartido, y este par electrónico compartido da origen a un **orbital molecular**. El enlace covalente puede ser simple**,** doble o triple según se compartan uno, dos o tres pares de electrones. Si los átomos que participan son iguales, se dice que la molécula es homonuclear, pero si son distintos, la molécula es heteronuclear.

La fórmula de Lewis para los compuestos covalentes representa cómo se unen los átomos mientras que en la **fórmula desarrollada**, o diagrama lineal, cada par de electrones compartidos se representa mediante una línea o guion.

Cuando uno de los átomos que intervienen en la unión covalente ya adquirió la configuración electrónica externa del gas noble más próximo y dispone de uno o más pares de electrones sin compartir, puede unirse con otro átomo mediante el enlace **covalente coordinado** o **dativo**.

Compuesto		Fórmula de Lewis	Diagrama lineal o Fórmula desarrollada	Tipo de unión	Molécula
Nombre	Fórmula				
Bromo	BR_2	:B̤̈r:B̤̈r:	Br – Br	covalente simple	homonuclear
Cloruro de hidrógeno	HCl	H :C̤̈l:	H – Cl		heteronuclear
Dióxido de carbono	CO_2	:Ö::C̈::Ö:	O = C = O	covalente doble	heteronuclear
Nitrógeno	N_2	:N⋮⋮N:	N ≡ N	covalente triple	homonuclear

Algunos ejemplos de compuestos covalentes.

En el enlace covalente simple, doble o triple, cada átomo aporta electrones para formar pares que comparten los dos. En el caso de la covalencia dativa, uno de los átomos es **dador** (aporta el par) mientras que el otro es el **aceptor**.

El siguiente cuadro presenta la notación de Lewis para compuestos que tienen uno o varios enlaces covalentes coordinados; en el diagrama lineal, cada par electrónico compartido por este tipo de unión se representa con una flecha.

Compuesto		Fórmula de Lewis	Diagrama lineal o Fórmula desarrollada
Nombre	Fórmula		
Dióxido de azufre	SO_2	:Ö::S̤:Ö̤:	O = S → O
Trióxido de azufre	SO_3	:Ö::S̤:Ö̤: / :Ö: (O unido a S)	O = S → O, con S → O

Unión covalente dativa.

Propiedades de los compuestos covalentes

En la naturaleza, a 25 °C y 1 atm, se encuentran compuestos covalentes en los tres estados de agregación: sólido, líquido o gaseoso.

En las sustancias de carácter covalente, las fuerzas intermoleculares son más débiles que las que existen entre los iones de los compuestos iónicos; debido a esto, los compuestos covalentes tienen relativamente bajos puntos de fusión y de ebullición, y alta volatilidad.

Por lo general, resultan poco solubles o insolubles en agua.

Los compuestos covalentes no son electrolitos, es decir que no conducen la corriente eléctrica, ni fundidos ni cuando están en solución acuosa. Suelen ser termolábiles, es decir que se descomponen químicamente a bajas temperaturas.

Modelos científicos

Los modelos científicos son representaciones abstractas que permiten analizar, simular, controlar y predecir estructuras, fenómenos, sistemas o procesos. Estos modelos pueden ser conceptuales, gráficos o visuales, y facilitan el estudio en todos los campos de la ciencia.

Debido al pequeño tamaño que tienen las partículas que constituyen la materia, se hace imposible su observación directa, y por eso se recurre a la modelización para explicar su comportamiento y estructura.

La representación de estructuras atómicas, configuraciones electrónicas, reacciones y ecuaciones químicas, y las fórmulas de Lewis son ejemplos de los diferentes modelos que ayudan a los científicos a explicar el mundo que nos rodea. Los modelos físicos moleculares permiten estudiar las estructuras tridimensionales de las moléculas. Los más usados son los de esferas y varillas, además de los espaciales de Hirschfelder, que muestran el tamaño relativo de los átomos. Cada modelo tiene su utilidad para estudiar la disposición de los átomos que componen las moléculas y cómo afecta esto a sus propiedades y su reactividad.

El avance de la informática permitió crear modelos moleculares utilizados en los campos de la química computacional y de la ciencia de los materiales.

La **química computacional** es una herramienta que complementa los resultados experimentales. Permite representar dichos resultados o predecir fenómenos no observados. Se utiliza para explorar moléculas inestables difíciles de aislar experimentalmente. También es útil para simular estructuras y reacciones químicas mediante el cálculo de la energía intercambiada. Analiza el movimiento interatómico molecular, las estructuras geométricas estables y los polímeros complejos de aplicación en el campo de la medicina, la industria y **la ciencia de los materiales**, que es un campo multidisciplinario dedicado a investigar la relación entre la estructura y las propiedades físicas de los materiales.

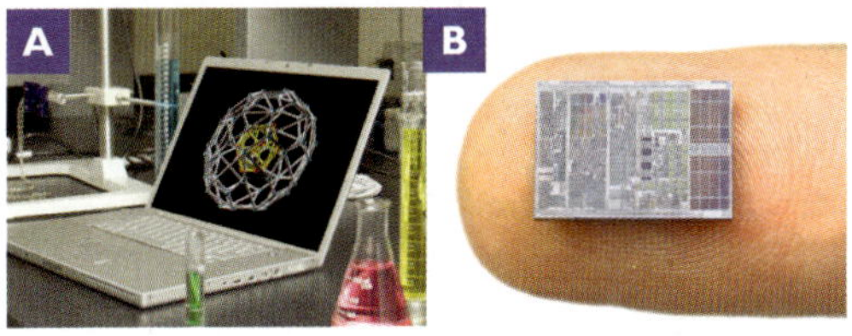

A. Modelo molecular hecho por computadora. B. Los microchips son dispositivos desarrollados por la ciencia de los materiales.

	Hidrógeno	Agua	Amoníaco	Metano
Fórmula molecular	H_2	H_2O	NH_3	CH_4
Fórmula de Lewis	H:H	H:Ö:H	H:N̈:H H	H H:C:H H
Fórmula estructural	H—H	H—O—H	H—N—H | H	H | H—C—H | H
Modelo de esferas y varillas		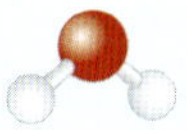	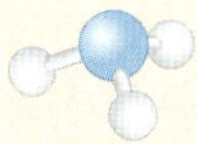	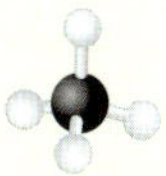
Modelo espacial				

Las diferentes formas de representar las moléculas brindan distinto tipo de información.

Polaridad del enlace covalente

Cuando en un enlace covalente intervienen átomos de distintos elementos, los electrones compartidos pueden estar desplazados hacia el núcleo de uno de los átomos, lo que genera una polaridad en las moléculas.

Si la diferencia de electronegatividades entre los átomos que intervienen en la unión es menor o igual a 0,4, el enlace es **covalente no polar** y el par compartido es atraído con similar fuerza por ambos átomos. Mientras que, si toma valores entre 0,5 y 1,7, se forma un **enlace covalente polar** en el que el par electrónico es atraído con mayor fuerza por el átomo más electronegativo.

Compuestos	Electronegatividad	Diferencia de electronegatividad	Enlace covalente
Cloro Cl_2	Cl: 3	0	no polar
Metano CH_4	C: 2,5 – H: 2,1	0,4	no polar
Cloruro de hidrógeno HCl	H: 2,1 – O: 3	0,9	polar

Los gases cloro y metano están constituidos por moléculas no polares, en cambio, las moléculas que forman el cloruro de hidrógeno son polares.

Como consecuencia del desplazamiento del par electrónico hacia el átomo más electronegativo, la molécula sigue conservando la neutralidad eléctrica, pero presenta una zona con densidad de carga positiva sobre el átomo menos electronegativo y otra con densidad de carga negativa, con lo que se forma un **dipolo**.

La distancia que se crea entre el centro de distribución de las cargas negativas y el centro de las cargas nucleares positivas se refleja en el **momento dipolar** (μ) de la molécula, que mide la polaridad del enlace. Se representa mediante vectores orientados hacia el átomo más electronegativo y puede calcularse multiplicando la carga eléctrica (q) por la distancia (d) entre los núcleos de los átomos que forman el enlace. La unidad con la que se expresa esta magnitud es el **debye (D)**.

En moléculas con múltiples enlaces covalentes polares, el momento dipolar es igual a la **suma vectorial** de los momentos dipolares de cada enlace. Puede suceder que moléculas con enlaces polares tengan momento dipolar nulo debido a que la molécula es simétrica y la suma vectorial resulta igual a cero. Tal es el caso de la molécula de CO_2. La diferencia de electronegatividades en los enlaces C–O genera un momento dipolar diferente de cero, pero experimentalmente se observa que la molécula de CO_2 es no polar. Esto se debe a que la geometría molecular del CO_2 determina que la suma vectorial de los enlaces C–O resulte cero.

$$\overleftarrow{\ O = C\ }\overrightarrow{\ = O\ } \quad \mu = 0$$

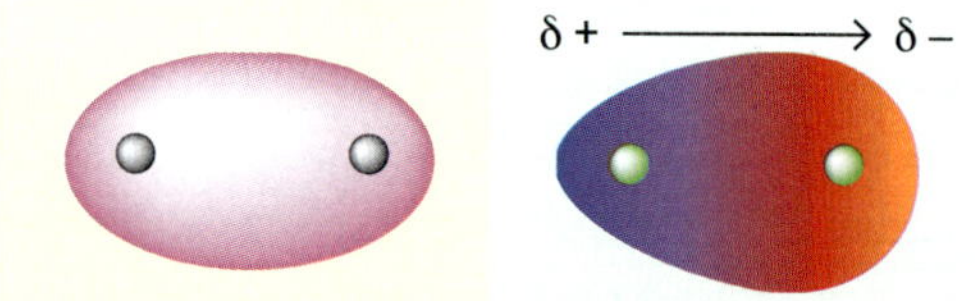

Molécula diatómica no polar con momento dipolar cero

Molécula diatómica polar con momento dipolar distinto de cero

CIENCIA, TECNOLOGÍA Y SOCIEDAD

MOLÉCULAS POLARES EN LA COCINA

Las **espumas**, como los merengues, *mousses*, *soufflés*, la crema batida, etc., son sistemas que se generan al introducir aire mediante el batido. La clara de huevo está formada por agua y proteínas. La proteína de la clara (la ovoalbúmina) es polar, tiene una parte que atrae el agua; la otra parte, que repele el agua, se une al aire incorporado. A medida que se bate, el tamaño de las burbujas de aire se hace cada vez menor y las proteínas las rodean, esto estabiliza el sistema.

Una **emulsión** es un sistema homogéneo, estable y formado por dos líquidos no miscibles, uno polar y otro no polar. Cuando se produce la emulsión, uno de los dos líquidos forma pequeñas gotas en el interior del otro.

La mayonesa es un ejemplo de este tipo de sistemas, que se forma al dispersar aceite (no polar) en el medio acuoso de la yema de huevo, que contiene un emulsionante denominado lecitina. La lecitina rodea las gotitas de aceite e impiden que se unan entre sí.

Geometría molecular

La polaridad de una molécula depende, además de los momentos dipolares de cada enlace, de su geometría. Esto puede determinarse de manera experimental y, también, puede anticiparse mediante modelos teóricos.

La **teoría de repulsión de pares de electrones de valencia (TRePEV)** es un modelo que permite predecir la geometría de las moléculas, la cual está determinada por los pares electrónicos del átomo central.

La **geometría electrónica** muestra la disposición espacial que tienen los pares de electrones que rodean al átomo central, estén o no compartidos, y la **geometría molecular** representa el ordenamiento tridimensional de los átomos que forman la molécula.

Los pares de electrones compartidos se distribuyen en el espacio de manera que la repulsión sea mínima, mientras que los pares de electrones no compartidos ocupan mayor espacio; esto hace que su separación sea máxima, con lo cual se reduce el ángulo de enlace. Todo esto contribuye a la estabilidad de la molécula.

La distribución de pares de electrones y su influencia en las geometrías electrónica y molecular se pueden observar en los siguientes ejemplos.

- **Dióxido de carbono (CO_2):** en este caso, el átomo central es el carbono y tiene cuatro electrones externos compartidos con el oxígeno. La geometría molecular y la geometría electrónica del dióxido de carbono coinciden y determinan una estructura plana con un ángulo de 180°. Esta estructura es la que permite que la repulsión entre los pares electrónicos sea mínima y que la molécula sea estable.
- **Dióxido de azufre (SO_2):** el átomo central es el azufre y tiene un par de electrones sin compartir. La repulsión debida a este par determina ángulos de enlace de 120°. Esto hace que la geometría molecular sea angular y la electrónica, plana triangular.
- **Agua (H_2O):** el átomo central es el oxígeno, que tiene dos pares de electrones sin compartir, esto genera una repulsión que determina ángulos de 109°. La geometría molecular es angular y la electrónica, tetraédrica.
- **Metano (CH_4):** el átomo central no tiene electrones sin compartir. Su geometría molecular y electrónica es tetraédrica; se forman ángulos de 109°.

Dióxido de carbono

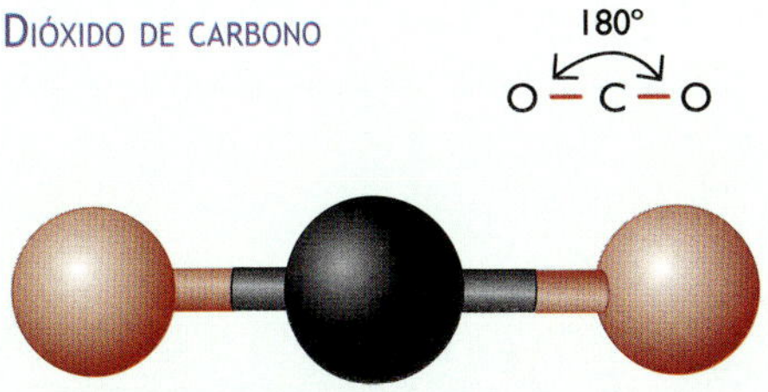

Geometría molecular: lineal.

Dióxido de azufre

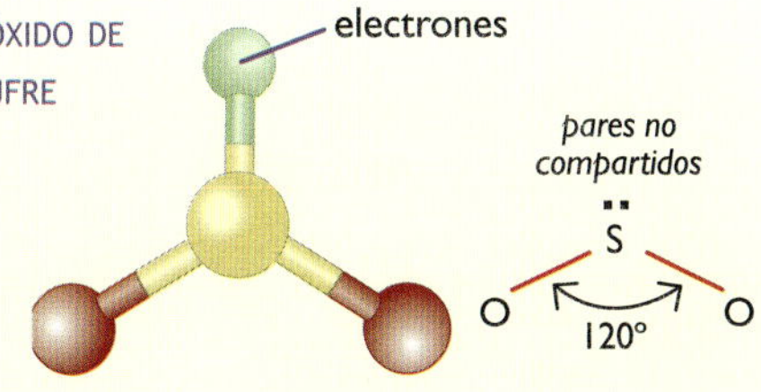

Geometría molecular: angular.
Geometría electrónica: plana triangular.

Agua

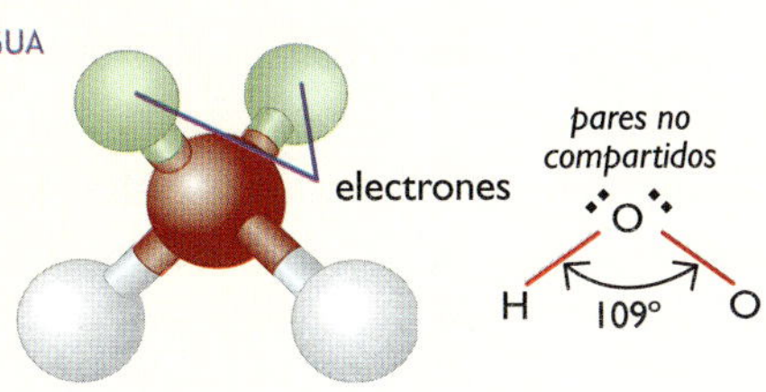

Geometría molecular: angular.
Geometría electrónica: tetraédrica.

Metano

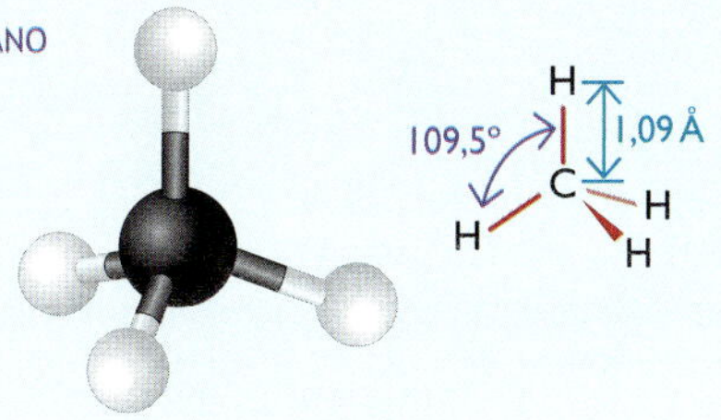

Geometría molecular: tetraédrica.
Geometría electrónica: tetraédrica.

Fuerzas intermoleculares

Entre las moléculas de una sustancia, existen **fuerzas intermoleculares** o de **Van der Waals** que pueden explicar propiedades macroscópicas como la solubilidad y los puntos de fusión y ebullición de una sustancia.

Fuerzas de London

En moléculas con momento dipolar nulo, se observa experimentalmente una atracción. Esta se explica por el desplazamiento espontáneo de los electrones, lo que provoca asimetrías momentáneas. Estas moléculas pueden inducir dipolos en otras y originar atracciones electrostáticas débiles, denominadas fuerzas **de dispersión**, **de dipolo transitorio** o **de London**. Este tipo de fuerza está presente en todas las moléculas, pero en los casos de sustancias en las que existen otras más intensas, su efecto tiene poca influencia.

Las fuerzas de London pueden explicar el pasaje al estado líquido de moléculas no polares, como los gases nobles, los gases biatómicos o los hidrocarburos.

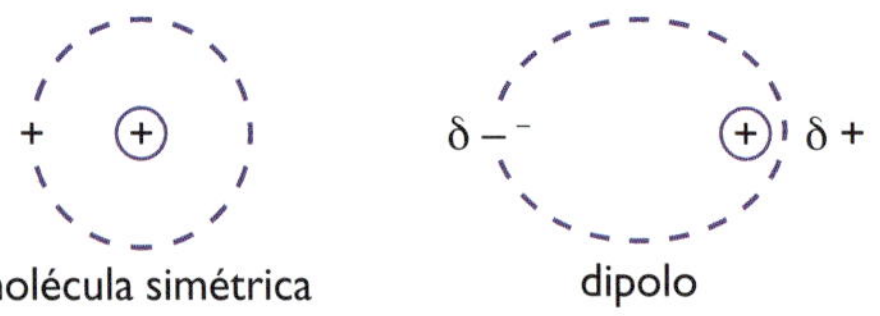

Fuerza dipolo-dipolo inducido

Esta forma de atracción electrostática se produce cuando una molécula polar induce un dipolo en otra molécula no polar. Permite explicar la disolución de algunos gases no polares, como el cloro, en disolventes polares como el agua.

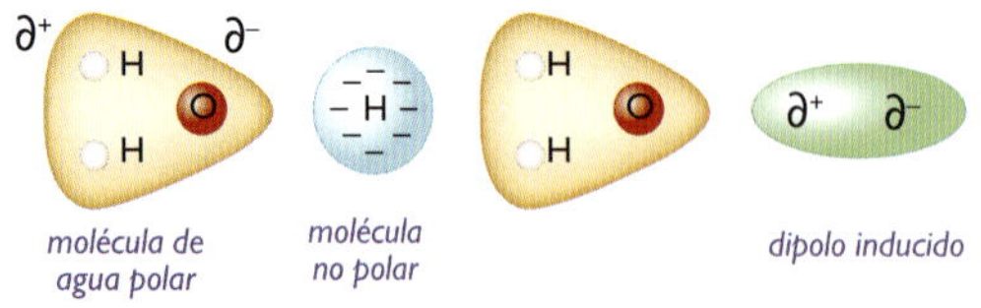

La molécula de agua (polar) provoca un dipolo inducido en la molécula no polar.

Fuerza dipolo-dipolo permanente

Entre las moléculas polares se producen interacciones llamadas dipolos permanentes, que generan una atracción electrostática entre las zonas con densidades de carga eléctrica de signos opuestos. Estas fuerzas son más fuertes que las anteriores y se incrementan cuanto mayor sea la diferencia de electronegatividad entre los átomos que intervienen, como se observa en el caso del fluoruro de hidrógeno.

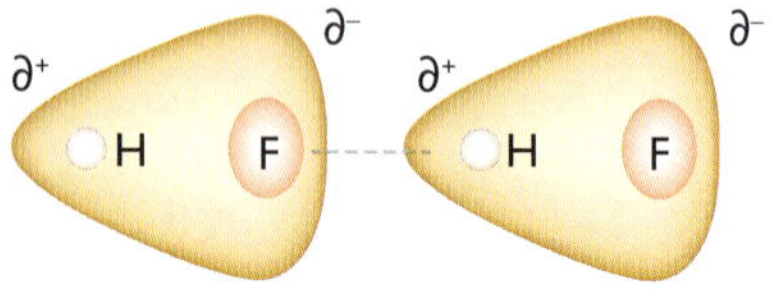

Debido a la diferencia de electronegatividades entre el flúor y el hidrógeno, las moléculas de fluoruro de hidrógeno son polares y generan dipolos permanentes.

Fuerza por puente de hidrógeno

Cuando en las moléculas polares hay átomos de hidrógeno combinados con elementos altamente electronegativos como flúor, oxígeno y nitrógeno, se genera la unión por **puente de hidrógeno**. El agua es un ejemplo de este tipo de interacción; en ella se produce una aproximación entre la zona de densidad positiva de una molécula (en torno a los átomos de hidrógeno) y la zona de densidad negativa, formada sobre el átomo de oxígeno de otra molécula. Esta atracción electrostática mantiene cohesionadas las moléculas de agua y requiere mucha energía para romperse.

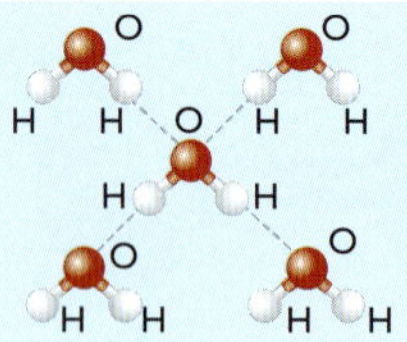

Las moléculas de agua se atraen por puentes de hidrógeno.

Los puntos de ebullición a presión atmosférica de los compuestos formados por hidrógeno unido a alguno de los elementos del grupo 16, están entre los −61 °C y los 2 °C, a excepción del agua, cuyo punto de ebullición es de 100 °C. Este comportamiento puede explicarse por la fuerza de unión por puente de hidrógeno. En el hielo, además, esta fuerza genera una estructura porosa muy estable que hace que el hielo sea menos denso que el agua líquida y que por eso flote en ella.

La teoría cinético-molecular y los estados de agregación

En 1857, el físico alemán Rudolf Clausius (1822-1888) desarrolló una teoría que puede explicar y reproducir el comportamiento y las propiedades de la materia. Si bien sus postulados no pueden ser demostrados experimentalmente, el modelo cinético-molecular propuesto explica perfectamente los efectos observados, por lo que se considera adecuado.

Postulados de la teoría cinético-molecular para gases
1- Los gases están formados por un gran número de partículas cuyo tamaño es muy pequeño comparado con la distancia que hay entre ellas.
2- Las moléculas están en continuo movimiento aleatorio, chocando entre sí y contra las paredes del recipiente que contiene el gas, sin que en estos choques elásticos haya pérdida de energía.
3- El movimiento está definido por fuerzas atractivas o de cohesión, que tienden a mantener unidas las partículas, y fuerzas repulsivas que las alejan.
4- Entre las moléculas solo existen espacios vacíos.

Si bien estos postulados fueron desarrollados para gases, el modelo es aplicable a los tres estados de agregación.

En el **estado sólido**, las moléculas están muy próximas. Existen fuerzas atractivas intensas que mantienen a las moléculas vibrando alrededor de posiciones fijas.

En el **estado líquido,** las moléculas están más separadas y se trasladan. Las fuerzas atractivas son más lábiles que en el estado sólido y permiten que se desplacen unas moléculas sobre otras y que se adapten al recipiente que las contiene.

Algunos compuestos como el vidrio, el caucho y muchos plásticos, que no adquieren el estado cristalino al solidificar, son denominados sólidos **amorfos**. Están formados por largas cadenas de moléculas que se mueven sin una orientación definida. Se trata, en realidad, de líquidos sobreenfriados y de gran viscosidad, que fluyen de manera constante, aunque este fenómeno no pueda ser observado en corto tiempo.

PLASMA

Se conoce un cuarto estado de la materia, denominado **plasma**; el 99% de la materia existente en el Universo se encuentra en este estado, que es similar al gas pero con propiedades incandescentes. En él, las partículas son neutras o ionizadas, incluso pueden ser electrones que se mueven libremente y chocan de manera continua.

El plasma es influido por campos magnéticos, y es un excelente conductor de la electricidad; esta característica ha sido aprovechada para desarrollar aplicaciones relacionadas con la producción de energía eléctrica.

Estado gaseoso

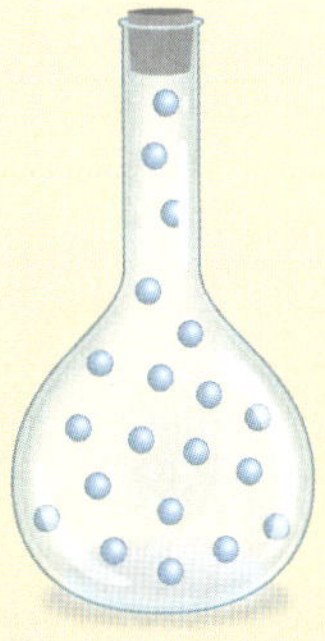

El volumen de las partículas que conforman el gas es insignificante frente al volumen total del recipiente que lo contiene. Los gases se expanden y ocupan todo el espacio disponible.

Estado líquido

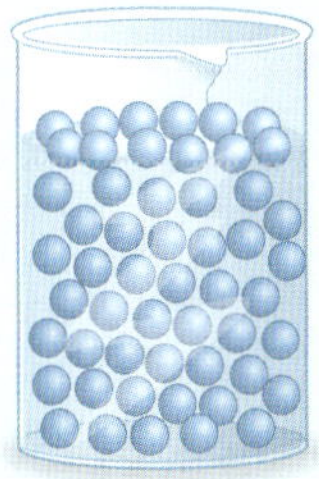

Los líquidos tienen volumen propio pero adquieren la forma del recipiente que los contiene. Además de vibrar, las partículas de los líquidos se trasladan pero con más limitaciones que las de un gas debido a que permanecen unidas por interacciones intermoleculares.

Estado sólido

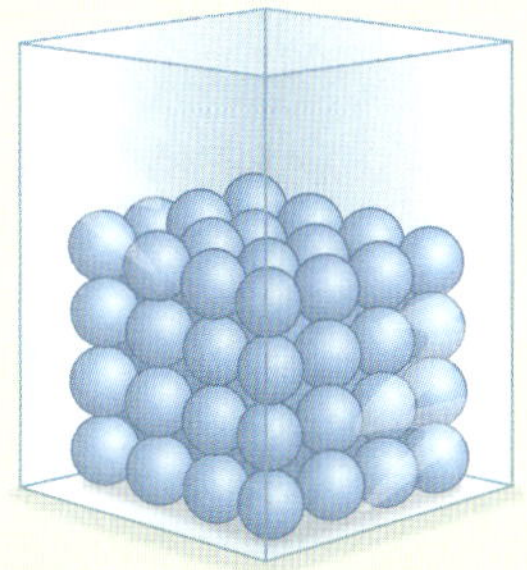

Un sólido tiene volumen y forma propios, independientes del recipiente que los contenga. Las partículas de un sólido no se trasladan, solo vibran.

Los cambios de estado

Los estados de agregación de la materia dependen de la temperatura y la presión, por lo que, si estas varían, pueden cambiar. La teoría cinético-molecular brinda una interpretación microscópica sobre los cambios de estado. La fusión, la solidificación, la vaporización y la condensación son algunos de ellos.

Fusión y solidificación

Cuando la temperatura del sistema sólido aumenta, las partículas vibran alrededor de los puntos de la red cristalina que tienden a separarlas, pero las fuerzas de cohesión compensan el efecto de las vibraciones y mantienen unido el conjunto. Al elevar aún más la temperatura, la energía cinética (o de movimiento) aumenta, las moléculas se mueven más rápidamente y se alejan entre sí, abandonando sus posiciones fijas.

Aunque siguen en contacto unas con otras, las moléculas adquieren movimientos de rotación y de traslación; el entramado cristalino se desordena y el sistema material se transforma en líquido. Este cambio de estado se conoce como **fusión**, ocurre a una temperatura fija denominada **temperatura de fusión** y, al producirse, toma energía del medio: el **calor de fusión**.

Cuando la temperatura desciende, el sistema libera energía, disminuye el movimiento molecular, que evoluciona hacia estados cada vez más ordenados, y se produce la solidificación.

Vaporización y condensación

Si aumenta la temperatura de un sistema líquido, se incrementa la velocidad de las partículas y, consecuentemente, la energía cinética. Al moverse, las partículas se separan y se produce el cambio de estado de líquido a vapor, denominado **vaporización**. Durante el proceso, el sistema toma una determinada cantidad de energía del medio: **calor de vaporización**.

La vaporización incluye dos etapas: la evaporación, que se produce a temperatura ambiente, y la ebullición, cuya temperatura depende del material y de la presión atmosférica. Por ejemplo, la temperatura de ebullición del agua a 1 atm es de 100 °C, pero a 25 °C, parte del líquido pasa a vapor y luego vuelve al estado líquido.

El incremento de la presión produce un aumento en el punto de ebullición y el descenso lo disminuye.

La **condensación** se produce cuando la temperatura del vapor disminuye, se libera energía y el sistema pasa al estado líquido.

Es importante comprender la diferencia entre estado vapor y gas. El primero pasa al estado líquido al descender la temperatura; en cambio, el gas, para licuar requiere no solo el descenso de temperatura sino además un aumento de la presión.

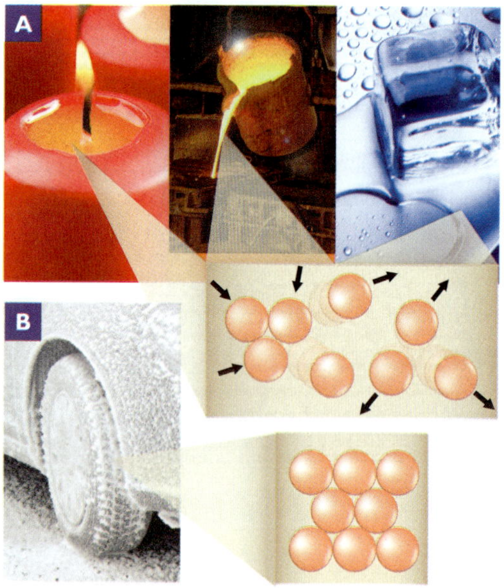

A. La parafina de la vela, los metales y el hielo pasan del estado sólido al líquido a determinadas temperaturas. B. A temperaturas inferiores, la materia se encuentra en estado sólido.

La evaporación se produce a temperatura ambiente. La ebullición ocurre a una temperatura que depende del material y de la presión atmosférica. La condensación es el pasaje de vapor a líquido.

Leyes de los gases

Los cambios que se producen en el comportamiento gaseoso al modificar las condiciones experimentales se pueden describir, cuantificar y relacionar matemáticamente mediante leyes que vinculan tres variables fundamentales: presión, volumen y temperatura.

La presión ejercida por un gas es consecuencia del impacto de las partículas con las paredes del recipiente. Si se tiene una cantidad fija de gas a temperatura constante, se observa que: si el volumen del recipiente se reduce, se incrementa la densidad. Como consecuencia, los choques contra las paredes del recipiente son más frecuentes y aumenta la presión. (*Figura 1*).

Para una determinada masa gaseosa, a temperatura constante, la presión es inversamente proporcional al volumen. La expresión que vincula ambas variables para distintos estados del gas es:

$$P1 \cdot V1 = P2 \cdot V2 = P3 \cdot V3 \qquad P \cdot V = \text{constante}$$

Esta ley se conoce como **ley de Boyle y Mariotte** en honor de los dos científicos que la postularon: Robert Boyle y Edme Mariotte.

Al aumentar la temperatura de una cantidad fija de gas, el volumen se incrementa. (*Figura 2*).

Para una determinada masa gaseosa a presión constante, el volumen que ocupa el gas es directamente proporcional a la temperatura absoluta (en escala Kelvin). La expresión matemática que vincula volumen y temperatura es:

$$\frac{V_1}{T_1} = \frac{V_2}{T_2} = \frac{V_3}{T_3} \qquad \text{resultado } \frac{V}{T} = \text{constante}$$

Esta ley se conoce como **ley de Charles-Gay Lussac** debido a los dos investigadores que arribaron a ella.

La presión de una determinada masa de gas a volumen constante es directamente proporcional a la temperatura absoluta. (*Figura 3*). La expresión matemática que vincula presión y temperatura es:

$$\frac{P_1}{T_1} = \frac{P_2}{T_2} = \frac{P_3}{T_3} \qquad \text{resultando } \frac{P}{T} = \text{constante}$$

Si se mantiene constante la masa de gas, puede ocurrir que las tres variables, volumen, temperatura y presión, se modifiquen al mismo tiempo. La expresión que vincula las tres variables es la **ecuación de estado de los gases ideales.**

$$\frac{V_1 \cdot P_1}{T_1} = \frac{V_2 \cdot P_2}{T_2} = \frac{V_3 \cdot P_3}{T_3} \qquad \text{resultando } \frac{V \cdot P}{T} = \text{constante}$$

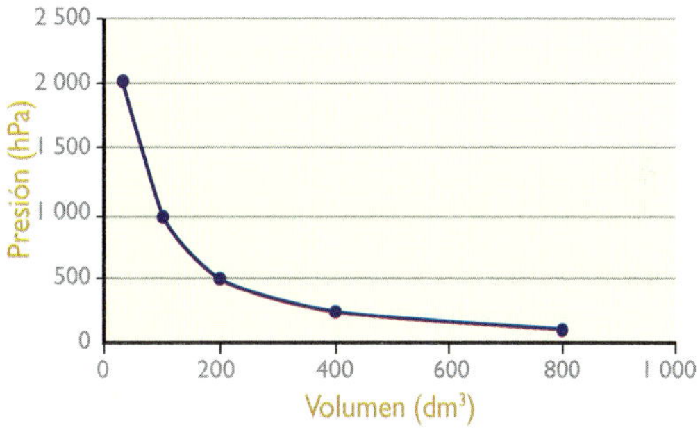

Figura 1: gráfico que vincula el volumen y la presión a temperatura constante.

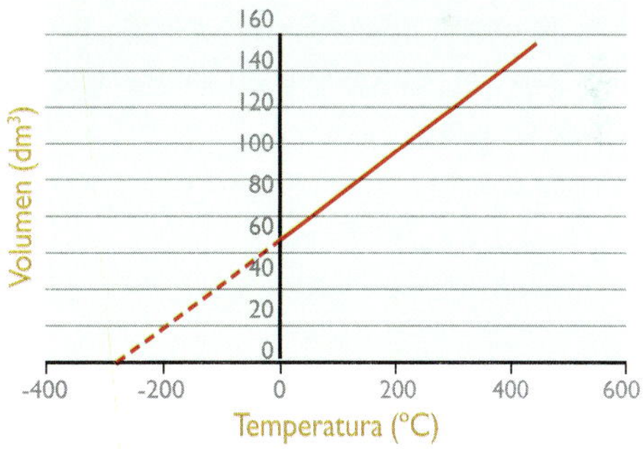

Figura 2: gráfico que vincula el volumen y la temperatura a presión constante.

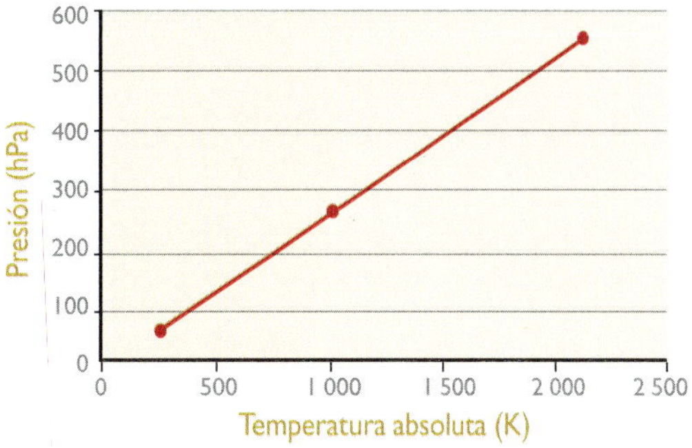

Figura 3: gráfico que vincula la presión y la temperatura a volumen constante.

Las notables propiedades del agua

El agua es una sustancia fundamental para la vida. Este compuesto químicamente puro es incoloro, inodoro e insípido. Sus puntos de fusión y ebullición permiten que en este planeta se presente en los tres estados. Las células de todos los organismos están compuestas en gran parte por agua; esta sustancia regula la temperatura y permite el transporte de sustancias en los seres vivos. Del total de la masa de agua disponible en la Tierra, solo el 2,8% es agua dulce y el 75% de esta forma el hielo de los casquetes polares.

A continuación, veremos algunas de las propiedades que hacen del agua una sustancia tan peculiar.

Al aumentar la temperatura, la **densidad** del agua disminuye como ocurre con casi todas las sustancias. Pero lo especial en este compuesto es que la densidad toma un valor máximo a los 4 ºC, y por encima de esta temperatura vuelve a descender. Por esto, el hielo es menos denso que el agua líquida, lo que permite que se forme una barrera en la superficie congelada de los lagos, océanos y estanques que proporciona un hábitat apto para la vida subacuática.

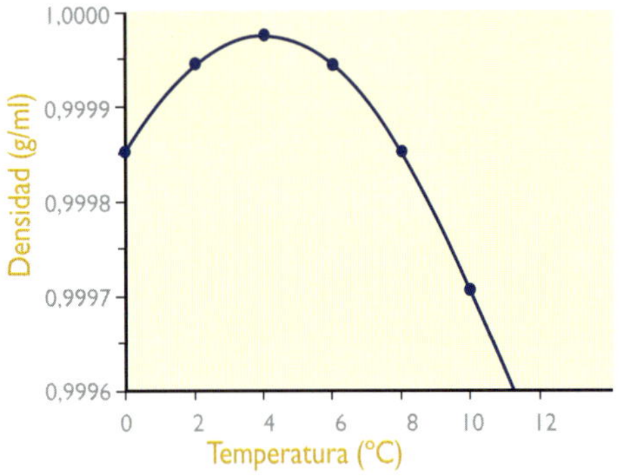

Densidad del agua en función de la temperatura.

El **calor específico** es una constante física que representa la cantidad de calor intercambiada para elevar en 1 ºC la temperatura de la unidad de masa de una sustancia o sistema. El agua tiene una gran capacidad para absorber calor sin aumentar significativamente su temperatura debido a su alto calor específico. Esto ocurre porque al calentar el líquido, parte de la energía interviene en la rotura de las uniones puente de hidrógeno y en el aumento de la energía cinética de las moléculas que permiten que se produzca el cambio de estado.

Esta capacidad del agua de "absorber" calor contribuye a atenuar los cambios de temperatura en la atmósfera y en los seres vivos.

La **tensión superficial** es una propiedad que depende de la naturaleza del líquido, del medio que lo rodea y de la temperatura. A nivel microscópico, puede explicarse considerando que en el seno del agua cada molécula es atraída por todas las que la rodean (fuerzas de cohesión), de manera que el efecto total es nulo. En cambio, las moléculas ubicadas en la superficie solo reciben fuerzas que las empujan hacia abajo. Este proceso marca una tendencia de las superficies libres a contraerse y a adoptar la forma esférica que tiene una mínima superficie.

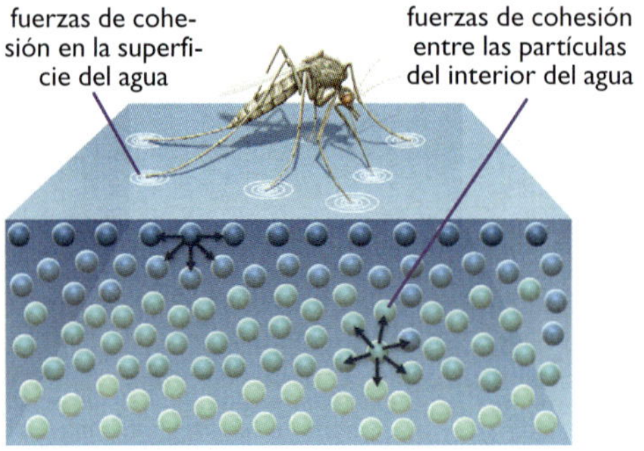

La tensión superficial produce elasticidad en la superficie del agua, lo que permite que algunos insectos caminen y depositen sus huevos sobre ella.

La **solubilidad**, es decir, la capacidad de un material de mezclarse perfectamente con otro a una cierta temperatura, depende de la estructura y la naturaleza del enlace que presentan tanto el soluto como el solvente. El carácter polar del agua la hace un excelente solvente para los solutos polares y iónicos, denominados **hidrofílicos** (del griego *hydros* = agua y *philos* = afinidad). Los compuestos no polares son **hidrofóbicos** (del griego *phobos* = repulsión), insolubles en agua y solubles en solventes apolares, como el aguarrás o el éter.

1. El plomo es un metal de color gris plateado que pasa al estado líquido a una temperatura de 327,46 °C. Indiquen cómo se llama el cambio de estado y represéntenlo mediante el modelo cinético-molecular.

2. Utilizando la tabla periódica, completen el siguiente cuadro:

Elementos	Diferencia de electronegatividad	Tipo de unión	Fórmula de Lewis	Fórmula empírica/ molecular
Na / Br				
H / S				
				Cl_2O_5
Ca / O				
O / O				
				Al_2O_3

3. Para el elemento de Z = 12:

a. Indiquen qué tipo de iones forma.

b. Escriban la fórmula de Lewis del compuesto que forma con bromo.

4. El elemento Y pertenece al segundo período y grupo 16 de la tabla periódica. El elemento X tiene número atómico 37.

a. Escriban la configuración electrónica para cada elemento.

b. ¿Qué tipo de unión existirá entre los átomos de una sustancia formada por X / Y? Justifiquen su respuesta.

c. Escriban la estructura de Lewis del compuesto X_2Y. Justifiquen el tipo de unión.

5. Completen el siguiente cuadro.

Compuesto	PF (°C)	Solubilidad en agua	Conductividad eléctrica	Tipo de enlace
1	801	Sí	Sí, fundido y en solución	
2	97,8			Metálico
3	-60	Sí	No conductor	
4	25	No	No conductor	

6. Armen dos cubos de cartulina, tomando como molde la figura para utilizarlos como dos dados.

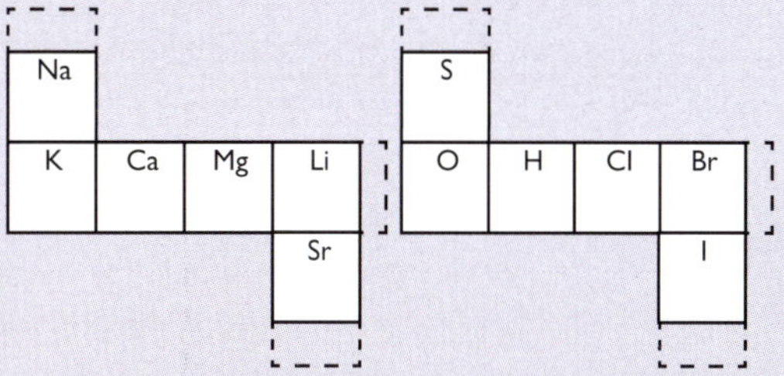

a. Tiren el dado de metales. Escriban la fórmula de Lewis y la fórmula empírica del óxido que forma el metal.

b. Tiren dos veces el dado de los no metales. Escriban la fórmula de Lewis y la fórmula molecular del compuesto formado entre ambos elementos.

c. Nombren los compuestos formados e indiquen sus características, teniendo en cuenta el tipo de unión.

7. Ordenen los siguientes compuestos de acuerdo con su creciente polaridad: $CaCl_2$; HCl; HF; I_2; SO_2.

8. ¿En cuál de las siguientes sustancias se puede esperar la presencia de enlaces puente hidrógeno? ¿Por qué?

a) PCl_3, b) HF, c) NaCl, d) HBr, e) CH_4

9. En un recipiente de 200 cm^3 se embotella un gas a 25 °C y 900 hPa. Calculen el valor de la presión cuando la temperatura descienda a 10 °C. A partir de los datos obtenidos, grafiquen la presión en función de la temperatura absoluta (en Kelvin).

10. Una cierta masa de gas cloro ocupa 3 dm^3 en condiciones normales de presión y temperatura (1 atm y 0° C). Cuando la presión se duplique y el volumen se reduzca a la mitad, ¿cuál será la temperatura medida en °C?

11. Describan el proceso que observan en el siguiente gráfico. Enuncien la ley correspondiente.

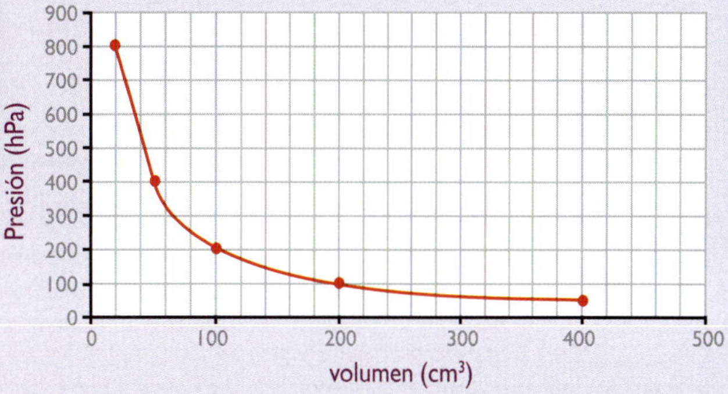

Enlaces químicos

La actividad científica tiene como objetivos proporcionar teoría y conocimiento sobre la realidad, y resolver problemas cotidianos de la sociedad. Una de sus características es la utilidad, la cual se ha hecho evidente con el avance del desarrollo de la humanidad de los últimos siglos. La actividad científica es, por su naturaleza, un conocimiento de tipo instrumental. Requiere conocer el marco teórico referido al proyecto que se desarrolle, y contar con perseverancia y habilidad para la experimentación y capacidad para interpretar los resultados obtenidos.

- **Propósito de la actividad**

En este trabajo, llevarán a cabo algunas tareas similares a las que realiza un investigador.

El desafío es tratar de averiguar el tipo de enlace que presentan la sal de mesa, el azúcar, un cable de cobre, una barra de azufre, la glucosa y un trozo de papel de aluminio.

1. Realicen una lista con las propiedades características de los diferentes tipos de enlaces.
2. Anticipen una hipótesis y señalen cuáles sustancias presentan enlace iónico, covalente o metálico.
3. Analicen el problema e indiquen la secuencia de procedimientos que realizarían experimentalmente para analizar dos propiedades que les permitan corroborar la hipótesis planteada.
4. Hagan una lista con el material y los reactivos que necesiten.
5. Preparen una tabla que les permita registrar los resultados experimentales.
6. Con la aprobación del docente, realicen la experiencia siguiendo el plan diseñado, anotando los resultados y las observaciones.
7. Realicen un informe completo de todo el proceso realizado.

NOTA: UN DISPOSITIVO QUE LES PUEDE RESULTAR DE UTILIDAD PARA DISEÑAR SU EXPERIMENTO ES UN CIRCUITO ELÉCTRICO COMO EL QUE SE MUESTRA EN LA FIGURA (¿POR QUÉ CREEN QUE LES PUEDE SERVIR?).

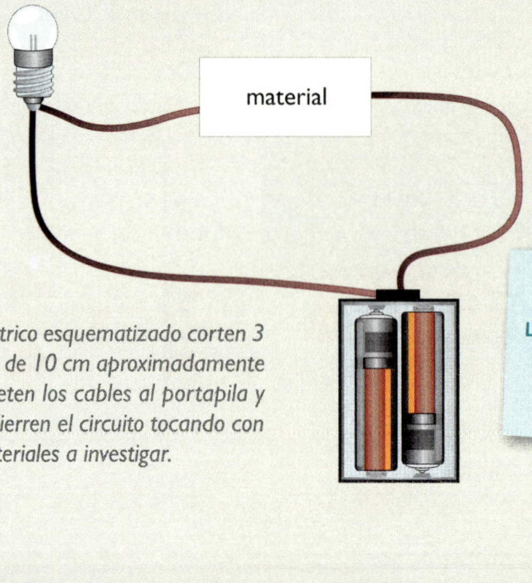

Para armar el circuito eléctrico esquematizado corten 3 trozos de cable conductor de 10 cm aproximadamente y pelen los extremos. Sujeten los cables al portapila y a la lamparita de 2,5 v. Cierren el circuito tocando con ambas terminales los materiales a investigar.

IMPORTANTE: LIMPIEN PERFECTAMENTE LOS BORNES ANTES DE CADA ENSAYO.

¿Qué sucede si modificamos la temperatura de un gas?

1. Coloquen un globo inflado en la heladera durante 1 hora. Al cabo de este tiempo grafiquen y describan los cambios observados.
2. Tapen la boca de una botella de plástico pequeña con un globo desinflado. Sumerjan la botella en un recipiente con agua caliente. Describan sus observaciones.
3. ¿Con qué gases trabajaron en cada experiencia?
4. Interpreten los procesos observados mediante las leyes de gases. Enuncien la ley correspondiente.

Cambios de estado

En este capítulo, se estudiaron los cambios de estado. A continuación, les proponemos una actividad en la que podrán medir variables durante un cambio de estado e interpretar lo que está sucediendo.

MATERIALES

Hielo, agua líquida, vaso de precipitado, soporte universal, mechero, trípode, tela metálica, agarradera.

- **Del hielo al agua líquida**

1. Coloquen abundante hielo molido dentro de un vaso de precipitado. Ubiquen el termómetro dentro del recipiente de modo que el bulbo esté en contacto con el hielo. Eviten que quede aire a su alrededor. Lean la temperatura inicial y registren en la tabla para tiempo 0.
2. Tomen la temperatura cada 5 segundos, hasta tener 4 lecturas iguales. Vuelquen los resultados en una tabla.
3. Construyan un gráfico de temperatura en función del tiempo, de acuerdo con los datos registrados en la tabla.
4. Nombren el cambio de estado producido.
5. Describan la curva obtenida.
6. Expliquen el proceso realizado mediante la teoría cinético-molecular.

- **Del agua líquida al vapor de agua**

1. Armen el dispositivo indicado, colocando 100 cm^3 de agua dentro del vaso de precipitado. Sumerjan el termómetro, tengan la precaución de que el bulbo no toque las paredes ni el fondo del recipiente.
2. Lean y registren en una tabla la temperatura para el tiempo 0.
3. Enciendan el mechero y registren la temperatura cada minuto.
4. Apaguen el mechero cuando registren cuatro temperaturas iguales.
5. Construyan un gráfico de temperatura en función de tiempo, de acuerdo con los datos registrados en la tabla.
6. Nombren el cambio de estado producido.
7. Describan la curva obtenida.
8. Expliquen el proceso realizado mediante la teoría cinético-molecular.

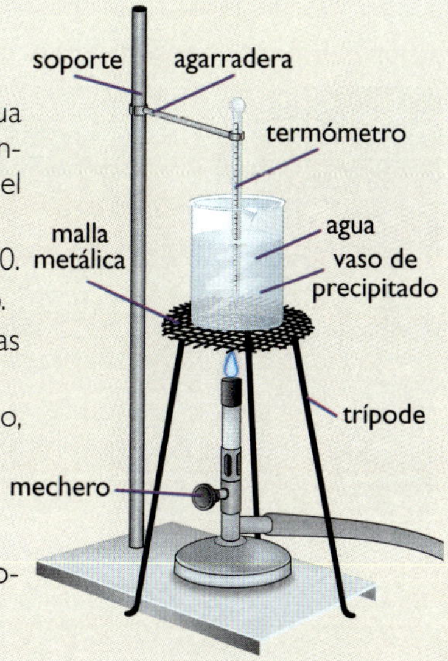

CONTENIDOS || TIPOS DE COMBUSTIBLES FÓSILES (PETRÓLEO, CARBÓN Y GAS) | FUENTES DE ENERGÍA A LO LARGO DE LA HISTORIA | HISTORIA DEL PETRÓLEO Y EL GAS | FRACCIONAMIENTO DEL PETRÓLEO | HIDROCARBUROS. PRODUCCIÓN MUNDIAL Y RESERVAS | LOS HIDROCARBUROS Y EL AMBIENTE. COMBUSTIBLES ALTERNATIVOS

3

LOS COMPUESTOS CARBONADOS COMO COMBUSTIBLES

La luz del Sol, una rama quemándose y la energía de los alimentos que consumimos son diferentes fuentes de energía que los humanos utilizamos para realizar trabajos. En la actualidad, la mayor parte de la energía que se usa en el mundo proviene de la quema de combustibles. En este capítulo, veremos qué son los combustibles fósiles de los cuales derivan sustancias llamadas hidrocarburos, cuál es su uso y cuáles son sus efectos en el ambiente.

Combustibles fósiles

Los combustibles son sustancias químicas que arden fácilmente y, al hacerlo, liberan energía que puede ser aprovechada para realizar un trabajo, como el desplazamiento de fibras musculares o el movimiento del pistón de un motor. La civilización industrial moderna utiliza los combustibles fósiles como su principal fuente de energía. Estos combustibles son: el carbón, el petróleo y el gas natural. Su nombre se debe a que se formaron a partir de los restos de seres vivos que sufrieron transformaciones fisicoquímicas al ser enterrados y sometidos a altas presiones y temperaturas durante millones de años.

La palabra "petróleo" proviene del latín *petroleum* = "aceite de roca". Sin embargo, la composición química de esta sustancia es muy distinta a la de una roca. Está formada por moléculas compuestas por átomos de carbono (C) unidos ente sí y a átomos de hidrógeno (H). Estas moléculas forman compuestos llamados **hidrocarburos**.

Los hidrocarburos pueden aparecer tanto en la superficie de la Tierra como en el subsuelo, dentro de las formaciones rocosas y en diferentes estados (gaseoso, líquido, semisólido y sólido). El petróleo es una mezcla homogénea de hidrocarburos líquidos a partir de la que se extraen sustancias que no solo sirven como combustibles, sino que también se utilizan en la elaboración de materiales, como los plásticos. Los hidrocarburos líquidos fueron empleados por distintas culturas para diferentes usos prácticos, medicinales y culturales, sin embargo, en los últimos 200 años, su desarrollo y su producción han tenido un avance vertiginoso.

El transporte de productos y materias primas dentro de un país o fuera de él depende de los combustibles fósiles.

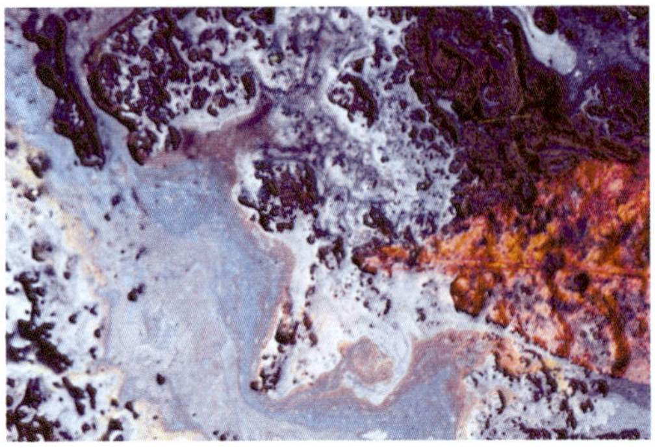

El petróleo es una mezcla de hidrocarburos líquidos.

Fuentes de energía a lo largo de la historia

A lo largo de su historia, la humanidad se ha valido de distintas fuentes de energía para realizar una amplia variedad de actividades. Los humanos primitivos, como el resto de los animales, obtenían la energía que necesitaban para sus procesos vitales exclusivamente de los alimentos que consumían y dependían del Sol como fuente de calor accesoria. Con el descubrimiento del fuego se produjo un salto tecnológico y se comenzó a utilizar la leña como combustible, que era fácil de obtener gracias a la abundancia de bosques que proliferaban en todo el planeta.

Con el descubrimiento del fuego llegó el primer avance tecnológico energético en la historia de la humanidad.

Con el cambio de la vida nómada a la sedentaria apareció la domesticación de animales. Así se empezó a utilizar la energía de caballos y bueyes para arar los campos o trasladar diferentes objetos. En la Edad Media, comenzó a emplearse la leña para fabricar carbón vegetal, que no es un combustible fósil, sino de la madera de los árboles parcialmente quemada. En ese entonces se empezó a usar la rueda de agua, que aprovechaba la energía del movimiento del agua de ríos y arroyos para realizar trabajo.

Pero fue a partir de finales del siglo XVIII, con el comienzo de la Revolución Industrial, cuando se produjo el gran cambio en el consumo energético de la civilización humana.

A principios del siglo XIX, se avanzó en la aplicación de la máquina de vapor, que utilizaba los cambios de volumen del vapor de agua para hacer mover un motor. Con ella, aparecieron inventos revolucionarios que mejoraron el transporte, como la locomotora que el ingeniero británico George Stephenson construyó en 1825.

Si bien la rueda de agua se inventó en la Antigüedad, no fue hasta la Edad Media cuando comenzó a emplearse.

CIENCIA, TECNOLOGÍA Y SOCIEDAD

LA MÁQUINA DE VAPOR DE JAMES WATT

El invento de la máquina de vapor se atribuye al escocés James Watt (1736-1819). Watt, en realidad, mejoró una máquina anterior inventada por el inglés Thomas Newcomen en 1711. La máquina de Watt era mucho más eficiente y funcionaba al calentar vapor de agua mediante una caldera en la que ardía carbón. El vapor de agua, al calentarse, se expande y ejerce presión sobre partes de la máquina que realizan el movimiento. Mientras perfeccionaba su invento, Watt gastó todo su dinero y quedó en la ruina, pero debido a sus logros, el empresario John Roebuck aportó el dinero para construir la máquina y tanto él como Watt obtuvieron ganancias por su uso.

Dibujo de la máquina de vapor inventada por Watt.

La era de los combustibles fósiles

Desde finales del siglo XIX el avance tecnológico fue el protagonista. Aparecieron la energía eléctrica, los automóviles, los aviones, los motores de combustión interna, la industria química y la industria metalúrgica. Se dio lugar así a la segunda fase de la Revolución industrial, en la que los combustibles fósiles, especialmente el carbón, aportaron la energía primaria de casi todos los procesos industriales. La tendencia a utilizar carbón disminuyó a partir de la Segunda Guerra Mundial y comenzó a tomar protagonismo el petróleo.

En la actualidad, se necesitan grandes cantidades de energía para las diversas actividades humanas. Es por eso que el consumo de combustibles se ha incrementado tanto en los últimos tiempos.

Desde que comenzaron a utilizarse combustibles fósiles, el número de compañías petrolíferas creció a la par de nuevos mercados: energía, transportes, calefacción, etc. La búsqueda de yacimientos petrolíferos fue una constante ante las expectativas que se intuían. Oriente Próximo, una de las regiones del planeta más ricas en petróleo, se convirtió en una zona sobre la que países industrializados enfocaron su interés. En 1973, la creciente demanda de energía del mundo desarrollado sufrió una importante crisis. A raíz de conflictos políticos, los países árabes embargaron el suministro de petróleo a los Estados Unidos, que era el mayor consumidor hasta ese momento, y recortaron su producción. Desde entonces el precio del **crudo**, como se denomina al petróleo extraído del yacimiento, ha ido en constante aumento.

La explotación petrolera creció de manera exponencial durante el siglo XX.

Ante esa situación, los mercados que hasta entonces se habían consolidado en el petróleo y el gas, volvieron al uso del carbón y comenzó a utilizarse la energía atómica.

Sin embargo, en nuestro planeta existen otras fuentes de energía menos contaminantes que los combustibles fósiles. Son las **fuentes de energía renovables** que pueden regenerarse en un período aproximadamente menor al año y medio. Son fuentes de energía renovables: el Sol, que irradia luz y calor que puede ser aprovechado por paneles solares; el viento, que origina la energía eólica; el movimiento del agua, que genera la energía hidráulica o mareomotriz; los volcanes, géiseres y aguas termales, que dan lugar a la energía geotérmica (del interior de la Tierra), y el hidrógeno, el gas más abundante del universo, cuya combustión produce energía térmica.

A pesar de que existen todas estas fuentes de energía, los combustibles fósiles son el recuso energético más utilizado en la actualidad.

Tipos de combustibles fósiles

Los combustibles fósiles se generan a partir de procesos que duran millones de años. Son fuentes de energía no renovables, es decir que la tasa de consumo es mucho más alta que el tiempo en que se generan.

El carbón

El carbón natural se compone principalmente del elemento carbono, pero están presentes en él otros elementos. Existen varias clases de carbones: la antracita, la hulla, el lignito y la turba. Todos se forman a partir de restos vegetales. A medida que estos restos se degradan, aumenta de forma progresiva su porcentaje de carbono y disminuye el de agua y otros elementos. Esta variación es la que los diferencia.

TIPO DE CARBÓN	MADERA	TURBA	LIGNITO	HULLA	ANTRACITA
Humedad %	10-30	18	6	4	2
Carbono %	50	41	63	80	92
Hidrógeno %	6	6	5	5	3
Oxígeno %	43	33	25	10	3
Nitrógeno %	1	2	1	1	0

Porcentajes aproximados de humedad, carbono y materiales volátiles en los distintos tipos de carbones.

El petróleo

El petróleo es un líquido generalmente viscoso, cuyo color puede ir desde el marrón-verdoso hasta el negro; su olor y densidad también pueden variar.

El petróleo es una mezcla de muchos hidrocarburos y se lo encuentra junto al gas natural. Todos los petróleos: livianos, medianos, pesados y extrapesados, tienen características y propiedades físicas y químicas que a la vista sirven para distinguirlos. Otras características tienen que ser determinadas por análisis de laboratorio. Los crudos pueden ser menos densos que el agua (livianos y medianos), o tanto o más que el agua (pesados y extrapesados).

De allí que la densidad pueda tener un valor de 0,75 a 1,1 g/ml (la densidad del agua es 1 g/ml). El petróleo crudo tal como se extrae tiene un uso limitado, por lo que es necesario separarlo en fracciones para adecuarlo a las necesidades humanas.

El gas

El gas natural se encuentra en los yacimientos acompañando al petróleo. Forma una capa por encima de este porque es mucho menos denso debido a que está compuesto por una mezcla de hidrocarburos que son gaseosos en las condiciones del yacimiento (temperatura y presión). También puede ser encontrado solo, en depósitos gasíferos. El gas natural se utiliza como combustible, para cocción de alimentos y calefacción, pero también como materia prima de otros compuestos. Desde hace pocos años, se emplea también el GNC (gas natural comprimido) como combustible para automotores. El gas natural, al estar formado por diferentes hidrocarburos, también puede ser fraccionado. Algunas de sus fracciones se usan como gas, pero otras (como el etileno) se utilizan para la fabricación de plásticos.

El carbón y el petróleo se forman de manera similar. Las plantas y los bosques de hace 300 millones de años fueron sucesivamente cubiertos por rocas y sedimentos. La presión, el calor y el paso de los millones de años convirtieron la celulosa de los vegetales en carbón. En cambio, el petróleo se formó a partir de los microorganismos acuáticos.

Historia de la industria petrolera

El primer pozo para explotación industrial de petróleo fue construido en 1859 por el coronel estadounidense Edwin L. Drake. Este pozo llegó a la profundidad de 20 m y producía 25 barriles diarios.

Edwin L. Drake y su compañero Meter Wilson junto al pozo que construyeron en 1859.

La utilización del gas natural demoró más tiempo debido a las dificultades técnicas para almacenarlo y transportarlo. En 1930, comenzaron a construirse algunos ductos de acero para transportar el gas por tierra y, recién en 1964, empezaron a transportarse por mar en embarcaciones especiales. Algunos gases pasan a estado líquido a 160 °C aproximadamente, lo que reduce su volumen 600 veces. Esta propiedad es utilizada para facilitar su traslado.

En la Argentina, la explotación de hidrocarburos comenzó en 1865 con la Compañía Jujeña de Kerosene. A esta le siguió la Compañía Mendocina de Petróleo, que construyó los primeros pozos en esa provincia en 1885. Durante 1906 y 1907, varias compañías extranjeras obtuvieron permisos para la explotación de petróleo en Comodoro Rivadavia, Neuquén y Salta. Hacia 1922, se creó Yacimientos Petrolíferos Fiscales (YPF), que fue la primera empresa nacional y más importante hasta 1997, cuando se privatizó. Acompañando a la industria del petróleo creció la industria petroquímica, que fabrica materiales a partir de derivados del petróleo y del gas natural. La primera planta petroquímica en la Argentina se instaló en 1940. El Estado argentino realizó las primeras inversiones en instalaciones de escala reducida, pensadas para el mercado local. Luego, en 1960 se proyectó la creación de dos grandes empresas, Petroquímica General Mosconi y Petroquímica Bahía Blanca, como proveedoras de petroquímicos básicos que se rodearían de plantas más pequeñas.

El Polo Petroquímico de Bahía Blanca se originó en 1968 como un proyecto de la empresa Dow Chemical de los Estados Unidos para producir etileno a partir de la separación del etano del gas natural. Se halla ubicado sobre el camino Parque Sesqui Centenario, a 5 km de la ciudad.

Producción de petróleo

Localizar los reservorios de petróleo es una tarea compleja, que requiere la participación de geólogos, ingenieros, físicos y químicos. La exploración comienza con la toma de fotografías aéreas que, junto con el trabajo de campo, sirven para elegir las áreas con mayores probabilidades de que haya petróleo. Luego, se estudian las propiedades subsuperficiales para conocer las rocas en profundidad. No importa cuán fuertes sean los indicios hallados; la única forma de determinar si existen hidrocarburos es realizar un pozo de exploración. Una vez confirmada la presencia de petróleo, comienza la etapa de producción.

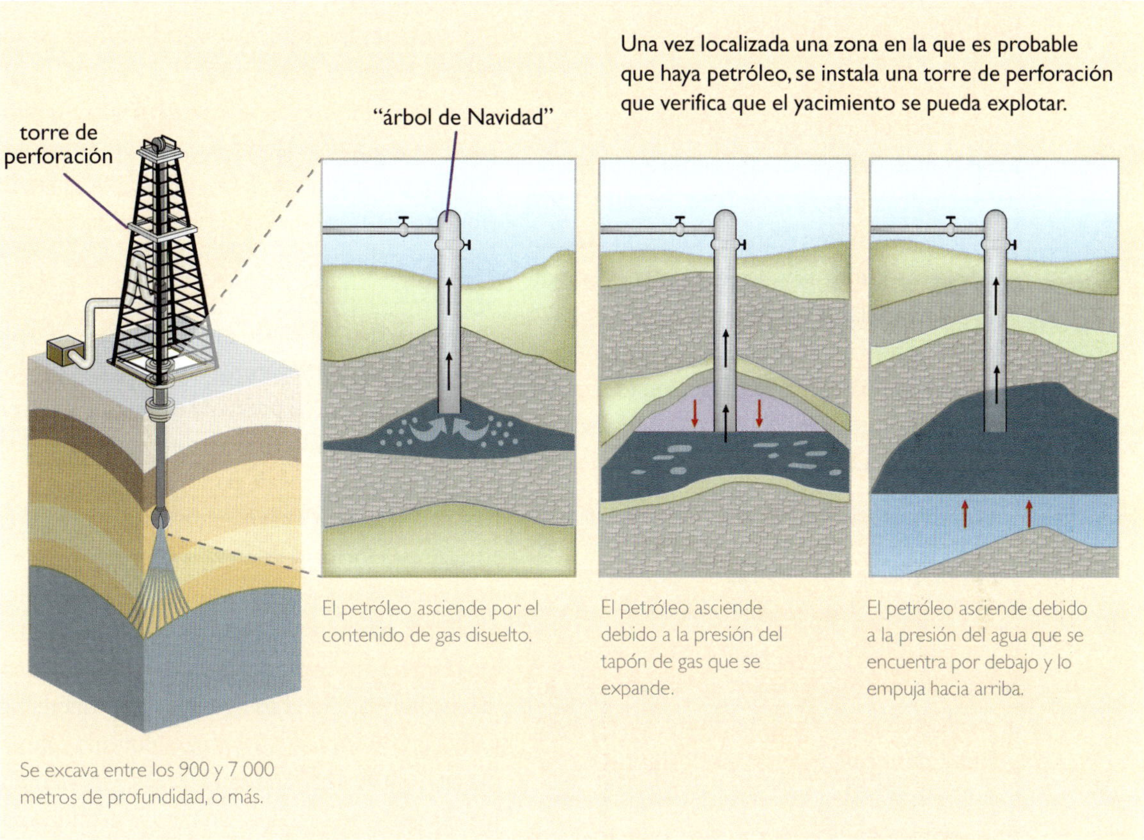

El petróleo es empujado hacia la superficie por el gas que contiene disuelto (izquierda), por una capa de gas que se encuentra por arriba (centro) o por una capa de agua ubicada debajo.

El método más utilizado en la actualidad para realizar un pozo es el de la perforación rotativa. Se construye una torre de perforación, integrada por cuatro grandes columnas de acero. En el extremo inferior de la torre se encuentra el trépano, que es la herramienta que perforará la tierra y la roca. A medida que el trépano avanza, se añaden barras para poder alcanzar zonas más profundas. Este proceso se repite a medida que la perforación se profundiza. Para facilitar la tarea se añade un lubricante llamado lodo de perforación, que se hace circular permanentemente desde la superficie hasta el fondo del pozo.

El petróleo crudo entrampado en el subsuelo se encuentra asociado al gas y/o agua, y se mantiene allí debido a la presión. Una vez finalizado el pozo, en la superficie se coloca un "árbol de Navidad", que es un dispositivo compuesto por una serie de válvulas que permiten regular la salida del petróleo.

El petróleo llega a la superficie mezclado con gas en solución. Entonces, se lo bombea hacia una planta de procesamiento que separa el gas del petróleo y lo envía a plantas de almacenaje.

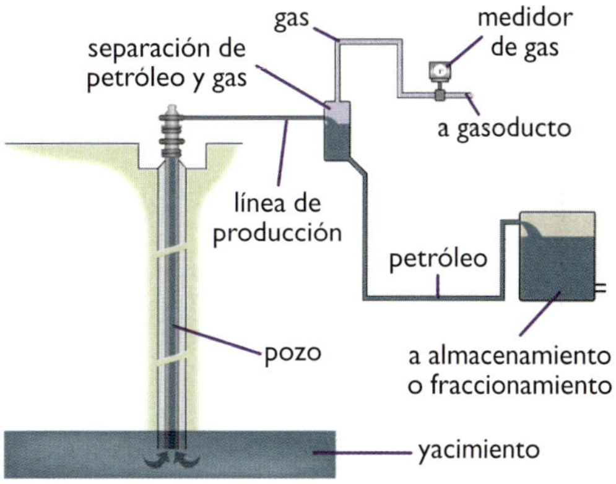

El petróleo se extrae junto con el gas y luego es separado.

Del pozo a la destilería

En las **refinerías** se extraen del petróleo diferentes productos: desde combustibles hasta materias primas para productos como los plásticos, productos cosméticos, el asfalto, etcétera. Estos derivados se conocen comúnmente con el nombre de **petroquímicos** y, por el momento, son difíciles de reemplazar por otros materiales.

La refinación se realiza mediante un método conocido como **destilación fraccionada,** que se basa en las diferencias entre los puntos de ebullición de los hidrocarburos que conforman el petróleo.

La destilación fraccionada se realiza en una **torre de destilación** o columna fraccionadora.

El crudo es una mezcla de hidrocarburos en la cual los hidrocarburos que tienen entre 1 y 4 átomos de carbono están en estado gaseoso; los que tienen entre 5 y 16 se encuentran en estado líquido y los que tienen más de 18 átomos de carbono, en estado sólido. En la base de la columna fraccionadora hay un horno en el que se calienta el crudo.

A medida que se asciende en la columna, la temperatura varía, entonces los diferentes hidrocarburos se separan debido a la diferencia en sus puntos de ebullición y fusión.

El petróleo crudo caliente asciende en la columna y los hidrocarburos de menor número de átomos por molécula se vaporizan y escapan del líquido. Estos vapores ascienden por la columna y se elevan hacia zonas más frías. Los que tienen puntos de ebullición más bajo permanecen como gases y siguen subiendo hacia las partes más altas. Aquellos que llegaron a una zona con menor temperatura que su punto de ebullición vuelven a condensarse y son recolectados como líquidos. Otros hidrocarburos de punto de ebullición mayor se condensan y caen en un nivel más bajo.

De esta forma, a diferentes alturas (y diferentes temperaturas) de la columna, se extraen los distintos compuestos. Hay dos corrientes dentro de la torre: una ascendente y gaseosa, y otra descendente y líquida. Los líquidos de las diferentes bandejas se extraen y se los pasa por una columna de destilación secundaria, ya que en cada una de ellas quedan líquidos con mezcla de hidrocarburos. En la tabla de la página 53 se pueden observar los productos que se obtienen según su punto de ebullición.

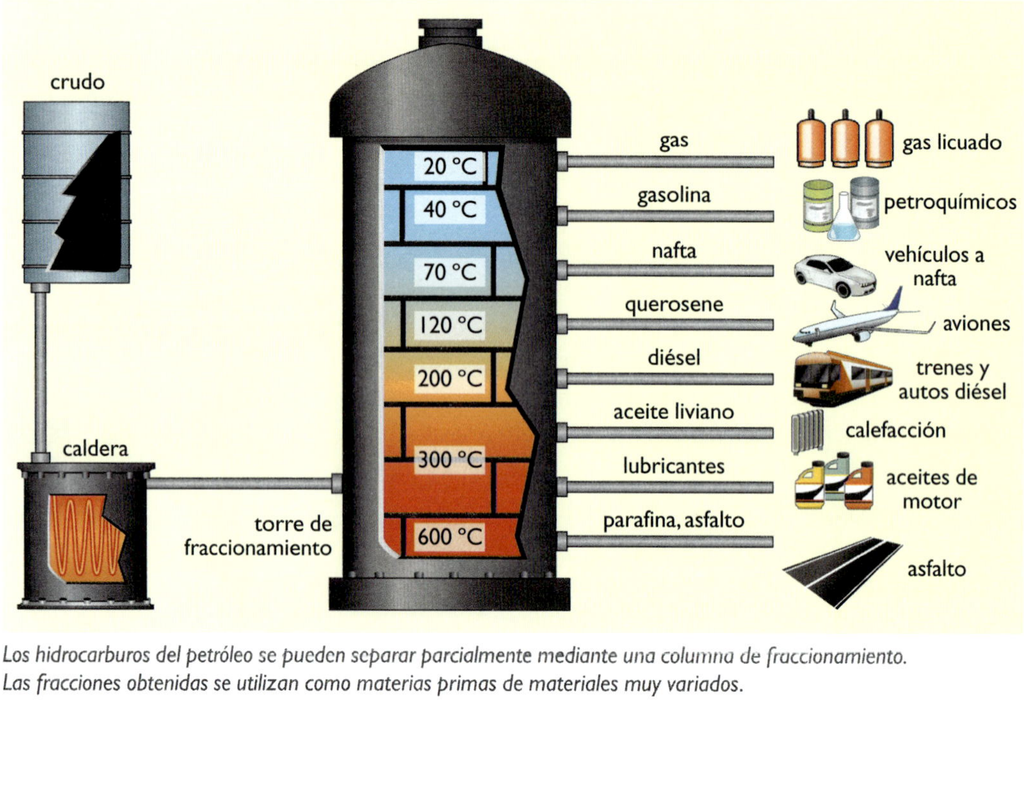

Los hidrocarburos del petróleo se pueden separar parcialmente mediante una columna de fraccionamiento. Las fracciones obtenidas se utilizan como materias primas de materiales muy variados.

Fracción	Punto de eb. (°C)	N° de átomos de C	Fórmula molecular	Aplicaciones
Gas	20	1-4	CH_4	Combustible, gas doméstico, calefacción.
Nafta	30 a 200	5-10	C_5H_{12}	Combustible para automóviles.
Querosene	200 a 275	10-15	$C_{12}H_{26}$	Combustible doméstico, aviación.
Diésel	275 a 400	15-17	$C_{15}H_{28}$	Combustible para motores diésel.
Aceites y lubricantes	400	18-25	$C_{20}H_{42}$	Lubricación.
Vaselina sólida	400	25-40	$C_{25}H_{52}$	Velas, aislantes, impermeabilización.
Asfalto	Residuos sólidos	> 40	Mezcla de compuestos de alta densidad	Pavimentos, impermeabilización.

Reservas de petróleo y gas

Se denomina **reservas de petróleo y gas** de un yacimiento al volumen total de hidrocarburos que sea posible extraer de este y que resulte rentable (que se pueda vender). Según el grado de certeza que se tenga en la estimación de las reservas, estas pueden clasificarse en:

- **Reservas comprobadas**: pueden extraerse comercialmente y han sido evaluadas en la actualidad por medio de excavaciones y métodos que aseguran un régimen continuo de producción.
- **Reservas probables**: son aquellas que no han sido probadas directamente por medio de pruebas prolongadas de producción comercial, pero que, por encontrarse dentro de los límites geográficos de un yacimiento, pueden ser probadas abriendo pozos adicionales y haciendo pruebas de producción.
- **Reservas posibles**: son aquellas de posible existencia pero que por falta de información no pueden recibir una clasificación categórica.

Las mayores acumulaciones, que representan aproximadamente el 75% de los hidrocarburos del mundo, se encuentran en tres grandes áreas: Estados Unidos, Rusia y Medio Oriente.

En la Argentina, la producción de petróleo creció a lo largo de los años y aumentaron de manera significativa las reservas comprobadas. Esto quiere decir que se espera que la extracción de hidrocarburos se extienda durante muchos años más. Esto podría aún ser más promisorio de encontrarse reservas en la plataforma marina de nuestro país.

La formación de hidrocarburos demanda millones de años, y el ritmo de consumo provocaría que se agoten las reservas en 300 años. Pero los avances tecnológicos y el descubrimiento de nuevas reservas, por ejemplo, en aguas profundas, pueden extender el período de consumo. De todas maneras, resulta necesario encontrar fuentes de energía alternativas.

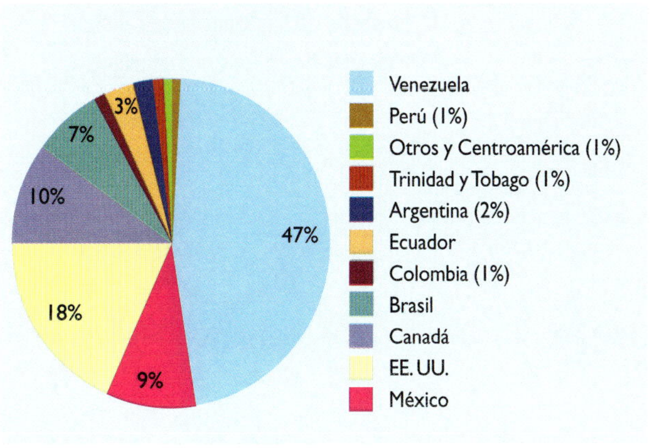

Reservas de petróleo en América en el año 2004.

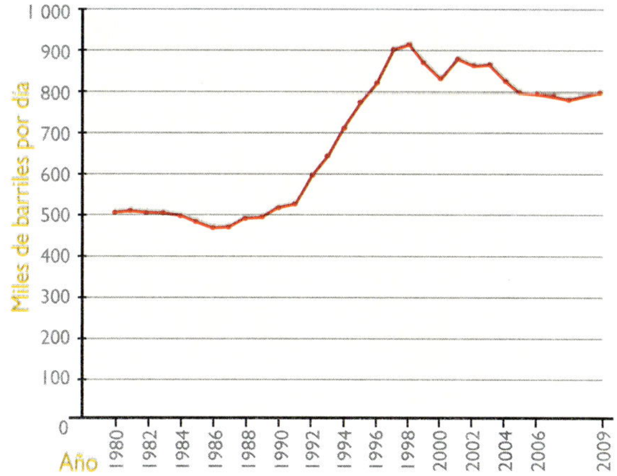

Producción de crudo a lo largo de los años en la Argentina.

La nafta

La nafta es el derivado más importante del petróleo debido a su utilización en los automóviles y demás medios de transporte. Consiste en una mezcla de hidrocarburos líquidos de entre 5 y 12 átomos de carbono por molécula. Se obtiene mediante un método llamado **craqueo**, que consiste en la ruptura de moléculas largas en cadenas más cortas. De esta forma se obtienen naftas a partir de, por ejemplo, el querosene, que contiene un mayor número de átomos de carbono.

¿Qué es el octanaje de una nafta?

Como se verá en el Capítulo 4, los hidrocarburos son cadenas de átomos de carbono unidas entre sí y a átomos de hidrógeno. Estos átomos de carbono pueden estar unidos de forma lineal, o presentar ramificaciones.

En un motor de combustión (los que tienen los automóviles y los vehículos en general), el movimiento se produce debido a una serie de explosiones secuenciadas dentro de los pistones. Los pistones se encuentran en compartimentos que se llenan de aire y de nafta (en microgotas). La nafta reacciona con el oxígeno del aire, pero para que eso suceda necesita cierta energía que se genera con una chispa eléctrica que se produce al girar la llave que enciende el motor; a esto se lo llama detonación. Además, para que se produzca la reacción, la mezcla de aire y nafta debe comprimirse. Cuando se genera explosión por la combustión de la nafta, el pistón se expande y empuja una serie de componentes del motor que se mueven y hacen que giren las ruedas.

Si la explosión se produce antes de tiempo, el motor funciona mal y de forma ineficiente, lo que produce un desgaste en las partes que lo conforman.

La velocidad de detonación de una nafta depende de la estructura de los hidrocarburos que la componen. Los hidrocarburos de cadenas lineales detonan muy rápido, mientras que aquellos hidrocarburos con cadenas ramificadas lo hacen en forma lenta. Este tipo de hidrocarburos resiste una mayor compresión sin detonar y se dice que tienen mayor poder antidetonante. Por esta razón, se ideó una escala arbitraria en la que se le asigna un 0 al hidrocarburo de la nafta menos ramificado, llamado heptano, y se le asigna un 100 al hidrocarburo de la nafta más ramificado, llamado 2,2,4-trimetil pentano.

Cuanto mayor es el octanaje, más se puede comprimir la nafta sin que explote antes de tiempo, con lo que el motor funciona mejor. Si una nafta tiene octanaje 93, por ejemplo, quiere decir que es una mezcla de 93% de hidrocarburos muy ramificados y 7% de heptano. En el proceso de destilación fraccionada y craqueo se obtiene una nafta de muy bajo número de octanos (alrededor de 50). Es por esta razón que se realizan procesos químicos que transforman las cadenas lineales en cadenas ramificadas, pero con la misma fórmula molecular.

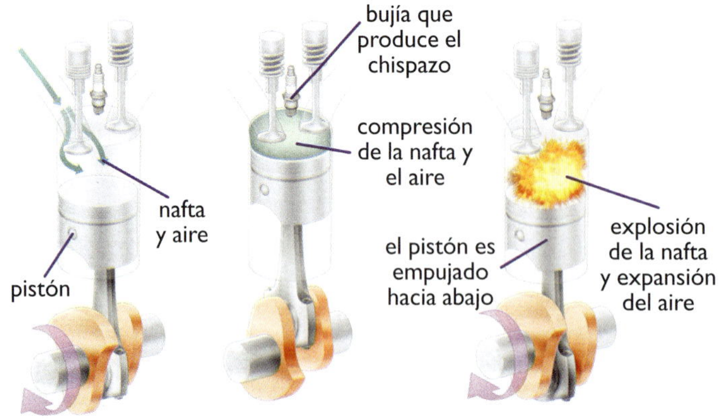

La cámara del pistón se llena de aire y nafta que luego son comprimidos. Una chispa produce la explosión de la nafta y el aire se expande rápidamente. De este modo, vuelve a mover el pistón hacia abajo.

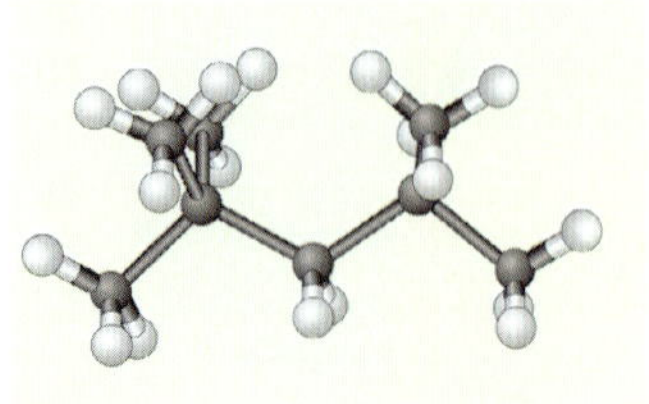

El isooctano es un hidrocarburo ramificado y, por lo tanto, le otorgará mayor octanaje a una mezcla de nafta.

Los combustibles alternativos: biocombustibles

Se conoce como **energías alternativas** a todas aquellas formas de obtener energía que no dependen de los combustibles fósiles. En la actualidad, existen combustibles que reemplazan el petróleo y el gas. Los vehículos que funcionan con biocombustibles reducen hasta en un 78% las emisiones de dióxido de carbono a la atmósfera. Estos combustibles dejan menos ganancia que los combustibles fósiles, pero serán más rentables a medida que se agoten las reservas de gas y petróleo.

Los **biocombustibles** son combustibles que se obtienen de la biomasa de manera directa, es decir, de los organismos vivos (como plantas o algas) o de sus desechos metabólicos (como estiércol). Son un recurso renovable dado que pueden obtenerse a partir de cultivos o como subproducto de la cría de ganado.

Existen varios tipos de combustibles asociados a la biomasa. Los más comunes son el biodiésel, el biogás y los alcoholes.

- **Biodiésel**

La elaboración del biodiésel se realiza a partir de los aceites vegetales y de la grasa animal. Se obtiene mediante un proceso denominado transesterificación. El biodiésel es un producto más viscoso que la nafta o que los alcoholes, y reemplaza al combustible diésel tradicional derivado del petróleo debido a que aporta una cantidad de energía similar.

Se puede obtener biodiésel a partir del aceite de las semillas de soja o de girasol.

- **Biogás**

El biogás se produce mediante la fermentación bacteriana de la materia orgánica en ausencia de oxígeno. Esta materia orgánica pueden ser plantas, desechos vegetales, materia vegetal seca o estiércoles. El producto obtenido de esta fermentación se encuentra conformado principalmente por metano en estado gaseoso, que es un hidrocarburo que puede utilizarse como combustible.

Planta productora de biogás. Los biodigestores son tanques dentro de los que se colocan desechos vegetales y estiércol de animales. Mediante la acción de microorganismos se produce gas metano.

- **Alcoholes**

El principal alcohol utilizado como combustible es el etanol. Si se adaptan los motores puede usarse en reemplazo de la nafta. La producción de etanol se realiza a partir de granos como el maíz o de la caña de azúcar. En el caso de los granos, es necesario convertir el almidón del grano en azúcares, lo que se consigue por medio de enzimas. Una vez obtenidos los azúcares, cierto tipo de microorganismos realizan un proceso de fermentación hasta obtener el alcohol.

Hoy en día, los mejores resultados se obtienen mediante la combinación de combustibles fósiles y biocombustibles, en diferentes porcentajes. Estos combustibles se reconocen por una primera letra que identifica el tipo de biocombustible: (E) indica que es etanol y (B) que es biodiésel; y un número que señala el porcentaje que hay de cada uno en la mezcla.

E5	Es una mezcla de nafta con 5% de etanol.
E10	Es una mezcla que contiene 90% de nafta y 10% de etanol.
E15	Es una mezcla que contiene 15% de etanol y 85% de nafta.
B5	Es una mezcla que contiene 5% de biodiésel y 95% de diésel fósil.
E100	Es etanol al 100%

Los combustibles y la contaminación del ambiente

Si bien los combustibles fósiles pueden ser reemplazados por biocombustibles, otros productos derivados del petróleo, como los plásticos, son más difíciles de suplantar. Sin embargo, dado que el petróleo es un recurso no renovable, deben tomarse medidas básicas para su conservación y buena utilización, y para preservar el ambiente, que es modificado tanto por la extracción de petróleo como por los desechos de su combustión.

Los combustibles fósiles son utilizados para generar energía en centrales eléctricas, por lo que su uso no se limita al transporte. Consumimos este recurso cada vez que encendemos la luz o un electrodoméstico. Para disminuir la liberación de desechos tóxicos y evitar el agotamiento de las reservas de petróleo, es necesario el uso racional de energía y el reemplazo de los métodos tradicionales de obtención de electricidad por otros como la energía solar o la hidráulica. Sin estas medidas, no solo se acelera la desaparición del recurso, sino que también se pueden generar importantes daños en la naturaleza. Algunos de estos daños pueden ser:

- **Daños atmosféricos**: la combustión de hidrocarburos genera importantes cantidades de dióxido de carbono, que es uno de los llamados gases invernaderos. El aumento de la concentración atmosférica de este gas podría producir un sobrecalentamiento de nuestro planeta. Las consecuencias de un calentamiento global son la pérdida de masas de hielo y, por lo tanto, el aumento del nivel de los océanos. El agua dulce vertida en los océanos como producto del derretimiento podría modificar las corrientes debido a un cambio en la salinidad. Esto produciría un cambio climático a escala global. Además de reducir la emisión de gases invernaderos, se debe evitar la emisión de elementos tóxicos como el plomo y el azufre. El carbón tiene grandes cantidades de azufre que, al ser quemado, es liberado a la atmósfera donde puede formar ácido sulfúrico y precipitar como lluvia ácida. La lluvia ácida daña lentamente todas las estructuras construidas por el hombre y los suelos. Por otra parte, el impacto ambiental producido por la combustión de gas es menos contaminante que la quema de hidrocarburos sólidos o líquidos. Esto generó que en los últimos años creciera la demanda de gas, por ser una fuente de energía más limpia.
- **Contaminación de ambientes marinos y terrestres:** en el proceso de producción y transporte siempre está presente el riesgo de que ocurran accidentes en los que se generen derrames de petróleo. Estos derrames, ya sea en tierra firme o en agua, provocan la destrucción de la flora y fauna locales.

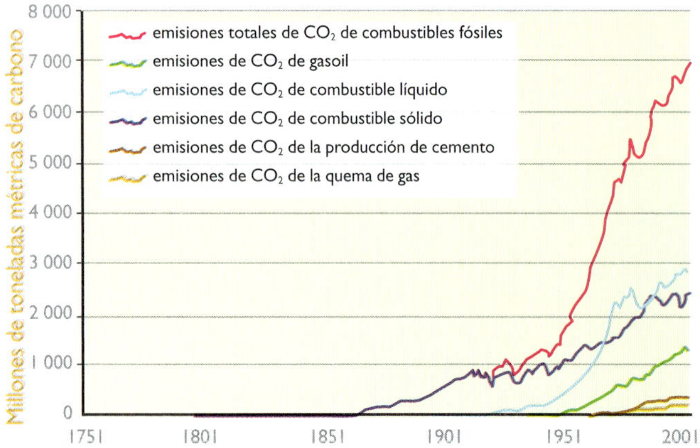

Emisiones globales de CO_2 debido a actividades humanas.

Debido a que es menos denso que el agua, el petróleo flota en el mar formando extensas películas de contaminación en la superficie del agua que pueden abarcar kilómetros de extensión.

1. **Discutan acerca de qué recursos energéticos se consideran renovables y cuáles no. ¿Qué es lo que hace que un recurso energético sea no renovable?**

2. **Luego de haber leído sobre los combustibles fósiles, reúnanse en grupos y resuelvan las siguientes consignas.**

a. ¿A qué se llama combustible fósil? ¿A qué se debe su nombre?

b. ¿El petróleo y el gas son sustancias puras? ¿Por qué? ¿Cuáles son sus principales usos?

c. ¿Cuántos tipos de carbón existen? ¿Cuáles se usan hoy en día? ¿Qué diferencia existe entre el carbón que se utiliza para el asado y el carbón mineral o fósil?

d. ¿Qué son las reservas comprobadas, probables y posibles?

e. En los yacimientos de petróleo suele encontrarse gas natural. Teniendo en cuenta el origen del petróleo elaboren una teoría acerca del origen de ese gas. Una pista: ¿tiene un origen distinto al del petróleo? ¿Qué lo diferencia?

3. **De acuerdo con la información que hay en el capítulo acerca de la nafta, resuelvan las siguientes actividades.**

a. Expliquen por qué una nafta con mayor octanaje se considera de mayor calidad.

b. Mencionen los procesos que se realizan desde que se encuentra un yacimiento de petróleo hasta que se produce una nafta con un octanaje adecuado para no dañar un motor.

4. **Investiguen en Internet cuáles son los reservorios de hidrocarburos más importantes de la Argentina. Ubíquenlos en un mapa.**

5. **Investiguen acerca de la historia de los combustibles y sus efectos.**

a. Busquen fechas de los principales avances tecnológicos en el transporte y la industria desde el siglo xv. Luego averigüen las fechas de los principales adelantos en el desarrollo de los combustibles y la industria de los hidrocarburos. Realicen una línea de tiempo para cada caso y compárenlas. Escriban sus conclusiones.

b. Investiguen más acerca de los biocombustibles y combustibles alternativos.
Discutan en grupos si es una energía totalmente limpia o la producción y el desarrollo de los biocombustibles como reemplazo de los combustibles fósiles trae consecuencias dañinas para el planeta.

c. Investiguen en la web y busquen artículos periodísticos acerca del Protocolo de Kyoto. Averigüen de qué se trata y expliquen cómo se relaciona con los combustibles fósiles.

6. **Luego de leer acerca del fraccionamiento del petróleo, resuelvan las siguientes consignas.**

a. De acuerdo con su punto de ebullición, ordenen las siguientes fracciones derivadas del petróleo. Coloquen las de menor punto de ebullición al principio y las de mayor punto de ebullición al final.

- ☐ Querosene
- ☐ Gas
- ☐ Lubricantes
- ☐ Diésel
- ☐ Naftas

b. ¿Cuáles se extraen más rápidamente? Expliquen por qué.

c. Completen el siguiente esquema con el nombre de las diferentes fracciones dadas en el punto a) y den ejemplos del uso que se le da a cada una.

El petróleo y la contaminación

El objetivo de este proyecto es investigar y analizar la acción contaminante de los combustibles fósiles. Este trabajo se llevará a cabo en grupos de cuatro a cinco participantes.

• **Modelo para estudiar un derrame de petróleo**

Cuando se derrama petróleo en un cuerpo de agua (mares, lagos, ríos, etc.), se produce lo que se conoce como "marea negra", que es una masa espesa de hidrocarburos que flota en la superficie del agua. Esta masa, una vez en el agua, demora mucho en degradarse naturalmente y contamina el entorno a medida que se extiende y es movida por el viento y las corrientes. La marea negra afecta a los seres vivos, altera gravemente el ecosistema y suele provocar la muerte de muchas de sus especies. En esta actividad, les proponemos hacer un modelo de un derrame de petróleo.

ALGUNOS DE LOS MATERIALES UTILIZADOS EN ESTA ACTIVIDAD SON TÓXICOS, ES POR ESO QUE SE LOS DEBE MANEJAR CON CUIDADO Y CON LOS GUANTES PUESTOS.

MATERIALES

- Guantes de goma.
- Recipiente de 20 cm de diámetro.
- Agua.
- Un gotero o pipeta.
- Una cucharada sopera de aceite para motor.
- Una regla.
- Una cuchara de madera.
- Un recipiente metálico o de vidrio que resista el calor.
- Un mechero.
- Un trípode y una malla metálica.

• **Procedimiento:**

1. Colóquense los guantes. Llenen el recipiente con abundante agua fría (reserven un tercio del agua en el recipiente metálico). Luego, con la pipeta o el gotero, coloquen cinco gotas de aceite de motor en el recipiente (una gota sobre la otra, de forma que queden unidas).
2. Dibujen un esquema que represente lo que observan en el recipiente.
3. Describan qué es lo que observan, ¿se disuelve el aceite de motor con el agua?, ¿permanece quieto o se mueve? ¿Se hunde o flota? ¿Por qué?
4. Cada 1 minuto midan el diámetro del derrame de aceite. Hagan diez mediciones.

5. Calculen el área del derrame. Para hacerlo, aproximen el área del derrame al área de un círculo, sabiendo que: $A = \pi \cdot (\text{diámetro}/2)^2$ (donde π equivale a 3,14).
6. Registren los datos en una tabla como la siguiente:

MINUTO	DIÁMETRO EN CM	ÁREA EN CM^2	OBSERVACIONES (indiquen si hubo algún cambio de forma en la mancha o si se desplazó)
1	1,2	1,13	
2			
3			
4			
5			
6			
7			
8			
9			
10			

7. Muevan el agua del recipiente con la cuchara sin tocar el aceite. Anoten lo observado, vuelvan a calcular el área.
8. Calienten el agua que habían reservado. Viertan lentamente el agua caliente en un costado del recipiente. Háganlo muy despacio para no agitar el agua. Observen si ocurren cambios en la mancha de aceite.

- **Preguntas para el análisis**

1. ¿Cambió el área de la mancha con el tiempo?
2. ¿Observaron cambios en la mancha al agitar el agua?
3. Si se hubiera tratado de un derrame real, ¿qué representaron al mover el agua?, ¿y al verter agua más caliente? Analicen qué podría ocurrir en un ecosistema real en esos casos.

- El petróleo como contaminante

LA NAFTA ES MUY INFLAMABLE.
NO LA MANIPULEN SIN SUPERVISIÓN DEL DOCENTE.

MATERIALES

2 plantas, agua y nafta.

- **Procedimiento**:

1. Coloquen las dos plantas en un lugar apropiado, con luz natural. Luego preparen una mezcla de partes iguales de agua y el combustible elegido.
2. Durante 4 días rieguen las plantas. La primera con agua pura y la segunda con la mezcla preparada, y anoten los efectos visibles en las plantas.

- **Preguntas para el análisis**

1. ¿Qué sucedió? ¿Se ven diferencias entre las dos plantas? ¿Cuáles?
2. ¿Qué conclusión pueden sacar acerca del efecto que puede tener el petróleo en un ecosistema?

ACTIVIDADES

- **Busquen información e imágenes sobre derrames de petróleo ocurridos en los últimos años, especialmente el caso de la empresa British Petroleum conocido como *Deep water horizon*. Analicen los daños ocurridos y los medios utilizados para detener el desastre.**

CONTENIDOS || HIDROCARBUROS, DEFINICIÓN | TIPOS DE HIDROCARBUROS: ALCANOS, ALQUENOS Y ALQUINOS | HIDROCARBUROS LINEALES, RAMIFICADOS, CÍCLICOS Y AROMÁTICOS. ISOMERÍA. PROPIEDADES FÍSICAS Y QUÍMICAS | MAGNITUDES ATÓMICO-MOLECULARES | ESTEQUIOMETRÍA

4

LOS HIDROCARBUROS

A partir del descubrimiento del petróleo, del desarrollo de la petroquímica y de los avances de la química en general, se aceleró la investigación acerca de las propiedades de los componentes del petróleo y sus derivados, que son utilizados como materias primas en diferentes industrias. A lo largo de este capítulo se estudiarán las principales características de este tipo de sustancias, sus usos más importantes y la necesidad de cuantificarlos para predecir la elaboración de un producto, tanto en el laboratorio como en la industria.

Los hidrocarburos

En el Capítulo 3, se explicó que el petróleo es una mezcla homogénea formada por un grupo de compuestos muy particulares: los **hidrocarburos**, y que estos compuestos carbonados se caracterizan por que están constituidos solo por átomos de carbono e hidrógeno, de allí su nombre. En estos compuestos, los átomos de carbono se unen entre sí y con átomos de hidrógeno de forma covalente y constituyen largas cadenas.

Debido a que los orbitales del átomo de carbono pueden presentar hibridación de tipos sp^3, sp^2 o sp al unirse a otro carbono, pueden hacerlo por medio de enlaces simples, dobles o triples, respectivamente. El octeto queda completado con átomos de hidrógeno.

Los hidrocarburos están presentes en nuestra vida cotidiana, tanto en la composición como en la fabricación de diversos materiales.

Se pueden encontrar hidrocarburos con cadena de forma lineal, otros con cadena ramificada, y algunos en los que la cadena forma un ciclo. Las propiedades físicas y químicas dependen en gran medida de estas estructuras y de si aparecen enlaces sencillos, dobles o triples entre los átomos de carbono.

Los hidrocarburos pueden clasificarse teniendo en cuenta tanto la cantidad de enlaces entre los átomos de carbono como la forma de la cadena carbonada.

Si se tiene en cuenta el primer criterio, los hidrocarburos se clasifican en **lineales**, **ramificados** y **cíclicos**. Si, en cambio, consideramos el tipo de enlace, podemos hablar de hidrocarburos **saturados** y **no saturados**. En las siguientes páginas de este capítulo analizaremos las características de cada uno de ellos.

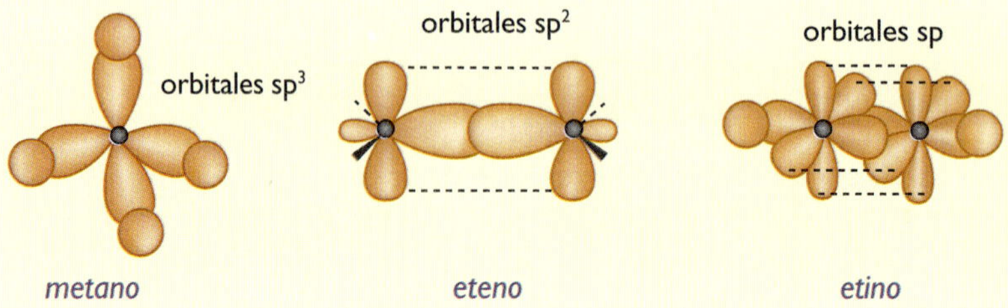

Los átomos de carbono pueden presentar enlaces simples, dobles o triples, según la hibridación de sus orbitales de enlace.

Hidrocarburos saturados y no saturados

De acuerdo con el tipo de enlace que se establece entre los átomos de carbono, los hidrocarburos se clasifican en saturados (alcanos) y no saturados (alquenos y alquinos).

Los **alcanos** son los hidrocarburos más sencillos: todos sus enlaces son simples. A temperatura ambiente, se presentan en los tres estados de agregación: los que tienen entre 1 y 4 átomos de carbono son gaseosos, los que tienen cadenas de hasta 16 átomos son líquidos, mientras que aquellos que presentan mayor cantidad de carbonos son sólidos. Son menos densos que el agua y se caracterizan por arder con facilidad; por ese motivo se los utiliza principalmente como combustibles. También forman parte de aceites lubricantes, del asfalto y de sustancias sólidas, como la cera de las velas o de la cáscara de alguna frutas.

A. *El polietileno es un material que proviene del eteno y se usa para envoltorios; es un alqueno.* B. *El soplete de oxiacetileno utiliza un alquino como combustible.*

Los **alquenos** y **alquinos** se caracterizan por que en alguna parte de la cadena los carbonos presentan enlaces dobles o triples, respectivamente. Tienen propiedades parecidas a las de los alcanos. Los alquenos suelen ser utilizados en la fabricación de polímeros, los cuales dan origen a diversos plásticos. Por su parte, los alquinos, además de emplearse en la industria plástica, tienen su principal uso en las soldaduras con soplete.

Nomenclatura

Para nombrar los hidrocarburos saturados y no saturados, se utilizan prefijos de origen griego que indican la cantidad de átomos de carbono presentes en el compuesto. Por ejemplo, el pentano, que es un alcano de 5 carbonos, se denomina así porque *penta* en griego significa cinco. De acuerdo con la misma lógica, el hexano es el alcano de seis carbonos y el decano es el de diez.

La terminación del nombre de un hidrocarburo indica el tipo de enlace covalente entre los carbonos: la terminación *-ano* indica que se trata de un alcano, la terminación *-eno* indica un alqueno e *-ino* es la terminación usada para un alquino. Por otra parte, en el nombre de alquenos y alquinos es necesario indicar mediante un número la posición del enlace múltiple en la cadena carbonada.

EL NOMBRE DEL METANO

El metano es el alcano de un solo átomo de carbono, debería llamarse monano (en griego, *mono* = uno). Pero su nombre deriva del alcohol de un solo carbono: el metílico, que se descubrió en la madera fermentada. En griego, *methy* = vino e *yle* = madera, por lo que el *methyl* fue desde entonces el "alcohol de madera". El metano heredó su nombre de este compuesto.

Fórmula química	Fórmula semidesarrollada	Nombre	Tipo de hidrocarburo
C_2H_6	$H_3C - CH_3$	Etano	Alcano
C_4H_8	$H_2C = CH - CH_2 - CH_3$	1-buteno	Alqueno
C_3H_4	$CH \equiv C - CH_3$	Propino	Alquino
C_5H_{12}	$H_3C - (CH_2)_3 - CH_3$	Pentano	Alcano
C_7H_{12}	$H_3C - C \equiv C - (CH_2)_3 - CH_3$	2-heptino	Alquino
C_6H_{12}	$CH_3 - CH_2 - HC = CH - CH_2 - CH_3$	3-hexeno	Alqueno

Nomenclatura de algunos hidrocarburos lineales.

Hidrocarburos ramificados

La tendencia del átomo de carbono a unirse a otros carbonos, además de generar largas cadenas, da lugar a ramificaciones, es decir, pequeñas cadenas o grupos de átomos que se unen a la cadena principal.

Estos compuestos presentan propiedades similares a los hidrocarburos de cadena lineal, y el petróleo y el gas natural son sus principales fuentes.

Para nombrarlos, es necesario tener en cuenta algunas reglas.

REGLAS PARA NOMBRAR HIDROCARBUROS RAMIFICADOS

PARA COMPRENDER Y APLICAR ESTAS REGLAS, LAS PONDREMOS EN JUEGO PARA NOMBRAR EL SIGUIENTE COMPUESTO:

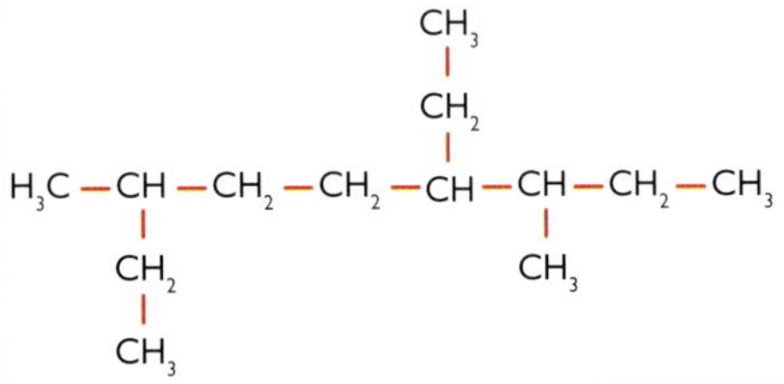

En primer lugar, es necesario identificar la cadena principal. Esta es la cadena continua más larga de átomos de carbono. No necesariamente debe ser horizontal, puede estar en forma de "L" o vertical. La cadena principal es lo que le dará el nombre al compuesto. En este caso, la cadena principal está constituida por nueve carbonos (Figura 1) y no por ocho (Figura 2). Además, solo hay presencia de enlaces simples, por lo tanto el nombre principal de este compuesto será **nonano**.

Forma correcta

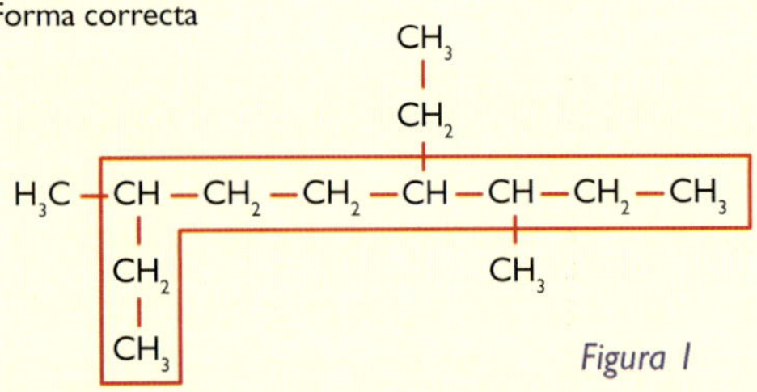

Figura 1

Forma incorrecta

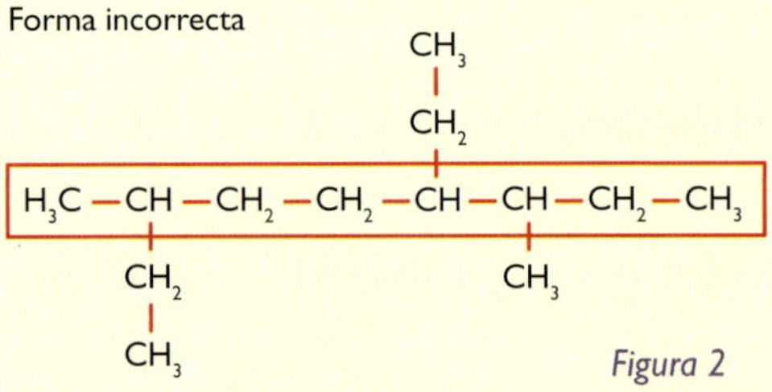

Figura 2

Cada ramificación de la cadena principal se considera como un sustituyente derivado de otro hidrocarburo. Para nombrarlo se cambia el sufijo *-ano* por *-il*. En este caso hay tres sustituyentes: uno formado por dos carbonos que se denominará **etil** y los otros dos, por uno solo, denominados **metil**.

Una vez que se identificaron los sustituyentes, es necesario numerar los carbonos de la cadena principal de manera que los sustituyentes queden ubicados en los números más bajos posibles. En este caso es conveniente comenzar a numerar de derecha a izquierda. Así, los sustituyentes quedarán ubicados de la siguiente manera: un metil en el carbono 3, un etil en el 4 y el otro metil en el carbono 7. Cada uno de los sustituyentes recibe un nombre y un número. Si alguno de ellos se repite, se utilizan los prefijos **di**, **tri**, **tetra**, etcétera. Hay que tener en cuenta que los números se escriben separados por comas, mientras que los nombres, por guiones. En nuestro caso, el compuesto se llama: **4 etil-3,7 dimetilnonano.**

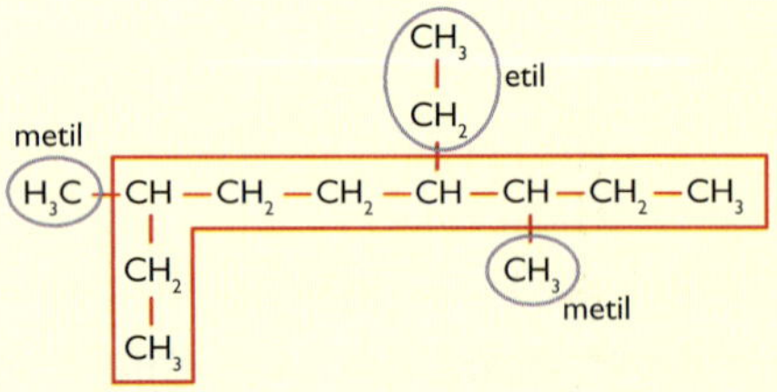

¿QUÉ OCURRE SI ES UN ALQUENO O UN ALQUINO?

La cadena principal es aquella que contiene el mayor número de carbonos que incluya el enlace doble o triple. Para numerar los carbonos, se empieza a partir del extremo más cercano al enlace múltiple y se indica su posición, anteponiendo al nombre el número en el cual se encuentra. En este caso: **6 etil-3,7 dimetil 1 noneno**.

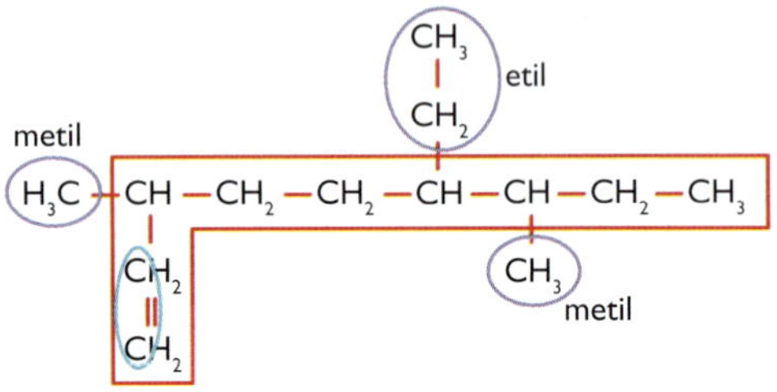

Hidrocarburos cíclicos

Entre los hidrocarburos, existe un gran número de compuestos que se caracterizan por que sus cadenas están cerradas en forma de ciclo. Son los llamados **hidrocarburos cíclicos**. Algunos de ellos, los **cicloalcanos**, contienen enlaces simples entre sus carbonos. Otros, los **cicloalquenos**, tienen enlaces dobles. El ciclohexano (ciclo de seis carbonos con enlaces simples) y el ciclohexeno (ciclo de seis carbonos con enlaces dobles) son sus representantes más abundantes en la naturaleza.

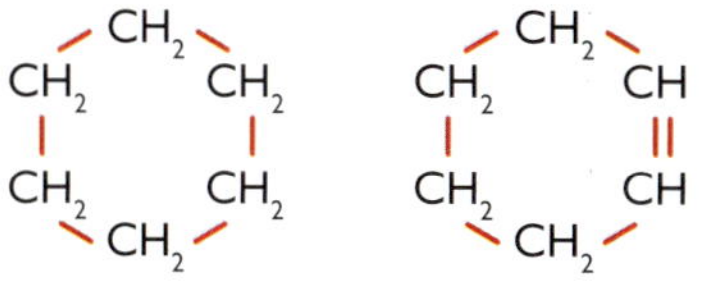

ciclohexano ciclohexeno

CIENCIA, TECNOLOGÍA Y SOCIEDAD

EL SUEÑO DE KEKULÉ

August Kekulé (1829-1896) fue un químico alemán. En el año 1858, en la Universidad de Bonn, comenzó a trabajar en el análisis de la estructura del benceno. Luego de arduos trabajos no lograba modelar una estructura posible que fuera compatible con las propiedades que observaba en sus experimentos. Pero en 1865, finalmente logró encontrar una respuesta: el benceno presenta una estructura hexagonal cíclica con tres dobles enlaces.

Lo curioso de esta propuesta es la manera en la que arribó a ella. Contaba este científico que un día, en su estudio, se sentó junto al fuego y se dormitó. En ese ensueño comenzó a ver que los átomos se movían y se unían en largas filas que giraban como serpientes. De repente, una de estas serpientes asió su propia cola formando un ciclo. Al despertarse se dedicó el resto de la noche a trabajar en la nueva estructura del benceno. En una conferencia que realizó años más tarde, Kekulé dijo al público: *"...Señores, aprendamos a soñar y entonces, quizá, aprenderemos la verdad".*

Estampilla en honor a Kekulé.

Existe otro grupo de hidrocarburos cíclicos que incluyen al benceno y sus derivados y que, debido al aroma que caracteriza a muchos de ellos, se los conoce como **hidrocarburos aromáticos**.

El benceno

El **benceno** es un compuesto de fórmula C_6H_6 que fue descubierto en 1825. Se lo aisló por primera vez del gas combustible del alumbrado de las ciudades y se lo encontró formando parte de la goma de benjuí (sustancia utilizada en perfumería debido a su aroma). Debido a esto se lo conoció primero con el nombre de bencina y, finalmente, como benceno. Se lo puede encontrar formando parte del petróleo.

Es uno de los compuestos químicos de mayor uso a nivel mundial debido a que es materia prima de la industria de los plásticos, las tinturas, los detergentes y algunos pesticidas, entre otros.

Esta molécula presenta una estructura particular conformada por seis átomos de carbono unidos entre sí por enlaces covalentes que no son simples ni dobles, sino que se podría decir que son ambos simultáneamente. Se dice que los enlaces dobles están deslocalizados, es decir que no se encuentran en posiciones fijas sino que varían alrededor del anillo. El modelo más aceptado para describir la estructura del benceno es lo que se conoce como un **híbrido de resonancia** entre las dos estructuras que originalmente propuso el científico August Kekulé. Por ese motivo, se lo representa como un hexágono con un círculo inscripto en él, lo cual representa que los enlaces dobles no tienen una posición determinada.

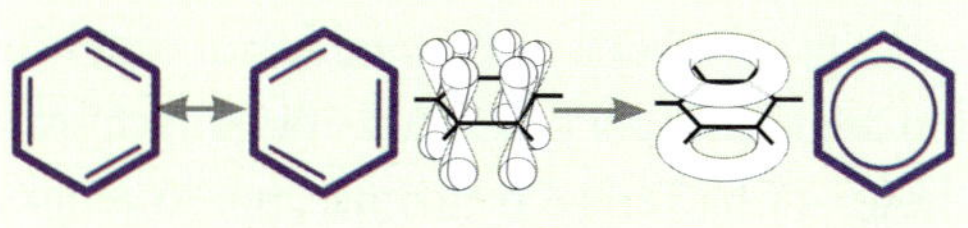

La estructura del benceno es un híbrido de las dos estructuras propuestas por Kekulé, en la cual los electrones que forman enlaces dobles están deslocalizados por encima y por debajo del plano en que se encuentran los átomos de hidrógeno y carbono.

Los hidrocarburos aromáticos

Los hidrocarburos aromáticos son un grupo de compuestos que derivan del benceno, y tienen una estructura y propiedades químicas y físicas similares a este. Están formados por uno o más anillos aromáticos con distintos grupos de átomos como sustituyentes.

Si bien la mayoría de los compuestos aromáticos se parecen al benceno, existen sustancias que se consideran aromáticas y, sin embargo, no se le parecen. Por tener dobles enlaces podría esperarse que los hidrocarburos aromáticos participaran de reacciones similares a las de los alquenos, que son las de adición electrofílica, sin embargo, suelen ser reactivos de reacciones en las que participa el benceno, como las sustituciones electrofílicas. Ambas reacciones se estudiarán en este capítulo. Además, los aromáticos son compuestos muy estables, esto se debe a la estabilidad que adquiere el anillo aromático debido a la deslocalización de los electrones que forman los enlaces dobles.

El benceno es un subproducto de la actividad de la industria petroquímica. Debido al avance de este sector y a la necesidad en aumento de nuevos materiales, cada vez hay mayor concentración de compuestos aromáticos en el ambiente.

Muchos de estos compuestos son tóxicos en determinadas dosis y algunos son cancerígenos. Entre los más utilizados se puede mencionar, además del tolueno, el naftaleno, el DDT y la anilina.

Si bien los hidrocarburos aromáticos son de suma importancia en la obtención de muchos materiales de uso cotidiano, tardan mucho en ser degradados debido a su alta estabilidad. Esto es muy perjudicial en el caso de aquellos que son muy tóxicos.

La gran mayoría de los compuestos orgánicos son degradados por la acción de microorganismos (hongos y bacterias) o enzimas, por lo general en presencia de oxígeno. Este proceso se conoce como **biorremediación**. Pero, en el caso específico de este tipo de hidrocarburos, y debido a su gran estabilidad, es necesario utilizar sustancias no naturales que actúen como catalizadoras y ayuden al oxígeno a desestabilizar y así romper el anillo bencénico. De esta manera, estos compuestos se convierten en formas más inestables que pueden ser degradadas con facilidad.

Los países y las industrias deberían encontrar la manera de disminuir la presencia de estos compuestos en el medio ambiente.

El tolueno se utiliza sobre todo como disolvente y diluyente para pinturas, en la fabricación de productos de limpieza y como componente de algunos combustibles debido a que aumenta el octanaje de la nafta.

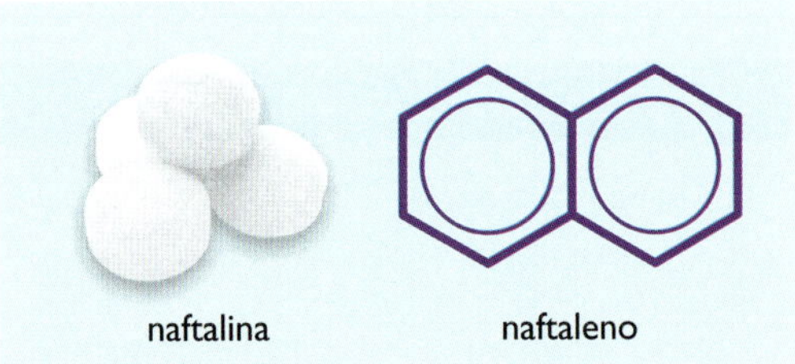

El naftaleno se emplea en la fabricación de antipolillas, y se lo conoce comercialmente como naftalina.

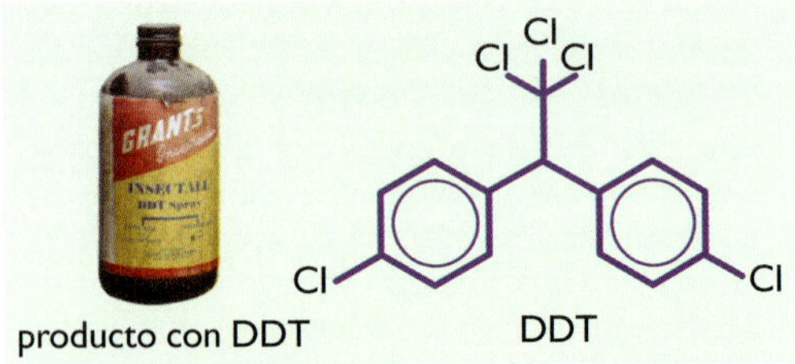

El DDT (dicloro difenil tricloro etano) es un compuesto tóxico que ha sido utilizado en sus orígenes como piojicida, y en la agricultura para matar plagas. Pero a partir de la década de 1970 se prohibió su uso debido a su toxicidad.

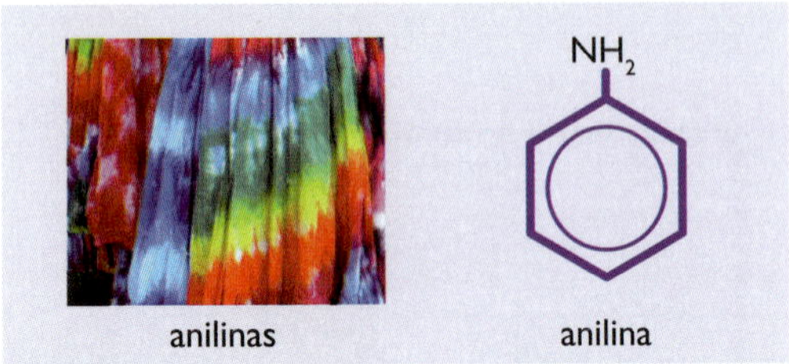

Las anilinas son compuestos que se utilizan en el teñido de telas y maderas.

Iguales pero diferentes: los isómeros

En la naturaleza, existen muchos compuestos carbonados que tienen la característica de presentar la misma fórmula molecular. Sin embargo, son sustancias con propiedades químicas y físicas distintas. Estos compuestos se denominan **isómeros**. La isomería se puede clasificar en distintos tipos.

Tipos de isomería

La **isomería estructural** se relaciona con variaciones en las estructuras de los compuestos. Un tipo de isomería estructural es la **isomería de cadena**; la diferencia entre dos isómeros de cadena radica en la ubicación de los carbonos en la cadena carbonada. En la figura se pueden observar las estructuras del butano y del metilpropano. Si bien ambos tienen la misma fórmula molecular, sus carbonos están ubicados de manera diferente en la cadena. En el caso del butano, la cadena principal es de 4 carbonos; en el caso del propano, es de 3 carbonos con una ramificación.

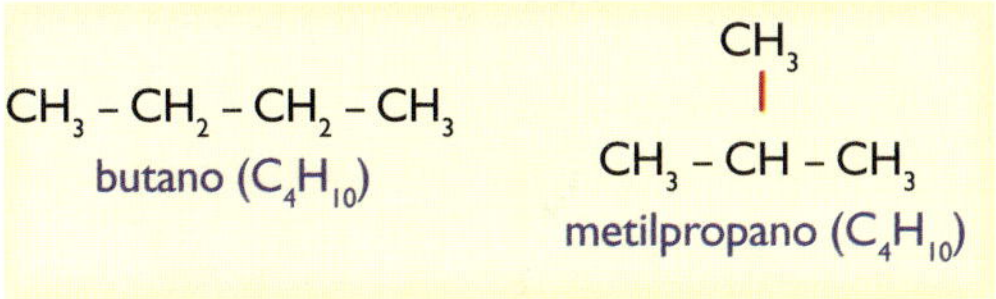

Isómeros de cadena.

Otro tipo de isomería estructural es la **isomería de posición**. En este caso, la diferencia entre los compuestos radica en la ubicación del grupo funcional (grupo de átomos que le confieren a la sustancia características específicas).

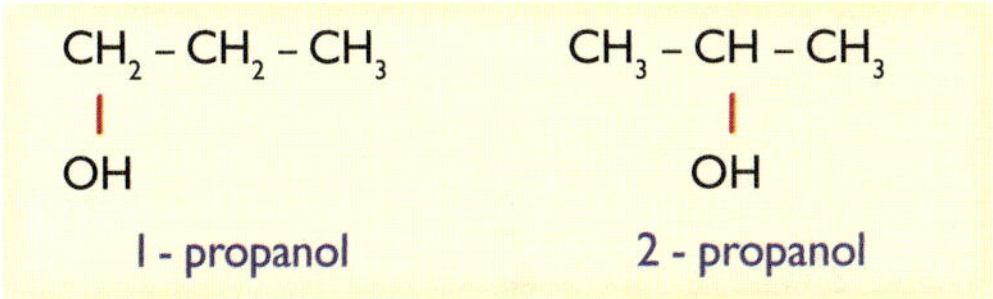

En el caso de estos isómeros de posición, el grupo OH se ubica en distintas posiciones en la cadena.

Otro tipo de isomería es la denominada **estereoisomería** (*estéreo* es una palabra derivada del griego que se relaciona con el volumen o el espacio que ocupa un cuerpo). La estereoisomería se presenta en aquellas sustancias que, si bien tienen la misma estructura, sus átomos tienen distinta distribución en el espacio.

Uno de estos tipos de isomería es la **geométrica** y, dentro de los hidrocarburos, es propia de los alquenos con sustituyentes distintos a cada lado del enlace doble. Existen dos distribuciones espaciales: la forma *cis* y la *trans*. En la forma *cis*, los sustituyentes iguales a cada lado del enlace doble se encuentran en una misma zona respecto del plano carbono-carbono. Mientras que en la *trans*, se encuentran por encima y por debajo de este.

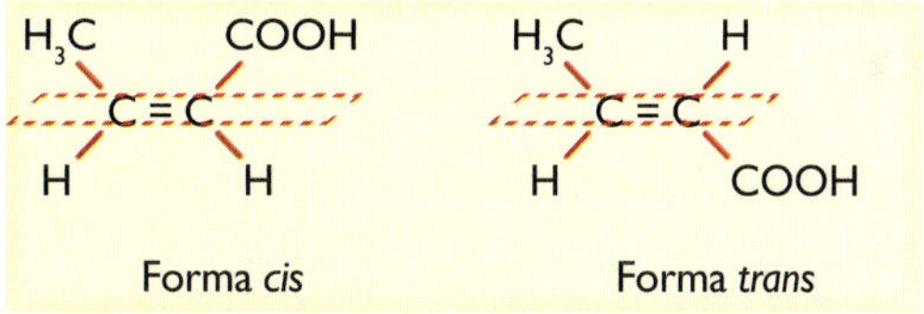

Isómeros geométricos. En la forma cis, *los hidrógenos están por debajo del plano, mientras que en la* trans *están por encima y por debajo.*

Isomería en los alcanos

En los alcanos, debido a la presencia del enlace simple, los grupos de átomos que están a ambos lados de este pueden rotar y dar origen a distintas conformaciones. Así, por ejemplo, el etano presenta dos posiciones, una denominada "eclipsada" y la otra conocida como "alternada".

En el caso de la eclipsada, la posición relativa de los hidrógenos unidos a cada carbono coincide, de modo que de frente se verían como un único carbono. En la forma alternada, las posiciones no coinciden.

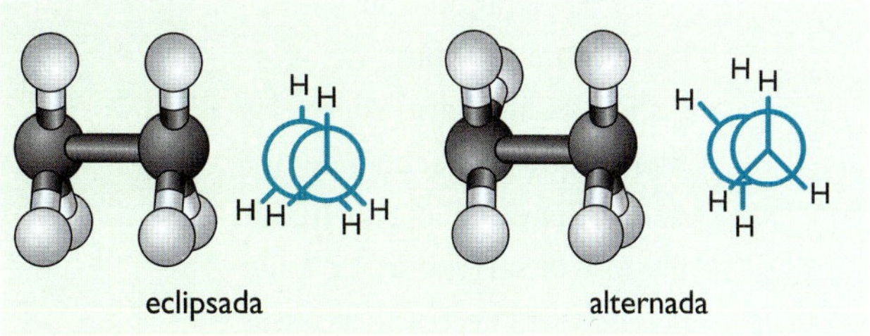

Propiedades físicas de los hidrocarburos

¿Por qué algunos hidrocarburos son gaseosos y otros tan sólidos como el asfalto o la parafina? ¿Por qué muchos de ellos flotan en el agua? ¿Por qué las sustancias "grasosas" no se disuelven en agua y sí lo hacen en aguarrás?

En las cadenas de hidrocarburos, los átomos de carbono e hidrógeno están unidos por medio de enlaces covalentes y constituyen las unidades estructurales de cada compuesto. Estas unidades forman moléculas que se mantienen unidas entre sí por fuerzas intermoleculares débiles conocidas con el nombre de **fuerzas de Van der Waals**. En la molécula de metano, por ejemplo, se puede observar que los electrones están distribuidos de manera simétrica alrededor del carbono. Pero como estos se desplazan, existe un instante en el que la distribución de cargas cambia, lo que genera un pequeño dipolo que influirá sobre otra molécula de metano próxima. Estos dipolos reciben el nombre de **dipolos transitorios** o **inducidos** y, a pesar de su corta duración, son suficientes para generar una pequeña atracción entre las moléculas, las fuerzas de Van der Waals.

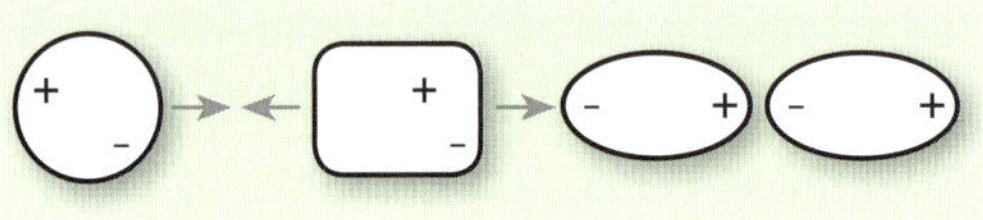

El movimiento de los electrones puede producir asimetría en la carga de una molécula; cuando esta se produce se forma un dipolo que induce la formación de un dipolo en otra molécula. Los dos dipolos se atraen.

Puntos de fusión y de ebullición

Para lograr que una sustancia cambie su estado de agregación, es necesario vencer las fuerzas que interactúan dentro de ella. Por ejemplo, para fundir un poco de sal (cloruro de sodio = NaCl) será necesario alcanzar una temperatura de alrededor de 800 °C debido a que las fuerzas de interacción que forman el cristal son muy fuertes. En cambio, para que esto ocurra con el etano, la energía necesaria será mucho menor debido a que hay que vencer las fuerzas de Van der Waals entre las moléculas que son mucho más débiles que las de una sal. Por ese motivo, el punto de fusión (PF) del etano es -172 °C y su punto de ebullición (Peb) es -89 °C. Por esta razón, el etano es gaseoso a temperatura ambiente.

Las fuerzas de Van der Waals solo actúan entre moléculas en contacto íntimo, es decir, entre sus superficies. Por ello, es de esperar que cuanto más grande sea una molécula y, en consecuencia, mayor sea su superficie, mayores sean estas fuerzas. A medida que se incrementa el tamaño de la molécula, sus PF y Peb aumentan. Pero, ¿qué ocurre con los alcanos ramificados? La presencia de ramificaciones en la cadena carbonada hace que esta tienda a cerrarse sobre sí misma y adquiera forma similar a una esfera. En consecuencia, la superficie de contacto entre las moléculas es menor y, por lo tanto, también lo es la fuerza a vencer. De un par de isómeros de cadena, el más ramificado tendrá menores PF y Peb. El mismo análisis vale para alquenos y alquinos.

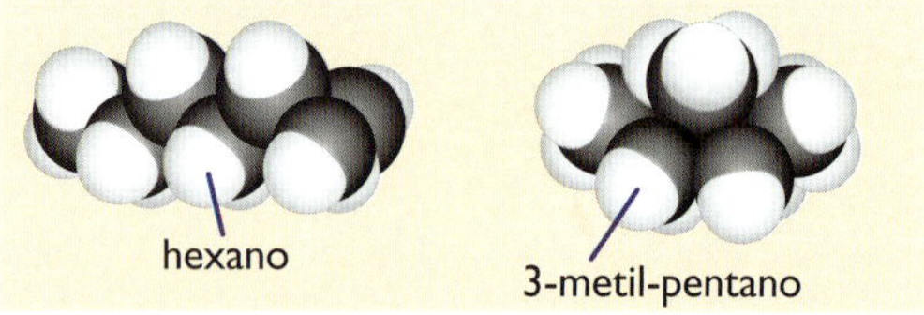

Las moléculas de hexano tienen mayor superficie en relación con su volumen que las de su isómero 3-metilpentano.

Nombre	Fórmula	PF °C	Peb °C	Densidad (a 20 °C)
Metano	CH_4	-183	-162	0,424*
Etano	C_2H_6	-172	-85,5	0,546*
Hexano	C_6H_{14}	-95	69	0,626
Octano	C_8H_{18}	-57	126	0,703
Decano	$C_{10}H_{24}$	-30	174	0,730
3-metilpentano	C_6H_{14}	-118	63	0,676
2,2-dimetilbutano	C_6H_{14}	-98	50	0,649

*Estos valores corresponden al gas licuado, es decir, en estado líquido.

Las densidades de estos compuestos son menores que la del agua, que a 20 °C es de 1 g/ml, razón por la cual estos compuestos flotan sobre ella.

La solubilidad de los hidrocarburos

Cuando una sustancia (**soluto**) se disuelve en otra, los iones o las moléculas de una de ellas se separan y los espacios disponibles pasan a ser ocupados por las moléculas del compuesto que disuelve (**solvente**).

Para que un soluto se disuelva es necesario que las fuerzas de atracción entre las partículas del soluto y del solvente superen a las fuerzas de interacción intermoleculares del soluto y del solvente. Es decir, el solvente debe ser capaz de separar las moléculas de soluto, así como el soluto debe poder separar las moléculas de solvente.

Para analizar la solubilidad de los hidrocarburos en distintos solventes es necesario tener en cuenta las características de las moléculas que los conforman. Estos compuestos están constituidos por moléculas no polares, es decir que no tienen una distribución desigual de cargas que sea permanente. Las sustancias polares o formadas por iones con carga neta se disuelven en solventes polares. Las sustancias no polares solo se disuelven cuando están en presencia de solventes no polares como el aguarrás, el querosene o la nafta (todos ellos hidrocarburos).

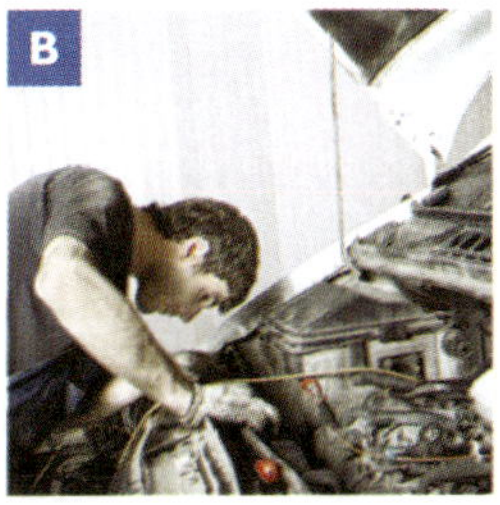

A. Los pinceles que contienen óleos se limpian con aguarrás.
B. En muchos talleres mecánicos, los trabajadores limpian sus manos o la grasa del motor de un auto con nafta.

Se dice que el agua es un solvente universal por la cantidad y diversidad de sustancias que se disuelven en ella, sin embargo, el término universal quizás sea un poco exagerado cuando observamos lo que ocurre cuando el agua interactúa con los hidrocarburos. Si se colocan hidrocarburos en un recipiente con agua, las interacciones de tipo puente de hidrógeno que mantienen unidas las moléculas del solvente son mucho más fuertes que las interacciones entre las moléculas del soluto (en este caso, el hidrocarburo), razón por la cual no se genera la fuerza necesaria para separar las moléculas de agua. Por este motivo, los hidrocarburos no son solubles en agua, lo que hace que esta sustancia no sea un solvente universal después de todo.

CIENCIA, TECNOLOGÍA Y SOCIEDAD

PETRÓLEO SOBRE EL AGUA

Una de las catástrofes que más afectan la flora y la fauna de un lugar ocurre cuando se produce un derrame de petróleo. Por lo general, el petróleo derramado forma manchas de gran extensión y, al no disolverse en el agua, flota sobre ella y puede llegar hasta las costas.

Para limpiarlo se utilizan desde palas y bandas que lo absorben, hasta detergentes que facilitan su disgregación y microorganismos que lo separan.

Uno de los mayores riesgos lo corren las aves, que al tener sus plumas recubiertas de petróleo pierden el calor de su cuerpo y quedan en peligro de muerte.

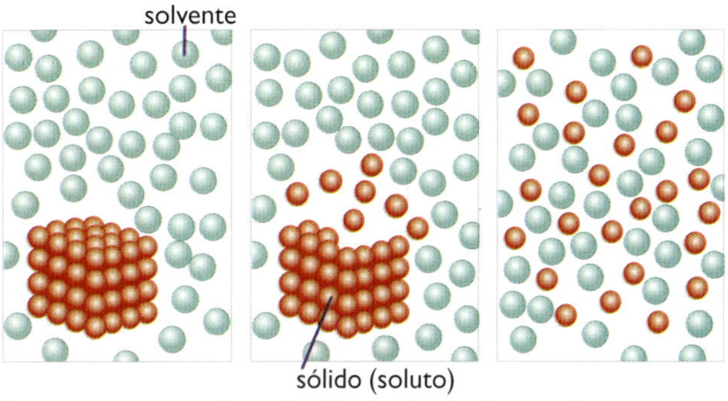

Para que una sustancia se disuelva en otra, las fuerzas de interacción soluto-solvente deben superar o al menos equiparar las fuerzas intermoleculares del soluto y el solvente.

Las reacciones de los hidrocarburos

Las propiedades de los hidrocarburos están relacionadas con las reacciones en las que participan. La importancia histórica de los hidrocarburos, en especial de los alcanos, se relaciona con una reacción en particular: la combustión.

La combustión

En una reacción de combustión una sustancia, el combustible, reacciona con gas oxígeno, el comburente, y genera como productos agua, dióxido de carbono y calor.

El calor que se libera durante la combustión de hidrocarburos los hace ideales para su uso como combustibles de motores y en la calefacción de ambientes. Uno de los inconvenientes de la combustión ocurre en condiciones en las que hay poco oxígeno; en este caso se genera como producto monóxido de carbono (CO) en lugar de dióxido de carbono. Se dice que ha ocurrido una **combustión incompleta**. El peligro de la formación de CO es que, al ingresar al cuerpo, entra en competencia con el oxígeno. En esa competencia, se combina con la hemoglobina de la sangre y forma un compuesto, la carboxihemoglobina. Así, la sangre transporta CO en lugar de O_2 y, en consecuencia, se puede llegar hasta la muerte por **anoxia** (falta de oxígeno). Por ese motivo, se aconseja utilizar estufas con tiro balanceado, que liberan los gases producidos al exterior. En caso de contar con otro tipo de estufas, se recomienda dejar alguna abertura hacia el exterior para evitar que los gases se concentren en las habitaciones.

Las estufas de tiro balanceado liberan los gases al exterior. La utilización de braseros durante el invierno es peligrosa por la liberación de gases que pueden ser tóxicos. Siempre es necesario mantener ventilados los cuartos.

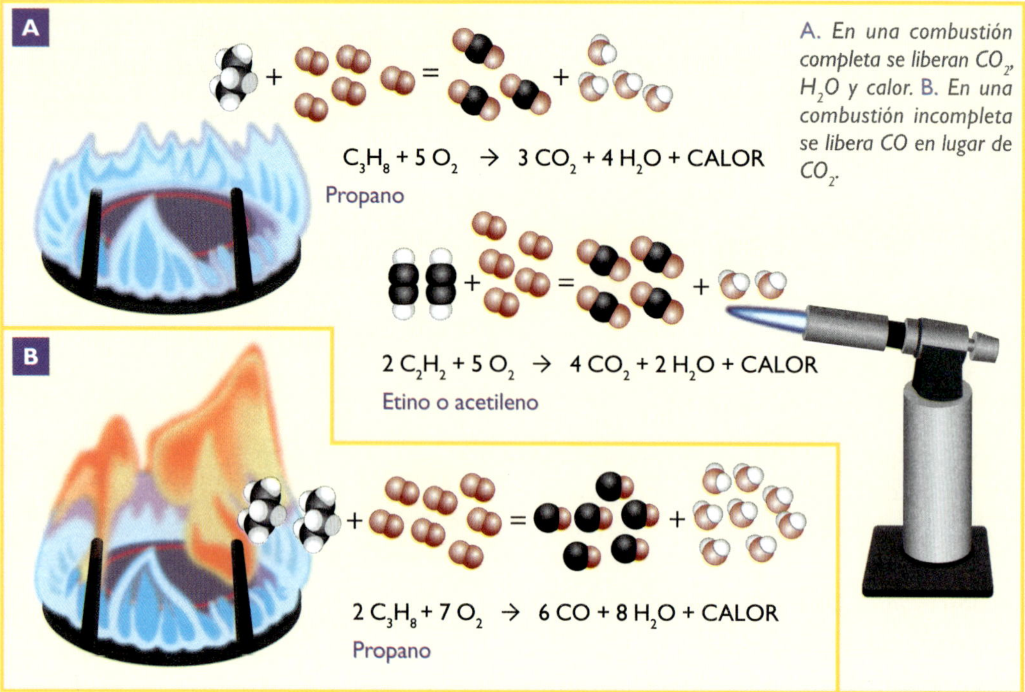

A. En una combustión completa se liberan CO_2, H_2O y calor. B. En una combustión incompleta se libera CO en lugar de CO_2.

Reacciones de alcanos, alquenos y alquinos

Los alcanos, alquenos y alquinos son poco reactivos, pero bajo ciertas condiciones pueden combinarse con otros átomos o grupos de átomos. Lo hacen siguiendo mecanismos que les son propios y que los caracterizan. Estas reacciones se denominan de **sustitución** y de **adición**.

Reacciones de sustitución

Las reacciones de sustitución son propias de los alcanos. La más importante es la **halogenación**, en la cual se incorpora a la cadena carbonada un átomo de un elemento halógeno, es decir, elementos que pertenecen al grupo 17 de la tabla periódica. El mecanismo, tal como se puede observar en la figura, consiste en la sustitución de uno de los hidrógenos del extremo de la cadena por un átomo del halógeno. El hidrógeno sustituido se une al otro átomo de halógeno.

Reacciones de adición

Las reacciones de adición son propias de los alquenos y alquinos porque ocurren en el enlace doble o el triple.

En los enlaces dobles y triples, una de las dos o tres uniones es más fuerte y se denomina **enlace sigma** (σ); mientras que los enlaces restantes o **enlaces pi** (π) son más débiles. En estas reacciones, lo que ocurre es que el enlace más débil se rompe y quedan libres los pares de electrones que lo conforman. Luego, estos se enlazan de manera covalente con los electrones que quedan libres al romperse el enlace de la molécula del otro reactivo. Se generan así nuevas uniones más fuertes y estables que las iniciales. En general, los compuestos que reaccionan con estos hidrocarburos son gas hidrógeno (H_2), halógenos como el cloro (Cl_2) y el bromo (Br_2) y halogenuros de hidrógeno como cloruros, bromuros y yoduros de hidrógeno.

Reacción de sustitución

Esquema general

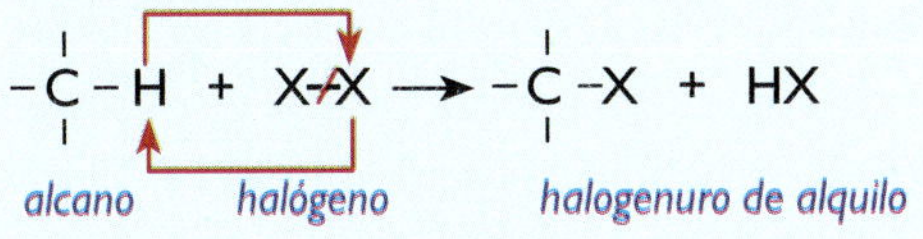

X_2 es generalmente cloro (Cl_2) y bromo (Br_2)

Ejemplo

$$CH_3 - CH_3 + Cl_2 \xrightarrow{200\,°C - 400\,°C} CH_3 - CH_2Cl + HCl$$

etano · *cloro* · *cloroetano*

Reacción de adición

Esquema general

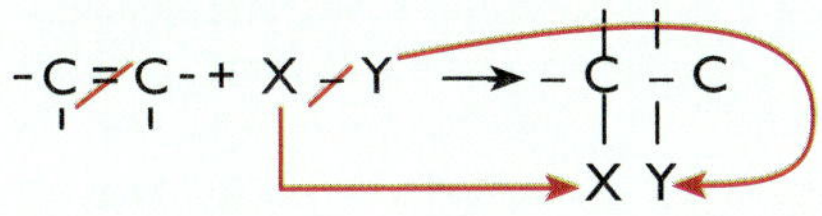

Ejemplo

a) Hidrogenación

$$CH_2 = CH_2 + H_2 \xrightarrow{Pt, Ni} CH_3 - CH_3$$

eteno · *hidrógeno* · *etano*

b) Halogenación

$$CH_3 - CH = CH_2 + Cl_2 \rightarrow CH_2 - CHCl - CH_2Cl$$

propeno · *cloro* · *1,2 dicloro propano*

$$CH_3 - CH = CH_2 + HCl \rightarrow CH_2 - CHCl - CH_3$$

propeno · *cloruro de hidrógeno* · *2 cloro propano*

Los alcanos se caracterizan por tener reacciones de sustitución, los alquenos y los alquinos, de adición.

Magnitudes atómico-moleculares

En todos los procesos químicos, tanto a nivel de laboratorio como a nivel industrial, es necesario, no solo representarlos, sino también cuantificar los átomos y las moléculas que intervienen.

Para representar un proceso, se utilizan las ecuaciones químicas en las cuales se escriben, separados por una flecha, los reactivos y los productos.

$$C_3H_8 + O_2 \rightarrow CO_2 + H_2O$$

De acuerdo con la ley de conservación de la masa, las ecuaciones deben estar balanceadas, es decir que la cantidad de átomos de cada elemento que interviene debe ser la misma, tanto al principio como al final.

Pero en la ecuación anterior se observa que las cantidades de átomos de cada elemento son distintas en los reactivos y en los productos. Por ejemplo, del lado derecho aparecen 3 átomos de carbono, mientras que del izquierdo, solo 1. Para ajustarla se colocan números delante de las fórmulas que representan las moléculas. Estos indican la cantidad de moléculas que deben reaccionar y la cantidad de las que se forman para que se cumpla con la ley de conservación de la masa. Así, si se coloca un 3 delante del dióxido de carbono, la cantidad de átomos de carbono será la misma que hay presente en el propano. Como en este último hay 8 hidrógenos, se formarán 4 moléculas de agua y, en consecuencia, se precisarán 5 moléculas de oxígeno.

$$C_3H_8 + 5\ O_2 \rightarrow 3\ CO_2 + 4\ H_2O$$

Masa atómica y masa molecular relativa

Los átomos y las moléculas son infinitamente pequeños, tanto que si los pusiéramos sobre una balanza sus masas serían del orden de $1x10^{-24}$ g. Estos números tan pequeños y con tantas cifras decimales resultan muy incómodos a la hora de hacer cálculos, por lo tanto, para poder expresar estas masas con números que tenganmenos decimales, se creó el concepto de **masa atómica relativa** (**Ar**).

Las masas atómicas relativas se determinaron por comparación con una masa patrón o **unidad de masa atómica** (**u**), que se define como la masa correspondiente a la doceava parte de la masa del isótopo 12 del carbono y cuyo equivalente en gramos es $1,6 \times 10^{-24}$ g. Así, por ejemplo, el átomo de hidrógeno (H) tiene una masa relativa de 1 u, esto significa que su masa real es de $1,6 \times 10^{-24}$ g. Del mismo modo, el átomo de oxígeno (O) tiene una Ar de 16 u, por lo tanto su masa real es 16 veces el valor en gramos de la unidad patrón o, lo que es lo mismo, 16 veces mayor que la del hidrógeno.

Hasta aquí, vimos cómo se determinan las masas relativas de los átomos, ¿cómo se calcula entonces la masa de las moléculas? En este caso, sus **masas moleculares relativas** (**Mr**) se determinan sumando las masas relativas de los átomos que las conforman. Cabe aclarar que en el caso de compuestos iónicos no se habla de masa molecular relativa porque estos no forman moléculas sino cristales en los cuales la fórmula representa la mínima relación entre los iones. En este caso se habla de **peso fórmula** (**Pf**), el cual también puede ser extendido a las moléculas.

UN EJEMPLO PARA UN CÁLCULO DE MASA

Supongamos que quisiéramos calcular los valores de las masas moleculares relativas de las siguientes moléculas: H_2O y C_3H_8.

- Para resolver este problema se recurre a los valores de masa atómica de cada uno de los átomos que conforman la molécula. Esos valores se encuentran en la tabla periódica de elementos.

Ar H = 1 u Ar O = 16 u Ar C = 12 u

- Luego, para cada molécula se suman las masas atómicas relativas de sus átomos.

$$\text{Mr } H_2O = \text{Ar H} + 2\text{Ar O} = 1\text{ u} + (2 \times 16\text{ u}) = 18\text{ u}$$

$$\text{Mr } C_3H_8 = 3\text{Ar C} + 8\text{Ar H} = 3 \times 12\text{ u} + 8 \times 1\text{ u} = 44\text{ u}$$

El mundo macroscópico

En el laboratorio, se utilizan cantidades macroscópicas de materia en las cuales hay billones y billones de partículas. Pero, ¿cómo se pueden contar átomos o moléculas si son infinitamente pequeños? El francés Louis J. Gay-Lussac (1778-1850) elaboró una ley: cuando dos gases se combinan en las mismas condiciones de presión y temperatura guardan entre sí y con los productos de la reacción una relación de números sencilla.

La relación entre estos gases es de números sencillos 2:1:2.

Más tarde, el italiano, Amadeo Avogadro (1776-1856) postuló que volúmenes iguales de gases diferentes, a iguales presión y temperatura, contienen el mismo número de moléculas.

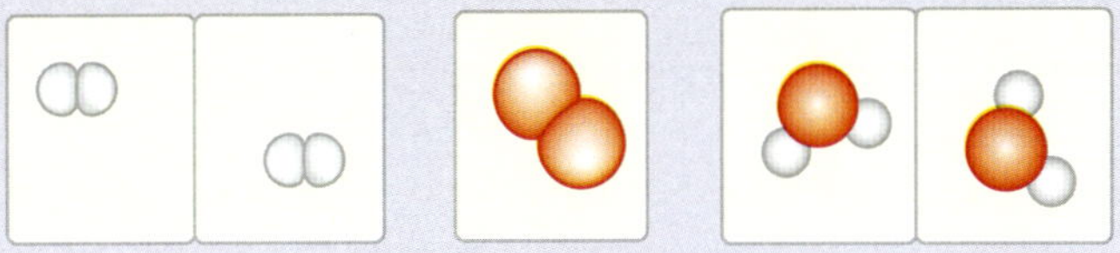

La relación entre los volúmenes es similar a la que aparece si se observa la ecuación ajustada que representa esta reacción. En ella, se observa que cuando 2 moléculas de hidrógeno se combinan con 1 molécula de oxígeno se obtienen 2 moléculas de agua.

$$2\,H_2 + O_2 \rightarrow 2\,H_2O$$

El número de Avogadro

De acuerdo con la hipótesis elaborada por Avogadro, la relación que existe en el peso de igual volumen de distintos gases es igual a la relación entre los pesos de las moléculas que conforman estos gases. En la figura se observa un ejemplo de esta afirmación.

$$2\,H_2 + O_2 \rightarrow 2\,H_2O$$

$$\frac{\text{Peso del volumen de } H_2}{\text{Peso del volumen de } O_2} \quad \frac{2}{32}$$

La cantidad de átomos contenidos en un cierto peso atómico gramo, así como la cantidad de moléculas o iones contenidos en un cierto peso fórmula gramo, sería muy grande. Luego de varios estudios se determinó que ese número, conocido como **número de Avogadro**, es **$6{,}02 \times 10^{23}$**.

Esto significa que no importa de qué sustancia o átomo se trate, siempre habrá $6{,}02 \times 10^{23}$ especies conformando un peso fórmula gramo. Así, en 17 g de cloro hay $6{,}02 \times 10^{23}$ átomos de cloro. En 30 g de etano hay $6{,}02 \times 10^{23}$ moléculas de etano, mientras que en 58,5 g de cloruro de sodio hay $6{,}02 \times 10^{23}$ especies con carga eléctrica.

El mol

Así como la docena es la agrupación de 12 cosas y la centena de 100, un **mol** es la agrupación de $6{,}02 \times 10^{23}$ especies (átomos, moléculas, iones, manzanas, etcétera). Por ejemplo, en un mol de átomos de oxígeno hay $6{,}02 \times 10^{23}$ átomos de oxígeno y en un mol de moléculas de agua hay $6{,}02 \times 10^{23}$ moléculas de agua.

La masa de un mol depende de la especie que lo conforme, un mol de agua contiene igual cantidad de moléculas que un mol de cloro, ($6{,}02 \times 10^{23}$ moléculas en cada caso) pero sus masas son diferentes. Del mismo modo que no pesa lo mismo una docena de plumas que una docena de rocas.

Se denomina **masa molar** de una sustancia a la masa de un mol de esta. La masa molar de cualquier sustancia coincide con el valor de su peso fórmula o su masa molecular relativa expresada en gramos.

Tomemos como ejemplo el agua. Su Mr es 18 u. Si el Mr del agua es 18 u, entonces un mol de agua pesa 18 g. Del mismo modo, si el Pf del NaCl es 58,5, entonces un mol de dicho compuesto pesa 58,5 g.

La estequiometría: cuantificación en las reacciones químicas

Cuando se lleva a cabo una reacción química, es necesario calcular la cantidad de reactivos que se deben combinar porque de ella depende la cantidad de productos que se obtengan. Estos cálculos se conocen con el nombre de **cálculos estequiométricos**. El siguiente ejemplo no tiene que ver con los hidrocarburos, pero es útil para comprender ciertos conceptos.

Si en un laboratorio se necesita fabricar agua de cal (hidróxido de calcio), cuya fórmula química es $Ca(OH)_2$, a partir de combinar cal viva (CaO) con agua y se dispone de 100 g de cal, ¿qué cantidad de agua se precisará? ¿Cuánta agua de cal se obtendrá? ¿Qué cálculos se necesitarán hacer? En primer lugar, se escribe la ecuación balanceada que representa el proceso:

$$CaO\ (s) + H_2O\ (l) \rightarrow Ca(OH)_2\ (l)$$

Esta ecuación indica que por cada parte de cal se debería agregar una parte de agua para obtener una parte de hidróxido de calcio. En general, es más conveniente trabajar con moles. Así se puede interpretar esta ecuación de la siguiente manera:

Si se combinan 1 mol de óxido de calcio con 1 mol de moléculas de agua, se obtendrá 1 mol de hidróxido de calcio.

El paso siguiente es calcular la masa molar de reactivos y productos, teniendo en cuenta el peso fórmula de cada uno.

Ar H = 1 u, Ar O = 16 u , Ar Ca = 40 u, entonces:
Pf H_2O = 18, Pf CaO = 56, Pf $Ca(OH)_2$ = 74

Luego se debe pasar a gramos la cantidad de reactivos y productos de la reacción teniendo en cuenta que 1 mol de CaO pesa 56 g, 1 mol de agua pesa 18 g y 1 mol de $Ca(OH)_2$ pesa 74 g.

$$\begin{array}{ccccc} CaO\ (s) & + & H_2O\ (l) & \rightarrow & Ca(OH)_2\ (l) \\ 1\ mol & & 1\ mol & & 1\ mol \\ 56\ g & + & 18\ g & = & 74\ g \end{array}$$

Del paso anterior se puede concluir que para obtener 1 mol de hidróxido de calcio, es decir, 74 g, se debe combinar 56 g de cal con 18 g de agua. A partir de estos datos, se tiene ahora una "receta" para producir hidróxido de calcio.

Imaginen que tienen la receta para hacer un bizcochuelo chico, y eso requiere 200 g de harina. Sin embargo, ustedes tienen 300 g de harina y quieren hacer un bizcochuelo más grande. La receta original da las proporciones, ustedes deben saber ahora qué cantidades de huevos, azúcar y leche se necesitan para hacer el bizcochuelo con 300 g de harina. Algo similar pasa en el laboratorio. Si se dispone de 100 g de CaO en vez de 56 g, se tendrá que utilizar una cantidad de agua mayor que 18 g. Además, se producirá una cantidad de agua de cal superior a 74 g, es decir:

$$\frac{56\ g\ CaO}{18\ g\ H_2O} = \frac{100\ g\ CaO}{X}$$

$$X = 32{,}14\ g\ H_2O$$

Luego, como la masa se conserva:

$$Ca(OH)_2 = 100\ g\ CaO + 32{,}14\ g\ H_2O = 132{,}14\ g\ Ca(OH)_2$$

Y si se desearan obtener 40 moles de agua de cal, ¿qué cálculos se deberían realizar?

$$\frac{1\ mol\ Ca(OH)_2}{1\ mol\ CaO} = \frac{40\ moles\ Ca(OH)_2}{X}$$

Se necesitarán 40 moles de CaO, o lo que es lo mismo (40 x 56 g) = 2.240 g. Y, ¿cuántas especies o iones estarán contenidas en los 40 moles?

$$40\ (6{,}02 \times 10^{23}) = 2{,}4 \times 10^{25}\ \text{iones.}$$

RECURSOS EN LA WEB

El siguiente enlace contiene información y ejercicios resueltos para comprender mejor los cálculos estequiométricos y el ajuste de ecuaciones químicas. Además, se presentan ejercicios de autoevaluación.

http://concurso.cnice.mec.es/cnice2005/35_las_reacciones_quimicas/curso/lrq_est_01.html

Reacciones en las que intervienen gases

Para resolver cálculos estequiométricos en los que intervienen gases, es necesario tener en cuenta algunos conceptos.

Muchas de las leyes que rigen al estado gaseoso valen para los llamados **gases ideales**. En el modelo de gases ideales, las partículas no tienen volumen (son puntuales) y no hay fuerzas de interacción entre ellas. En condiciones de temperatura y presión normales, el comportamiento de la mayoría de los gases se aproxima al de un gas ideal: las fuerzas de interacción son casi nulas y el volumen de las partículas es despreciable con respecto al volumen total del gas.

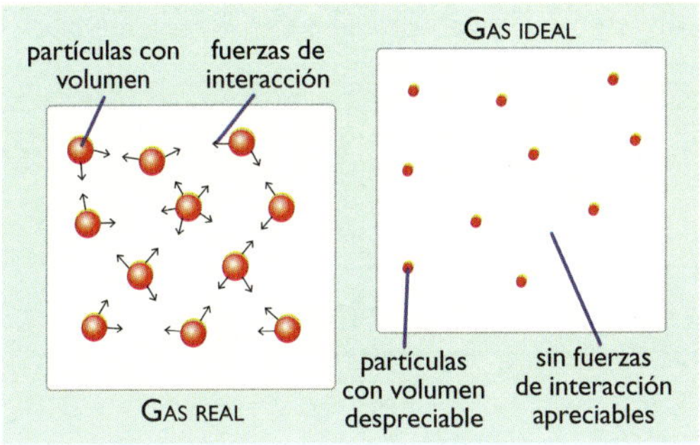

Además de las leyes elaboradas por Charles y Gay-Lussac, hay que tener en cuenta la denominada **ley de los gases ideales**, que fue enunciada por el francés Èmile Clapeyron a mediados del siglo XIX y que se traduce en una ecuación denominada **ecuación de estado de los gases ideales**. En ella, se relacionan parámetros que rigen el comportamiento de los gases como el volumen, la presión, la temperatura y la cantidad de moles.

Por ejemplo, cuando el metano entra en combustión en presencia de oxígeno, se generan como productos vapor de agua y dióxido de carbono. Esta reacción está representada por la siguiente ecuación:

$$CH_4\,(g) + 2\,O_2\,(g) \rightarrow CO_2\,(g) + 2\,H_2O\,(g)$$

Si se dispusiera de 5 moles de metano, ¿qué volumen de oxígeno sería necesario para que la reacción sea completa a temperatura ambiente y presión normal? ¿Cuánto dióxido de carbono se podría obtener?

Del análisis de la ecuación surge que las proporciones son 1:2:1:2. La imagen muestra los cálculos pertinentes.

$$CH_4\,(g) + 2\,O_2\,(g) \rightarrow CO_2\,(g) + 2\,H_2O\,(g)$$

1 mol	2 moles	1 mol	2 moles
16 g +	64 g =	44 g +	36 g

$$\frac{1\ \text{mol}\ CH_4}{2\ \text{mol}\ O_2} = \frac{5\ \text{moles}\ CH_4}{X} \qquad X = 10\ \text{moles}$$

Luego se aplica la ecuación de estado

P.V. = n. R.T.

$1\ \text{atm}.V = 10\ \text{mol}.\ 0{,}082\ dm^3\ \text{atm}\ K^{-1}.\ \text{mol}^{-1}.\ 293\ K$

$V = 240{,}26\ dm^3$

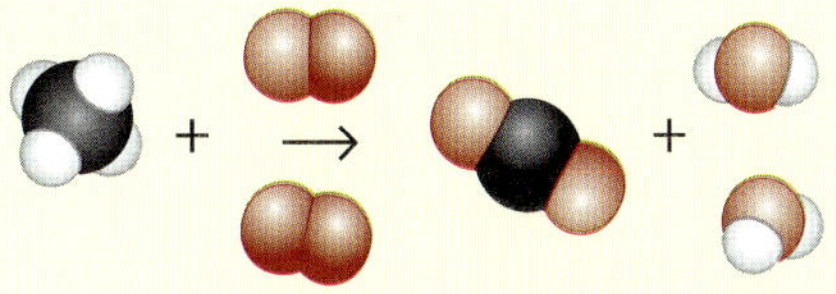

$CH_4 \;+\; 2O_2 \;\rightarrow\; CO_{24} \;+\; 2H_2O$

ECUACIÓN DE GASES IDEALES

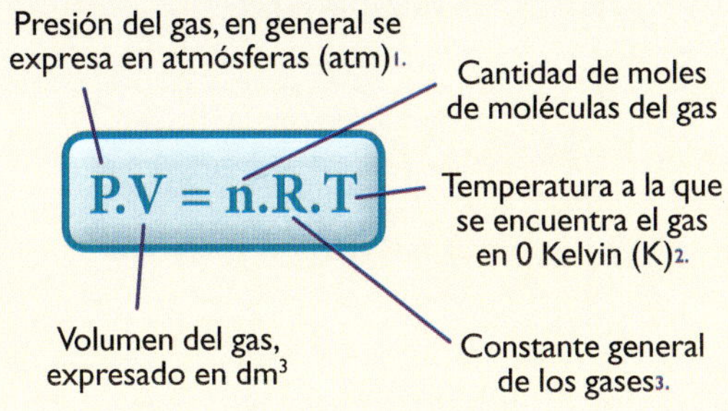

Referencias

1. La presión normal es de:
   1 atm = 760 mm Hg = 1 013 hPa (hectopascales).
2. El 0 K equivale a -273 °C. Para convertir grados Celcius en Kelvin es necesario sumarle 273.
   Por ejemplo, 20 °C = 293 K.
3. Se la expresa en muchas unidades. Las más comunes son:
   $R = 0{,}082\ \text{atm}.\ dm^3.\ K^{-1}.\ \text{mol}^{-1}$
   $R = 8{,}31\ J.\ K^{-1}.\ \text{mol}^{-1}$

Cuando los reactivos se agotan: el reactivo limitante

Para que una reacción química ocurra en forma completa, las cantidades de los reactivos deben respetar la proporcionalidad que surge del análisis de la ecuación química que la representa.

Pero, ¿qué ocurriría si la cantidad de alguno de los reactivos fuese menor que la necesaria para obtener todo el producto? En ese caso, lo que puede ocurrir es que se forme menos producto que lo esperado. La cantidad de producto que se forma en este caso queda determinada por el reactivo que se agote primero. Este reactivo es entonces el que limita la reacción y por ese motivo se lo conoce como **reactivo limitante**.

Por ejemplo, si para armar una carpeta se precisan 3 ganchos y 2 tapas de cartón y tenemos 40 ganchos y 20 tapas, solo se podrán fabricar 10 carpetas al agotarse las tapas, y quedarían sin utilizar 10 ganchos. En este caso, la cantidad de tapas limita la producción y es el "reactivo limitante" de este proceso.

En los siguientes ejemplos se realizan los cálculos correspondientes para reacciones en las cuales hay un reactivo que limita la formación de producto.

CÁLCULOS QUE INVOLUCRAN REACTIVOS LIMITANTES

Cuando el butano se combina con oxígeno, se forman dióxido de carbono y vapor de agua. Supongamos que se dispone de **12 moles de butano** y **14 moles de oxígeno.** Podríamos preguntarnos:

a) ¿Cuántos moles de dióxido de carbono se formarán?

b) ¿Qué volumen ocupará ese gas en condiciones normales de presión y temperatura (CNPT)?

c) ¿Cuántos gramos de vapor de agua se obtendrán?

La ecuación que representa el proceso es: $2\ C_4H_{10} + 13\ O_2 = 8\ CO_2 + 10\ H_2O$

La proporción en que se encuentran reactivos y productos es:

$$2\ C_4H_{10} \quad + \quad 13\ O_2 \quad = \quad 8\ CO_2 \quad + \quad 10\ H_2O$$

$$\textit{2 moles} \qquad \textit{13 mol} \qquad \textit{8 moles} \qquad \textit{10 moles}$$

$$116\ g \quad + \quad 416\ g \quad = \quad 352\ g \quad + \quad 180\ g$$

Recordemos que tenemos 12 moles de C_4H_{10}. A partir de la ecuación y de la proporción entre los reactivos, se calcula cuál es el reactivo limitante:

$$\frac{2\ \text{moles}\ C_4H_{10}}{13\ \text{moles}\ O_2} = \frac{12\ \text{moles}\ C_4H_{10}}{X = 78\ \text{moles de}\ O_2}$$

De acuerdo con este cálculo, 12 moles de butano reaccionan con 78 moles de oxígeno pero, como la cantidad de la cual se dispone es menor (14 moles), el oxígeno es el reactivo limitante.

Para responder a las preguntas se utiliza como dato la cantidad del reactivo limitante del que se dispone:

a)

$$\frac{13\ \text{moles}\ O_2}{8\ \text{moles}\ CO_2} = \frac{14\ \text{moles}\ O_2}{X = 8{,}615\ \text{moles}}$$

b) A partir de la ecuación de gases ideales se calcula el volumen que ocupará el dióxido de carbono en CNPT.

$$PV = nRT$$

$$1\ \text{atm}.V = 8{,}615\ \text{mol}.\ 0{,}082\ \text{dm}^3.\text{atm}.\text{K}^{-1}.\text{mol}^{-1}.273\ \text{K}$$

$$\mathbf{V = 192{,}855\ dm^3}$$

c) Para calcular la masa de vapor de agua:

$$\frac{13\ \text{moles}\ O_2}{180\ g\ H_2O} = \frac{14\ \text{moles}\ O_2}{X = 193{,}85\ g}$$

En el siguiente gráfico, la línea azul indica la relación de proporcionalidad entre los reactivos. La línea roja muestra la cantidad máxima de oxígeno, que limita la combustión del butano.

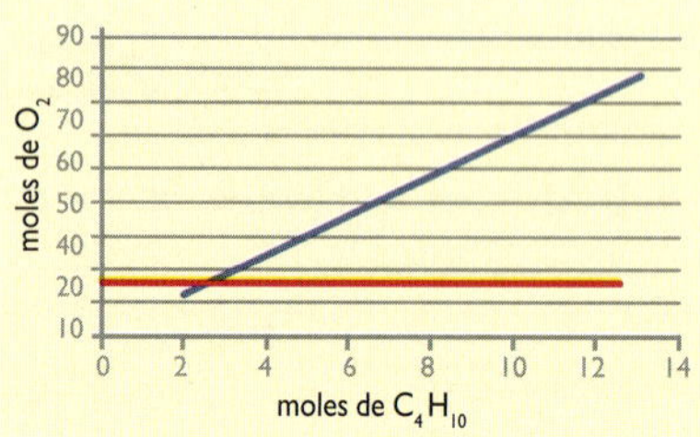

En este gráfico se puede observar la relación de proporcionalidad entre los reactivos.

1. Como se vio en este capítulo, los nombres de los hidrocarburos dependen del número de carbonos en la cadena principal, de la presencia y la cantidad de dobles o triples enlaces y de su posición en la molécula.

a. De acuerdo con esa información, asignen los nombres dados en la siguiente lista a los hidrocarburos que observan en el esquema:

I. hexano
II. 1-buteno
III. 2-pentino
IV. 5-etil, 3,4-dimetilheptano

$H_2C = CH - CH_2 - CH_3$ ☐

$CH_3 - (CH_2)_4 - CH_3$ ☐

$H_3C - C \equiv C - CH_2 - CH_3$ ☐

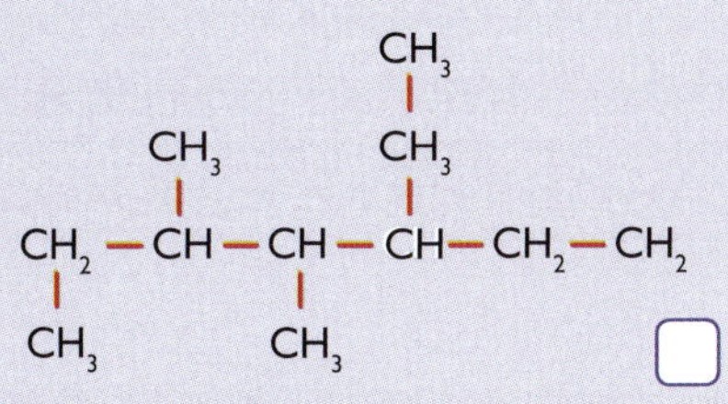
☐

b. Para cada uno de los casos del punto **a**, justifiquen su elección.

c. Clasifiquen los compuestos del punto **a** en alcanos, alquenos y alquinos.

2. Escriban dos isómeros de cadena del hidrocarburo heptano. Escriban su fórmula semidesarrollada.

3. Completen las siguientes ecuaciones químicas:

a. 2-penteno + yoduro de hidrógeno (HI)

b. butano + gas cloro (Cl_2)

4. Elaboren un resumen explicando cuáles son las principales propiedades físicas de los hidrocarburos y cómo varían en función del aumento del tamaño de la cadena carbonada.

5. Expliquen cómo es la estructura del benceno y por qué se lo conoce como aromático.

6. El amoníaco que se utiliza como fertilizante se obtiene a partir de la reacción entre el gas hidrógeno (H_2) y nitrógeno (N_2). Si se dispone de 5 dm^3 de hidrógeno a 1 atm y 25 °C.

a. ¿Qué volumen de nitrógeno se obtendrá en las mismas condiciones?

b. ¿Cuántos gramos de amoníaco se podrán fabricar?

7. El etino reacciona con gas cloro (Cl_2) para formar dicloroetano. Supongan que se cuenta con 4 moles de etino.

a. Escriban la reacción que representa el proceso.

b. ¿Qué volumen de gas cloro, medido a 700 cm^3 y a 1 atm de presión, se necesitarán?

c. ¿Cuántos moles de dicloroetano se obtendrán?

8. Expliquen qué es el reactivo limitante mediante un modelo análogo diferente al de la fabricación de carpetas que se propone en el texto de este capítulo. (Pista: pueden pensar en la fabricación de sándwiches o de otro producto).

9. Cuando el etano reacciona con oxígeno, se forman dióxido de carbono y vapor de agua. Se dispone de 3 moles de etano y de 7 moles de oxígeno.

a. Calculen cuál es el reactivo que limita la reacción.

b. Calculen los gramos del reactivo que está en exceso que se precisan realmente.

c. Calculen los moles de agua que se obtienen.

10. La siguiente tabla representa las cantidades (en moles) de los reactivos que intervienen.

C_6H_6	O_2	CO_2	H_2O
2	15		
4	30		
8	60		
32	200		

a. Escriban la reacción que representa el proceso.

b. Completen la tabla.

c. Expliquen si los reactivos se encuentran en cantidades proporcionales.

11. Indiquen si las siguientes afirmaciones son verdaderas o falsas. En todos los casos, justifiquen su respuesta:

a. Los alcanos son insolubles en agua porque son polares.

b. El punto de ebullición en un hidrocarburo aumenta al incrementar la cantidad de ramificaciones.

c. Las reacciones químicas propias de los alquenos son de sustitución.

d. El benceno presenta reacciones de adición debido a la presencia de enlaces dobles.

e. En una reacción química, el reactivo que está en menor cantidad es el reactivo limitante.

Propiedades de los hidrocarburos

A. El benceno… ¿debe reemplazarse?

El benceno es uno de los hidrocarburos de mayor importancia a nivel industrial debido a la gran cantidad de productos en cuya manufactura interviene. Pero, ¿es tóxico? ¿Debe reemplazarse?

En esta actividad, se les propone realizar un debate respecto del uso del benceno en la industria. Para ello armen dos grupos y definan los roles de cada uno de sus integrantes. Algunos de ellos se ocuparán de investigar todo lo relevante a la postura que deben defender, otros deberán preparar respuestas posibles para debatir la postura del otro grupo, otros deberán preparar afiches que reflejen su propuesta y, finalmente, deberán elegir a tres representantes que expongan la postura del grupo.

GRUPO I deberá defender la siguiente postura:

"A pesar de su toxicidad y tomando los recaudos apropiados, el benceno es indispensable en la industria y debe seguir siendo utilizado".

Para apoyar su postura deberán buscar información acerca de su toxicidad, sus usos más importantes y en qué países es más utilizado, además de recortes de diarios, revistas y artículos de Internet que les permitan argumentar. También pueden realizar una encuesta.

GRUPO II deberá defender la siguiente postura:

"El benceno es un compuesto muy tóxico y perjudicial para la salud, por ese motivo es imperioso que se busquen materias primas alternativas para reemplazarlo".

Para apoyar su postura deberán buscar información acerca de su toxicidad, sus usos más importantes, investigaciones que se estén haciendo para descubrir nuevos materiales menos perjudiciales para la salud y el ambiente y de qué manera se lo puede reemplazar, además de recortes de diarios, revistas y artículos de Internet para presentar argumentos. También pueden realizar una encuesta.

B. Anilinas frente a pigmentos de origen vegetal

Las anilinas son compuestos derivados del benceno, que se emplean en la fabricación de tinturas utilizadas en el teñido de telas y maderas. En esta actividad, teñirán diferentes tipos de telas usando anilinas y productos naturales.

MATERIALES

- Sobres de anilinas para teñido en frío de distintos colores.
- Jugos de repollo colorado, de remolacha y de espinaca.
- Mate cocido (fuerte).
- Algunos trozos pequeños de telas de algodón, de lana y de lino de color blanco.
- Seis recipientes de plástico u ollas.
- Un recipiente para calentar agua (de metal o de vidrio resistente al calor).
- Una pinza.
- Guantes de goma.
- Dos o tres cucharas.
- Sal gruesa.
- Mechero, fósforos o encendedor.
- Broches de madera.
- Una soga.

- **Procedimiento**

1. Preparen las anilinas, para ello coloquen dentro de una olla agua caliente hasta la mitad y disuelvan el contenido de un sobre revolviendo con cuchara. Pueden preparar anilina de otros colores en otros recipientes.
2. Preparen los jugos naturales de la siguiente manera: el repollo, la espinaca y la remolacha deben hervirse y luego de unos minutos se debe colar el jugo. Cada uno de estos jugos se debe recoger en distintos recipientes. El mate cocido se prepara agregando agua caliente a la yerba mate.
3. A cada recipiente agreguen un puñado de sal gruesa y revuelvan bien.
4. Introduzcan en cada uno de los recipientes los trozos de tela a teñir. Dejen las telas por lo menos media hora.
5. Retiren las telas, lávenlas bajo el agua de la canilla y cuélguenlas en una soga en el laboratorio.
6. Al día siguiente, observen las telas ya secas y comparen cuáles quedaron mejor teñidas.

- **Preguntas para el análisis**

1. ¿Podrían las anilinas ser reemplazadas por colorantes naturales?
2. ¿Cuáles son los pros y los contras del uso de uno y otro método?
3. Elaboren un informe de laboratorio con los resultados de su experiencia.

ACTIVIDADES

1. **Investiguen cómo se teñían las telas en el antiguo Egipto.**
   a. ¿De dónde se extraían los compuestos para lograr los distintos colores?
   b. Intenten averiguar acerca de la naturaleza química de dichos compuestos.

2. **Ingresen al siguiente sitio web** http://tilz.tearfund.org/Espanol/. **Coloquen en el buscador: "tintes de plantas caseros". Hagan doble clic sobre el primer resultado, allí encontrarán un paso a paso para usar tinturas naturales para teñir telas.**

ENTREVISTA AL
LIC. DANIEL GASTÓN MONTERO

El Lic. Daniel Gastón Montero se recibió de geólogo en el año 2007. Ya había comenzado a trabajar en la industria petrolera como pasante en el año 2004 en la empresa Total Austral, en la que se desempeñó como geólogo de pozo. Luego, trabajó como geólogo de reservorio entre los años 2007 y 2010. Ese mismo año ingresó a la empresa YPF como geólogo de desarrollo.

Sobre el lugar de trabajo

Los antecedentes de YPF, sigla de Yacimientos Petrolíferos Fiscales, se remontan al descubrimiento de petróleo en la zona de la ciudad de Comodoro Rivadavia, en el año 1907. Desde entonces, se transformó en la mayor empresa del país, que actualmente emplea a unas 30 000 personas que trabajan en forma directa e indirecta. Además, YPF es el segundo mayor exportador del país. Hoy es líder en la actividad de exploración y producción de hidrocarburos, refinería y química de la Argentina. El desarrollo en el área de la química de YPF está orientado a la fabricación de productos industriales que incluyen materias primas para las actividades química, industrial y agrícola.

La producción se localiza en tres complejos. En la localidad de Ensenada, se producen derivados del petróleo como hidrocarburos aromáticos, paraxileno, ciclohexano, oxoalcoholes, solventes, buteno-1, ortoxileno, poliisobutileno, anhídrico maleico, lineal alquilbenceno y lineal alquilbenceno sulfonado. En Bahía Blanca se produce urea y amoníaco, mientras que en Plaza Huincul se produce metanol.

¿Qué carrera cursaste y en qué universidad?

Cursé la carrera de Licenciatura en Ciencias Geológicas en la Facultad de Ciencias Exactas y Naturales de la Universidad de Buenos Aires.

¿Cuál es tu área de trabajo?

Hace cinco años comencé a trabajar como geólogo de reservorio. Las funciones de este puesto, complementadas con las de otros profesionales de áreas afines, consisten en entender la geología de un reservorio de gas y/o petróleo y construir un modelo que permita estimar las reservas que quedan disponibles, además de posibles ubicaciones de nuevos pozos.

¿Cómo te perfeccionaste en dicha área de trabajo?

Gran parte de mi aprendizaje lo alcancé dentro de las empresas, trabajando en diferentes proyectos. Además, realicé numerosos cursos en el país y en el exterior que me sirvieron para incorporar nuevos conocimientos, y actualizar y reforzar los adquiridos durante mi etapa de estudiante universitario.

¿Dónde trabajaste y dónde lo hacés actualmente?

En mi último año de carrera en la facultad, ingresé a la compañía petrolera de origen francés Total Austral. Allí trabajé durante casi seis años en la filial argentina de la compañía, viajando esporádicamente a las oficinas en Francia. Luego de trabajar allí me incorporé a la compañía YPF donde, desde hace un año y medio, formo parte de la dirección de desarrollo de la empresa.

¿Cómo se compone tu grupo de trabajo?

El grupo de trabajo cercano es interdisciplinario, y está compuesto por un petrofísico, un geofísico, dos ingenieros de reservorios y dos geólogos. Además, interactuamos con otros grupos que a su vez están compuestos por distintos profesionales.

¿En qué estás trabajando puntualmente hoy?

En la actualidad, estoy trabajando en el modelado integral de reservorio y estudio de la geología de un yacimiento maduro de petróleo ubicado en la provincia de Río Negro. Esto significa que el yacimiento ya está localizado, y nuestro estudio se orienta a maximizar su aprovechamiento y mejorar su utilización.

¿Qué aproximación tiene a la química tu trabajo diario?

De forma directa o indirecta, la química está presente en numerosas ocasiones. Datos como la composición química del petróleo, su viscosidad o su peso específico, entre otros, resultan fundamentales para la elección del método adecuado de perforación y producción de los pozos.

Por otra parte, la composición química de los minerales que forman parte de las rocas permite prever la posibilidad de presencia o no de hidrocarburos en ellas.

La composición de fluidos alojados en las rocas también es fundamental. Esta puede ser identificada a través de herramientas que se introducen en el pozo y miden la resistencia al pasaje de una corriente. Una roca con agua salina, por ejemplo, tendrá una baja resistividad y una con petróleo, por el contrario, poseerá una alta resistividad dado que es un fluido no conductivo.

¿Qué perspectivas tiene el petróleo como recurso no renovable?

Las reservas mundiales de petróleo se vienen manteniendo en los últimos años, es decir que los descubrimientos de nuevos yacimientos se compensan con lo que es producido. Por otro lado, mediante nuevas tecnologías y un mayor conocimiento se ha empezado a producir en zonas donde hasta hace algunos años era impensado.

De todas formas, el petróleo es un recurso no renovable. Por este motivo, diferentes países están utilizando y estudiando recursos renovables como fuente de energía alternativa (energía solar, eólica, biodiésel, etcétera). Esto les permitirá estar preparados para el momento en el que la energía obtenida del petróleo no sea suficiente para suplir la demanda y se deba sustituir por otra fuente de energía.

PARA REFLEXIONAR EN EL AULA

1. ¿Con qué temas vistos en este bloque se vincula la actividad de Daniel Montero?
2. El primer trabajo en el que se desempeñó Daniel que estuvo vinculado a su carrera lo consiguió a través de un sistema de pasantías. ¿Saben qué es una pasantía? Investíguenlo y discutan qué ventajas y desventajas presenta este sistema.
3. Para poder realizar su trabajo, Daniel tuvo que estudiar mucho pero ¿bastó solo con el estudio? ¿Por qué?
4. El grupo de trabajo de Daniel es interdisciplinario, ¿qué significa esto? ¿Creen que es importante que los grupos de trabajo sean de este tipo? ¿Por qué?
5. Investiguen a qué se dedican un petrofísico, un geofísico y un ingeniero de reservorio. ¿Qué formación académica tuvieron?
6. Busquen información acerca de las plantas de Ensenada, Bahía Blanca y Plaza Huincul. ¿Cuál es el camino desde el yacimiento hasta los productos finales de dichas plantas?

RESUMEN

El **carbono** (del latín *carbo*) es un elemento de suma importancia debido a que no solo constituye la estructura de los seres vivos, sino que también está presente en infinidad de compuestos de múltiples usos, tanto en la medicina como en la industria y la tecnología; en la atmósfera, en rocas y combustibles fósiles y en algunas sales de la hidrosfera.

Su ciclo biogeoquímico regula la temperatura del planeta, además de intervenir en la fotosíntesis y en la respiración celular. Su aumento como consecuencia de las actividades humanas podría ser responsable del incremento del efecto invernadero y, en consecuencia, del cambio climático.

Si bien en un principio se consideró que los únicos compuestos que contenían este elemento provenían de los seres vivos (compuestos orgánicos), en el año 1928, Wöhler obtuvo experimentalmente la urea a partir de sustancias inorgánicas. Esto llevó a un cambio en el concepto de orgánico, que pasó a denominarse **química de los compuestos del carbono.**

La presencia del carbono en una infinita variedad de sustancias se debe a su configuración electrónica y a la capacidad que presentan sus orbitales atómicos s y p de asociarse para generar otros nuevos: sp^3, sp^2 y sp. Como consecuencia de la **hibridación** de sus orbitales, los átomos de carbono se combinan entre sí y forman largas cadenas que pueden unirse a otros átomos o grupos de átomos. Cuando la cadena carbonada contiene átomos de hidrógeno, estamos en presencia de los **hidrocarburos**, principales componentes de los combustibles fósiles.

En ellos, los enlaces entre los carbonos son del tipo covalente, y las cadenas pueden ser lineales o ramificadas. Se los puede clasificar teniendo en cuenta los enlaces entre los carbonos o por la forma de la cadena carbonada. De acuerdo con el primer criterio, se pueden considerar tres grupos: **alcanos**, que presentan enlaces simples carbono-carbono y al reaccionar frente a otros compuestos lo hacen mediante el mecanismo de sustitución; y **alquenos** y **alquinos**, que presentan enlaces dobles y triples, respectivamente. Sus reacciones ocurren mediante un mecanismo denominado adición. Según la forma de la cadena se los clasifica en: hidrocarburos de **cadena abierta**, que puede ser lineal o ramificada, e hidrocarburos de **cadena cerrada**, entre ellos se encuentran los cicloalcanos y los aromáticos (derivados del benceno).

Las moléculas de los hidrocarburos se caracterizan por ser no polares y presentar fuerzas intermoleculares débiles del tipo **London** y **dipolo inducido**. Por este motivo, no establecen uniones por puente de hidrógeno u otras interacciones fuertes con el agua, por lo que son insolubles en ella. Además, debido a la debilidad de las fuerzas de enlace, sus puntos de fusión y ebullición son bajos comparados con compuestos inorgánicos que presentan enlaces iónicos o polares en su estructura. A su vez, al ser excelentes combustibles, frente al gas oxígeno generan **reacciones de combustión**, las cuales pueden ser completas o incompletas según la cantidad de oxígeno con que se combinen. En el primer caso, se libera dióxido de carbono, mientras que en el segundo, monóxido (gas tóxico). Frente a otros compuestos suelen ser poco reactivos.

El avance de la ciencia en el estudio de las estructuras y propiedades físicas y químicas de los hidrocarburos dio pie al crecimiento y desarrollo de industrias como la petroquímica y las de compuestos derivados a partir de subproductos del petróleo como, por ejemplo, los plásticos, cosméticos y drogas medicinales, entre otros. Debido a los costos de extracción y refinamiento del petróleo y a su progresiva escasez, los hidrocarburos son una materia prima que no se puede derrochar. Por ese motivo, en los procesos industriales se tienen muy en cuenta las proporciones **estequiométricas** entre productos y subproductos.

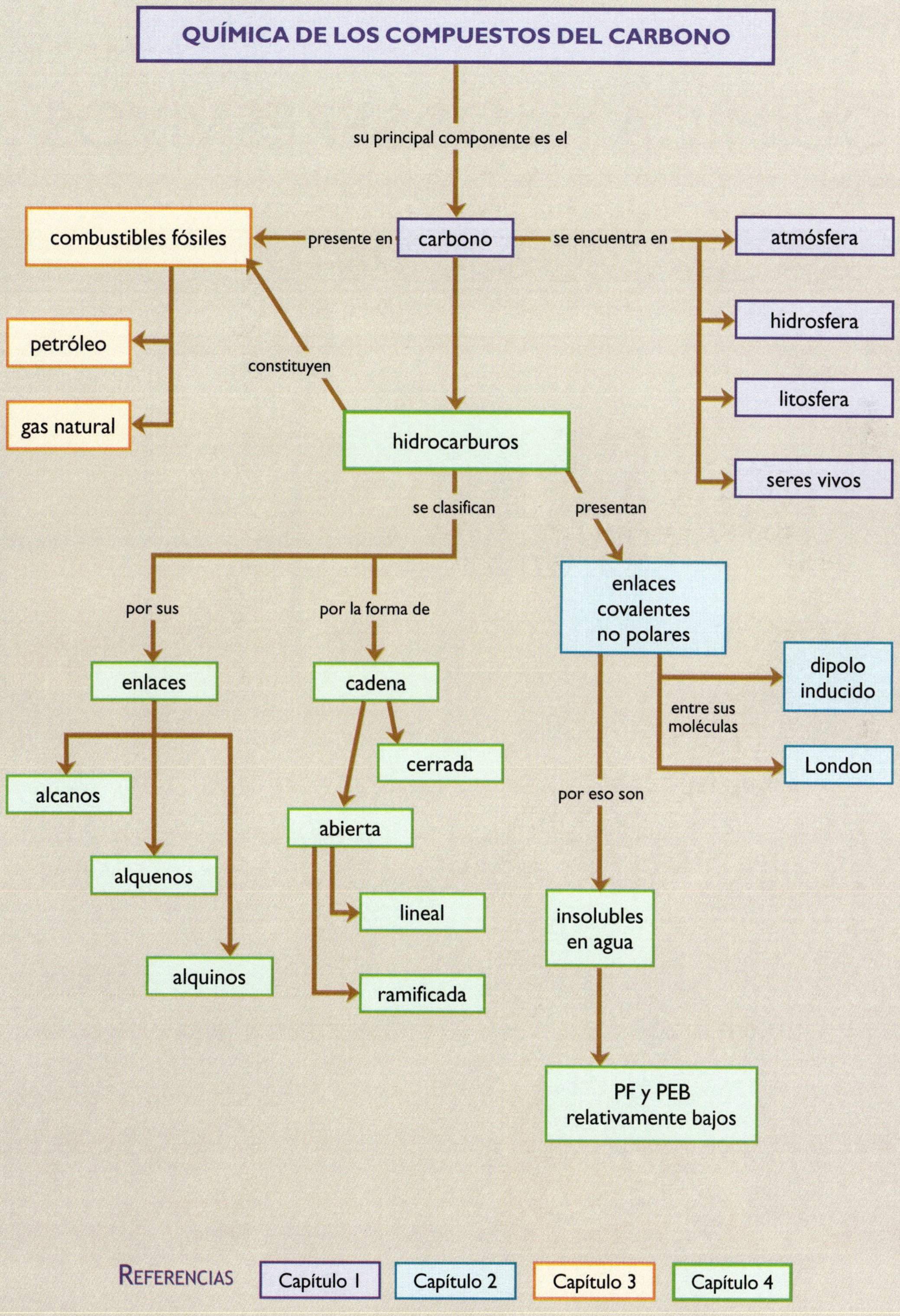
QUÍMICA DE LOS COMPUESTOS DEL CARBONO
su principal componente es el
carbono
presente en
combustibles fósiles
petróleo
gas natural
constituyen
se encuentra en
atmósfera
hidrosfera
litosfera
seres vivos
hidrocarburos
se clasifican
por sus
enlaces
alcanos
alquenos
alquinos
por la forma de
cadena
cerrada
abierta
lineal
ramificada
presentan
enlaces covalentes no polares
entre sus moléculas
dipolo inducido
London
por eso son
insolubles en agua
PF y PEB relativamente bajos
REFERENCIAS
Capítulo 1
Capítulo 2
Capítulo 3
Capítulo 4

BLOQUE 2

LA QUÍMICA Y LOS SERES VIVOS

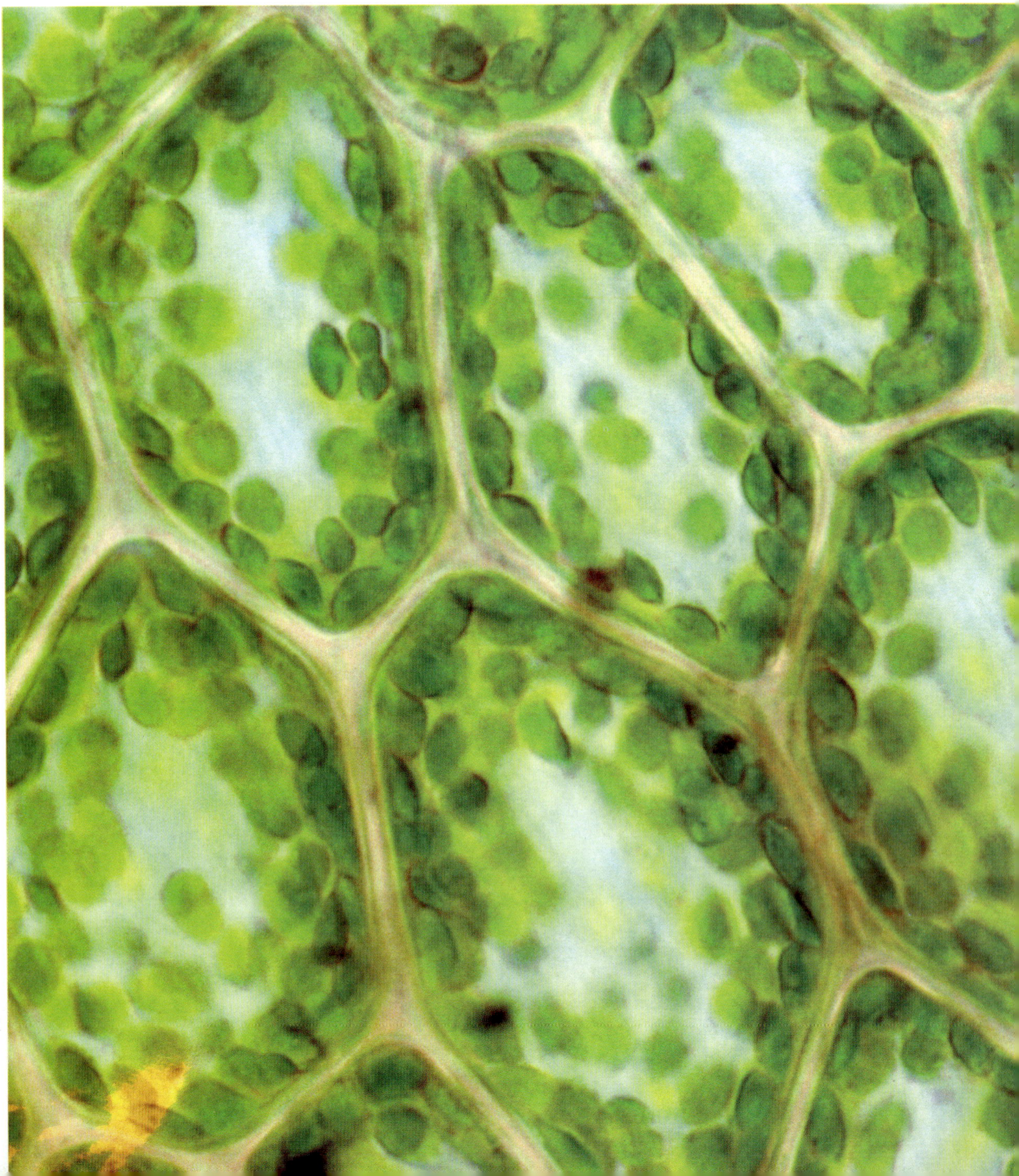

Micrografía de los cloroplastos de un tejido vegetal.

"La vida hace mucho más que adaptarse a la tierra. Transforma la tierra para sus propios fines".

James Ephraim Lovelock, científico, inventor, meteorólogo, ambientalista y escritor británico (1919-).

5

UN GRUPO DE ÁTOMOS MUY IMPORTANTE: LOS GRUPOS FUNCIONALES

Cuando nos acercamos a una rosa o a una fruta, percibimos un aroma característico. Los aromas son moléculas de sustancias volátiles que "viajan" mezcladas con el aire. Existen compuestos del carbono que tienen, además de carbono e hidrógeno, otros átomos que les dan características diferentes a las de los hidrocarburos. Conocer su estructura química nos ayuda a comprender muchas de sus propiedades y usos.

Funciones oxigenadas

Existen compuestos del carbono cuyas propiedades se deben a la presencia de un grupo funcional determinado. Si en una molécula de hidrocarburo se reemplazan uno o más hidrógenos por átomos o grupos de átomos, obtendremos otras moléculas con propiedades diferentes a las del hidrocarburo de origen. Este grupo de átomos es lo que se denomina grupo funcional, si dentro de él se incluye el oxígeno, se trata de una **función oxigenada**. Una de las moléculas con este tipo de función es la que constituye el alcohol de uso medicinal (etanol), el formol que se usa como conservante de organismos, algunos solventes de pinturas como el quitaesmalte, el vinagre y muchas de las esencias aromáticas naturales.

El alcohol medicinal, la glicerina y el aroma de muchas flores poseen grupos funcionales oxigenados.

Otros compuestos de este tipo son los ácidos, los aldehídos, las cetonas y los ésteres, entre otros. Estas funciones resultan de reacciones químicas específicas, como la adición, la oxidación o la condensación. En una de las etapas de la obtención del vino, por ejemplo, se lo deja en toneles de madera durante un tiempo para que el alcohol se oxide y dé como resultado compuestos volátiles que le otorgan el aroma.

Los alcoholes

Los alcoholes son cadenas carbonadas similares a los hidrocarburos con un grupo hidroxilo (OH) unido a uno de los átomos de carbono.

Para nombrar los alcoholes se toma como referencia el nombre del alcano al que se parecen. Luego, se les cambia la terminación ***o*** (del alcano) por el sufijo ***ol*** (que indica que se trata de un alcohol). Así, el alcohol formado por un átomo de carbono se llama **metanol**; el de dos carbonos, **etanol**, y así sucesivamente. A partir del **propanol** se antepone el número que indica la ubicación del grupo funcional en la cadena carbonada; de esta forma diferenciamos el 1-propanol del 2-propanol, que son entre sí isómeros de posición.

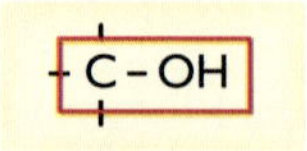

Grupo alcohol.

De acuerdo a cual sea el orden relativo del átomo de carbono de la cadena al que esté unido el grupo funcional OH, los alcoholes se pueden clasificar en primarios, secundarios o terciarios.

Los alcoholes son primarios cuando el grupo OH está unido a un carbono del extremo de la cadena, son secundarios cuando la función alcohol está unida a un carbono que a su vez está unido a otros dos, y terciario cuando el carbono al que se une el grupo funcional está unido a otros tres carbonos.

<table>
<tr><th>Alcohol</th><th>Nombre</th><th>Fórmula química</th><th>Fórmula semidesarrollada</th></tr>
<tr><td>Primario</td><td>etanol</td><td>C_2H_6O</td><td>CH_3-CH_2-OH</td></tr>
<tr><td></td><td>1-propanol</td><td>C_3H_8O</td><td>$CH_3-CH_2-CH_2-OH$</td></tr>
<tr><td>Secundario</td><td>2-propanol</td><td>C_3H_8O</td><td>$CH_3-CH-CH_3$
|
OH</td></tr>
<tr><td>Terciario</td><td>2-metil
2-propanol</td><td>$C_4H_{10}O$</td><td>CH_3
|
CH_3-C-CH_3
|
OH</td></tr>
</table>

forma homogénea entre el oxígeno y el hidrógeno, sino que el oxígeno presente una densidad de carga negativa y el hidrógeno, una positiva. Es decir, el hidroxilo es un grupo muy polar, mientras que la cadena carbonada es no polar. Esto hace que los alcoholes de baja masa molar presenten interacciones con las moléculas de agua del tipo unión puente de hidrógeno y, por lo tanto, sean solubles en agua. Pero a medida que aumenta el tamaño de la cadena de carbonos (parte no polar), el efecto de la polaridad del grupo OH es muy leve en relación con el efecto de la no polaridad de la cadena, por lo tanto los alcoholes de alta masa molar son insolubles en agua.

En el laboratorio, los alcoholes se pueden obtener a partir de diversas reacciones. Una de ellas es la **adición** de agua a un alqueno. Esta reacción ocurre a 300 atm y 280 °C, y es una forma de obtener el alcohol etílico en la industria petroquímica.

$$H-OH$$

$$H_2C=CH_2 + H_2O \rightarrow H_3C-CH_2OH$$

eteno + *agua* *etanol*

Existen otras maneras de obtener alcoholes, por ejemplo, tratando un compuesto clorado con hidróxido de sodio. En este caso la reacción es de sustitución. También se puede obtener alcohol a través de la acción de seres vivos: los microorganismos presentes en las frutas y las semillas fermentan glucosa y producen etanol.

Algunas propiedades de los alcoholes

Las propiedades físicas de los alcoholes se deben fundamentalmente a la presencia del grupo OH. El oxígeno es un elemento mucho más electronegativo que el hidrógeno, y esta diferencia de electronegatividad hace que la densidad de carga no se encuentre distribuida de

La posibilidad de los alcoholes de formar uniones puente de hidrógeno entre las moléculas de alcohol hace que el punto de ebullición y el de fusión sean más altos que el de los hidrocarburos de masa molar similar. Si observamos los valores del cuadro, verificamos que el etano es un gas dado su bajo punto de ebullición, mientras que el propanol es líquido.

Compuesto	Masa molar (g/mol)	Punto de ebullición (°C)
Etano	30	- 81,6
Metanol	32	65,0
Propanol	44	42,1
Etanol	46	78,0

A partir de alcoholes, se pueden formar alquenos por eliminación de una molécula de agua; esta reacción es inversa a la adición.

(en medio ácido)

$$CH_3CH_2-OH \rightarrow CH_2=CH_2 + H_2O$$

etanol *eteno*

También, como se explicará más adelante, los alcoholes pueden oxidarse y dar origen a compuestos como los aldehídos, los ácidos y las cetonas, fundamentales para el metabolismo de los seres vivos y para la industria.

Los alcoholes en nuestra vida cotidiana

A diario utilizamos productos que contienen alcoholes, además estos compuestos son usados en diferentes procesos industriales. Por ejemplo, el etanol se utiliza tanto en la industria como en el hogar. El metanol o alcohol metílico es también empleado como solvente de lacas y barnices, y se obtiene industrialmente a partir de la destilación de la madera. Este alcohol es sumamente tóxico y si se ingiere puede producir ceguera. Otros alcoholes de importancia para la vida y la industria son el 2-propanol (isopropanol), que se usa como solvente de rápida evaporación, el glicerol (propanotriol), cuyo éster forma lípidos (compuestos que estudiaremos en próximos capítulos) y el etilenglicol, que se usa como anticongelante para autos.

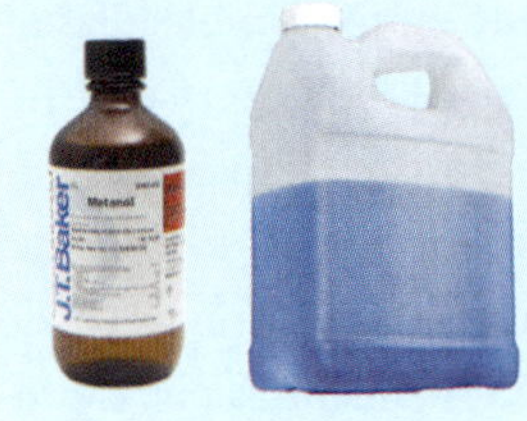

El metanol, que se usa como solvente, y el etilenglicol, que forma parte de los anticongelantes para motores, son alcoholes.

Usos del etanol

Como se estudiará más adelante, a partir de la fermentación de la glucosa (que es un azúcar) se puede obtener etanol, también llamado alcohol etílico. Las bebidas alcohólicas contienen etanol, que se obtiene por la fermentación de la glucosa presente en frutos u obtenida por hidrólisis del almidón de los cereales (el almidón es una molécula muy grande y está compuesta por muchas moléculas de glucosa unidas entre sí). Así, si se fermenta la glucosa de la uva, la bebida obtenida es vino; mientras que si el reactivo es la glucosa de la manzana, se obtiene la sidra. Si, en cambio, se fermenta la glucosa del almidón de algunos cereales como la cebada, se obtiene cerveza. En todos los casos se obtiene etanol, pero lo que diferencia estas bebidas tiene que ver con los otros compuestos presentes en los frutos o las semillas que se utilizan como materia prima. La concentración de alcohol en una bebida se expresa mediante la graduación alcohólica. Un vino que tiene 12° contiene 12 ml de etanol cada 100 ml de bebida. En el caso de las bebidas destiladas, como ginebra, vodka o *whisky*, el alcohol obtenido previamente por fermentación se destila, por lo que resultan bebidas con una graduación alcohólica más alta.

El etanol también se suele utilizar como combustible tanto industrial como doméstico porque durante su combustión, además de producirse dióxido de carbono (CO_2) y agua, se libera bastante calor, es decir que ocurre una reacción exotérmica. En estos casos, se lo comercializa como **alcohol de quemar**, que se obtiene a partir de un proceso en el que se agregan otras sustancias al etanol. De este modo, se evita que se lo utilice con otros fines que no sean el de combustible.

El etanol arde con facilidad y libera gran cantidad de energía cuando lo hace, por este motivo puede ser una buena alternativa a los combustibles derivados del petróleo y el gas natural.

$$H_3C - CH_2OH + 3\,O_2 \rightarrow 2\,CO_2 + 3\,H_2O$$

En medicina, se utiliza como desinfectante con una graduación de 96% de etanol y 4% de agua, y se lo conoce como **alcohol fino** o **alcohol de 96º**, que además es usado como base para la obtención de fármacos, colorantes y cosméticos.

Además, sobre todo en Brasil, se emplea mezclado con la nafta en la **alconafta**. Este combustible de automóviles es una alternativa para reemplazar los derivados del petróleo, y se prefiere porque es menos contaminante. En 1978, se iniciaron acciones para imponer el uso de alconafta (nafta con un 15% de alcohol) como combustible en algunas provincias como Tucumán, donde se cultiva la caña de azúcar, pero se abandonó el programa. No ocurrió lo mismo en Brasil, que lo sostiene en la actualidad.

Los aldehídos, las cetonas y los ácidos

Cuando se deja vino durante cierto tiempo en contacto con el aire decimos que se "pica" y adquiere un sabor agrio. Lo que ha ocurrido es que el oxígeno del aire oxidó el etanol y lo transformó en primer término en un aldehído y, finalmente, en ácido etanoico (olor y sabor agrio).

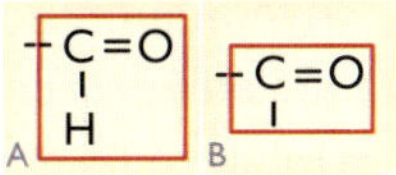

A. Grupo aldehído. B. Grupo cetona. Ambos grupos presentan un grupo carbonilo (C=O).

La oxidación suave de un alcohol primario produce compuestos con olor característico que se llaman aldehídos. Y, si el alcohol es secundario, se produce por oxidación una cetona.

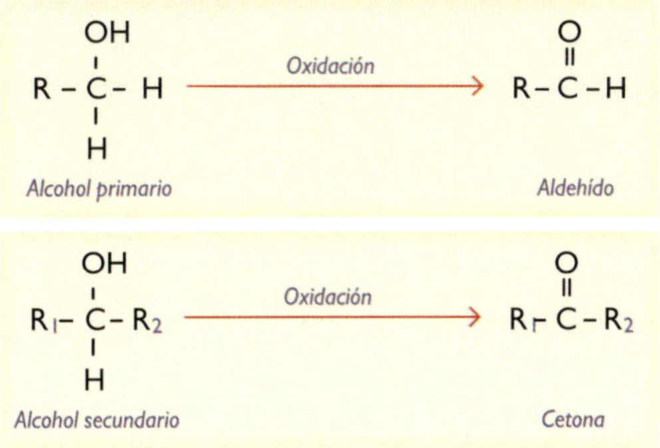

Un alcohol primario que se oxida pasa a aldehído; si el que se oxida es un alcohol secundario, pasa a cetona.

El aldehído con un solo átomo de carbono es el metanal. Su solución acuosa es conocida como formol, que posee un olor muy desagradable y es usado como conservante de especies biológicas.

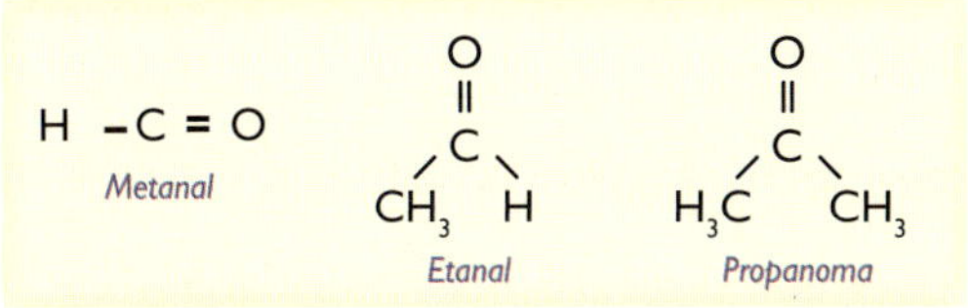

Aldehídos y cetonas de bajo peso molecular.

Otros aldehídos y cetonas de alto peso molecular tienen olor agradable y forman parte de los aromas de frutas y flores, razón por la que son usados en perfumería.

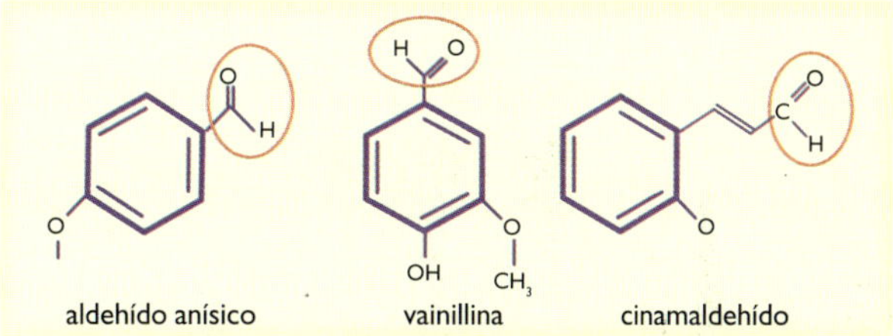

Muchos aldehídos son utilizados como aromatizantes. Por ejemplo, el aldehído anísico está presente en el anís y el aldehído cinámico, en la canela. La vainillina es el compuesto aromático presente en la vainilla.

Algunas propiedades de aldehídos y cetonas

Los aldehídos y cetonas no forman unión puente de hidrógeno por no tener grupo OH. Sus puntos de ebullición son más bajos que los de los alcoholes del mismo número de átomos de carbono, pero más altos que los de los alcanos debido a que el grupo carbonilo es polar. Los aldehídos pueden oxidarse hasta ácidos, no así las cetonas. La oxidación se usa en el laboratorio para diferenciar estas funciones. El **reactivo de Tollens**, una solución de plata amoniacal, en presencia de aldehídos, se reduce a plata metálica y produce un llamativo espejo de plata en las paredes del tubo. Otros reactivos son el **Benedict** y de **Fehling**, que consisten en una solución básica de sulfato de cobre; en este caso en presencia de aldehídos se forma un precipitado de óxido cuproso color rojo ladrillo.

reactivo de Tollens reactivo de Fehling

Para detectar la presencia de un grupo aldehído se pueden usar distintos reactivos.

	Compuesto	P. fusión (°C)	P. ebullición (°C)	Solubilidad en agua (g/mL)
Aldehídos	Formaldehído	- 92	- 21	completamente miscible
	Acetaldehído	123	20	completamente miscible
	Butiraldehído	99	76	4,0
	Bezaldehído	26	179	0,3
Cetonas	Acetona	95	56	completamente miscible
	Metiletilcetona	86	80	completamente miscible

Propiedades físicas de algunos compuestos con grupo carbonilo.

Los ácidos

Dentro de las funciones oxigenadas se encuentran también los ácidos. Estos presentan en su estructura un grupo **carboxilo**, el cual está constituido por C=O y un OH.

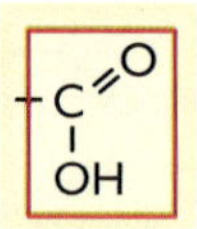

Grupo carboxilo.

Su nombre proviene del hidrocarburo de origen al que se le cambia su terminación por ***oico***. Por ejemplo, el ácido que contiene un solo átomo de carbono se denomina ácido **metanoico**.

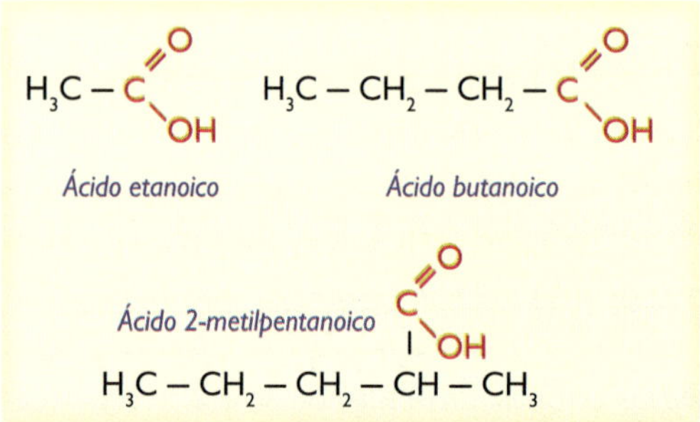

Nomenclatura de algunos ácidos.

Los ácidos se obtienen por oxidación endergónica (que toma calor del medio) de un alcohol primario.

El alcohol, en principio, se oxida a un aldehído, si la oxidación continúa pasa a ser un ácido. Esta reacción se da en solución acuosa ácida, con catalizadores como el CrO_3.

Más allá de la nomenclatura, algunos ácidos conservan nombres que se relacionan con el lugar o el organismo en el que fueron encontrados. Por ejemplo, el ácido metanoico, que es el que produce la irritación cuando pican las hormigas coloradas, también se conoce como ácido fórmico (en latín *formica* = hormiga). Mientras que el ácido etanoico es también llamado ácido acético, dado que se encuentra en el vinagre (*acetum* = vinagre).

Algunos ácidos son más conocidos por sus nombres tradicionales, que derivan de organismos o sustancias de las que se los aislaron por primera vez.

Como en el caso de los alcoholes, la presencia del grupo OH en los ácidos carboxílicos produce atracciones de tipo puente de hidrógeno con otras moléculas de ácido y, como consecuencia, sus puntos de ebullición son altos.

Como además pueden formar unión puente de hidrógeno con moléculas de agua, los ácidos de masa molar más baja son solubles en ella. Cuando un ácido carboxílico reacciona con un hidróxido se forma una sal, cuyo nombre se obtiene cambiando la terminación ***oico*** del ácido por ***ato***. Por ejemplo, si es la sal de sodio del ácido etanoico se llama **etanoato** de sodio.

Formación de un ácido a partir de un alcohol primario

$$\underset{\text{alcohol primario}}{RCH_2OH} \xrightarrow{\text{Oxidación}} \underset{\text{aldehído}}{RCHO} \xrightarrow{\text{Oxidación}} \underset{\text{ác. carboxílico}}{RCHOH}$$

$$CH_3CH_2OH \xrightarrow{CrO_3/H^+,\ H_2O} CH_3COOH$$

Formación de puentes de hidrógeno entre moléculas de ácido

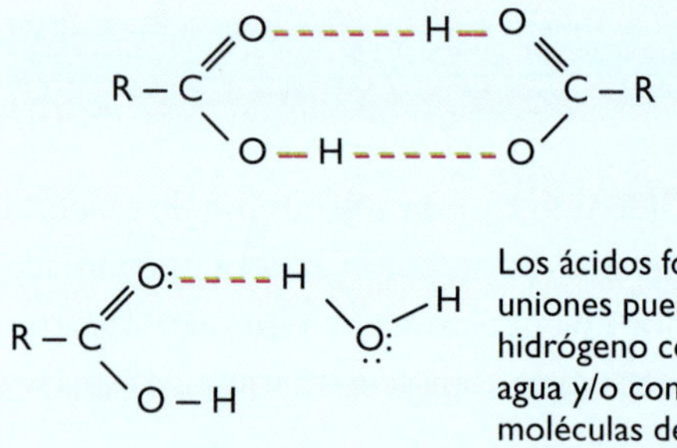

Los ácidos forman uniones puente de hidrógeno con el agua y/o con otras moléculas de ácido.

Reacción con un grupo hidroxilo

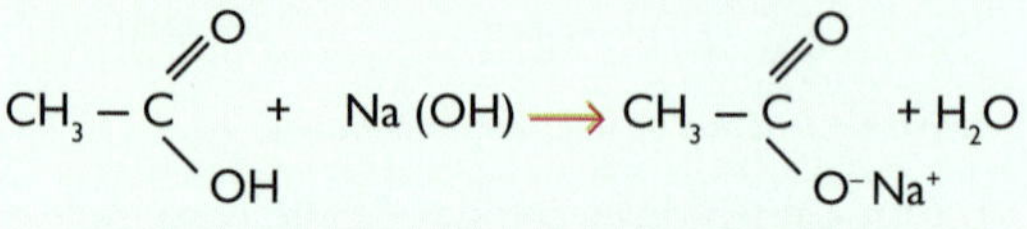

Cuando un ácido reacciona con un hidroxilo, por ejemplo, de un compuesto inorgánico, se forma una sal.

Éteres, ésteres y anhídridos

Un tipo de reacciones químicas características de las funciones oxigenadas son las de **condensación**, que consisten en la unión de dos moléculas con la pérdida de una molécula pequeña que suele ser agua. Las moléculas que resultan de este tipo de reacciones son, entre otras, los éteres, los ésteres y los anhídridos.

Éteres

Cuando la condensación se produce entre dos moléculas de alcohol, se produce una nueva función (C-O-C) llamada **éter.**

Los éteres se denominan con el nombre de los alcoholes del cual provienen o nombrando cada cadena de carbonos separados por ***oxi***. Así decimos éter dietílico o etoxietano al producto de la condensación de dos moléculas de etanol y éter; metiletílco o metoxietano, si la condensación se produjo entre el metanol y el etanol. Los éteres se caracterizan por ser muy volátiles.

El más conocido es el éter etílico, usado antiguamente como anestésico debido a su efecto depresor del sistema nervioso central. Es también un excelente solvente de compuestos orgánicos, es muy inflamable y explosivo.

$$-C-O-C-$$

Grupo éter.

Ésteres y anhídridos

Si, en cambio, la condensación se produce entre una molécula de alcohol y una de ácido, el producto obtenido es otra función, denominada **éster**. Este tipo de reacciones se conocen con el nombre de reacciones de **esterificación**.

Los ésteres se nombran cambiando la terminación ***oico*** del ácido por ***ato***, y la parte derivada del alcohol por la terminación ***ilo***.

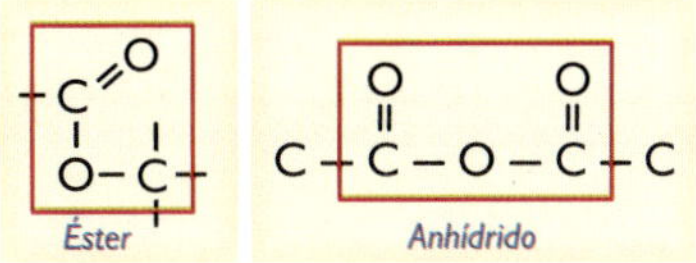

Grupos éster y anhídrido.

Los ésteres de bajo peso molecular son volátiles y dan el olor característico a muchas frutas, por ejemplo, el etanoato de isopentilo (también llamado acetato de isoamilo) es el que otorga el olor de la banana, y el butanoato de etilo, el del ananá. En la industria, se usan como solventes de lacas y barnices, en la fabricación de polímeros (como la fibra poliéster) y como aromatizantes. Las ceras y algunos lípidos presentes en los seres vivos también son ésteres.

La condensación de dos ácidos produce un **anhídrido**. Estos compuestos se nombran igual que los ácidos pero se reemplaza la palabra ácido por anhídrido, por ejemplo, anhídrido etanoico. Los anhídridos son más reactivos que los ácidos y se utilizan en la industria para obtener ésteres, por ejemplo, el acetato de celulosa.

Reacción de condensación

$$\underset{\text{Etanol}}{CH_3-CH_2OH + CH_3-CH_2OH} \xrightarrow[140\ °C]{H_2SO_4} \underset{\text{Éter etílico}}{CH_3-CH_2-O-CH_2CH_3} + \underset{\text{Agua}}{H_2O}$$

Estructura de éteres

$CH_3-O-CH_2-CH_3$

Metano oxietano

$CH_3-CH_2-CH_2-O-CH_2-CH_2-CH_3$

Éter dipropílico

Reacción de esterificación

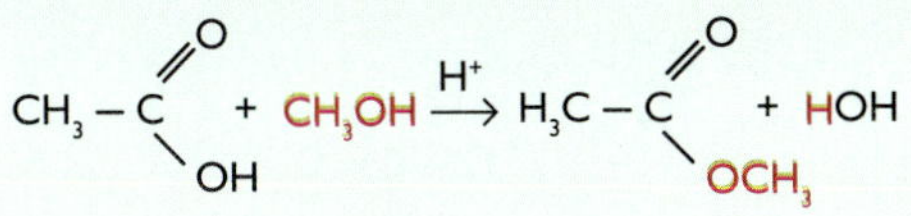

Nomenclatura de algunos ésteres

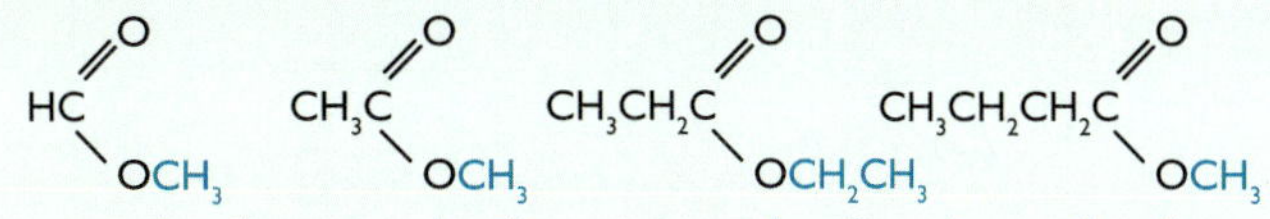

Reacciones de saponificación e hidrólisis

Cuando una sustancia sufre una ruptura de su estructura en presencia de agua, se dice que ha ocurrido una reacción denominada **hidrólisis** (del griego *hidro* = agua, *lisis* = ruptura). En el caso de los ésteres es la reacción inversa a la esterificación, y en ella se producen nuevamente el ácido y el alcohol de origen. Esta reacción no ocurre sin la presencia de un catalizador ácido, como el ácido clorhídrico.

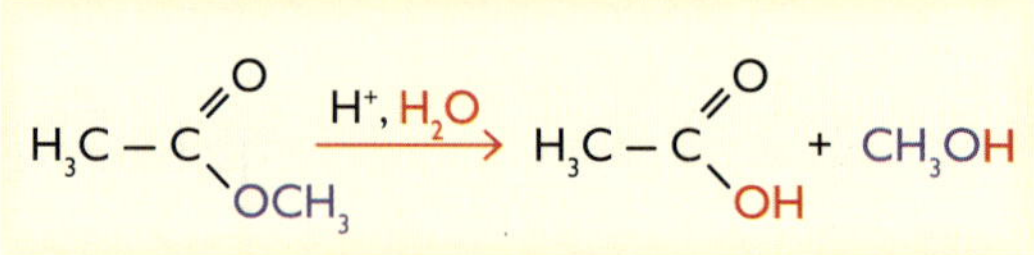

Reacciones de hidrólisis de un éster.

Si la hidrólisis ocurre en medio alcalino, con hidróxido de sodio como reactivo, se producen el alcohol y la sal de sodio del ácido (el jabón); en este caso, la reacción no es reversible y recibe el nombre de **saponificación**. El principal uso de esta reacción se da en la fabricación de jabones.

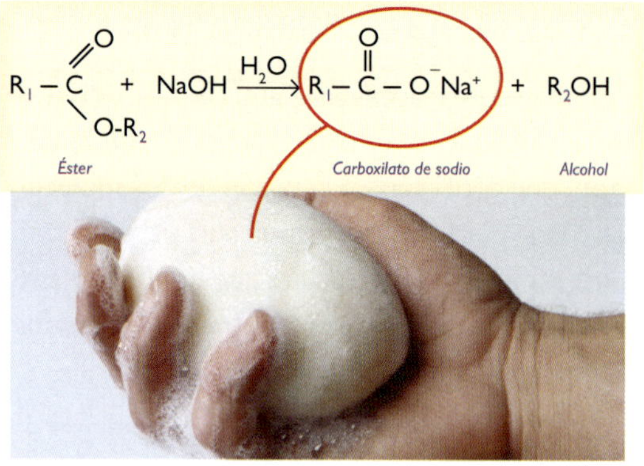

Reacción de saponificación.

Las funciones vistas en este capítulo

A lo largo del capítulo se estudiaron las funciones oxigenadas de los compuestos del carbono; en próximos capítulos se estudiarán las reacciones biológicas en las que intervienen estos grupos de átomos y su importancia en el metabolismo de los seres vivos, entre los que se incluye el ser humano.

GRUPO	ESTRUCTURA	EJEMPLO
Alcohol	$-\overset{\vert}{\underset{\vert}{C}}-OH$	Alcohol etílico CH_3-CH_2OH
Aldehído	$-C{=}O$, $\vert$ H	Metanal $H-C{=}O$, $\setminus H$
Cetona	$-C{=}O$, $\vert$	Propanona $CH_3-CO-CH_3$
Ácido	$-C{=}O$, $\vert$ OH	Ácido etanoico o acético $CH_3-C{=}O$, $\setminus OH$
Éter	$-C-O-C-$	Éter etílico $CH_3-CH_2-O-CH_2-CH_3$
Éster	$-C{=}O$, $\vert$ $O-C-$	Etanoato de butilo $H_3C-C{=}O$, $\setminus O-CH_2-CH_2-CH_2-CH_3$
Anhídrido	$C-\overset{O}{\overset{\Vert}{C}}-O-\overset{O}{\overset{\Vert}{C}}-C$	Anhídrido etanoico $H_3C-C{=}O$, $\setminus O-C{=}O$, $\vert$ H_3C

1. Observen las siguientes estructuras y reconozcan en ellas las funciones orgánicas oxigenadas que vieron en el capítulo.

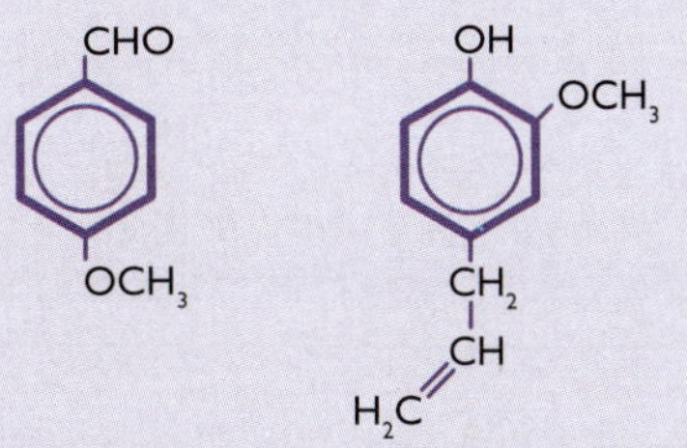

2. Dibujen las estructuras de los compuestos que se mencionan a continuación e indiquen si algunas de ellas son isómeros de función, es decir, si tienen igual fórmula molecular pero distinto grupo funcional.

a. 2-metil -2-butanol
b. éter etilpropílico
c. pentanal
d. 2-pentanona

3. La siguiente tabla muestra los puntos de ebullición de algunos compuestos orgánicos. Teniendo en cuenta lo que leyeron en este capítulo acerca de fuerzas intermoleculares (o de van der Waals), comparen los puntos de ebullición de los compuestos y expliquen las diferencias entre ellos.

Compuesto	°C
pentano	36,5
1-butanol	118,0
butanal	76,0
2-butanol	99,5

4. Las funciones orgánicas tienen un papel importantísimo en la industria de los perfumes y las esencias. Se quiere sintetizar una esencia de olor a frutas que es el etanoato de pentilo.

a. Indiquen cuáles son los reactivos necesarios para ello.
b. Investiguen qué otros usos tiene el etanoato de pentilo, también llamado acetato de amilo.

5. Escriban las fórmulas químicas y dibujen la estructura de cada uno de los siguientes compuestos:

a. un éster de 6 átomos de C
b. un alcohol de fórmula $C_4H_{10}O$
c. un éter isómero del butanol

6. Lean atentamente el siguiente texto y resuelvan:

> “El etanol es un combustible que se obtiene, a diferencia de los combustibles fósiles, a partir de vegetales vivos o al menos recientemente muertos, entre ellos la caña de azúcar. A través del proceso de fermentación de melazas y posterior destilación, puede obtenerse un combustible que puede ser una alternativa ante el aumento del precio del petróleo”.

a. ¿Cuál es la reacción que justifica el uso de etanol como combustible?
b. Investiguen en Internet cuál es la energía que se obtiene por combustión de un gramo de etanol y de un gramo de nafta.
c. Esta energía es el calor de combustión que se expresa en kilojoules/gramo o kilojoules/mol.
d. Sobre la base de los datos investigados, ¿cuál será el beneficio de usar uno u otro combustible?

7. En un laboratorio se mezclaron las etiquetas de dos frascos, uno contiene butanona y el otro, butanal. Para poder identificar el contenido de cada frasco el laboratorista decide realizar una reacción de identificación utilizando el reactivo de Fehling. ¿Cuáles son los resultados a los que llega? ¿Qué otra reacción podría realizar?

8. Indiquen el nombre del ácido y el del alcohol del cual provienen los siguientes ésteres.

a) **Metanoato de metilo**
b) **Propanoato de etilo**
c) **Etanoato de metilo**

9. Comparen el punto de ebullición de los siguientes alcoholes y justifiquen el orden.

Butanol- metanol- propanol- hexanol- etanol

Verificación de la solubilidad de los alcoholes en agua

Los compuestos solubles en agua son aquellos que debido a sus características tienen afinidad con ella.

La solubilidad de una sustancia en agua depende de las interacciones que se establezcan entre las moléculas de este solvente y las partículas de solutos.

En este trabajo verificarán cómo varía la solubilidad de los alcoholes.

PRECAUCIÓN: Los alcoholes son tóxicos e inflamables. Al manejarlos deben estar supervisados por el o la docente a cargo.

MATERIALES

- 3 tubos de ensayo con gradilla
- Una pipeta
- Etanol
- Metanol
- Alcohol amílico
- Agua destilada

- **Procedimiento**

1. En tres tubos de ensayo coloquen respectivamente 2 ml de metanol, 2 ml de etanol y 2 ml de pentanol (alcohol amílico).
2. Agreguen a cada uno 2 ml de agua y agiten con cuidado.
3. Observen los resultados y completen la siguiente tabla.

Alcohol	Mr	Punto de ebullición	¿Se disuelve en agua?
Metanol			
Etanol			
Amílico			

- **Preguntas para la discusión y el análisis**

1. ¿Cuál es la causa de la variación del punto de ebullición de los alcoholes al aumentar su masa molar?
2. Investiguen los puntos de ebullición de alcoholes primarios, secundarios y terciarios isómeros. Justifiquen el porqué de esta diferencia.
3. ¿Cuál es la causa de la variación de la solubilidad de los alcoholes al aumentar su masa molar?
4. Investiguen la solubilidad en agua de alcoholes primarios, secundarios y terciarios isómeros. Justifiquen el porqué de esta diferencia.

Extracción de esencias naturales

Muchas de las esencias naturales están formadas por compuestos que contienen uno o más de los grupos funcionales estudiados en este capítulo. Una de las técnicas usadas para obtenerlas es el **método de extracción**, que consiste en disolver uno de los componentes de una mezcla con un solvente adecuado; esto permite separarlo del resto de los componentes de la mezcla. En esta experiencia se utilizará etanol como solvente para extraer la esencia del clavo de olor.

MATERIALES

- Un mortero
- Dispositivo de destilación simple
- Un termómetro de laboratorio
- Un gramo de clavos de olor
- Etanol

- **Procedimiento**

1. Coloquen en un mortero 1 gramo de clavos de olor y tritúrenlos.
2. Pongan el triturado en un balón de destilación con 100 ml de etanol.
3. Agreguen 10 ml de agua destilada.
4. Armen un aparato de destilación simple, tal como indica la figura.

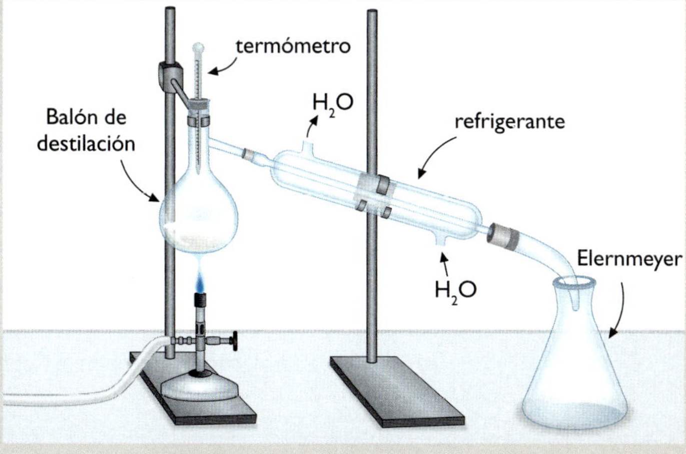

5. Destilen la mezcla y detengan la destilación cuando la temperatura supere los 85 °C.
6. Observen las características del destilado.

- **Preguntas para la discusión y el análisis**

1. ¿Cuál es el compuesto presente en la esencia del clavo de olor?
2. ¿Qué propiedades tiene el etanol que permite que sea un buen solvente para la extracción?
3. ¿Qué contiene el destilado?
4. Investiguen cuáles son los principales solventes que se emplean en la industria del perfume.

6

LAS MOLÉCULAS DE LA VIDA. LOS CARBOHIDRATOS Y LOS LÍPIDOS

Existen moléculas complejas indispensables para los seres vivos. Son compuestos del carbono que tienen uno o más grupos funcionales cuyas propiedades derivan de ellos. A estas moléculas las llamamos biomoléculas, y estudiaremos algunas de ellas en este capítulo.

Probablemente en algún momento vieron o participaron en la preparación de una torta elaborada a partir de una receta como esta:

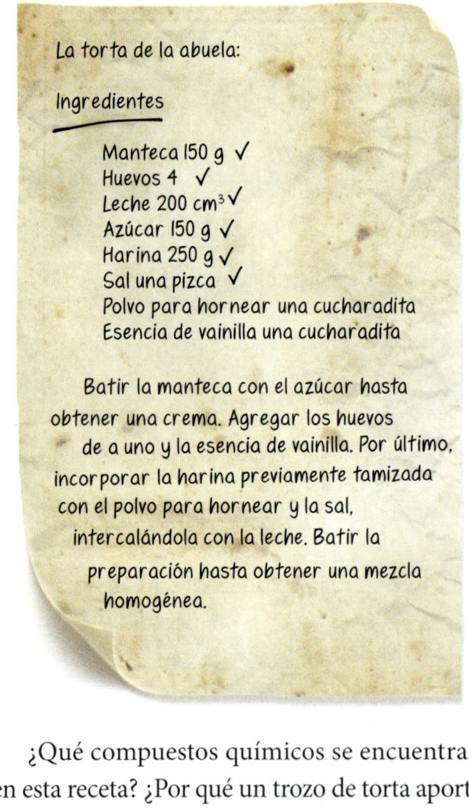
La torta de la abuela:

Ingredientes

- Manteca 150 g ✓
- Huevos 4 ✓
- Leche 200 cm^3 ✓
- Azúcar 150 g ✓
- Harina 250 g ✓
- Sal una pizca ✓
- Polvo para hornear una cucharadita
- Esencia de vainilla una cucharadita

Batir la manteca con el azúcar hasta obtener una crema. Agregar los huevos de a uno y la esencia de vainilla. Por último, incorporar la harina previamente tamizada con el polvo para hornear y la sal, intercalándola con la leche. Batir la preparación hasta obtener una mezcla homogénea.

¿Qué compuestos químicos se encuentran en esta receta? ¿Por qué un trozo de torta aporta energía? Para encontrar la respuesta a estas preguntas, es necesario estudiar las características de un grupo de compuestos: las **biomoléculas**, que son compuestos del carbono que están presentes en los organismos, y que participan en diferentes funciones. Existen cuatro tipos de biomoléculas de alto peso molecular: hidratos de carbono, lípidos, proteínas y ácidos nucleicos.

En su mayoría son polímeros complejos, es decir, moléculas formadas por la unión de varias unidades más simples llamadas monómeros. Es el caso de los hidratos de carbono, cuyos monómeros se llaman monosacáridos, o las proteínas, formadas por aminoácidos. Los ácidos nucleicos también son polímeros y sus monómeros son los nucleótidos. Los lípidos no son polímeros porque sus moléculas se forman a partir del glicerol (un trialcohol) y ácidos grasos (ácidos de cadena larga), o de anillos carbonados, pero en ningún caso hay una unidad que se repita. En el caso de los polímeros, la unión entre los diferentes monómeros se produce por condensación y pueden tener nombres especiales. La unión entre monosacáridos se llama unión glicosídica, mientras que la unión entre aminoácidos se llama unión peptídica, como se verá en el Capítulo 7.

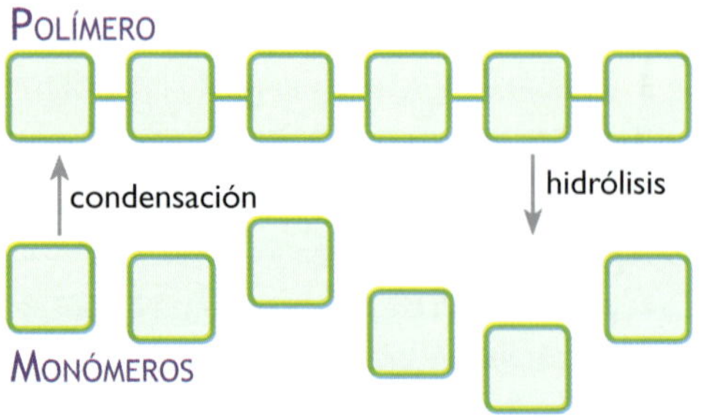

Los polímeros se forman por condensación de monómeros. A su vez, se pueden volver a obtener monómeros mediante la hidrólisis de los polímeros.

Los hidratos de carbono

Los hidratos de carbono están formados por átomos de carbono, hidrógeno y oxígeno en una relación $C_n(H_2O)_n$, razón por la cual fueron llamados **carbohidratos** ("carbono + agua"). Se pueden clasificar en: monosacáridos, formados por una sola unidad sencilla; disacáridos, formados por la unión de dos monosacáridos y polisacáridos, formados por la unión de más de diez monosacáridos.

Los monosacáridos

Los **monosacáridos** son aldehídos o cetonas polihidroxilados (con más de un grupo alcohol -OH) que pueden tener de tres a seis átomos de carbono. El sufijo que distingue a los monosacáridos es ***osa***, e indica el número de átomos de carbono. Así, el monosacárido de tres átomos de carbono es una treosa, llamado también gliceraldehído, el de cuatro carbonos es una tetrosa, el de cinco una pentosa y el de seis átomos de carbono es una hexosa. Los monosacáridos más conocidos son hexosas, como la glucosa y la fructosa (también llamada levulosa), que se caracteriza por tener un grupo cetona.

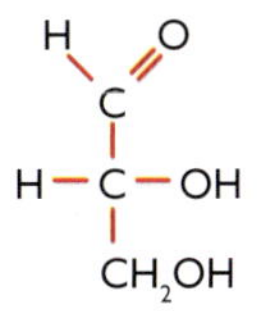

Gliceraldehído
(aldotriosa)

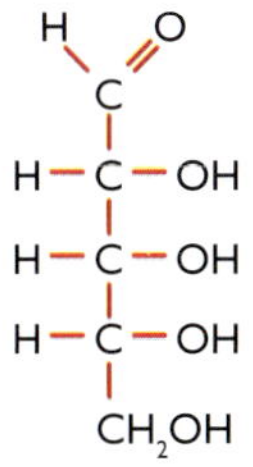

Ribosa
(aldopentosa)

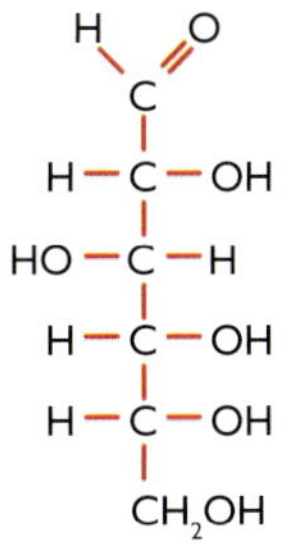

Glucosa
(aldohexosa)

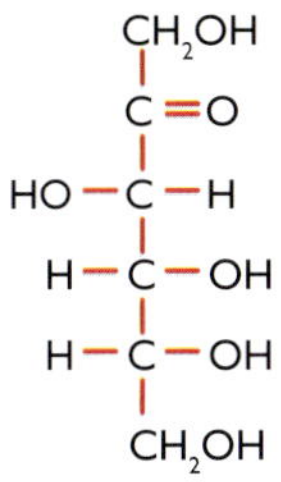

Fructosa
(cetohexosa)

La glucosa y la fructosa se encuentran en frutas y en la miel.

Los hidratos de carbono presentan un tipo especial de isomería espacial o estereoisomería, que es la **isomería óptica**. Para que un compuesto tenga isómeros ópticos debe poseer al menos un carbono unido a cuatro átomos o grupos de átomos distintos, llamado **carbono quiral**.

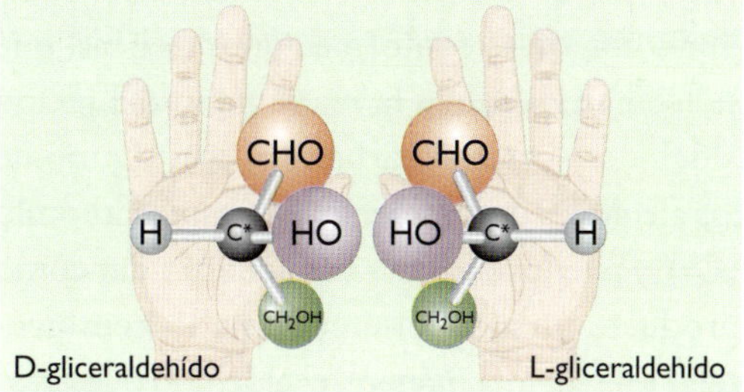

El isómero óptico L de una molécula es la imagen no superponible del isómero D, como sucede con las manos. El gliceraldehído tiene un carbono quiral (C), por lo tanto presenta dos isómeros ópticos: uno con el hidroxilo (OH) a la derecha que pertenece a la serie D, y el otro con el hidroxilo a la izquierda, que pertenece a la serie L. La mayoría de los hidratos de carbono en la naturaleza son de la serie D.*

Este tipo de isómeros, que se llaman **enantiómeros**, difieren en sus propiedades biológicas (las enzimas, que se verán en el Capítulo 7, actúan de manera específica para cada isómero óptico). Los enantiómeros se distinguen además en el sentido en que hacen girar el plano de vibración de la luz polarizada. Si la desviación es a la derecha, el compuesto es dextrorrotatorio y se lo indica con el signo +, y, si es a la izquierda, es levorrotatorio, y se lo designa con el signo -.

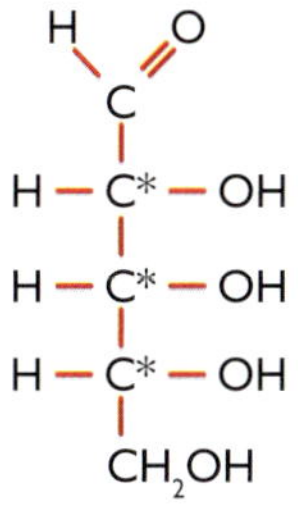

D-Ribosa

La ribosa tiene 3 carbonos quirales.

Cuando aumenta el número de carbonos quirales, también se incrementa el número de isómeros ópticos posibles. Así, la glucosa tiene 4 C quirales, entonces tendrá 2^n isómeros, es decir, 8 pares de enantiómeros. Los isómeros ópticos que no son enantiómeros se llaman **diastereoisómeros**.

Fórmulas cíclicas de hidratos de carbono

Hasta ahora se vieron las estructuras de los monosacáridos esquematizadas de forma abierta. Estas conformaciones se llaman **proyecciones de Fischer** y se encuentran en equilibrio con otras conformaciones cíclicas, que se forman debido a la reactividad del grupo aldehído o cetona (carbonilo) con alguno de los alcoholes de la cadena. Un grupo carbonilo (C=O) puede adicionar un alcohol y dar como producto un alcohol-éter llamado **hemiacetal**. De la misma manera, el aldehído o la cetona de una pentosa o hexosa pueden reaccionar con el alcohol de uno de los carbonos de la misma cadena y generar una forma cíclica llamada **hemiacetálica**. Los ciclos más estables son los de 5 o 6 átomos, es decir que la unión se forma entre el carbono carbonílico y el alcohol de carbono 5. En esta estructura se forma un nuevo carbono quiral llamado **anomérico**, y se da origen a dos nuevos isómeros ópticos denominados alfa (α) cuando el hidroxilo del carbono 1 está a la derecha, y beta (β) cuando está a la izquierda.

Las fórmulas cíclicas de los hidratos de carbono pueden representarse usando las estructuras de **Haworth**, en las que se dibujan los átomos que forman el anillo en un hexágono plano, en el cual el átomo de oxígeno ocupa un vértice del anillo y el grupo CH_2OH se escribe hacia arriba del plano. Los átomos que están a la derecha en las proyecciones de Fisher se escriben hacia abajo en las de Haworth.

Las estructuras de Haworth representan los ciclos que forman los monosacáridos sobre un plano, pero estos carbohidratos no se encuentran realmente sobre un plano, sino que las moléculas adquieren conformaciones tridimensionales que también se encuentran en equilibrio. Se trata de las conformaciones de "silla" y de "bote" llamadas así debido a su parecido con estos objetos. Los monosacáridos pueden cambiar de una de estas conformaciones a la otra.

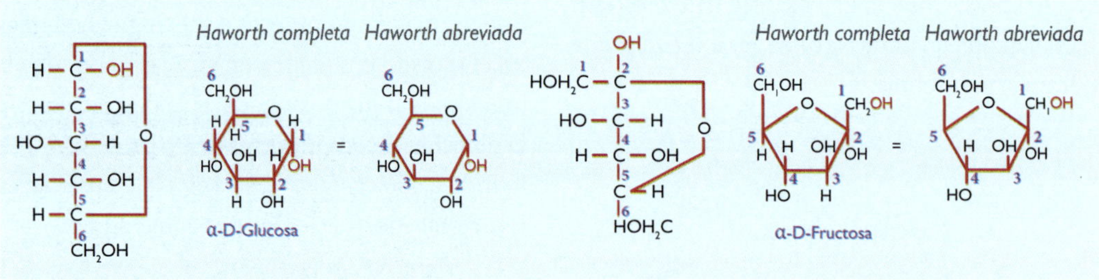

En la glucosa, el ciclo más estable es el de seis átomos mientras que en la fructosa es el de cinco átomos.

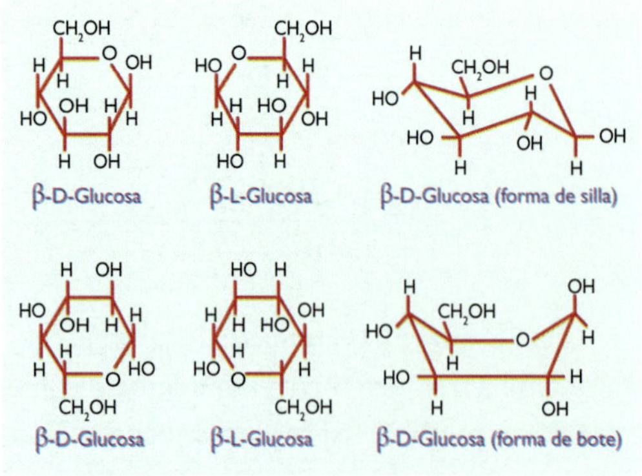

Los monosacáridos cíclicos pueden adoptar dos conformaciones estructurales, que se describen como "silla" y "bote". La conformación más estable de un ciclo es la silla.

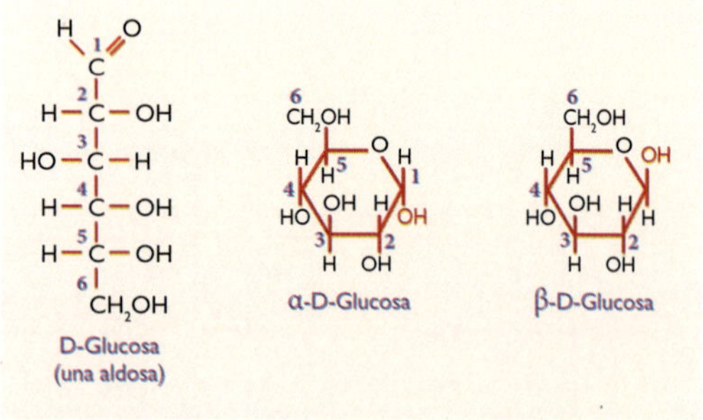

Estructuras de Haworth para la α y la β D-glucosa.

Propiedades físicas y químicas de los monosacáridos

Las propiedades físicas y químicas de los monosacáridos se deben a la presencia del grupo aldehído o cetona y de grupos alcohol en sus moléculas. Los monosacáridos son sólidos que cristalizan como cristales blancos, tienen sabor dulce y son solubles en agua. Esta última propiedad está dada por las fuerzas de atracción que dan como resultado uniones puente de hidrógeno entre el grupo OH y las moléculas de agua. Frente al calor, los cristales de monosacáridos se descomponen y se caramelizan.

Una de las características de los monosacáridos es la caramelización ante el calor. No se trata simplemente de un cambio de estado de sólido a líquido, sino de una transformación química.

Como se vio antes, los monosacáridos son ópticamente activos, y cada monosacárido presenta un par de enantiómeros: uno dextrorrotatorio y otro levorrotatorio. Además, posee un número de diastereoisómeros que depende de la cantidad de carbonos quirales que tenga. La capacidad que tienen los monosacáridos de participar en reacciones químicas se debe fundamentalmente al grupo carbonilo (C=O).

El grupo aldehído se puede oxidar hasta ácido, por lo tanto las aldosas son reductoras, se oxidan en presencia de oxidantes suaves y generan el ácido carboxílico correspondiente, cuyo nombre lleva la terminación ***ónico***. Así, la glucosa se oxida para dar el ácido glucónico y la galactosa, el ácido galactónico.

La glucosa es un monosacárido reductor porque puede oxidarse para dar el ácido glucónico. En este modelo, cada vértice representa un átomo de carbono con un hidrógeno unido a él.

En el caso de las cetosas, como la fructosa, no es posible la oxidación del grupo carbonilo, por lo tanto son no reductoras. Esta diferencia frente a la oxidación permite distinguir en el laboratorio la glucosa de la fructosa con las pruebas de Fehling o Benedict, o bien con el reactivo de Tollens (vistos en el Capítulo 5).

La glucosa tiene un grupo aldehído que puede oxidarse, por lo tanto es reductora y con el reactivo de Fehling da un precipitado color ladrillo. En cambio, la fructosa no puede oxidarse, por lo que es no reductora. Con la reacción de Fehling no hay cambio de color y el reactivo queda azul.

Otra reacción característica de los monosacáridos es la reducción del grupo aldehído o cetona para producir el alcohol correspondiente. Cuando se reduce el grupo aldehído de la glucosa, se obtiene el alcohol llamado sorbitol. Cuando se reduce el grupo cetona de la fructosa, se obtiene el alcohol denominado manitol. Ambos alcoholes se utilizan en la industria alimentaria, por lo general, como endulzantes.

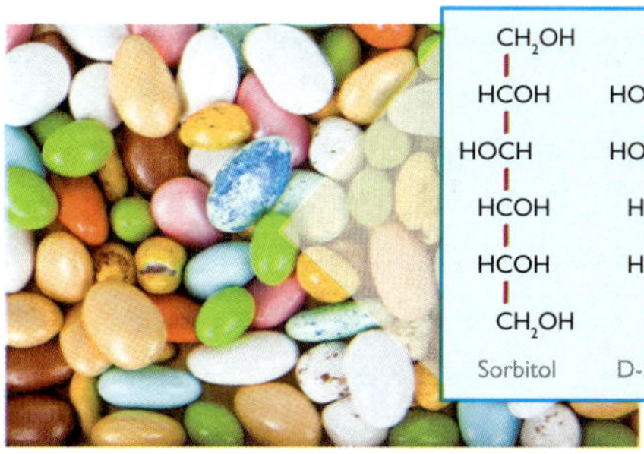

Sorbitol	D-Manitol
CH_2OH	CH_2OH
HCOH	HOCH
HOCH	HOCH
HCOH	HCOH
HCOH	HCOH
CH_2OH	CH_2OH

El manitol y el sorbitol son monosacáridos utilizados para endulzar golosinas.

Los disacáridos

Los **disacáridos** se forman a partir de la unión de dos monosacáridos que pueden ser iguales o no. La reacción que ocurre es una condensación entre el carbono anomérico de la primera unidad con un grupo hidroxilo de la segunda. Esta unión se denomina **unión glucosídica**. Los disacáridos más abundantes en la naturaleza son: la maltosa, la lactosa y la sacarosa. La **maltosa** es uno de los productos en la degradación del almidón que, como se verá más adelante, es un polisacárido de reserva de alto peso molecular. Este disacárido se encuentra en la malta, y se forma por unión del hidroxilo del carbono 1 de una α-D-glucosa con el del carbono 4 de otra molécula igual. Esto se indica como: α1→ 4.

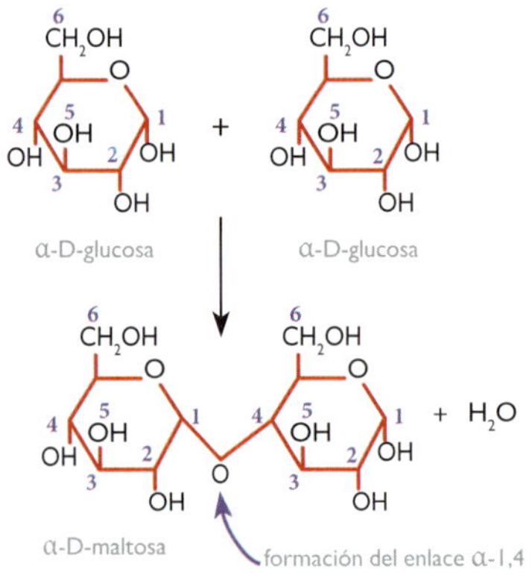

La formación de la maltosa es una reacción de condensación con pérdida de una molécula de agua.

Este disacárido es reductor, es decir que tiene un grupo aldehído libre que puede oxidarse, por lo tanto frente al reactivo de Fehling da reacción positiva. La hidrólisis (descomposición por acción de agua) produce dos moléculas de α-D-glucosa.

Otro disacárido reductor es la **lactosa**, que se encuentra presente en la leche de los mamíferos y en sus derivados. Se forma por unión del carbono 1 de la β-D-galactosa con el carbono 4 de una α-D-glucosa (β1→ 4). Existe una enzima (ver página 114 el Capítulo 7) que cataliza la reacción de hidrólisis de la lactosa. A partir de esta reacción se obtienen los monosacáridos que le dieron origen. Esta enzima se llama **lactasa** y es producida por el intestino de los mamíferos.

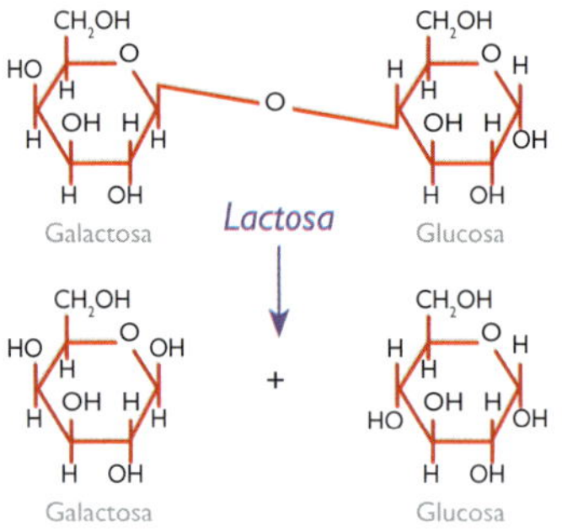

Acción de la lactasa.

Algunos individuos tienen un déficit de esta enzima, por lo que no pueden digerir la lactosa y obtener glucosa a partir de ella. Estas personas deben consumir leche tratada previamente con esta enzima, denominada leche deslactosada.

La **sacarosa** es el endulzante más usado en la alimentación, se la encuentra en la caña de azúcar y en la remolacha azucarera; una vez que se la extrae se la purifica y cristaliza. Está formada por la unión del carbono 1 de una α-D-glucosa con el carbono anomérico de una β-D-fructosa (β1→ 2). La hidrólisis con una enzima específica, la **sacarasa**, produce α-D-glucosa y β-D-fructosa, y al producto de la hidrólisis se lo llama **azúcar invertido**. La sacarosa es un disacárido no reductor pero la sacarosa invertida es reductora.

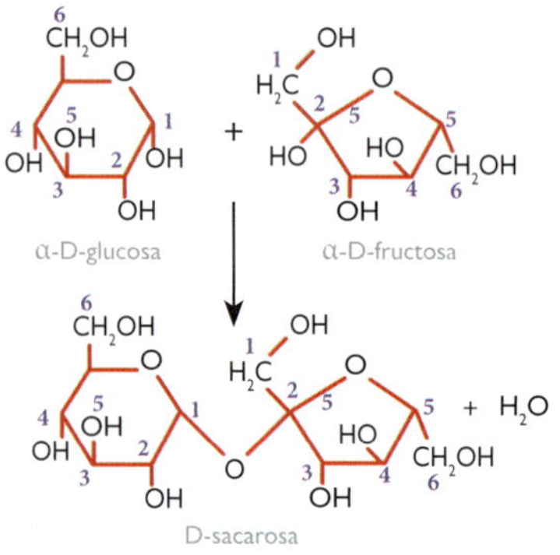

La sacarosa es no reductora porque no tiene un grupo aldehído libre en su estructura; al hidrolizarse genera D-glucosa que sí es reductora.

LA HIDRÓLISIS Y LAS PROPIEDADES ÓPTICAS

La sacarosa es un compuesto dextrorrotatorio, pero una solución de sacarosa cambia su actividad óptica cuando esta se hidroliza. Esto sucede porque la fructosa es levorrotatoria, y su efecto predomina por el de la glucosa que es dexorrotatoria.

Los polisacáridos

Los **polisacáridos** son polímeros de alto peso molecular que resultan de la unión por condensación de cientos de miles de monosacáridos. Los polisacáridos más comunes en la naturaleza son el almidón, el glucógeno y la celulosa. En los tres casos, el monómero es glucosa; se diferencian en el tipo de enlace glucosídico y en las ramificaciones de la molécula.

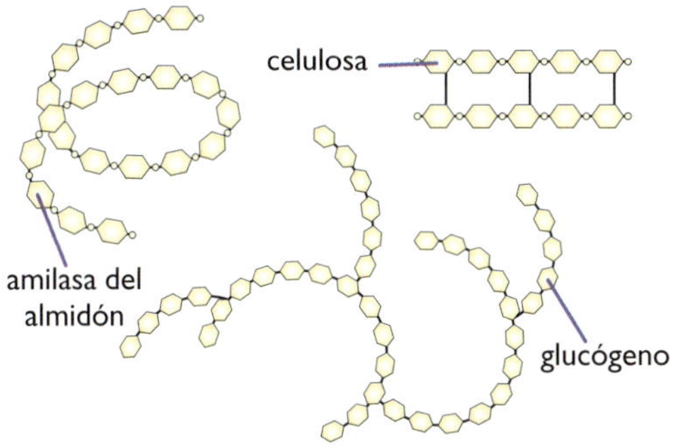

El **almidón** es el polisacárido de reserva más abundante en las plantas, se encuentra en forma de gránulos en el citoplasma celular. Alimentos como el pan, la papa, el arroz y el maíz contienen gran cantidad de almidón. El almidón es la unión de miles de moléculas de α-D-glucosa mediante uniones α1→ 4, en forma de dos cadenas: la amilosa y la amilopectina. La **amilosa** está conformada por cadenas lineales de número variado de moléculas de glucosa que puede llegar a 500 000. Se enrolla en forma de hélice, es poco soluble en agua y, en presencia de yodo, forma un compuesto de color azul característico. Por otra parte, la **amilopectina** se diferencia de la anterior en que la cadena presenta ramificaciones aproximadamente cada 25 unidades de glucosa en uniones α1→6.

El **glucógeno** es la reserva de glucosa de los animales. Se encuentra en los músculos y en el hígado, y está conformado por α-D-glucosa también en uniones α1→4, similares a las de la amilopectina pero con muchas más ramificaciones, que ocurren cada 8 o 10 moléculas de glucosa.

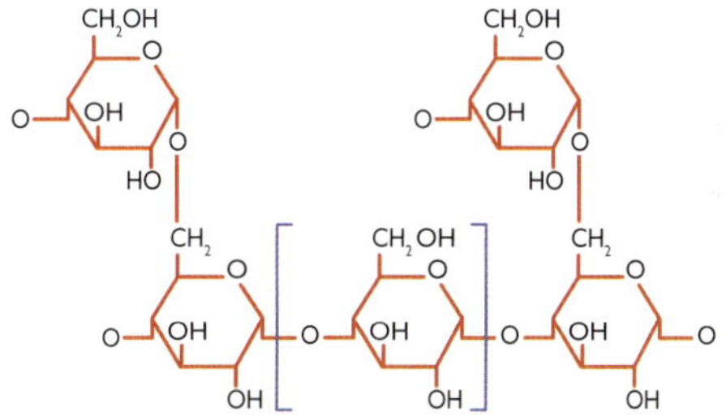

Glucógeno.

Otro polisacárido de importancia es la **celulosa**, que cumple funciones estructurales en las plantas. Está constituida por unidades de β-D-glucosa en unión β1→4, en forma de fibras lineales.

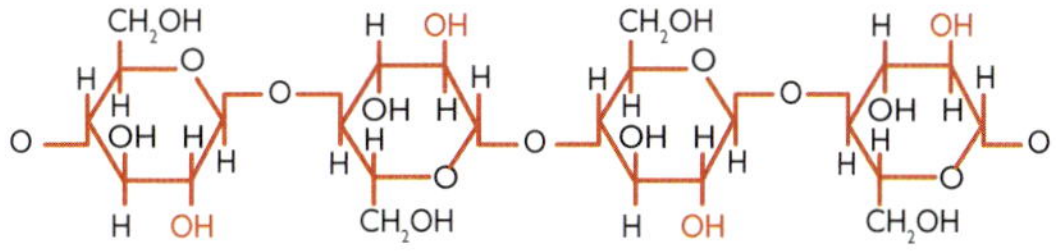

Celulosa.

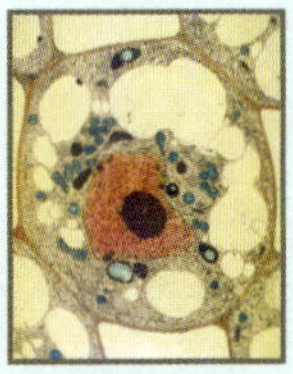

Estructura del almidón

Esta micrografía muestra una célula de papa en la que se observan los gránulos llenos de almidón.

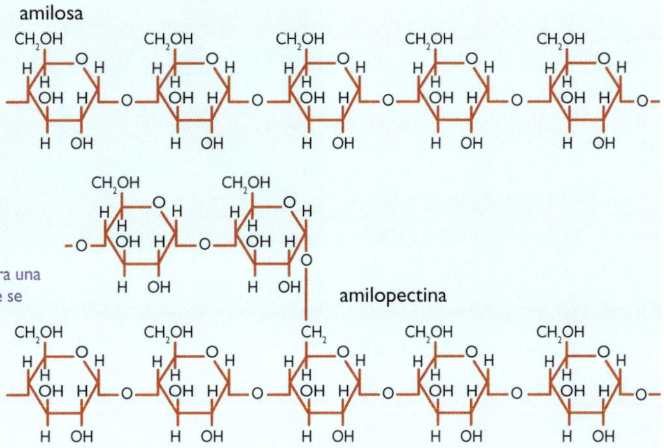

La amilosa forma hélices a las que se une el yodo. Cuando esto sucede, la solución toma un color azul oscuro.
Si el almidón es degradado, el yodo deja de interactuar con la amilosa y el color azul pasa a marrón.

Hidrólisis de los polisacáridos

La hidrólisis de los polisacáridos ocurre en general por intermedio de un ácido o de una enzima. Como se dijo en el Capítulo 5, la hidrólisis es un proceso mediante el cual ocurre la ruptura de los enlaces en una molécula por incorporación de agua. Se puede decir que es la reacción inversa a la condensación con pérdida de una molécula de agua. En los polisacáridos, esta reacción puede ocurrir por intermedio de un ácido o de una enzima, y como resultado se obtienen los monosacáridos que los formaban. Por hidrólisis se obtiene α-D-glucosa a partir de glucógeno o de almidón. Es a partir de la glucosa que se puede obtener energía por respiración, como se verá en el Capítulo 8.

La hidrólisis del almidón puede ser ácida o enzimática. En este último caso, ocurre por acción de la **amilasa** presente en la saliva y en el jugo pancreático. En una primera etapa de la hidrólisis del almidón, se producen polisacáridos de cadena más corta llamados **dextrinas**. En la etapa final, las dextrinas se hidrolizan y dan origen a disacáridos y monosacáridos, como la maltosa y la α-D-glucosa. La hidrólisis enzimática es una reacción que ocurre en el tubo digestivo cada vez que se ingieren alimentos ricos en almidón.

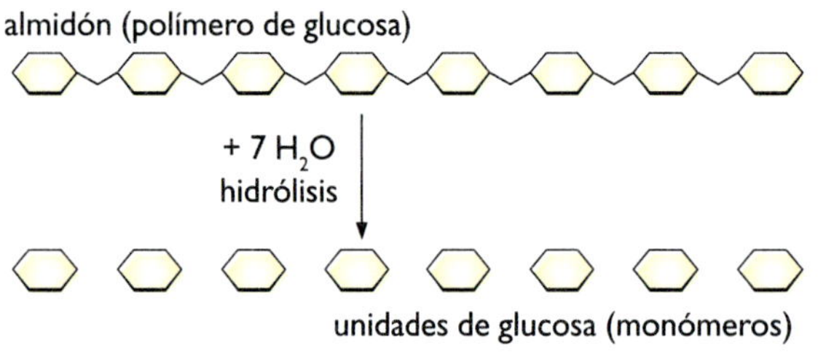

Hidrólisis del almidón.

Como se estudió en la página anterior, la cadena de amilosa del almidón da un color azul característico con yodo, no así las dextrinas, que dan un color violáceo. De esta manera el yodo es un buen reactivo para hacer un seguimiento de los pasos de la hidrólisis. Para reconocer el producto final de esta reacción puede usarse el reactivo de Fehling.

Durante los períodos de ayuno o de ejercicio intenso, la glucosa necesaria para obtener energía se produce a través de la hidrólisis del glucógeno. Esta reacción tiene lugar en el hígado y en los músculos por la acción de enzimas alfa y beta, amilasas que liberan glucosa que llega a los tejidos por el torrente sanguíneo.

Cuando un deportista está realizando un ejercicio intenso, su fuente de glucosa en segunda instancia (una vez agotada la glucosa disponible en sangre) es el glucógeno.

En el caso de la celulosa, la hidrólisis se produce por la acción de enzimas llamadas celulasas, capaces de romper las uniones glucosídicas β1→4. Estas enzimas están ausentes en el hombre, por lo tanto este polisacárido no puede ser usado como fuente de glucosa. Los rumiantes como vacas, corderos y cabras, pueden emplearla como fuente de alimento porque en el estómago existen bacterias y hongos productores de enzimas específicas que hidrolizan la celulosa α-D-glucosa.

Los rumiantes, a diferencia de otros mamíferos, pueden aprovechar la energía de la celulosa presente en las plantas. Es por eso que pueden ganar peso comiendo solo pasto. Para los humanos, la celulosa sirve como fibra que arrastra los desechos de la digestión pero no es una fuente de energía.

Los lípidos

Los **lípidos** son un grupo de biomoléculas de alto peso molecular. Son muy importantes para la obtención de energía e indispensables en la dieta. Además de su función energética, son parte de las membranas celulares, actúan como aislantes térmicos, protegen ciertos órganos, lubrican y aíslan partes de plantas, y son precursores en la formación de hormonas y vitaminas. Las ceras, las grasas y los aceites son lípidos. Encontramos aceites en los vegetales, mientras que las grasas están en los animales. Las ceras se encuentran tanto en animales como en vegetales. La manteca y los sebos son grasas, y los aceites suelen estar presentes en las semillas. Todos los lípidos están formados esencialmente por átomos de carbono, hidrógeno, algunos átomos de oxígeno y pueden tener fósforo y nitrógeno. La mayoría son insolubles en agua y solubles en solventes orgánicos no polares como el éter y el cloroformo.

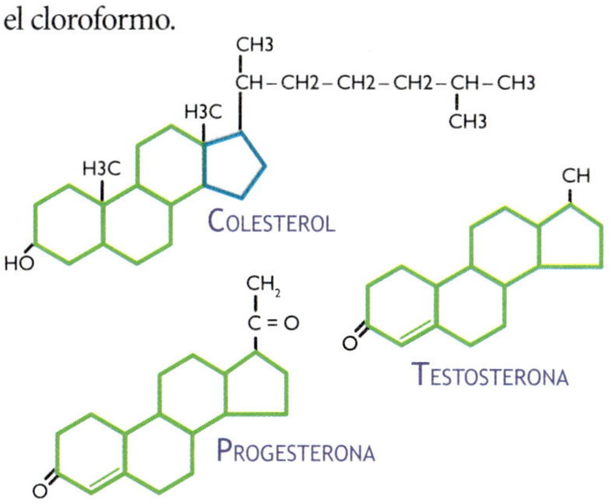

El colesterol es un tipo de lípido precursor de hormonas esteroideas como las sexuales la progesterona y la testosterona.

Según su estructura, los lípidos se clasifican en saponificables y no saponificables. Los **lípidos saponificables** se caracterizan por ser capaces de hidrolizarse en presencia de hidróxidos de sodio (NaOH) o de potasio (KOH). A este grupo pertenecen los ácidos grasos (saturados o no saturados), los triglicéridos y ceras, los fosfolípidos y los esfingolípidos. En cambio, los **lípidos no saponificables** no se hidrolizan en presencia de hidróxidos. En este grupo se encuentran los esteroides (como el colesterol). Cada gramo de lípido aporta en promedio 9 kcal (kilocalorías) por gramo, mientras que los hidratos de carbono brindan alrededor de 4 kcal; esto hace de los lípidos sustancias ideales como reservas de energía.

En el caso de los lípidos saponificables, estos son digeridos en el intestino hasta dar un compuesto llamado acetil-CoA, que también se produce en la degradación de los hidratos de carbono y las proteínas. Si se ingieren hidratos de carbono en exceso, estos se transforman a través de varias reacciones enzimáticas anabólicas en lípidos que se acumulan en el cuerpo como reserva.

CIENCIA, TECNOLOGÍA Y SOCIEDAD

ESTEROIDES DERIVADOS DEL COLESTEROL

Dentro de los lípidos no saponificables encontramos un grupo llamado esteroides, cuya estructura química deriva del colesterol. Entre ellos podemos mencionar las hormonas sexuales: la testosterona producida en los testículos y la progesterona, en los ovarios; el cortisol y la aldosterona generada en la corteza de las glándulas suprarrenales. También dentro de este grupo encontramos la vitamina D, llamada colecalciferol, y la vitamina A o retinol.

LÍPIDOS se dividen en:

- **SAPONIFICABLES** pueden ser:
  - **simples** incluyen:
    - Ácidos grasos
    - Acilglicéridos (grasas)
    - Céridos (ceras)
  - **compuestos** incluyen:
    - Fosfolípidos
    - Glucolípidos
- **NO SAPONIFICABLES** pueden ser:
  - **terpenos**
  - **esteriodes**
  - **prostaglandinas**

Los ácidos grasos

Los ácidos grasos son ácidos orgánicos (largas cadenas carbonadas) de elevado peso molecular que tienen un número par de átomos de carbono. Existe una gran variedad de ácidos grasos en la naturaleza, tanto en vegetales como en animales. Los aceites de maní, de maíz y de sésamo contienen ácido oleico y ácido linoleico en diferentes proporciones; mientras que la manteca y las grasas animales poseen ácidos como el ácido esteárico o el ácido palmítico.

En general, los lípidos presentes en vegetales y animales contienen mezclas variadas de diferentes ácidos grasos, como los ácidos esteárico, palmítico, oleico y linoleico, entre otros.

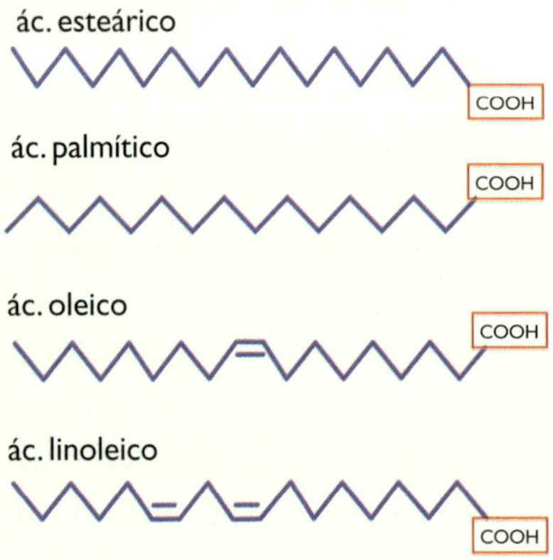

De acuerdo con el tipo de enlace entre los átomos de carbono que los constituyen, se los clasifica en **saturados**, cuando todos sus enlaces son simples (como los ácidos esteárico y palmítico), y en **no saturados**, cuando contienen por lo menos un doble enlace en su molécula (como los ácidos oleico y linoleico).

Los ácidos grasos saturados presentan una fórmula general CH_3-(CH_2)n-COOH, tienen un número par de átomos de carbono y una cadena sin ramificaciones. Esta estructura espacial favorece las fuerzas de atracción intermolecular de tipo London o dipolo inducido, que a su vez aumentan con el número de carbonos. Como consecuencia, el punto de fusión de los ácidos grasos saturados aumenta con el número de carbonos y es mayor que el punto de fusión de los ácidos grasos no saturados de similar masa molecular.

Nombre común	N° de carbonos	Dobles enlaces	Punto de fusión
Saturados			
Láurico	12	-	44,2 °C
Mirístico	14	-	54,0 °C
Palmítico	16	-	63,0 °C
Esteárico	18	-	69,5 °C
Araquídico	20	-	76,5 °C
Lingocérico	24	-	86,0 °C
Insaturados			
Palmitaleico	16	1	-0,5 °C
Oleico	18	1	13,4 °C
Linoleico	18	2	-3,0 °C
Linolénico	18	3	-11,0 °C
Araquidónico	20	4	-49,5 °C

El punto de fusión de los ácidos grasos saturados es mayor que el de los no saturados.

Los ácidos grasos no saturados tienen isomería geométrica cis-trans (ver página 65, Capítulo 4), y es el cis el isómero presente en la mayoría de los ácidos naturales.

La ubicación del doble enlace lleva el número del carbono correspondiente en la cadena; el carbono 1 es el carboxílico. Por ejemplo: el ácido oleico puede llamarse: cis-9-octadecenoico, que significa que tiene 18 átomos de carbono con una doble unión en C9 y es isómero cis. Otra manera de designar la ubicación del doble enlace es con la letra griega omega (Ω) y la ubicación del carbono desde el extremo CH_3 terminal. Así, si el doble enlace está en el tercer carbono empezando desde el extremo más alejado al carboxilo, lo llamamos omega 3. Los ácidos grasos **omega 3** y **omega 6** son esenciales porque, al no poder ser sintetizados en el organismo, deben formar parte de la dieta.

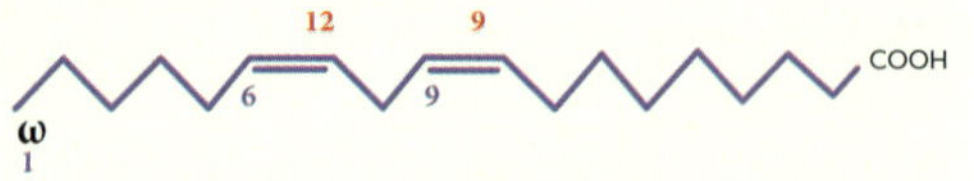

El ácido linoleico, nombrado mediante la nomenclatura "omega", es omega 6 porque tiene el último doble enlace a 6 C del extremo.

Grasas y aceites

Cuando se forma un éster entre un alcohol particular, el glicerol o propanotriol, y una molécula de ácido graso, el producto formado se denomina monoglicérido. Si el glicerol se esterifica con dos moléculas de ácido, se forma un diglicérido y, si es con tres, un triglicérido.

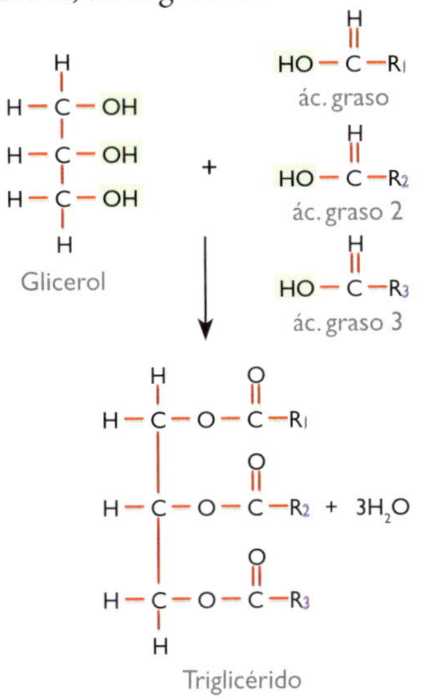

En las **grasas** animales predominan los ácidos grasos saturados, por eso son sólidas a temperatura ambiente. Los **aceites** se forman a partir de ácidos grasos no saturados por lo que son líquidos a temperatura ambiente. Los triglicéridos que forman las grasas o aceites son simples, si la esterificación se produjo con tres ácidos iguales, o mixtos, si la molécula de glicerol está esterificada por ácidos grasos diferentes. Al ser moléculas no polares, son insolubles en agua, además son menos densos que esta.

Reacciones de las grasas y los aceites

Los dobles enlaces presentes en los aceites pueden producir reacciones de adición. Una de las reacciones es la adición de I_2 (yodo); la cantidad de gramos de yodo que se adicionan a 100 gramos de aceite se conoce como **índice de yodo**, y es una medida de la instauración del aceite (de la cantidad de dobles enlaces presentes en sus ácidos grasos).

Otra adición de importancia comercial es la **hidrogenación**. Por adición de hidrógeno a un compuesto no saturado, en presencia de un catalizador, se obtiene uno saturado. Así, la hidrogenación de un aceite da como resultado un lípido sólido a temperatura ambiente.

HIDROGENACIÓN

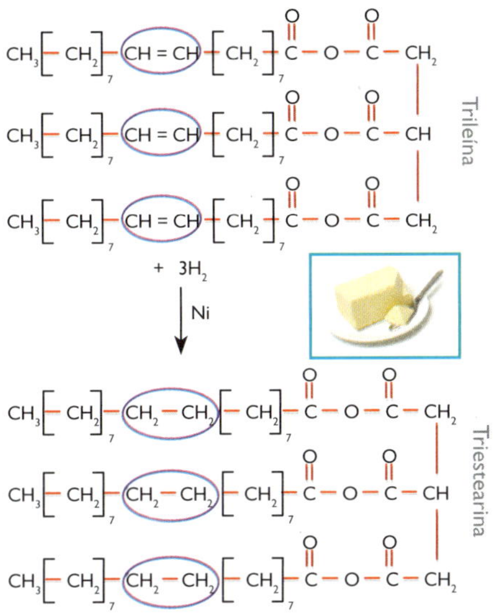

La hidrogenación de aceites vegetales se usa para la producción de margarinas; la consistencia deseada se logra variando la cantidad de hidrógeno que se adiciona.

Saponificación e hidrólisis

Como todos los ésteres, las grasas y los aceites pueden hidrolizarse en un medio ácido, y dar como productos el glicerol y los ácidos grasos que les dieron origen. La reacción más utilizada es la hidrólisis en presencia de hidróxido de sodio o potasio, y se denomina **saponificación**. En la saponificación se obtiene como producto la sal de sodio o potasio del ácido graso, además de glicerol. Esta sal se conoce con el nombre de jabón.

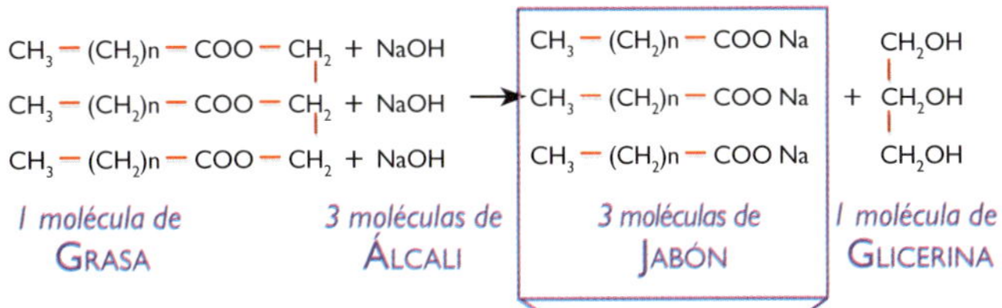

Cuando la saponificación se realiza con hidróxido de sodio el jabón es blando y, si es con hidróxido de potasio, es duro.

Jabones y detergentes

Los jabones presentan dos regiones con propiedades diferentes. Una región es no polar, es insoluble en agua (hidrofóbica), y es afín a lípidos y otros compuestos no polares; esta región es la cadena hidrocarbonada larga. Otra región es polar y muy afín al agua (hidrofílica), se trata del grupo carboxilato de sodio o potasio. Los compuestos como los jabones se denominan **anfipáticos**, esto significa que en ellos están presentes partes con características distintas desde el punto de vista químico.

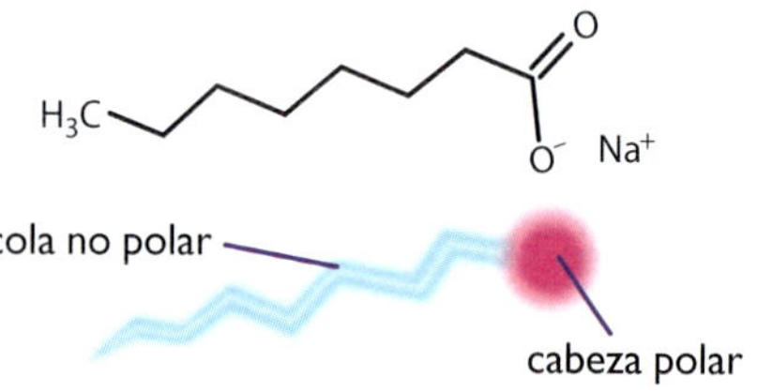

La parte hidrofílica de la molécula está dada por el grupo carboxilato, mientras que la parte hidrofóbica de la molécula está formada por el esqueleto carbonado.

El agua y el aceite no forman una mezcla homogénea. Esto ocurre porque las fuerzas de atracción entre las moléculas de aceite y entre las de agua son más fuertes que la fuerzas de atracción entre las dos sustancias. Si a esta mezcla heterogénea se le agrega jabón, la porción hidrofílica de este se orienta hacia el agua mientras que la hidrofóbica se orienta hacia el aceite, lo rodea y forma lo que se conoce como **micela**. De este modo, disminuyen las fuerzas de atracción intermoleculares de cada líquido y el jabón emulsiona la gota de aceite. Así es como funciona el jabón: la suciedad se adhiere a través de una película de grasa a las colas no polares y la parte polar es arrastrada por el agua.

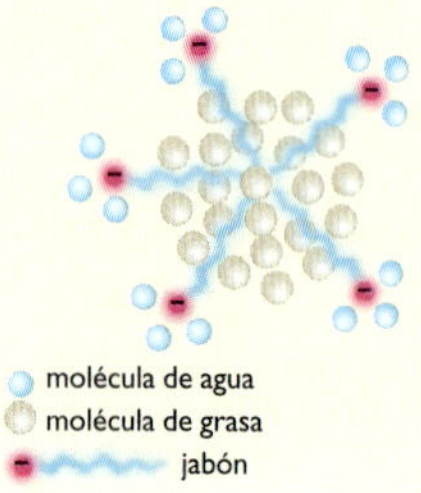

En una mezcla de lípidos y agua, las moléculas anfipáticas del jabón forman micelas, que son conformaciones que minimizan la energía del sistema. Las partes polares quedan orientadas hacia el agua y las no polares, hacia el lípido.

Los detergentes

Se llama acción detergente a la capacidad que poseen los jabones de ser tensioactivos (romper la tensión superficial del agua), y emulsionar las grasas. Para esta acción es necesario que el jabón se disuelva en agua, y esto no ocurre cuando el agua es dura, es decir, cuando contiene calcio y magnesio. Esto sucede porque las sales que los ácidos grasos forman con estos elementos no son solubles en agua, por lo tanto, el jabón pierde su acción emulsificante. Para contrarrestar este efecto se han producido moléculas anfipáticas que son solubles aun en agua dura. Son los **detergentes sintéticos**, que poseen una parte polar y otra no polar en su estructura. Un detergente sintético muy usado es el dodecilsulfato de sodio o lauril sulfato de sodio, en el que el extremo que contiene al sodio es polar y la cadena carbonada es no polar.

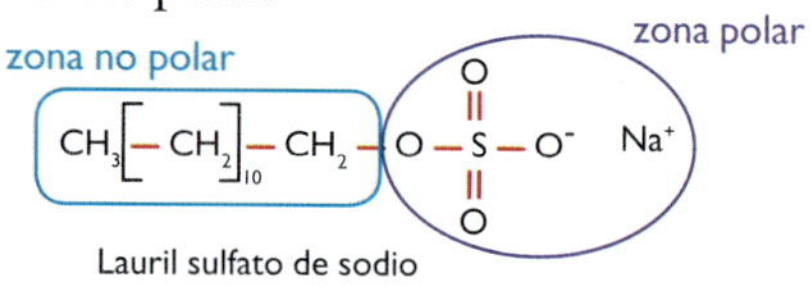

Molécula de detergente.

LOS FOSFOLÍPIDOS

Otros lípidos anfipáticos son los fosfolípidos, moléculas que forman las membranas celulares. Son similares a los triglicéridos pero, en lugar de uno o dos de los ácidos grasos, tienen unidos uno o dos grupos polares que contienen fósforo. Estas moléculas forman dobles capas en las que las colas no polares se orientan enfrentadas y sus "cabezas" polares se orientan hacia el interior y el exterior de la célula, que son medios acuosos.

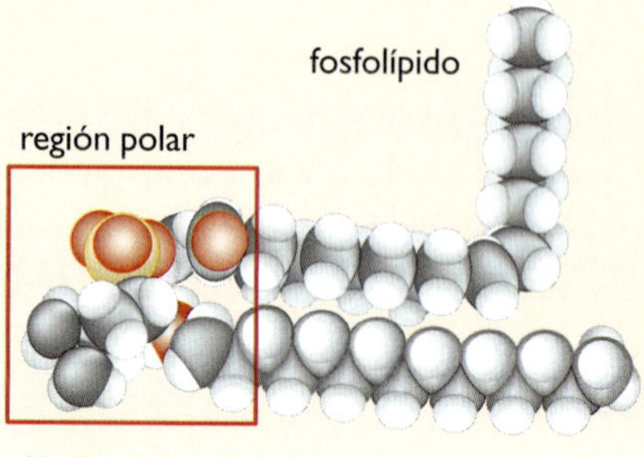

Modelo de un fosfolípido.

1. Observen los esquemas de los hidratos de carbono que están a continuación.

a. Indiquen los carbonos quirales.
b. Clasifíquenlos en D o L según corresponda.

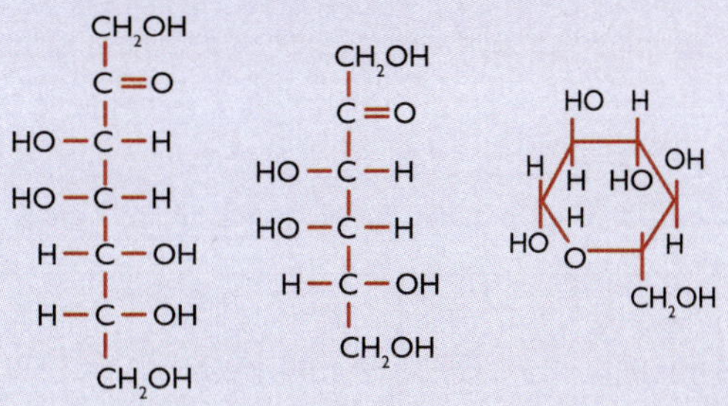

2. La sedoheptulosa es un monosacárido que se encuentra en las zanahorias; es similar a la fructosa pero tiene 7 átomos de carbono. En su estructura hemiacetálica forma un ciclo de 6 átomos. Escriban su estructura de Haworth.

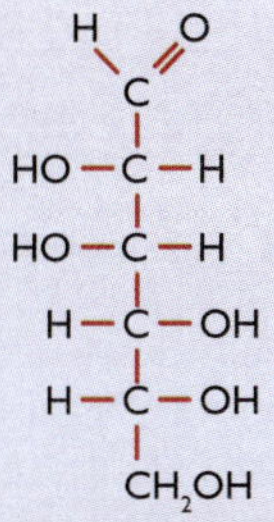

D-Manosa

3. La celobiosa está formada por dos unidades de β-D-glucosa β1→4. Dibujen la estructura del disacárido.

4. Completen el siguiente cuadro a partir de la información del capítulo.

Disacárido		Lactosa	Sacarosa
Monómeros que lo forman	α-D-glucosa		
	α-D-glucosa		β-fructosa
Unión glucosídica	α1 → 4		β1 → 2
Fehling		positivo	

5. La siguiente es la fórmula química del ácido conocido como oleico:

$$CH_3(CH_2)_7CH{=}CH(CH_2)_7COOH$$

a. Indiquen el nombre químico de acuerdo con la nomenclatura de alquenos que se estudió en el Capítulo 4.
b. Dibujen la estructura de los ácidos cis oleico y trans oleico.

6. ¿En cuál de los siguientes alimentos al agregar yodo se formaría un compuesto de color azul? Justifiquen su respuesta.

a. papa
b. harina de trigo
c. azúcar
d. jugo de naranja

7. Lean el siguiente texto y respondan a las preguntas que están a continuación.

LOS DESAFÍOS DEL BIODIÉSEL EN LA ARGENTINA

Por Rodrigo Herrera Vegas
Para **lanacion.com**

[…]¿Cómo se obtiene el biodiésel?

En la obtención de la harina proteica de soja, uno de los subproductos es el denominado aceite de soja. […] El proceso principal se llama transesterificación y consiste en reemplazar la glicerina contenida en el aceite (de soja) por una molécula de alcohol utilizando metanol y soda cáustica como catalizador […]. La molécula resultante se llama metiléster y es el biodiésel propiamente dicho que tiene características muy similares al diésel proveniente de fuentes fósiles.

El único subproducto de la reacción es la glicerina que, luego de ser refinada, se vende a empresas de consumo masivo que la utilizan en productos como la pasta de dientes y el jabón. El proceso se realiza a 60 °C y el agua que requiere es solo para intercambios térmicos nunca entrando en contacto con los reactivos. Los únicos productos obtenidos son el biodiésel y la glicerina […].

Versión digital del diario La Nación, *10 de julio del 2011*

a. Según la clasificación de lípidos vista en este capítulo, ¿a qué tipo corresponde el aceite de soja?
b. La transesterificación a la que se hace referencia es la inversa de la esterificación en presencia de NaOH (soda cáustica) y metanol; los productos son glicerol y el metiléster del ácido graso. Escriban la reacción correspondiente.
c. Investiguen en sitios de Internet cuál es la ventaja del uso de biodiésel como combustible.

Hidrólisis enzimática del almidón

El almidón es un polisacárido presente en muchos de los alimentos que ingerimos. Está formado por moléculas de ß-D-glucosa, por lo que es una fuente de rápida disponibilidad de glucosa del organismo. Su hidrólisis se produce en la boca por acción de enzimas salivales llamadas amilasas.

MATERIALES

Cuatro tubos de ensayo en una gradilla, recipiente para calentar a baño María, pipetas, gotero, almidón de maíz, lugol (solución de yodo molecular y yoduro potásico en agua destilada), reactivo de Fehling, saliva humana y portaobjetos de vidrio.

- **Para llevar a cabo la experiencia**

1. Suspendan una punta de espátula de almidón en 5 ml de agua en dos tubos de ensayo y caliéntenlos a baño María.
2. Enfríen los tubos.
3. Coloquen 1 cm de altura de saliva a uno de ellos. Identifiquen ese tubo como "con enzima".
4. Mantengan los dos tubos sumergidos en un baño a 37 °C. Tomen una porción de cada uno de los tubos cada 30 segundos y colóquenlas en un portaobjetos sobre una gota de lugol. Observen qué ocurre. En cuanto observen algún cambio en la coloración del lugol en alguno de los dos casos, estarán listos para hacer la prueba con el reactivo de Fehling.
5. Coloquen en 2 tubos de ensayo 1 ml de reactivo de Fehling y rotúlenlos como tubo A y tubo B.
6. Preparen el reactivo de Fehling con 1 ml de Fehling A y 1 ml de Fehling B, en un tubo al que rotularán como 1. Hagan lo mismo en otro y rotúlenlo como 2.
7. Al tubo 1 agréguenle 1 ml de la solución del tubo con enzima y al tubo 2, 1 ml de la solución sin enzima.
8. Calienten a baño María ambos tubos.
9. Observen y registren los resultados.

- **Preguntas para el análisis**

1. ¿En cuál de los tubos el contenido da el color azul-violeta típico de la presencia de almidón?
2. ¿En cuál de los tubos desaparece el color azul-violeta? Justifiquen.
3. ¿Qué función cumple la saliva?
4. ¿Qué factores intervienen en el proceso de hidrólisis?
5. ¿Es esta enzima sensible al calor? ¿Por qué creen que es necesario mantener los tubos a 37 °C? ¿Qué tiene de particular esa temperatura?
6. ¿Cómo justifican los resultados con el reactivo de Fehling?

Extracción de la trimiristina de la nuez moscada

En la nuez moscada abunda un triglicérido llamado trimiristina, que es usado en las industrias farmacéutica y cosmética. Para extraerlo se pueden usar solventes; en este caso el solvente deberá ser no polar, por lo que se utilizará éter etílico. Para identificar la sustancia aislada hay diversos métodos que se basan en alguna propiedad intensiva. En este caso se podrá usar el punto de fusión.

EL ÉTER ETÍLICO ES MUY INFLAMABLE, NO HAY QUE ENCENDER EL MECHERO CERCA DE ESTE COMPUESTO.

MATERIALES

Mortero, tubos capilares, dos Erlenmeyer, balón con tapón perforado, termómetro de laboratorio, dispositivo para filtrar, trípode con tela metálica, mechero, acetona, baño de hielo, nuez moscada entera.

Dispositivo para filtrar.

- **Para extraer la trimiristina**
  1. Muelan una nuez moscada en el mortero.
  2. En un Erlenmeyer, agiten el polvo obtenido con 50 ml de éter etílico (deben tener precaución al manipular el solvente, es muy volátil) durante 10 minutos y luego filtren por gravedad.
  3. El filtrado se recoge en un balón del cual se eliminan los solventes por evaporación.
  4. El residuo, por lo general amarillo, se recristaliza en acetona ligeramente caliente y se enfría en baño de hielo.
  5. Los cristales se filtran y secan.
  6. Determinen el punto de fusión. Para esto:
     a. Llenen por lo menos dos capilares con los cristales (pulverizarlos si es necesario).
     b. Sellen con la llama del mechero uno de los extremos de los capilares.
     c. Pongan el termómetro en el tapón perforado del balón con agua y coloquen el capilar de manera que los cristales estén al lado del bulbo del termómetro.
     d. Calienten y midan el rango de temperatura desde que empieza hasta que termina la fusión. El valor que permanece constante durante el proceso es el de la temperatura de fusión.
     e. Comparen el resultado con el valor teórico.

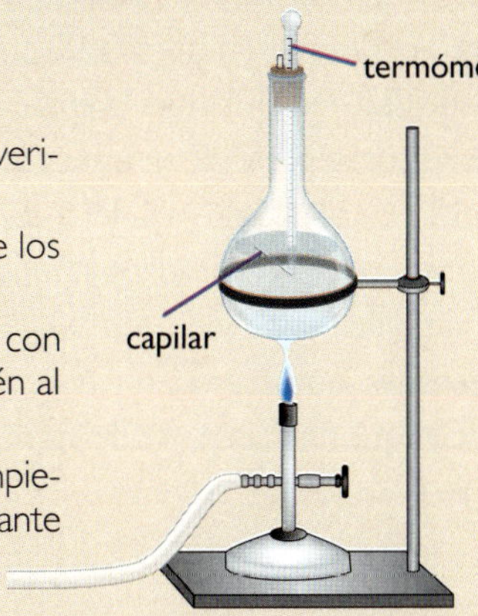

- **Preguntas para el análisis**
  1. ¿Qué características tiene el solvente usado en esta extracción? ¿Cuál es la ventaja de su utilización?
  2. ¿Por qué se determina el punto de fusión para identificar una muestra?
  3. ¿Por qué se usa agua en el baño? ¿Puede emplearse agua cuando el punto de fusión de la sustancia es mayor a 100 °C? ¿Por qué?
  4. Según los resultados obtenidos, ¿consideran que la sustancia obtenida es trimiristina pura?

CONTENIDOS || LOS COMPUESTOS NITROGENADOS PRESENTES EN LOS SERES VIVOS | LAS PROTEÍNAS, GENERALIDADES Y FUNCIONES | LOS AMINOÁCIDOS, SU CLASIFICACIÓN Y PROPIEDADES | UNIÓN PEPTÍDICA Y ESTRUCTURA DE LAS PROTEÍNAS | ENZIMAS Y ACTIVIDAD ENZIMÁTICA | PORFIRINAS ASOCIADAS A PROTEÍNAS | NUCLEÓTIDOS, ESTRUCTURA, PROPIEDADES Y UNIÓN FOSFODIÉSTER | ÁCIDOS NUCLEICOS, ESTRUCTURA Y FUNCIONES

7

LAS MOLÉCULAS DE LA VIDA. LOS COMPUESTOS NITROGENADOS

Las proteínas y los ácidos nucleicos son dos grupos de macromoléculas que tienen un rol fundamental en los seres vivos. Las primeras cumplen una gran diversidad de funciones, como por ejemplo, regulación, transporte y defensa. Los segundos contienen la infromación genética y hacen posible su transcripción y traducción. Ambos grupos son poliméricos e incluyen en su estructura grupos funcionales con nitrógeno, por lo que se los llama compuestos nitrogenados.

Los compuestos nitrogenados de los seres vivos

Muchos cosméticos contienen aditivos muy publicitados como el colágeno y la elastina. Estas sustancias son **proteínas**. El **colágeno** está presente en la piel, los huesos, los cartílagos, los vasos sanguíneos y los tendones; otorga rigidez y resistencia. La **elastina** se halla en la piel y otros tejidos y, como su nombre lo indica, proporciona elasticidad. Sin embargo, la eficiencia de estas proteínas como parte de un tratamiento externo de la piel y el cabello no está del todo comprobada. Otros productos, como los jabones para lavar ropa, también contienen proteínas. En este caso son **enzimas**, que degradan y descomponen las sustancias que forman parte de las manchas y así mejoran la acción del producto.

En los seres vivos, las proteínas son las macromoléculas más abundantes. Algunas se asocian a otro tipo de moléculas, como las **porfirinas.** La hemoglobina, encargada de transportar el oxígeno en la sangre es una proteína que tiene una porfirina unida a su estructura.

Las proteínas también están íntimamente relacionadas con los **ácidos nucleicos**. Estos son moléculas en las que está contenida y es transmitida la información genética; es allí donde se guardan las instrucciones para la síntesis o producción de las proteínas.

Los ácidos nucleicos, las proteínas y las porfirinas, además de estar relacionados funcionalmente, tienen una característica estructural en común: poseen grupos funcionales que tienen átomos de nitrógeno. Por este motivo se los llama **compuestos nitrogenados de la vida**.

El colágeno y la elastina están presentes en muchos productos cosméticos que prometen mejorar "la salud" de la piel y el cabello.

La acción limpiadora de algunos jabones en polvo se favorece con el agregado de proteínas llamadas enzimas.

Las proteínas, generalidades y funciones

Las proteínas constituyen el grupo de macromoléculas con mayor cantidad de funciones en los seres vivos. Son compuestos poliméricos debido a que están formados por monómeros o unidades estructurales repetidas llamadas **aminoácidos**.

Existen veinte aminoácidos diferentes, y la cantidad de cada tipo y el orden en el que aparecen son propios de cada proteína. La unión de varios aminoácidos se denomina **polipéptidos**. Las proteínas son polipéptidos de alto peso molecular. Se pueden clasificar de tres modos diferentes: según su morfología, según su composición y según su función.

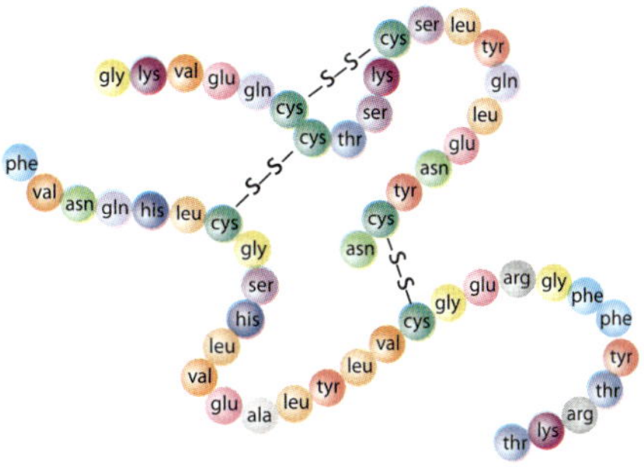

Las proteínas son polímeros formados por la unión de aminoácidos.

Según la morfología

Proteínas globulares: tienen forma casi esférica y por lo general se disuelven en agua. La ovoalbúmina, presente en la clara del huevo, entra dentro de esta categoría.

Proteínas fibrosas: tienen forma alargada y, como su nombre lo indica, se organizan formando fibras. Suelen ser poco solubles en agua. El colágeno y la elastina son ejemplos de proteínas fibrosas.

Fibras de colágeno.

Según la composición

Proteínas simples: están formadas únicamente por aminoácidos.

Proteínas conjugadas: están unidas a una molécula que no contiene aminoácidos, que recibe el nombre de **grupo prostético**. Según las características de este grupo, se pueden subclasificar en:

- **Glicoproteínas**, que tienen como grupo prostético un hidrato de carbono.
- **Lipoproteínas**, que están unidas a un lípido.
- **Nucleoproteínas**, que están unidas a un ácido nucleico.
- **Metaloproteínas**, que están asociadas a algún metal, como el Zn, el Mg o el Mn.
- **Fosfoproteínas**, que tienen grupos con fósforo unidos a su estructura.
- **Hemoproteínas y cromoproteínas porfirínicas**, cuyo grupo prostético es un compuesto nitrogenado llamado porfirina, son ejemplos la hemoglobina y las proteínas asociadas a la clorofila.

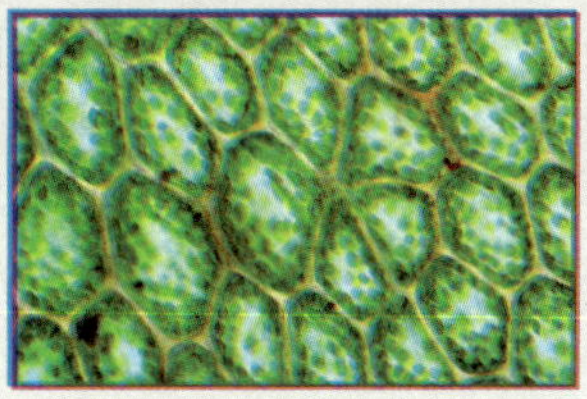

Según la función

Proteínas de transporte: se unen a otras sustancias y las transportan. La albúmina, por ejemplo, transporta ácidos grasos en la sangre.

Proteínas estructurales: le dan forma y estructura a las células y tejidos. La queratina es la proteína estructural más abundante del pelo y las uñas.

Proteínas de defensa: detectan la presencia de agentes extraños y forman parte del mecanismo de defensa contra ellos, como por ejemplo, los anticuerpos. *(Imagen A).*

Proteínas reguladoras: transmiten señales que producen efectos, por ejemplo, la hormona insulina.

Proteínas catalíticas o enzimas: se encargan de facilitar y acelerar las reacciones químicas.

Proteínas contráctiles: tienen la capacidad de contraerse, como la actina y la miosina en las células musculares. *(Imagen B).*

Proteínas de depósito: acumulan sustancias de almacenamiento; la ferritina, por ejemplo, almacena hierro en el hígado.
La ovoalbúmina del huevo es aprovechada por el embrión como una fuente de aminoácidos, por lo que puede considerarse también una proteína de depósito.

A

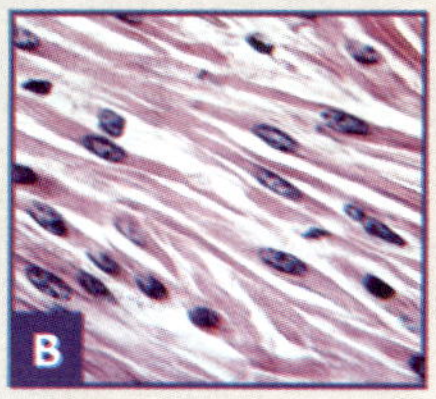
B

Los aminoácidos

Los **aminoácidos**, como su nombre lo indica, se caracterizan por que todos ellos tienen dos funciones: un grupo amino y un grupo carboxilo (o ácido), ambos unidos a un átomo de carbono central. El grupo funcional **amino** está conformado por un átomo de nitrógeno unido a dos átomos de hidrógeno. Se puede indicar como $-NH_2$. A partir del átomo de nitrógeno, se une a la cadena carbonada.

Si se toma como referencia el grupo ácido, el amino se encuentra unido al átomo de carbono que está inmediatamente después del carboxilo, al que se le asigna la letra griega α, y por eso se los llama **α-aminoácidos**. El carbono α, a su vez, está unido a un átomo de hidrógeno y a otra cadena o grupo llamado **radical**, que se representa de manera abreviada con la letra R.

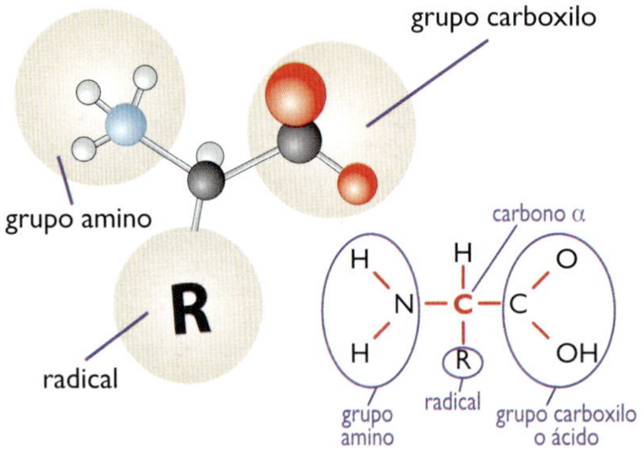

Estructura y fórmula semidesarrollada de un aminoácido.

Los veinte tipos de aminoácidos distintos que conforman las diferentes proteínas se diferencian por el radical, que puede ser una cadena hidrocarbonada, puede tener un grupo de carácter ácido o de carácter básico, puede formar puentes de hidrógeno o no, puede tener átomos de azufre, etcétera. Es este grupo el que da características propias a cada tipo de aminoácido.

En casi todos los casos, el carbono α es quiral y admite dos isómeros ópticos, llamados D y L. Los aminoácidos naturales son todos isómeros de tipo L. En el caso particular de un aminoácido, la glicina, el carbono α no es quiral.

Una característica importante de los aminoácidos es su característica ácido-básica en solución acuosa. El grupo carboxilo se comporta como un ácido, es decir, puede perder un ion hidrógeno y quedar con una carga negativa. El grupo amino se comporta como una base, es decir, toma un ion hidrógeno y queda con carga positiva. Por lo general, ambos grupos están en estado iónico, por lo que sus cargas se compensan.

Disociación del grupo ácido

$$\underset{\displaystyle OH}{\overset{}{C}}{=}O \longrightarrow -\underset{\displaystyle O^-}{C}{=}O + H^+$$

El grupo amino actúa como una base

$$NH_2 + H^+ \longrightarrow NH_3^+$$

Aminoácidos esenciales y no esenciales

Los aminoácidos pueden clasificarse en dos grupos: los aminoácidos esenciales y los no esenciales. Los **aminoácidos esenciales** son aquellos que el cuerpo no puede fabricar y que deben ser incorporados a través de los alimentos. En el caso del ser humano, los aminoácidos esenciales son ocho: leucina, isoleucina, valina, fenilalanina, triptófano, metionina, treonina y lisina. Los otros doce aminoácidos son considerados **no esenciales** porque no hace falta consumirlos con la alimentación debido a que pueden ser sintetizados por el organismo y, en muchas ocasiones, a partir de los aminoácidos esenciales.

Nomenclatura de los aminoácidos

El nombre de los aminoácidos suele hacer referencia a la fuente de la que fueron aislados por primera vez. La asparagina, por ejemplo, fue extraída del espárrago. Muchos de los nombres terminan en el sufijo ***ina***. Para abreviar los nombres se utilizan tres letras, en muchas ocasiones, las tres primeras de la palabra en inglés. También se usa una sola letra mayúscula. Por ejemplo, la **glicina** puede ser representada como ***Gly*** o bien **G**. La **alanina** como ***Ala*** o **A**, mientras que la **valina** como ***Val*** o **V**.

Otra clasificación de los aminoácidos

De acuerdo con las características del grupo R, se puede agrupar a los aminoácidos como se indica en la tabla.

Tipo de aminoácidos	Características del R
No polares	Son cadenas hidrocarbonadas que únicamente pueden realizar interacciones no polares o de London.
Polares sin carga	Son funciones polares neutras, por ejemplo, el oxhidrilo (OH), el sulfhidrilo (SH) y el grupo amida (NH_2-C=O). Por lo general, forman puente de hidrógeno. Los aminoácidos con grupo SH pueden formar enlaces covalentes llamados puente disulfuro.
Básicos o con carga +	Son básicos: pueden tomar iones hidrógeno y quedar cargados positivamente. Realizan interacciones iónicas.
Ácidos o con carga -	Son carboxilos, los que pueden perder un ion hidrógeno y quedar con carga negativa. Al igual que los básicos, pueden atraerse con otros radicales cargados de manera iónica.

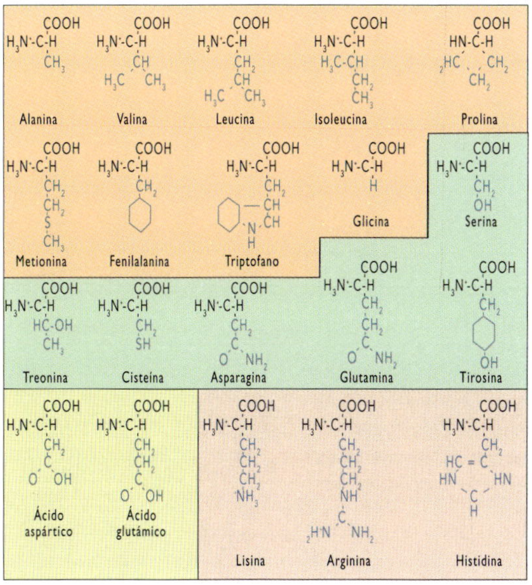

No polares — Polares sin carga — Básicos o con carga + — Ácidos o con carga -

El enlace peptídico

Los aminoácidos se unen entre sí a través de una reacción que se da entre el grupo carboxilo de uno de ellos y el grupo amino del otro; como resultado se libera una molécula de agua. Esto origina un grupo funcional denominado **amida**, y la unión que se genera se llama **enlace peptídico**.

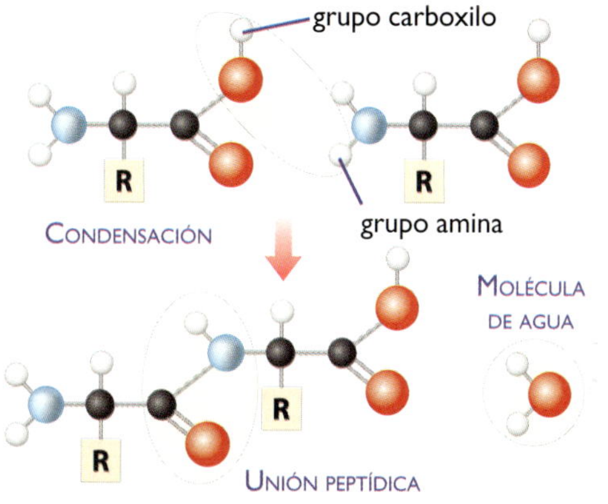

Para que se forme un enlace peptídico, el grupo carboxilo de un aminoácido debe reaccionar con el grupo amino de otro.

Excepto en los extremos, todos los aminoácidos de una proteína tienen tanto el grupo carboxilo como el amina participando en los enlaces peptídicos. En uno de los extremos queda un grupo amina sin reaccionar (**N-terminal**), y se lo representa a la izquierda. El otro extremo tiene un carboxilo libre (**C-terminal**), y se lo representa a la derecha.

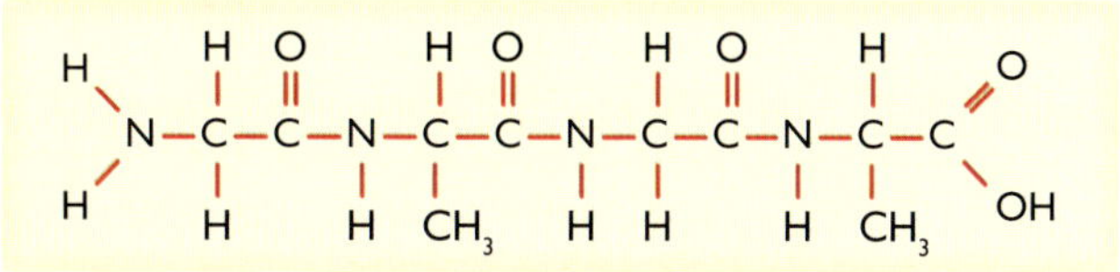

Los extremos de una proteína, y de cualquier polipéptido en general, se identifican como N-terminal y C-terminal.

El grupo amida

El grupo amida deriva del grupo amino; se genera a través de una reacción de condensación que se da entre ese grupo y el carboxilo.

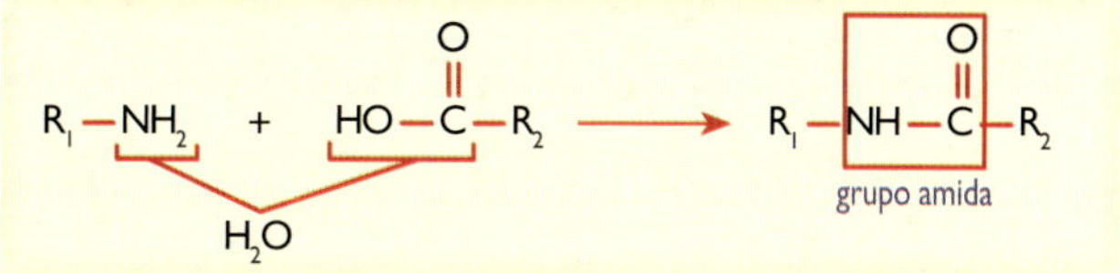

La estructura de las proteínas

La estructura de una proteína es la que determina su actividad. Dicha estructura se puede analizar en distintos niveles. La secuencia de aminoácidos unidos mediante enlaces peptídicos constituye la **estructura primaria** de la proteína, esta consiste en la cantidad, la variedad y el orden en el que se encuentran unidos los aminoácidos.

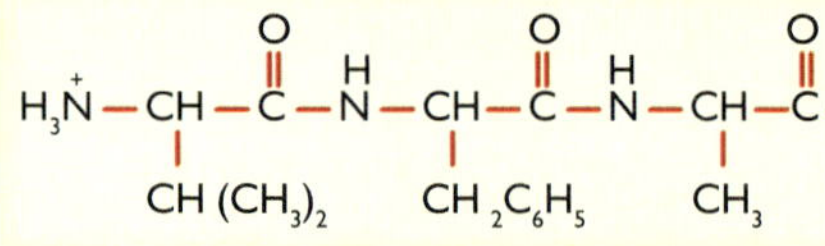

Parte de la estructura primaria de una proteína

Las interacciones de tipo puente de hidrógeno que se dan entre los grupos amida de los enlaces generan el plegamiento de la proteína. A este nivel se lo denomina **estructura secundaria** y los grupos R no participan de ella. Puede plegarse en forma de una estructura llamada lámina β plegada o en forma de hélice (α hélice); estas formas dependen en parte de la secuencia de aminoácidos. Una misma proteína puede tener tramos de α hélice y tramos de β plegada.

Las interacciones entre los R de los distintos aminoácidos generan además otro tipo de plegamiento que da como resultado la **estructura terciaria**. Estas interacciones pueden ser de London, entre aminoácidos no polares; dipolo-dipolo o puente de hidrógeno, entre aminoácidos polares; interacciones iónicas, entre aminoácidos básicos y ácidos, y una unión covalente especial, llamada puente disulfuro, que se da entre dos aminoácidos de cisteína. La estructura terciaria puede ser globular (parecida a una esfera) o fibrosa.

La **estructura cuaternaria** se da únicamente en proteínas que están formadas por más de una cadena de aminoácidos. En ese caso, las cadenas (cada una con su estructura terciaria) se unen mediante interacciones entre los R de sus aminoácidos.

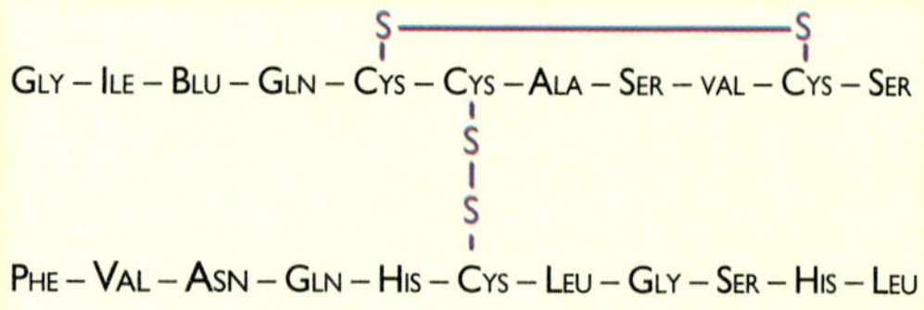

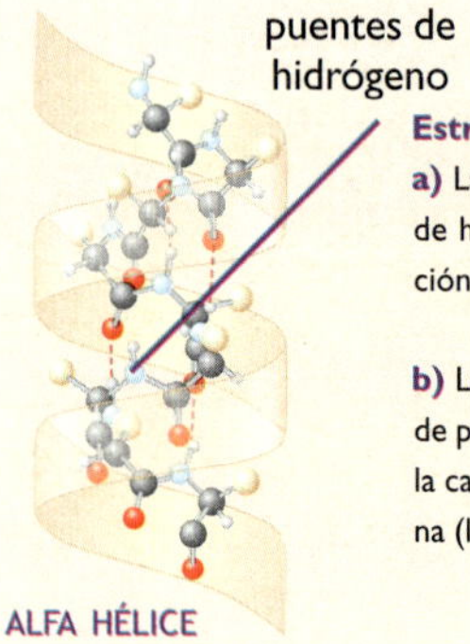

ALFA HÉLICE

Estructura secundaria

a) La α hélice se genera por la interacción de puente de hidrógeno entre los grupos amida. Esta interacción genera un plegamiento de forma helicoidal.

b) La hoja plegada β también se da por la interacción de puente de hidrógeno entre los grupos amida pero la cadena pliega en forma de zigzag y forma una lámina (los radicales quedan por encima y por debajo).

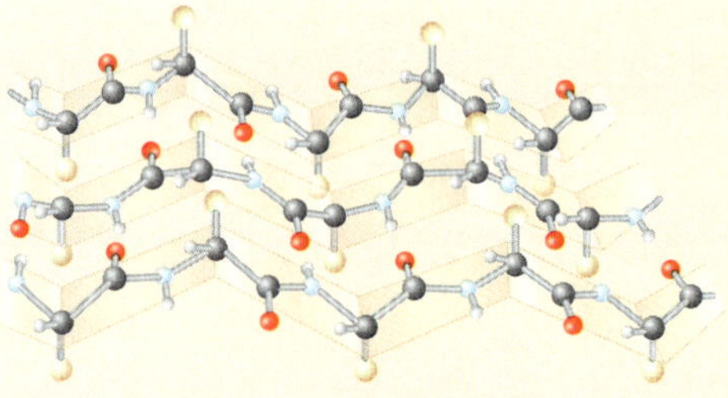

HOJA PLEGADA BETA

Estructura terciaria

La interacción entre los R de los distintos aminoácidos genera un plegamiento particular. Los aminoácidos de cisteína tienen un grupo funcional llamado sulfhidrilo, capaz de reaccionar con otro sulfhidrilo, por lo que se genera una unión covalente entre ellos llamada puente disulfuro.

Estructura cuaternaria

Se da en proteínas que tienen más de una cadena. Las cadenas se unen entre sí por las mismas interacciones que mantienen la estructura terciaria de cada una.

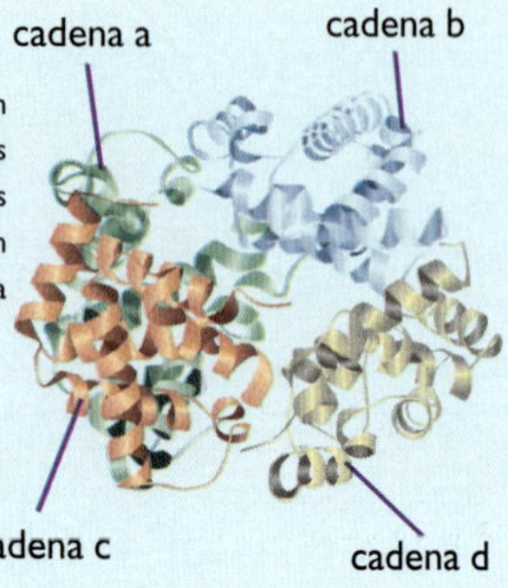

Todos los niveles estructurales de las proteínas están vinculados entre sí: si en la estructura primaria no hubiera cisteínas, en la terciaria no se formarían puentes disulfuro. Un nivel depende del anterior, pero son los niveles terciario y cuaternario los responsables de la función de la proteína.

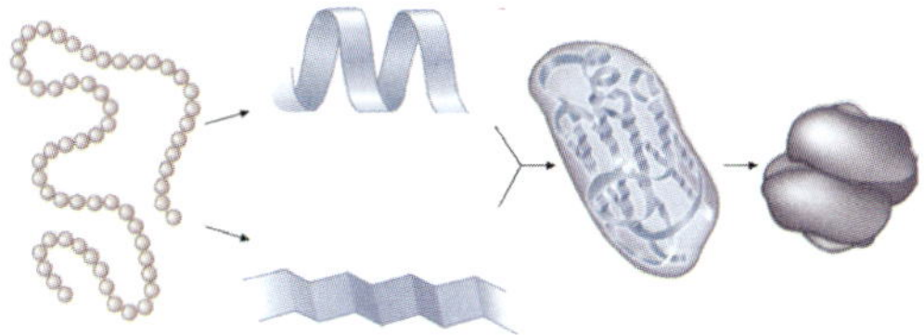

La desnaturalización de las proteínas

Los receptores de membrana son proteínas que están en las células y que tienen un sitio de reconocimiento específico. Cada vez que una molécula específica interactúa con este sitio, la conformación de la proteína cambia en el interior de la célula; ese cambio desencadena a su vez una serie de reacciones que culminan en una respuesta celular. Los sitios de reconocimiento resultan del plegamiento de la proteína que deja expuestos los radicales de ciertos aminoácidos. Las moléculas que desencadenan la señal establecen interacciones con dichos grupos. Si los receptores perdieran su plegamiento, ese sitio no quedaría expuesto para entrar en contacto con la molécula señal, y la respuesta en la célula no ocurriría.

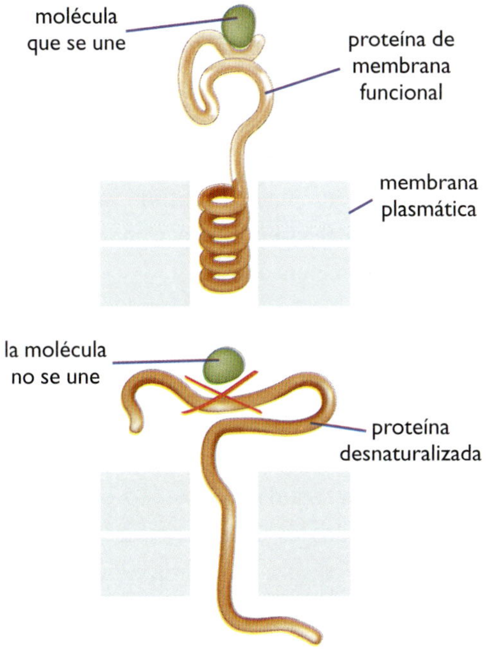

Si una proteína pierde su estructura terciaria, pierde su función.

Cuando una proteína pierde casi por completo su plegamiento y, por lo tanto, su función, se dice que ocurrió una **desnaturalización**. Durante este proceso se rompen interacciones polares y de puente de hidrógeno, pero no las covalentes, como las uniones peptídicas y los puentes disulfuro. La desnaturalización no destruye la estructura primaria. La ruptura de los enlaces peptídicos se llama hidrólisis y se da en condiciones más extremas, o por acción de ciertas enzimas llamadas proteasas, porque favorecen la ruptura completa de las proteínas.

La desnaturalización puede darse cuando la temperatura es muy alta, o el medio es muy ácido o muy básico.

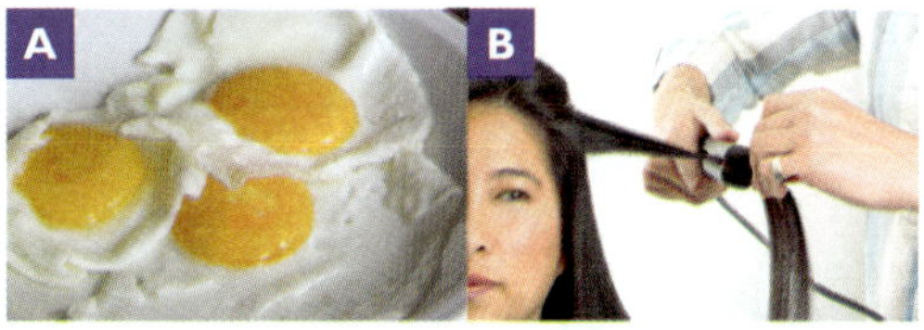

A. *Cuando se fríe un huevo, el calor produce la desnaturalización de la ovoalbúmina de la clara de forma irreversible.* B. *Cuando se usa una plancha para cabello, el calor rompe los puentes de hidrógeno de la queratina del pelo; esto evita que se enrule, pero es un proceso reversible.*

¿EXISTEN LEYES DEL PLEGAMIENTO?

La secuencia de aminoácidos en las proteínas responde a la información en el ADN, que de alguna manera determina el plegamiento final y, por ende, la función que estas cumplen. Sin embargo, el hecho de conocer la estructura primaria de una proteína no permite predecir con certeza cuál será su estructura tridimensional final. Se ha descubierto que el plegamiento de muchas proteínas, mientras se están formando, es ayudado o favorecido por la acción de unas proteínas llamadas chaperonas.

Las enzimas

Las **enzimas** son moléculas que tienen la capacidad de acelerar una reacción química: son catalizadores biológicos. Sin su acción, la vida no sería posible debido a que las reacciones que tienen lugar en las células ocurrirían a velocidades muy bajas. La mayoría de las enzimas son de naturaleza proteica, aunque algunas están constituidas por otros compuestos nitrogenados como el ARN (ácido ribonucleico), en este caso se las llama ribozimas. Al igual que el resto de las proteínas, la acción de las enzimas depende de su forma o estructura tridimensional. Las enzimas son específicas de la reacción en la que participan debido a que contienen un sitio en su estructura, llamado **sitio activo**, que reconoce y se une de manera específica a las sustancias iniciales o sustratos a través de interacciones intermoleculares. Los sustratos unidos a las enzimas se transforman con mayor rapidez en productos. Una vez ocurrida la reacción, los productos se separan de la enzima y esta sigue siendo funcional para una nueva reacción.

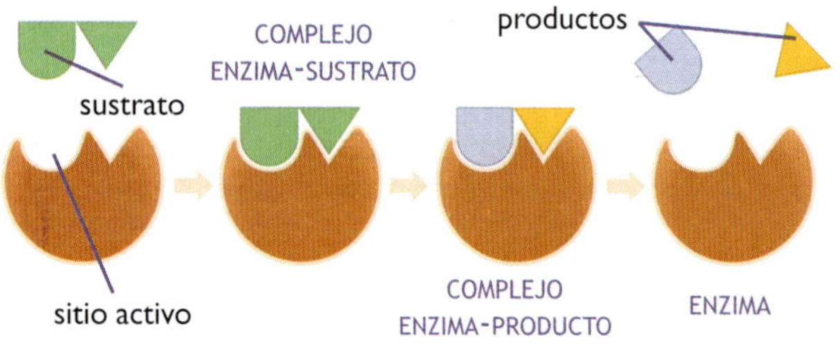

El sustrato interactúa con los aminoácidos expuestos en el sitio activo de manera específica y se forma un complejo enzima-sustrato que se suele llamar complejo llave-cerradura. Luego de la reacción, los productos son liberados.

Las enzimas y la energía

Para que ocurra una reacción, los reactivos requieren una energía inicial, esta recibe el nombre de **energía de activación**. Las enzimas, al interactuar con los sustratos y acercarlos entre sí, disminuyen la energía de activación de las reacciones. De este modo, aumenta la cantidad de sustrato transformado en producto en un cierto tiempo, y por eso se acelera la reacción. A esta acción se la conoce con el nombre de **catálisis enzimática**.

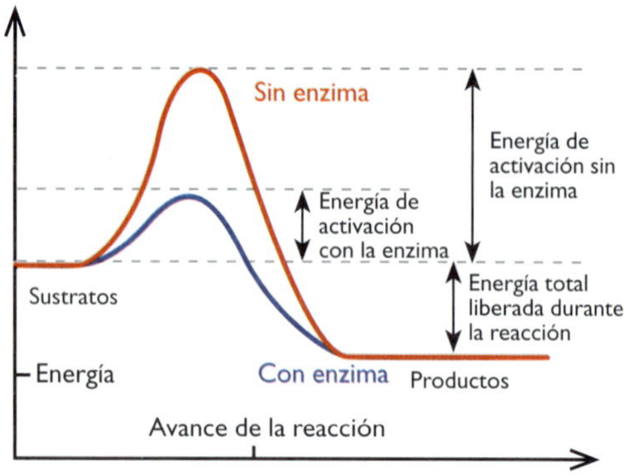

Las enzimas catalizan las reacciones al bajar su energía de activación.

Factores que modifican la actividad enzimática

La gran mayoría de las enzimas son proteínas y, como tales, son susceptibles de la desnaturalización. Por este motivo, los factores como la temperatura y la acidez o basicidad extrema del medio afectan la actividad enzimática.

A bajas temperaturas, la actividad enzimática es baja porque las moléculas se mueven lentamente y se dan menos uniones enzima-sustrato. A medida que aumenta la temperatura, se incrementa la actividad enzimática hasta llegar a un valor máximo, que coincide con su temperatura óptima de acción. Cuando la temperatura aumenta por encima de la óptima, las enzimas comienzan a desnaturalizarse, y por eso la actividad cae de manera abrupta.

Valores muy bajos o muy altos de pH pueden afectar las interacciones entre los grupos R y desnaturalizar la enzima. Cada enzima funciona a un valor óptimo de pH.

La actividad enzimática puede verse afectada también por la cantidad de sustrato: cuando hay demasiado, todos los sitios activos de las enzimas se ocupan y se alcanza la máxima velocidad posible. Existen también moléculas que actúan como inhibidores específicos de algunas enzimas y disminuyen su actividad.

Los grupos prostéticos

Existen moléculas no proteicas que se encuentran unidas a ciertas proteínas y les aportan alguna función específica. Estas moléculas reciben el nombre de grupos prostéticos, y pueden ser de muy diversa naturaleza.

Si el grupo prostético es un hidrato de carbono, la proteína se denomina glicoproteína; si, en cambio, es un lípido, se trata de una lipoproteína.

Algunos grupos prostéticos derivan de las porfirinas; este tipo de moléculas tienen una estructura muy particular y pueden ser consideradas compuestos nitrogenados porque contienen varios átomos de nitrógeno.

Las porfirinas

Las porfirinas son compuestos nitrogenados formados por cuatro anillos aromáticos llamados **pirroles**; cada uno de estos anillos tiene un átomo de nitrógeno que está orientado hacia el centro de la estructura. Estos átomos de nitrógeno tienen la capacidad de interactuar con distintos iones metálicos, como el hierro o el magnesio. De ellas derivan varios grupos prostéticos que se asocian a proteínas fundamentales para la vida.

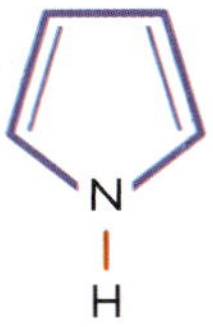

Pirrol

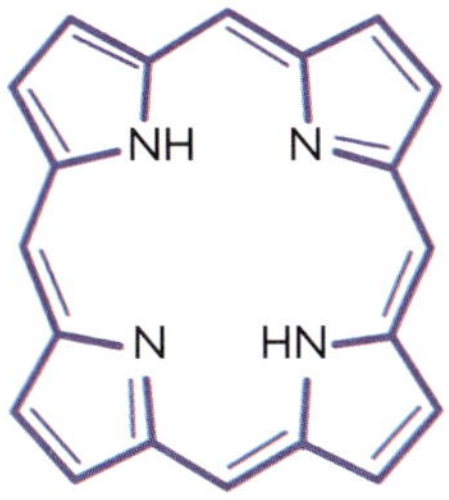

Porfirina

La hemoglobina es una proteína que está presente en los glóbulos rojos, y tiene como función transportar el oxígeno en la sangre. Contiene cuatro cadenas polipeptídicas, y en cada una de ellas tiene un grupo derivado de una porfirina asociado a un ion Fe^{2+}, llamado **grupo hemo**. La capacidad de captación del oxígeno por parte de la hemoglobina depende de este grupo debido a que se une con el hierro de la porfirina. Cuando está unido al oxígeno, el grupo hemo tiene el color rojo característico de la sangre.

La clorofila, si bien no es una proteína, es la molécula responsable de la captación de la luz. Esta función la cumple gracias a la presencia de un grupo derivado de una porfirina asociado a un ion Mg^{2+}, capaz de ser excitado por la radiación. Al igual que en la sangre, este grupo es coloreado (en este caso es verde).

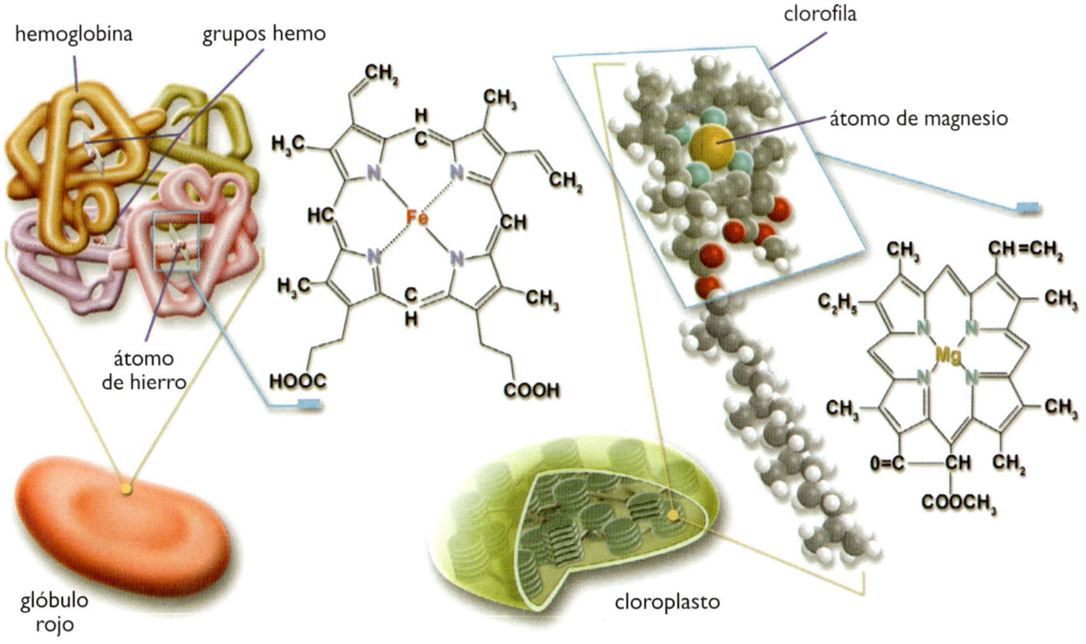

Los ácidos nucleicos

Los **ácidos nucleicos** (**AN**) son las macromoléculas que contienen y transmiten la información genética. Al igual que las proteínas, los AN son compuestos nitrogenados y moléculas poliméricas formadas por la unión de monómeros llamados **nucleótidos**.

Hay dos tipos de ácidos nucleicos: el ácido **desoxirribonucleico** o **ADN** y el ácido **ribonucleico** o **ARN**, los cuales están formados por grupos de nucleótidos distintos que les dan a estos dos tipos de AN propiedades diferentes.

Los nucleótidos

Los nucleótidos están formados por tres componentes: una base nitrogenada; un monosacárido de tipo pentosa y uno, dos o tres grupos fosfato $[(PO_4)^{3-}]$.

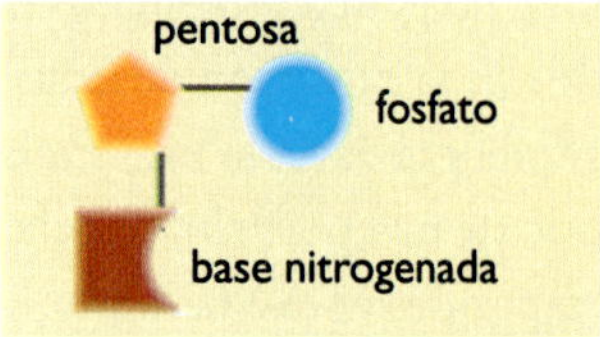

Representación esquemática de los componentes de un nucleótido.

Las **bases nitrogenadas** se denominan así porque poseen carácter básico y están formadas, en parte, por grupos funcionales con átomos de nitrógeno. Existen dos grandes grupos de bases nitrogenadas: purinas y pirimidinas.

Las **purinas** tienen dos ciclos en su estructura. Existen dos variedades de este tipo de bases: la adenina y la guanina.

Las **pirimidinas** cuentan con un solo ciclo, y son tres: la citosina, la timina y el uracilo.

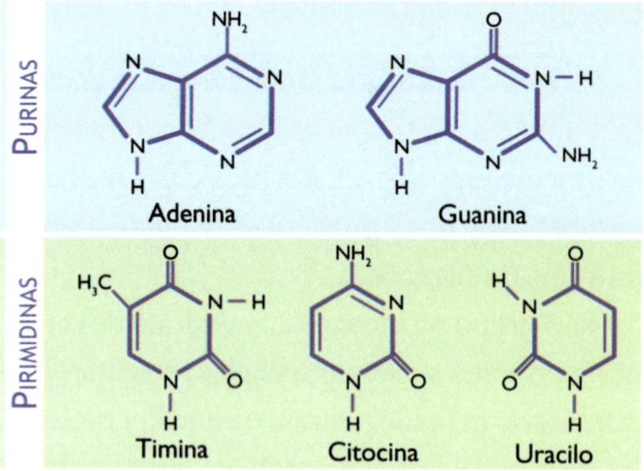

Bases nitrogenadas.

Las pentosas de los nucleótidos son la **D-ribosa** y la **D-2-desoxirribosa**. Esta última se llama así porque, a diferencia de la primera, no tiene un oxhidrilo en el segundo carbono. Ambas se unen a las bases nitrogenadas a través de su carbono anomérico (que se encuentra en la posición 1) por un enlace β glicosídico, y se unen al grupo fosfato con el oxhidrilo del carbono que se encuentra en la posición 5.

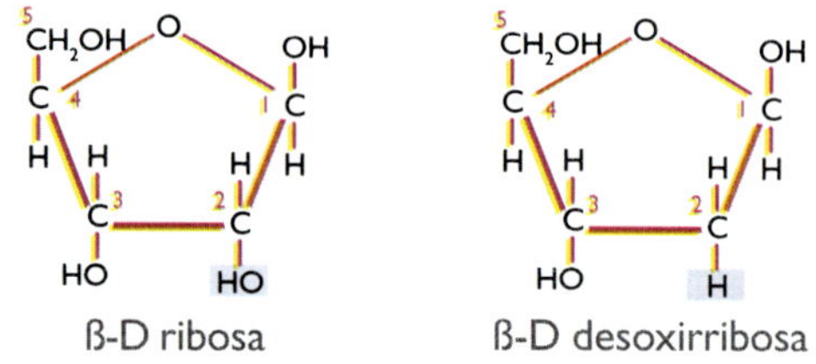

Los nucleótidos con ribosa son **ribonucleótidos**, conforman el ARN, y se unen a la adenina, a la guanina, a la citosina y al uracilo. Los **desoxirribonucleótidos** tienen desoxirribosa; son los monómeros del ADN y se unen a la adenina, a la guanina, a la citosina y a la timina.

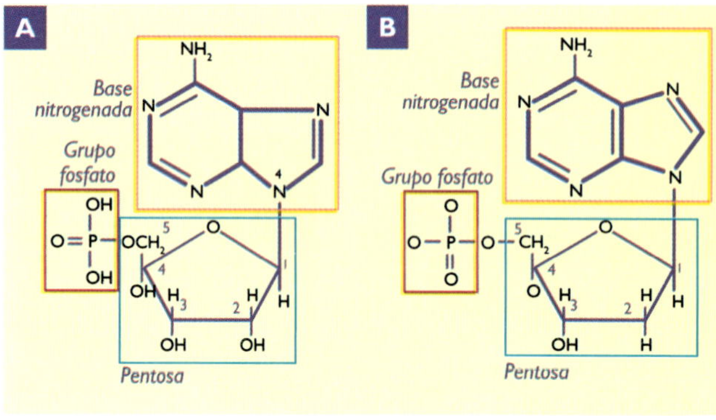

A. Adenosinmonofosfato, ribonucleótido que tiene un grupo fosfato y una base de tipo adenina. Nótese que la base se une a la pentosa en su carbono 1, mientras que el grupo fosfato lo hace al carbono 5.

B. Desoxiadenosinmonofosfato, desoxirribonucleótido que tiene un grupo fosfato y una base de tipo adenina.

Algunas funciones específicas de los nucleótidos

Los nucleótidos, además de formar parte de los ácidos nucleicos, cumplen otras funciones en las células. Pueden contener uno, dos o tres grupos fosfato. Las uniones entre dichos grupos requieren mucha energía para producirse y, al romperse, esta energía está disponible para ser utilizada. Gracias a esta propiedad, pueden ser utilizados como reserva y fuente de energía, en particular el **adenosín trifosfato** o **ATP**, que participa en todos los procesos en los que se genera o se utiliza energía. Cuando se rompe el enlace con uno de sus grupos fosfato, el ATP se transforma en ADP (adenosín difosfato) y queda disponible para recibir la energía de otra reacción y volver a unir un grupo fosfato. De esta manera, los ADP/ATP están siempre vinculados con reacciones de la célula que liberan o requieren energía.

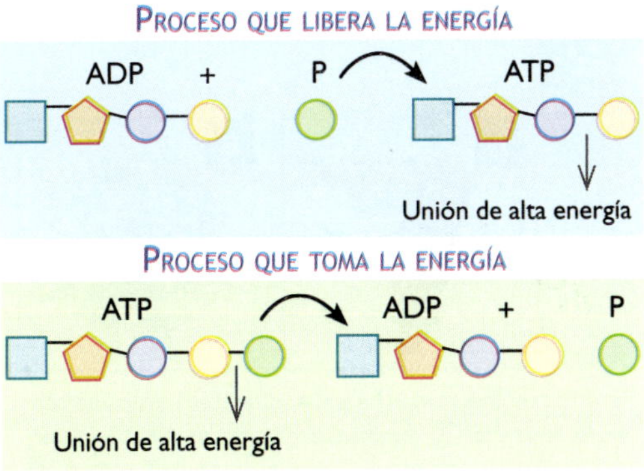

La unión fosfodiéster

Los nucleótidos se unen entre sí a través de un tipo de enlace llamado **unión fosfodiéster**. Es una reacción de condensación entre un oxhidrilo del grupo fosfato y el oxhidrilo ubicado en el carbono 3 del azúcar del otro nucleótido.

La unión recibe el nombre de fosfodiéster porque entre el carbono 5 del azúcar de uno de los nucleótidos y el carbono 3 del azúcar del otro nucleótido queda formado un éster doble, que en vez de contener un átomo de carbono tiene un átomo de fósforo.

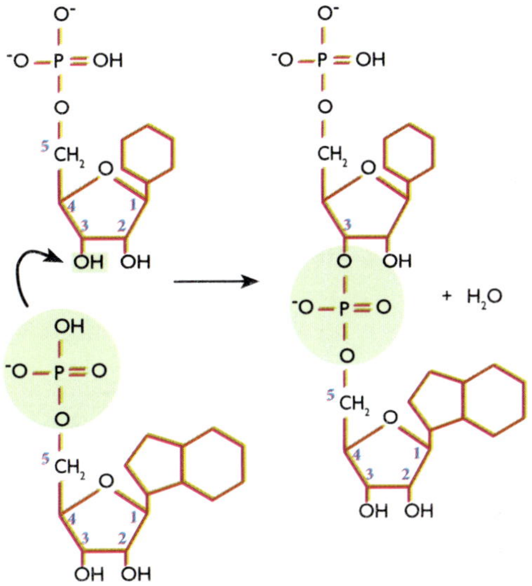

Formación de la unión fosfodiéster entre dos ribonucleótidos. La unión de dos ribonucleótidos se produce mediante una reacción de condensación en la que se forma una molécula de agua.

Otros nucleótidos de importancia biológica son el **guanosín trifosfato** o **GTP** y el **adenosín monofosfato cíclico** o **AMPc**

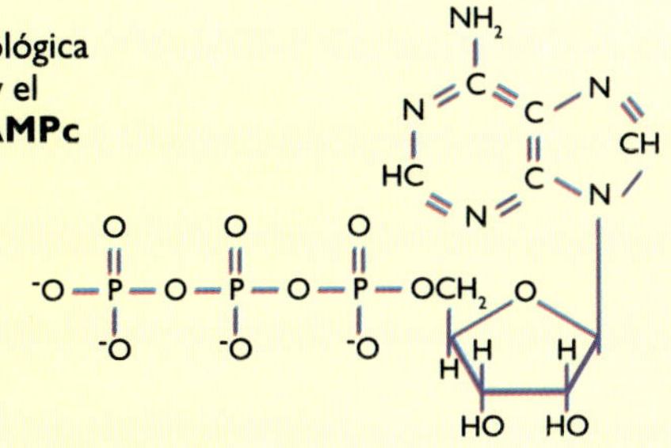

adenosín trifosfato (ATP)

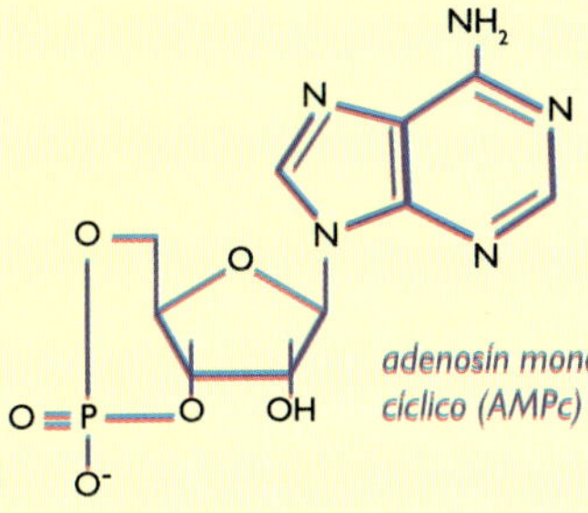

adenosín monofosfato cíclico (AMPc)

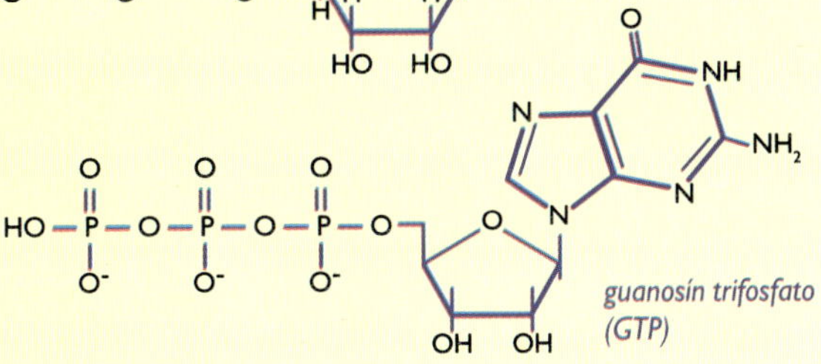

guanosín trifosfato (GTP)

El ADN y el ARN

El **ácido desoxirribonucleico** (**ADN**) es un polímero formado por desoxirribonucleótidos de cuatro variedades, cada una con una base nitrogenada distinta: adenina, guanina, timina o citosina. El ADN suele estar en forma de doble cadena, y cada cadena es una secuencia de nucleótidos unidos por enlaces fosfodiéster. Las secuencias de estas dos cadenas están muy relacionadas debido a que se atraen a través de interacciones de puente de hidrógeno de manera complementaria: los nucleótidos de adenina siempre se enfrentan a los de timina, y los nucleótidos de guanina siempre se encuentran frente a los de citosina.

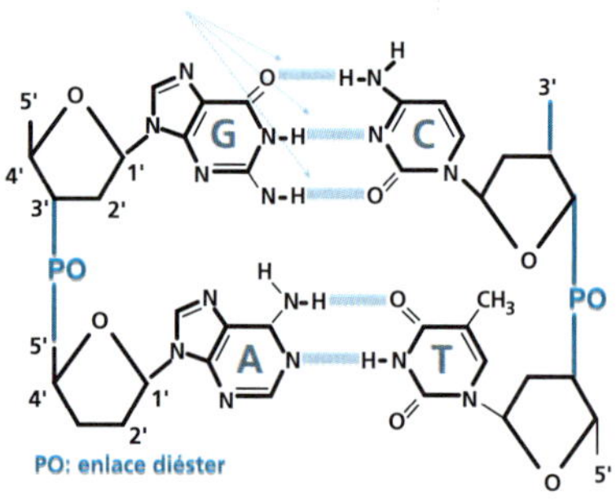

Los nucleótidos con guanina establecen tres puentes de hidrógeno con los nucleótidos que tienen citosina. Los nucleótidos con adenina se unen mediante dos puentes de hidrógeno a los que tienen timina.

Las dos cadenas complementarias, a través de sus interacciones, determinan una estructura secundaria llamada **doble hélice**.

El **ácido ribonucleico (ARN)** está formado por nucleótidos, a diferencia del ADN, que está formado por desoxirribonucleótidos. Suele encontrarse en forma de simple cadena y tener una extensión mucho menor que la mayoría de las moléculas de ADN presentes en los organismos. Participa en los procesos de transcripción y traducción de la información genética contenida en el ADN. Es decir, es la molécula que hace posible que a partir de las instrucciones de los genes se sinteticen proteínas.

El ARN puede tener como bases nitrogenadas la guanina, la citosina, la adenina y el uracilo (que tiene características similares a la timina y también es complementario a la adenina). Existen tres tipos de moléculas de ARN: ARN mensajero, ARN de transferencia y ARN ribosomal. Se diferencian en su función y en su estructura; el primero es lineal, mientras que los dos últimos están plegados.

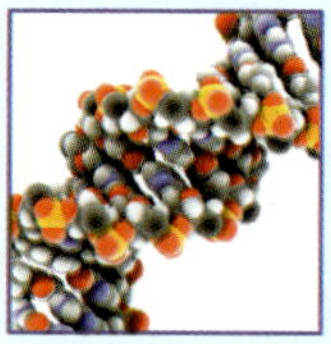

ADN

La estructura tridimensional de la doble cadena de ADN es una hélice.

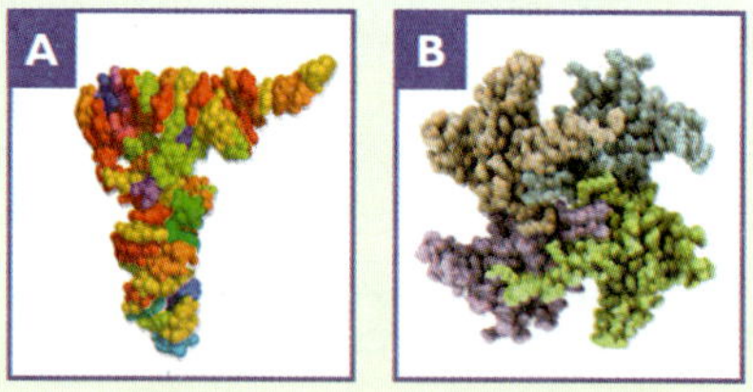

ARN

El ARN de transferencia (A) y el ribosomal (B) están formados por cadenas simples plegadas sobre sí mismas por complementariedad de bases.

Los AN pueden desnaturalizarse y perder su estructura secundaria. Los agentes responsables de la desnaturalización de los AN son la temperatura, el pH y la urea, entre otros.

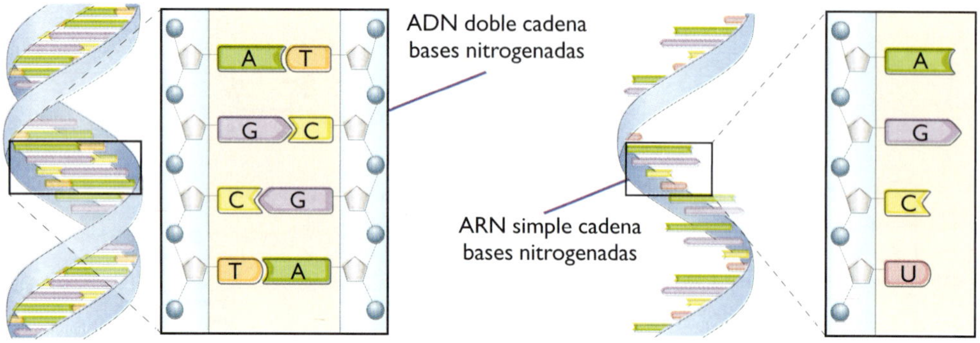

Modelos de las moléculas de ADN y ARN.

A: adenina · G: guanina · C: citocina · T: timina · U: uracilo

1. Respondan a las siguientes preguntas:

a. ¿Qué factores pueden desnaturalizar a las proteínas y a los ácidos nucleicos? ¿Qué niveles estructurales se ven afectados en cada caso?

b. ¿Por qué la acción de las enzimas se modifica con la temperatura? ¿Sucede lo mismo a alta o baja temperatura? ¿Cómo podrían relacionar la influencia de la temperatura en la actividad enzimática con la acción de poner la comida en la heladera para que no se pudra?

c. Expliquen brevemente cómo se producen las uniones peptídica y fosfodiéster. ¿Dentro de qué tipo de reacciones se pueden incluir? ¿Por qué?

d. ¿Cómo influyen los grupos funcionales de los radicales de los aminoácidos en la estructura final que adopta la proteína?

e. ¿Qué significa que las cadenas del ADN son complementarias?

f. Las carnes suelen tener proteínas completas, es decir que en conjunto aportan los 20 aminoácidos, mientras que en una dieta vegetariana se deben consumir proteínas de distintas fuentes para asegurarse el suministro completo. ¿Por qué es importante consumir todos los aminoácidos?

2. Completen el siguiente cuadro comparativo.

	ADN	ARN	Proteínas
Tipos de monómeros			
Tipo de unión entre monómeros			
Tipo de interacciones intramoleculares			
Niveles estructurales			

3. Indiquen si las siguientes afirmaciones son verdaderas (V) o falsas (F). Justifiquen todas sus respuestas.

a. ☐ Los nucleótidos solo se encuentran como monómeros de los ácidos nucleicos.

b. ☐ Las proteínas pierden toda su estructura al desnaturalizarse.

c. ☐ Todos los aminoácidos pueden formar puentes disulfuro.

d. ☐ Las interacciones de puente de hidrógeno forman parte de la estructura primaria del ADN.

e. ☐ Las porfirinas son un tipo de proteínas.

4. Indiquen si las siguientes características corresponden a las proteínas, los ácidos nucleicos o ambos.

a. Están formados por monómeros.

b. Tienen estructura primaria.

c. Pueden desnaturalizarse.

d. Sus monómeros se unen por enlaces peptídicos.

e. La estructura secundaria se genera exclusivamente por interacciones de puente de hidrógeno.

f. Tienen estructura terciaria.

g. Pueden acelerar reacciones químicas.

5. Analicen las siguientes estructuras y resulevan:

a. Indiquen cuál es un polímero de aminoácidos y cuál es un polímero de nucleótidos.

b. Marquen las uniones entre los monómeros.

c. Identifiquen cada monómero. En el caso de los aminoácidos, circulen el radical y clasifíquenlos.

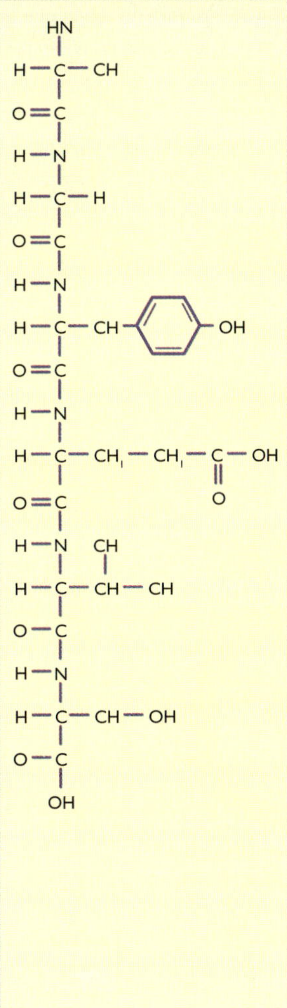

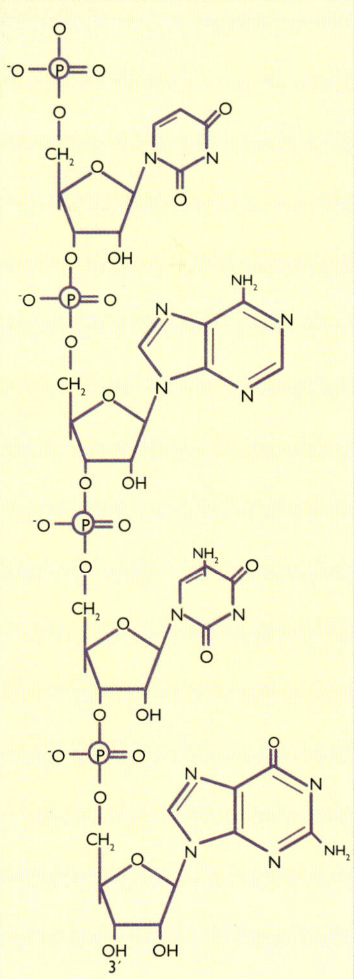

La enfermedad de los priones

La mayoría de las enfermedades infecciosas son ocasionadas por virus, hongos o bacterias. Pero existen casos en los que el agente infeccioso no es un organismo vivo, como las bacterias y los hongos, ni es una estructura compleja como un virus. Una enfermedad puede ser transmitida por una proteína.

1. Lean el siguiente artículo.

PROTEÍNAS INFECCIOSAS

La enfermedad de Creutzfeldt-Jakob fue descripta a principios del siglo XX. Luego se descubrieron otras enfermedades con el mismo patrón: pacientes con graves síntomas neurológicos que morían en poco tiempo, cuyos cerebros tenían aspecto de esponjas. A todas ellas se las denominó de manera general: encefalopatías espongiformes transmisibles (EET), hoy esta enfermedad es conocida popularmente como "síndrome de la vaca loca".

En el año 1982, Stanley Prusiner descubrió que el agente infeccioso era una proteína que llamó prion. Los priones son glicoproteínas que están presentes en las células de varios tejidos y que normalmente son solubles, pero pueden adoptar una estructura terciaria distinta, caracterizada por una gran cantidad de láminas β, insoluble y muy estable. Los priones tienen la capacidad de inducir a otros priones a adoptar la misma conformación. Cuando ingresa un prion insoluble al cerebro se produce un núcleo de infección en el cual los priones normales adoptan, de manera gradual, la conformación insoluble. Esto genera conglomerados proteicos y anula la funcionalidad de las neuronas.

Los priones no son degradados por proteasas (enzimas presentes en especial en el sistema digestivo). Luego de ingerirlos pasan al torrente sanguíneo y llegan al sistema nervioso central.

Pero, ¿cómo pasan los priones de una conformación no patológica a una patológica? Una de las hipótesis es que sucede por un incremento en radicales con grupos SH que están presentes en las láminas β.

- **Análisis del texto e investigación**

  1. El sistema inmunológico reconoce secuencias de aminoácidos de las proteínas extrañas al cuerpo. Expliquen por qué los priones infecciosos no son atacados por el sistema inmune, es decir, por qué el cuerpo los reconoce como propios.
  2. Para que desencadenen la enfermedad, un prion con conformación insoluble debe llegar entero a las células del cerebro. Efectivamente, esto ocurre. ¿Qué transformaciones sufren otras proteínas en el sistema digestivo, que no afectan a los priones?
  3. Imaginen que alguien compra alimentos de origen animal infectados con priones, los cocina y los consume. Indiquen a través de qué procesos (químicos, físicos y biológicos) pasan los priones sin sufrir las modificaciones que sufren otras proteínas.
  4. ¿La presencia de qué aminoácido de la secuencia primaria de los priones pudo haber originado la hipótesis que menciona el artículo? Justifiquen su respuesta.

ACTIVIDADES

Investiguen acerca de las causas y las consecuencias del brote de la enfermedad conocida como "el mal de la vaca loca" en Europa a fines del siglo pasado. ¿Qué medidas se tomaron a partir de entonces? ¿Por qué se vieron afectados países de Europa en los que el ganado es alimentado con alimento balanceado y no la Argentina, donde el ganado suele pastar?

La desnaturalización de las proteínas

Las proteínas poseen una estructura tridimensional que depende, en gran parte, de interacciones que se dan entre distintos grupos de la misma molécula. Estas interacciones se pueden romper fácilmente por acción de agentes físicos, como el calor o la agitación, o bien con agentes químicos, como ácidos, bases, alcohol o una solución salina en altas concentraciones.

El objetivo de esta experiencia es visualizar la desnaturalización proteica utilizando materiales cotidianos, comparando la acción de distintos agentes desnaturalizantes y en distintas concentraciones.

Podrán utilizar como fuente de proteínas: claras de huevo y leche.

Como agentes para la desnaturalización pueden utilizar: vinagre, alcohol, limón, una solución de bicarbonato de sodio y una solución de sal de mesa.

• Para pensar y averiguar

Antes de hacer el experimento respondan a las siguientes preguntas:

1. Investiguen qué proteínas tienen la clara de huevo y la leche. ¿Son proteínas solubles?
2. ¿Cuáles de los agentes desnaturalizantes con los que van a trabajar modifican el pH o la acidez?
3. ¿Se les ocurre utilizar algún otro agente desnaturalizante?

• Diseño del experimento

1. En función de las fuentes proteicas y los agentes desnaturalizantes con los que cuentan, diseñen un experimento que les permita observar el efecto de los agentes sobre las proteínas. Piensen si van a trabajar con distintas dosis de los agentes desnaturalizantes, y cómo podrían hacerlo.
2. Diseñen tiempos del experimento y cantidad de repeticiones.
3. ¿Utilizarán alguna referencia para el experimento que muestre una situación sin cambios en las fuentes de proteínas?
4. Una vez que hayan contemplado lo que plantean los ítems anteriores, escriban el procedimiento a seguir y piensen cuáles serán los posibles resultados.
5. Muestren el diseño a su docente y, si él lo aprueba, lleven a cabo la experiencia.

• Análisis del experimento

1. ¿Creen que su experimento estuvo bien diseñado? ¿Por qué? ¿Modificarían algo para mejorarlo?
2. ¿Pudieron verificar sus hipótesis?
3. ¿Obtuvieron alguna diferencia con los distintos agentes desnaturalizantes?
4. En varios países "cocinan" el pescado y los mariscos únicamente sumergiéndolos en jugo de limón. ¿Qué creen que ocurre con las proteínas de estos alimentos en esos casos?
5. Elaboren un informe de laboratorio con los resultados y conclusiones obtenidos.

CONTENIDOS || METABOLISMO: CATABOLISMO Y ANABOLISMO | LAS ENZIMAS Y LAS COENZIMAS | LA FUNCIÓN DEL ATP | LA RESPIRACIÓN CELULAR: GLUCÓLISIS, CICLO DE KREBS, CADENA RESPIRATORIA Y FOSFORILACIÓN OXIDATIVA | FERMENTACIÓN LÁCTICA Y ALCOHÓLICA | FOTOSÍNTESIS: ETAPAS FOTOQUÍMICA Y BIOQUÍMICA | BALANCE ENTRE LA FOTOSÍNTESIS Y LA RESPIRACIÓN | METABOLISMO DE BIOMOLÉCULAS

8

LA OBTENCIÓN DE NUTRIENTES Y ENERGÍA

En todos los seres vivos ocurren procesos que involucran muchas reacciones químicas, todas ellas catalizadas por enzimas específicas. En conjunto reciben el nombre de metabolismo. La respiración celular, la fermentación y la fotosíntesis son algunos ejemplos de estos procesos, los cuales se estudiarán en profundidad a lo largo de este capítulo.

El metabolismo

Para preparar pizza casera se requiere, además de agua, sal y aceite, unos hongos microscópicos llamados levaduras. Las levaduras se mezclan primero con un poco de azúcar y agua tibia. Una vez hecha la masa, se la debe dejar reposar para que **leve**, es decir, para que aumente su volumen. El levado depende de un proceso que realizan las levaduras llamado **fermentación** y a partir del cual obtienen energía de la glucosa del azúcar. Como producto secundario de este proceso, las levaduras liberan el gas CO_2, lo que provoca que la masa se "hinche".

El amasado le da la temperatura ideal a la masa para que las levaduras realicen la fermentación.

La fermentación es uno de los muchos procesos que se llevan a cabo en los seres vivos. Algunos involucran la síntesis de moléculas, otros la obtención de energía y otros la transformación de un tipo de moléculas en otras. Estos procesos reciben, en conjunto, el nombre de **metabolismo**.

Los procesos metabólicos están conformados por un conjunto de reacciones químicas, estos conjuntos pueden ser lineales o cíclicos. En un conjunto lineal, el primer producto es sustrato de la segunda reacción, el segundo producto es reactivo de la tercera reacción, y así sucesivamente, en este caso, el producto final es distinto al sustrato inicial. En los procesos metabólicos cíclicos, el sustrato inicial es también el producto final.

Todas las reacciones químicas de las vías metabólicas son catalizadas por enzimas específicas. Algunos procesos metabólicos son exergónicos, mientras que otros son endergónicos.

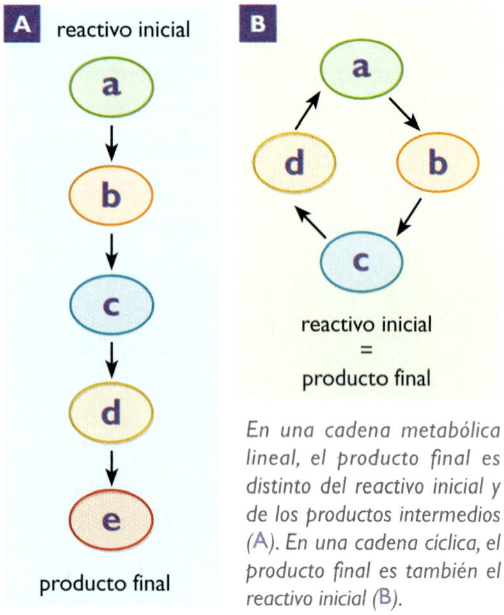

En una cadena metabólica lineal, el producto final es distinto del reactivo inicial y de los productos intermedios (A). En una cadena cíclica, el producto final es también el reactivo inicial (B).

Catabolismo y anabolismo

Los procesos metabólicos pueden dividirse en dos grandes grupos. Catabolismo y anabolismo. Pertenecen al **catabolismo** todos los procesos metabólicos que son exergónicos; mientras que el **anabolismo** agrupa a los procesos endergónicos. Por lo general, las reacciones de catabolismo son de **degradación**: parten de sustratos grandes y complejos, y generan como productos moléculas más pequeñas. Las reacciones anabólicas, en cambio, suelen ser de fabricación o **síntesis**: a partir de sustancias pequeñas, dan como resultado moléculas de mayor tamaño y complejidad.

El catabolismo y el anabolismo son procesos íntimamente relacionados. La energía y las moléculas simples que requieren los procesos anabólicos provienen de las reacciones catabólicas. El catabolismo, a su vez, puede usar como sustratos aquellas moléculas grandes fabricadas a partir del anabolismo. La energía producida en los procesos catabólicos es aprovechada también para cumplir con otras funciones, como la contracción muscular o la transmisión nerviosa.

Las reacciones de óxido-reducción en los procesos biológicos

Las reacciones **rédox** o de **óxido-reducción** se basan, fundamentalmente, en un intercambio de electrones que se da entre los sustratos; el que los cede se oxida, y el que los toma se reduce. La oxidación y la reducción están siempre asociadas: si una sustancia se oxida, otra se reduce (ver página 160, Capítulo 10).

hierro + sulfato cúprico → sulfato ferroso + cobre

$$Fe + CuSO_4 \xrightarrow{2\,e^-} FeSO_4 + Cu$$

Si se coloca un clavo de hierro en una solución de sulfato cúprico, ocurre una reacción rédox. El hierro pierde dos electrones, se oxida y se convierte en ion ferroso, mientras que el ion cúprico toma esos electrones y se reduce.

Recibe el nombre de **agente oxidante** la sustancia que se reduce debido a que al reducirse implica la oxidación de otra. Con el mismo criterio, el **agente reductor** es aquel que se oxida, porque de este modo provoca la reducción de otra molécula. En el ejemplo anterior, el ion cúprico es el agente oxidante, y el hierro es el agente reductor. En este caso se trata de compuestos inorgánicos.

En los compuestos del carbono, además del intercambio de electrones, la oxidación y reducción también implican la incorporación o liberación de átomos de hidrógeno y/o de oxígeno. Cuando una sustancia incorpora átomos de oxígeno a su estructura y/o elimina átomos de hidrógeno, se oxida; mientras que, si ocurre lo contrario, se reduce.

Las reacciones de óxido-reducción son muy frecuentes en lo seres vivos, y forman parte tanto del catabolismo como del anabolismo.

A

$$CH_3-CH=CH-CH3 + H_2 \rightarrow CH_3-CH_2-CH_2-CH_3$$

B

$$CH_3-HC=O + \text{agente oxidante} \rightarrow CH_3-C(OH)=O$$

A. Un alqueno, al sufrir una reacción de hidrogenación, se reduce debido a que incorpora átomos de hidrógeno a su estructura. B. El grupo aldehído se oxida a ácido, que posee un átomo más de oxígeno.

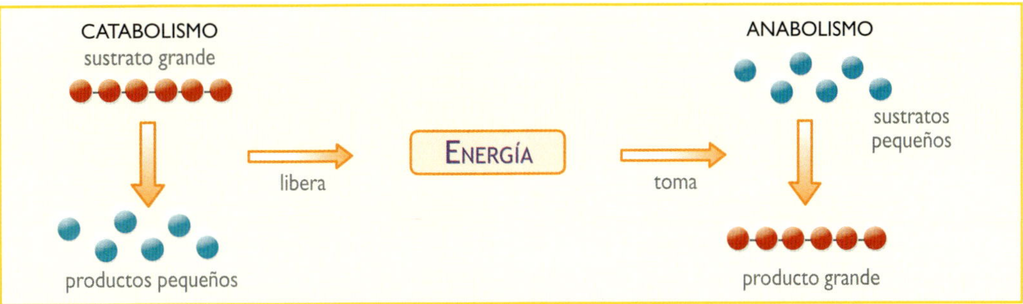

Las reacciones catabólicas liberan energía, y suelen ser de degradación, mientras que las anabólicas toman energía y, por lo general, son de síntesis.

La función de las enzimas en el metabolismo

La acción de las enzimas es fundamental en el metabolismo; si no existiera la catálisis enzimática, las reacciones ocurrirían a una velocidad tan baja que no sería compatible con la vida de ningún organismo. Las enzimas son propias de cada reacción porque reconocen de manera específica los sustratos que intervienen en la reacción. Esto es posible debido a interacciones intermoleculares entre ciertas zonas de la enzima y los sustratos. El nombre de cada enzima suele hacer referencia a la reacción que cataliza.

glucosa–6–fosfato $\xrightarrow[\textit{isomerasa}]{}$ fructosa–6–fosfato

La glucosa-6-fosfato se transforma en una fructosa-6-fosfato, que es un isómero de función. Por este motivo, la enzima que cataliza la reacción se llama isomerasa.

Tanto en las reacciones catabólicas como en las anabólicas, las enzimas reducen la energía de activación, lo que aumenta la velocidad de la reacción. En una reacción exergónica, los productos poseen menos energía que los sustratos; mientras que en las endergónicas, los productos tienen más energía que los sustratos.

En muchos caminos metabólicos, las enzimas están reguladas. Por ejemplo, en algunos casos el producto final, si se encuentra en concentraciones por encima de las necesarias, actúa como un inhibidor de alguna enzima de la vía de reacciones, se une a ella e impide que la enzima siga uniendo su sustrato. De esta manera, se detiene el proceso y deja de aumentar la concentración de producto.

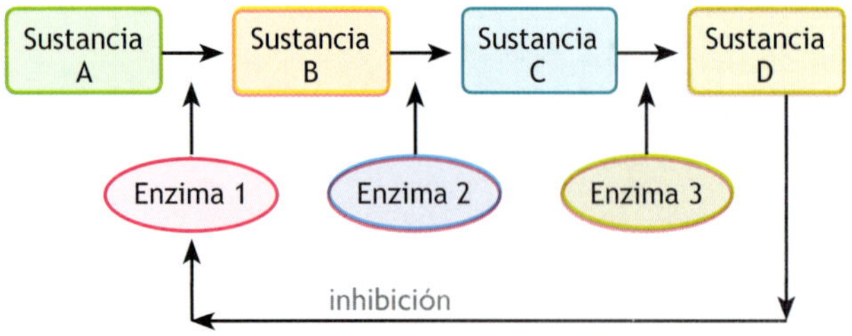

El producto final de una vía metabólica puede ser un inhibidor de una de las enzimas del proceso, por lo general de la primera, debido a que de avanzar el proceso se consumiría energía de manera innecesaria.

Las coenzimas

Las coenzimas son moléculas no proteicas que actúan en conjunto con las enzimas. El conjunto enzima-coenzima se conoce como **holoenzima.** Son fundamentales en gran cantidad de procesos metabólicos; muchas de ellas se unen a vitaminas que son necesarias para su funcionamiento.

Algunas coenzimas actúan como agentes oxidantes o reductores. Esto es lo que ocurre, por ejemplo, con el **NAD** (nicotinamida adenina dinucleótido), el **NADP** (nicotinamida adenina dinucleótido fosfato) y el **FAD** (flavín adenín dinucleótido), que son moléculas conformadas por nucleótidos que participan en procesos vitales, como la respiración celular y la fotosíntesis.

sustancia reducida →	sustancia oxidada
NAD^+	$NADH + H^+$
coenzima oxidada	coenzima reducida

ACCIÓN COMO AGENTE OXIDANTE

sustancia oxidada →	sustancia reducida
$NADH + H^+$	NAD^+
coenzima reducida	coenzima oxidada

ACCIÓN COMO AGENTE REDUCTOR

La coenzima, en forma de NAD^+, puede reducirse al actuar como agente oxidante. El $NADH + H^+$ es la forma reducida de la coenzima, y puede oxidarse y actuar como agente reductor.

EL NAD Y EL COA

La coenzima NAD está formada por una molécula de vitamina B_3 o niacina y un nucleótido de ADP (adenosín difosfato). Otra coenzima muy importante en el metabolismo es la coenzima A o CoA, que transfiere grupos de dos átomos de carbono o acetilo. Participa en la respiración celular y en la síntesis de lípidos. Está formada por la vitamina B_5 o ácido pantoténico, un nucleótido de ADP y un aminoácido (cisteína). El mecanismo de acción de la CoA es el responsable de que los ácidos grasos tengan carbonos en un número par.

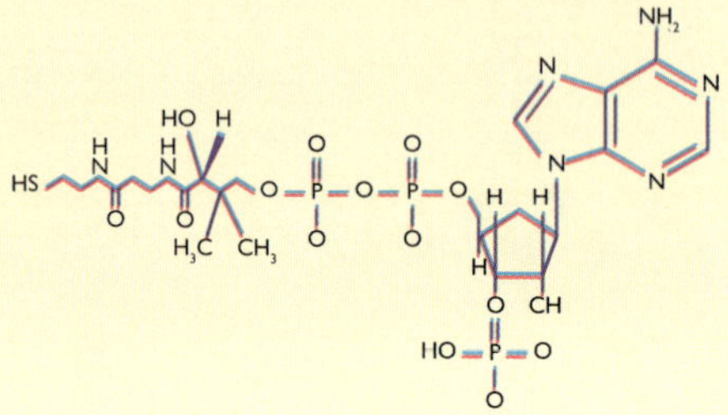

La energía en el metabolismo: la función del ATP

Las moléculas tienen energía latente en sus enlaces. Esta energía se denomina **energía química**.

Los procesos catabólicos, que son de ruptura y degradación, liberan parte de esa energía. Por el contrario, la formación o síntesis de moléculas grandes requiere energía que quedará acumulada.

Debido a su estructura, las moléculas de ATP (adenosín trifosfato) son imprescindibles en el metabolismo porque son moléculas que almacenan energía que está disponible rápidamente para cualquier proceso.

Los enlaces entre los grupos fosfato del ATP provienen, en parte, de la energía liberada por el catabolismo; y de la ruptura de estos se obtiene la energía necesaria para los procesos de anabolismo.

La ruptura de los enlaces de los grupos fosfato del ATP no solo aporta la energía necesaria para el anabolismo, sino que además es la fuente directa de energía de todos los mecanismos endergónicos, como la contracción muscular, el movimiento de estructuras celulares como cilias y flagelos, y algunos transportes de sustancias a través de la membrana celular.

Además del ATP, existen otras "monedas" energéticas que se utilizan en otras vías metabólicas, como el CTP (citosín trifosfato), UTP (uracil trifosfato), GTP (guanosín trifosfato) y el TTP (timidín trifosfato), entre otros.

El metabolismo y la transformación de la energía

La energía no se puede fabricar ni destruir, pero puede pasar de una forma a otra (es decir, transformarse), o pasar de un cuerpo a otro (o sea, transferirse). En todo proceso metabólico hay transformaciones y transferencias de energía. En ellos, una parte de la energía siempre se transforma en una forma no recuperable, como por ejemplo, la energía térmica, que se disipa en forma de calor. Es por eso que para que, se lleve a cabo una reacción endergónica, no es suficiente con la energía de una reacción exergónica que libere la misma cantidad de energía debido a que no toda la energía liberada forma parte de los enlaces del ATP. Es por este motivo que los seres vivos deben incorporar energía continuamente para sobrevivir y realizar sus funciones.

Los seres vivos deben incoporar energía del medio para llevar a cabo sus funciones.

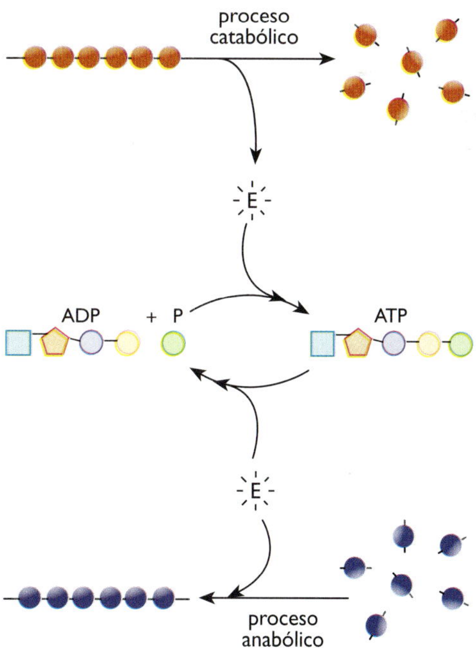

Cuando los procesos catabólicos liberan energía, esta es utilizada para generar una unión entre un grupo fosfato y una molécula de ADP, con lo que se genera ATP. La ruptura de la unión del grupo fosfato del ATP libera energía, que puede ser utilizada por los procesos anabólicos.

El catabolismo y los mecanismos de obtención de energía

A partir de los procesos catabólicos se obtiene energía. En ellos se rompen moléculas y la energía liberada se almacena en forma de ATP. Dos de los procesos catabólicos más importantes son: la respiración celular y la fermentación.

La **respiración celular** puede ser aeróbica o anaeróbica, ya sea si ocurre en presencia o en ausencia de oxígeno; en cambio, la fermentación siempre es anaeróbica. Algunos organismos obtienen energía exclusivamente por respiración, otros realizan solamente fermentación y algunos llevan a cabo los dos procesos. En ambos casos, el sustrato inicial suele ser glucosa y las reacciones que se producen a partir de ella son oxidaciones. Por este motivo participa del proceso la coenzima NAD en su forma oxidada (NAD^+), que se reduce y actúa como agente oxidante. La respiración a partir de glucosa y la fermentación tienen en común un conjunto de reacciones llamado glucólisis.

La respiración celular aeróbica ocurre en presencia de oxígeno y consta, además de la glucólisis, de dos procesos más: el ciclo de Krebs y la cadena respiratoria asociada a la fosforilación oxidativa.

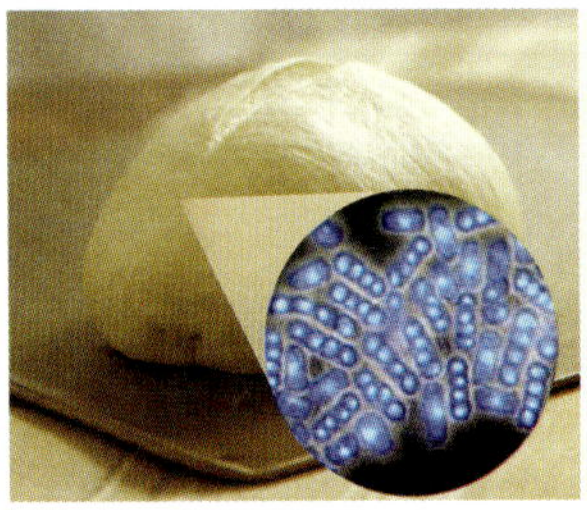

Las levaduras son hongos unicelulares que tienen la capacidad de realizar dos mecanismos de acuerdo con la disponibilidad de oxígeno: efectúan respiración en presencia de oxígeno y fermentación en su ausencia.

Glucólisis

La **glucólisis** ocurre en el citoplasma de las células y consta de una serie de reacciones catalizadas por enzimas específicas. El sustrato inicial es la glucosa, y el producto final son dos moléculas de ácido pirúvico, de tres átomos de carbono cada una. La glucólisis puede dividirse en dos partes. En la primera, la energía de dos moléculas de ATP activa cada molécula de glucosa, que se rompe y forma dos moléculas de gliceraldehído 3-fosfato, de tres átomos de carbono cada una. En la segunda etapa, ocurren oxidaciones gracias a la reducción de dos moléculas de NAD^+ a NADH. En esta etapa, por cada molécula de glucosa que entró en glucólisis se libera energía que se acumula en cuatro moléculas de ATP. Al final de todo el proceso, se obtienen dos moléculas de ácido pirúvico, dos moléculas de NADH, y una ganancia neta de dos moléculas de ATP (porque se producen cuatro y se consumen dos) por cada molécula de glucosa.

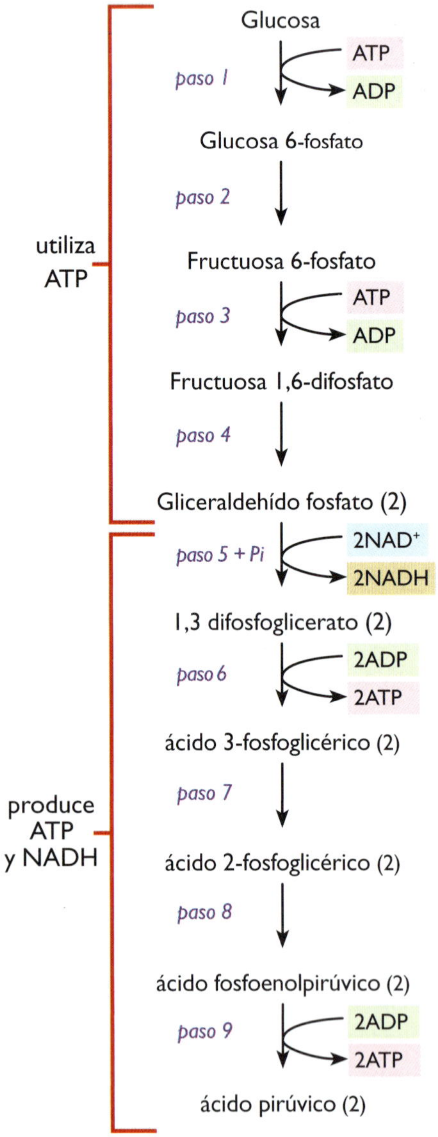

La glucólisis es una vía metabólica lineal formada por nueve reacciones.

El ciclo de Krebs

La segunda parte de la respiración es el ciclo de Krebs y, como su nombre lo indica, constituye una vía cíclica. En las células eucariotas ocurre dentro de las mitocondrias, más precisamente en la matriz mitocondrial. En las células procariotas que realizan respiración aeróbica ocurre en el citoplasma, al igual que la glucólisis.

Las moléculas de ácido pirúvico obtenidas al finalizar la glucólisis ingresan a la mitocondria, se rompen y liberan una molécula de dióxido de carbono cada una. Además, por cada ácido pirúvico ocurre una oxidación, por lo que una molécula de NAD^+ se reduce a NADH. Por cada dos moléculas de ácido pirúvico se producen 2 CO_2 y 2 NADH, y se obtienen como productos dos grupos acetilos, que se unen covalentemente a la coenzima A (CoA), para formar el acetil CoA.

Los dos acetil CoA generados ingresan, de a uno, al ciclo de Krebs. En la primera reacción, el grupo acetilo, de dos átomos de carbono, se separa de la CoA y se une al sustrato inicial del ciclo, llamado oxalacetato, que tiene cuatro átomos de carbono, así se genera el ácido cítrico. A continuación, ocurren siete reacciones en las que en total se liberan dos moléculas de CO_2, se reducen tres NAD^+ y un FAD, se genera una molécula de GTP, y se obtiene como producto final el oxalacetato, que es el sustrato inicial de la vía.

Para dos ácidos pirúvicos provenientes de una glucosa, el rendimiento energético final del ciclo de Krebs es únicamente dos moléculas de GTP. En esta parte de la respiración se forman fundamentalmente coenzimas reducidas: 8 NADH y 2 $FADH_2$, y se liberan seis moléculas de CO_2.

Si bien el sustrato inicial más común de la respiración celular es la glucosa, las células pueden usar otras moléculas que no sufren glucólisis, sino que se incorporan al proceso durante el ciclo de Krebs a nivel del acetil CoA, es el caso de los ácidos grasos y muchos aminoácidos. Otros aminoácidos son transformados en oxalacetato o ácido pirúvico, e ingresan al ciclo en esos niveles.

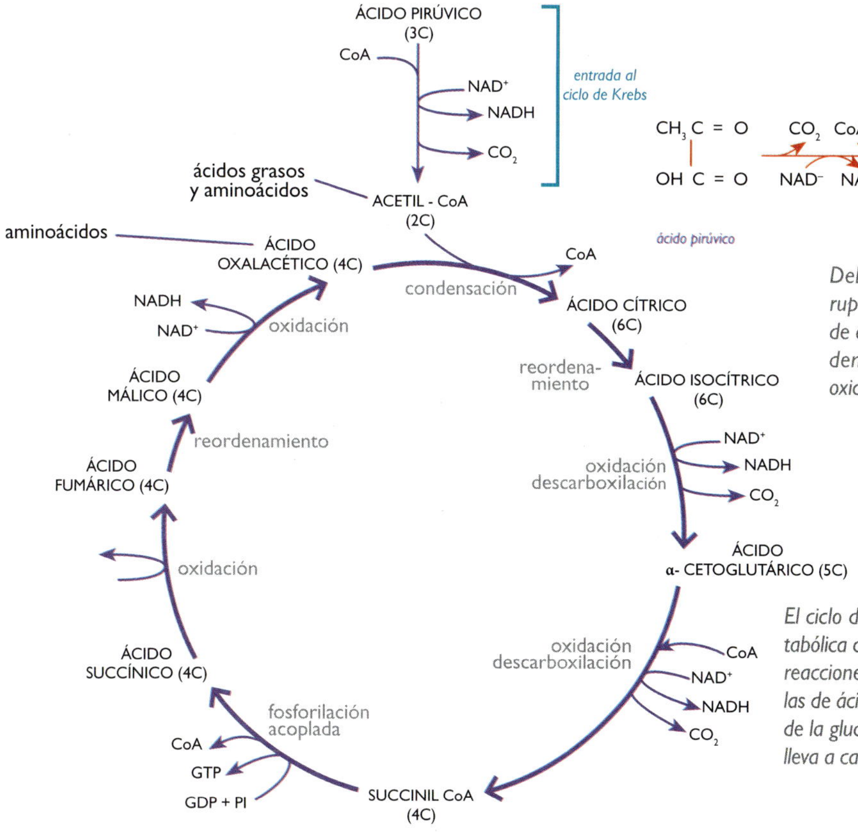

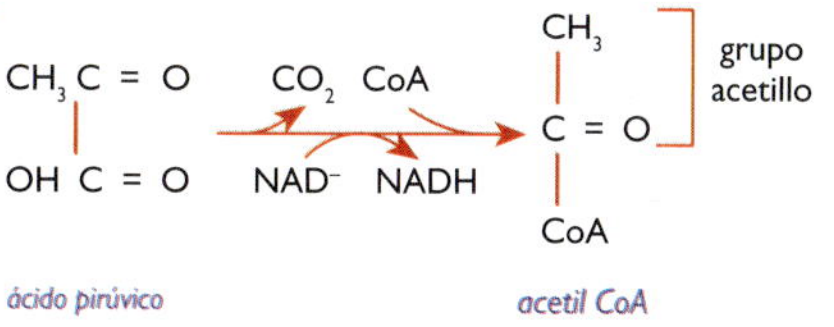

Debido a la formación por ruptura de CO_2 y al proceso de oxidación, esta reacción se denomina descarboxilación oxidativa.

El ciclo de Krebs es una vía metabólica cíclica formada por ocho reacciones. Para las dos moléculas de ácido pirúvico provenientes de la glucólisis de una glucosa, se lleva a cabo dos veces.

La cadena respiratoria y la fosforilación oxidativa

La última etapa de la respiración aeróbica consta de dos procesos asociados: la cadena respiratoria y la fosforilación oxidativa. Estas ocurren en las crestas mitocondriales de las células eucariotas y en la membrana plasmática de las células procariotas.

La **cadena respiratoria** es una sucesión de reacciones de óxido-reducción. Los sustratos iniciales son las coenzimas reducidas NADH y $FADH_2$, que ceden sus electrones y vuelven a su forma oxidada de NAD^+ y FAD. Estos son tomados y liberados sucesivamente por cuatro complejos proteínicos (I, II, III y IV) y otras proteínas de la membrana. Finalmente llegan a la molécula de oxígeno, que actúa como último aceptor de los electrones, y se reduce. A su vez, cada átomo de oxígeno toma también iones hidrógeno y da origen a una molécula de agua.

La cadena respiratoria está asociada a la síntesis de ATP mediante el proceso de **fosforilación oxidativa**, llevado a cabo por la proteína ATP sintetasa, ubicada también en las crestas mitocondriales (y en la la membrana de células procariotas).

La coenzima NADH entrega sus electrones al primer complejo proteínico, mientras que la coenzima $FADH_2$ se los entrega al segundo complejo.

El pasaje de electrones a través de la cadena respiratoria les brinda energía a ciertas proteínas de la membrana mitocondrial que trasladan protones fuera de la matriz al espacio intermembrana (o al exterior de las células procariotas). La acumulación de estos protones almacena energía potencial. Los protones pueden volver a entrar solo a través de la proteína ATP sintetasa que aprovecha la energía acumulada en ellos para fosforilar ADP y producir ATP. Así, por cada NADH se generan tres moléculas de ATP, y por cada $FADH_2$ se producen solo dos moléculas de ATP. Si se considera el rendimiento de todo el proceso de respiración: se observa que se oxidan 10 NADH y 2 $FADH_2$, provenientes de la glucólisis y del ciclo de Krebs, y se generan 34 ATP.

La respiración anaeróbica

La respiración celular anaeróbica es realizada por algunos grupos de bacterias. El proceso es similar al de la respiración aeróbica, pero se diferencia en que se utiliza una molécula distinta del oxígeno como último aceptor de electrones en la cadena respiratoria. En algunos casos, el último aceptor puede ser una molécula orgánica, pero en la mayoría se trata de una sustancia inorgánica, como el azufre (S), el nitrato (NO_3^-), el sulfato (SO_4^{-2}) y el dióxido de carbono (CO_2).

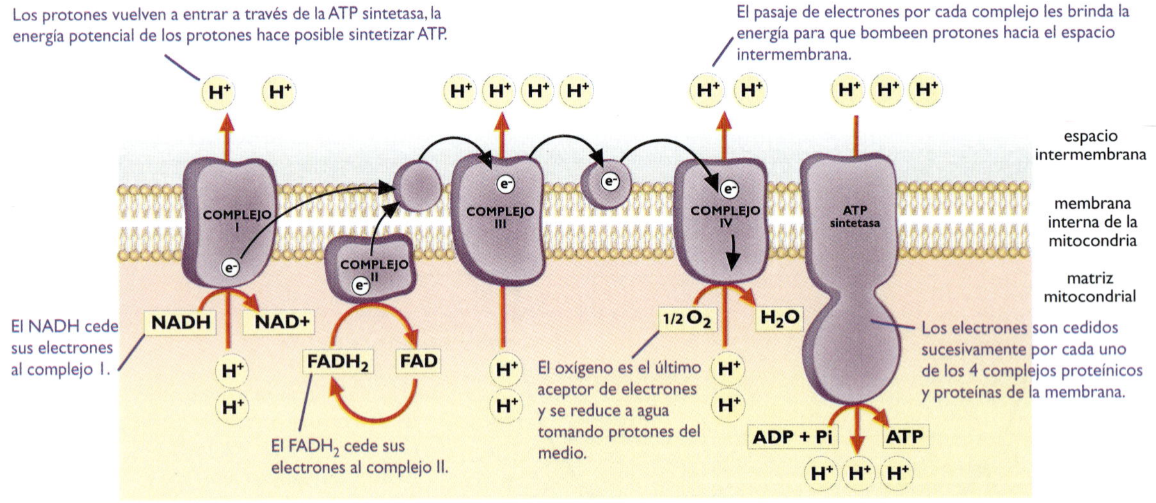

En la cadena respiratoria, los electrones son transportados a través de complejos y sustancias en la membrana hasta llegar al oxígeno. Paralelamente se activa la ATP sintetasa, que fabrica ATP y acumula la energía liberada en forma de energía química.

La fermentación

La fermentación es un proceso oxidativo que genera ATP. Aunque se realiza en ausencia de oxígeno, difiere de la respiración anaeróbica debido a que no hay cadena de electrones. Además, su rendimiento energético es menor. Es realizada por diversos tipos de células y organismos, como algunos grupos de bacterias, algunos hongos e incluso nuestras células musculares. En algunos casos, constituye el único mecanismo para obtener energía; en otros, como en el tejido muscular, es una alternativa cuando el oxígeno no es suficiente para la respiración.

La fermentación tiene solo dos partes y ambas tienen lugar en el citoplasma. La primera es la glucólisis. La segunda parte es la reoxidación del NADH, que puede ocurrir por dos vías: láctica (o ácida) y alcohólica.

La fermentación láctica

Las moléculas de ácido pirúvico que se generan en la glucólisis, en la segunda parte de la fermentación, son reducidas a ácido láctico. A esta reacción se acopla la oxidación de NADH a NAD^+.

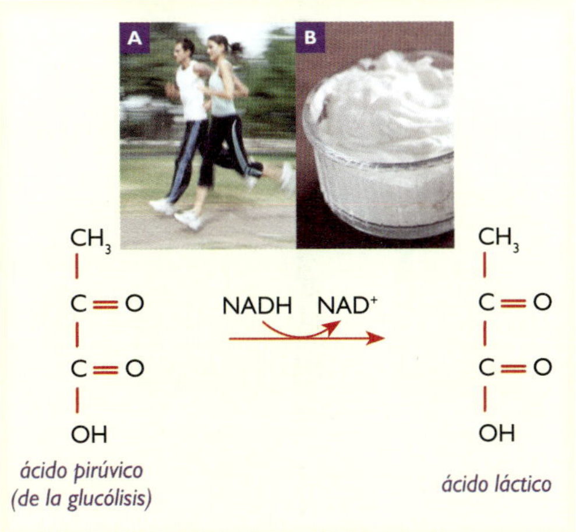

A. Durante un ejercicio intenso puede suceder que la cantidad de oxígeno que llega a las células musculares no sea suficiente. En ese caso, estas realizan fermentación láctica. El ácido láctico acumulado puede provocar dolor y sensación de entumecimiento en los músculos. B. Ciertas bacterias presentes en la leche realizan fermentación láctica y dan lugar a la formación del yogur.

La fermentación alcohólica

El ácido pirúvico producto de la glucólisis puede reducirse mediante otro proceso llamado fermentación alcohólica. Primero se descarboxila y libera una molécula de dióxido de carbono, así se transforma en acetaldehído. Este último se reduce luego a etanol y oxida NADH a NAD^+.

Fermentación alcohólica

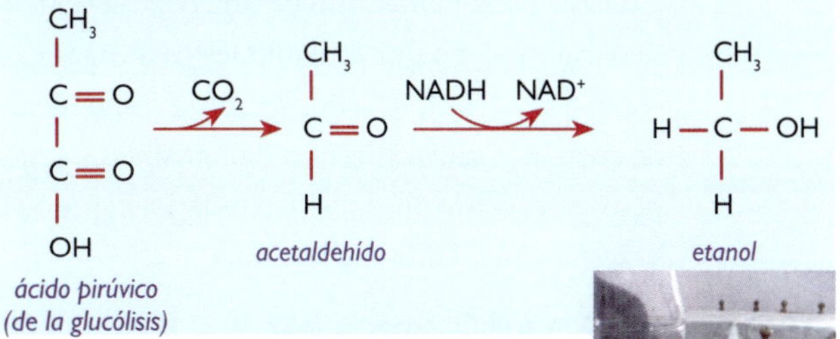

La fermentación alcohólica es realizada por algunas bacterias y hongos, como las levaduras o mohos. La chicha es una bebida alcohólica producida desde épocas prehispánicas por los pueblos andinos. Se realiza a base de maíz, que sufre fermentación alcohólica por parte de microorganismos.

Rendimiento energético de la respiración y la fermentación

En la respiración celular, la glucosa se oxida por completo, se producen 38 ATP (o GTP equivalentes): 2 generadas en la glucólisis, 2 producidas en el ciclo de Krebs y 34, en la fosforilación oxidativa. En la fermentación, la glucosa se oxida parcialmente y solo se producen 2 ATP de la glucólisis.

Respiración

$$\underset{\text{glucosa}}{C_6H_{12}O_6} + 6\,O_2 + 38\,ADP + 38\,Pi(*) \rightarrow 6\,CO_2 + 6\,H_2O + 38\,ATP$$

Fermentación láctica

$$\underset{\text{glucosa}}{C_6H_{12}O_6} + 2\,ADP + 2\,Pi(*) \rightarrow \underset{\text{ác. láctico}}{2\,C_3H_6O_3} + 2\,ATP$$

Fermentación alcohólica

$$\underset{\text{glucosa}}{C_6H_{12}O_6} + 2\,ADP + 2\,Pi(*) \rightarrow \underset{\text{etanol}}{2\,C_2H_6O} + 2\,CO_2 + 2\,ATP$$

(*) Grupo fosfato inorgánico.

El anabolismo y la síntesis de moléculas

Los procesos anabólicos utilizan la energía contenida en el ATP que se produce en las reacciones catabólicas, en la síntesis de compuestos complejos. Las síntesis de hidratos de carbono, lípidos, proteínas y ácidos nucleicos son procesos anabólicos. La **fotosíntesis** es un proceso anabólico que efectúan solo los organismos fotoautótrofos, como las plantas, las algas y algunas bacterias. Consiste en la fabricación de una hexosa (glucosa o fructosa) a partir de compuestos inorgánicos como CO_2 y H_2O, en la que se utiliza como fuente de energía la radiación solar. La fotosíntesis genera oxígeno como producto secundario. El proceso se resume mediante la ecuación:

$$6\ CO_2 + 6\ H_2O + \text{energía solar} \rightarrow \underset{\text{glucosa o fructosa}}{C_6H_{12}O_6} + 6\ O_2$$

Al igual que la respiración, se trata de un proceso conformado por reacciones rédox, pero en este caso la coenzima que interviene es el NADP. Se divide en dos etapas: la fotoquímica y la bioquímica. En las células eucariotas, ambas etapas ocurren en los cloroplastos. En las procariotas que la realizan, ocurren en la membrana.

La etapa fotoquímica de la fotosíntesis

En las células eucariotas, la etapa fotoquímica se desarrolla en los discos tilacoides de los cloroplastos. Al igual que la cadena respiratoria de la respiración celular, está constituida por una sucesión de reacciones rédox en las que se toman y liberan electrones, con la diferencia de que estas son activadas por la luz del sol. La radiación solar incide sobre dos complejos proteínicos: fotosistema I (FS I) y fotosistema II (FS II). Estos contienen un pigmento llamado clorofila, cuyos electrones se excitan al recibir la energía de un fotón de luz y se trasladan a través de otras proteínas de la membrana tilacoidal. El último aceptor es la coenzima NADP, que se reduce a NADPH, y en total se generan 12 moléculas de NADPH.

En esta etapa de la fotosíntesis, una molécula de agua se oxida a través de una reacción llamada fotólisis y cede electrones al fosistema II, como producto se obtiene una molécula de oxígeno.

La cadena de electrones en la etapa fotoquímica está también asociada a un proceso de fosforilación oxidativa en el que la proteína ATP sintetasa produce en total 16 ATP.

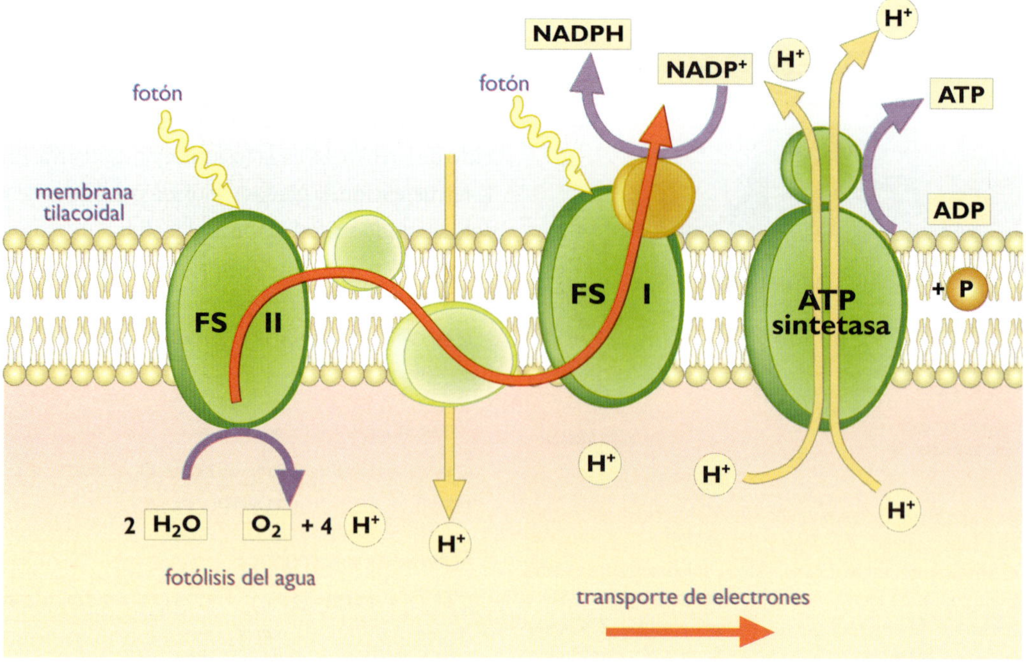

La etapa fotoquímica se basa en una cadena de electrones que desencadena la luz que incide sobre los fotosistemas. El NADP es el último aceptor de electrones. A su vez, el H_2O le entrega electrones al fotosistema II, por lo que se oxida a O_2.

La etapa bioquímica de la fotosíntesis

Durante esta segunda parte (que ocurre en el estroma del cloroplasto) se sintetiza glucosa a partir de CO_2. Como se trata de un proceso anabólico, requiere energía, que se obtiene de las moléculas de ATP producto de la etapa fotoquímica. Por ser un proceso reductivo, se usa el NADPH generado en la primera etapa como agente reductor.

El proceso se desarrolla a través de una vía metabólica cíclica, llamada **ciclo de Calvin**, que comienza con la unión de una molécula de CO_2 a una pentosa: la ribulosa 1,5-bifosfato. A este proceso se lo conoce como **fijación del carbono**. Así se genera un compuesto de seis átomos de carbono que rápidamente se divide en dos moléculas de tres átomos de carbono, llamadas ácido 3-fosfoglicérico. En las siguientes reacciones, esas moléculas se transforman y se reducen; cada seis vueltas del ciclo, es decir, mediante la fijación de seis moléculas de CO_2, se utilizan por completo las doce moléculas de NADPH y las dieciséis moléculas de ATP provenientes de la etapa fotoquímica, y se liberan dos moléculas de 3-fosfogliceraldehído, que luego pueden unirse y formar una molécula de glucosa o fructosa.

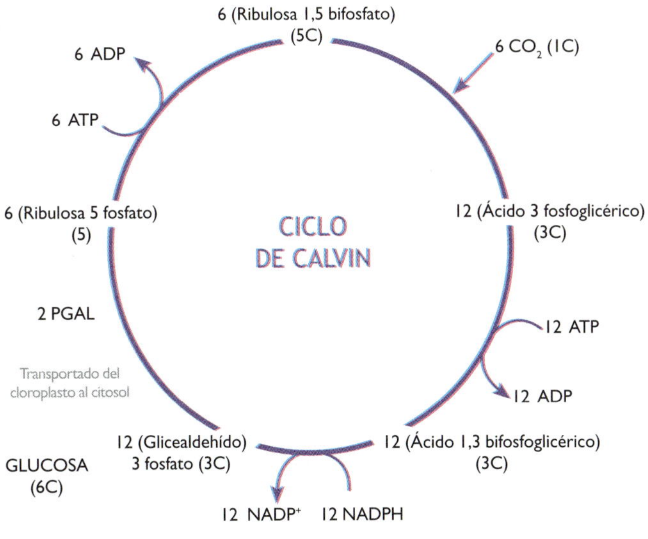

Durante el ciclo de Calvin se consumen todas las moléculas de ATP y de NADPH fabricadas en la etapa fotoquímica, y se genera una molécula de glucosa a partir de la incorporación de seis moléculas de dióxido de carbono a seis moléculas del primer sustrato del ciclo, llamado ribulosa 1,5 bifosfato.

Balance entre la fotosíntesis y la respiración

Si bien se produce ATP durante la primera parte de la fotosíntesis, este se utiliza para la síntesis de glucosa en la segunda. Por lo tanto, para obtener energía que puedan utilizar en sus funciones, los organismos fotosintetizadores, deben respirar. El sustrato de la respiración es la glucosa obtenida en la fotosíntesis, es el sustrato que se oxida.

La intensidad lumínica necesaria para que los moles de glucosa producidos en la fotosíntesis sean iguales a los consumidos en la respiración se llama **punto de compensación**. Si la intensidad estuviera siempre en ese punto, toda la glucosa producida sería consumida, así como todo el oxígeno liberado sería utilizado: los organismos fotosintetizadores no podrían crecer y no liberarían oxígeno al medio. Esto no sucede porque durante el día la intensidad de la luz supera el valor del punto de compensación, y la fotosíntesis ocurre en mayor proporción que la respiración; en balance, toman CO_2, liberan O_2 y fabrican glucosa a partir de la que sintetizan el resto de las moléculas. En cambio, durante la noche no fotosintetizan, por lo que solo está presente el proceso de respiración, en el que toman O_2, eliminan CO_2 y consumen moléculas de glucosa.

Durante la noche las plantas únicamente respiran, por lo que solo liberan CO_2, al igual que los animales.

LA ETAPA BIOQUÍMICA NO ES "OSCURA"

Antes se creía que la etapa bioquímica ocurría durante la noche, pero se ha demostrado que esta etapa tiene lugar durante el día. Muchas enzimas que participan en ella dependen indirectamente de la luz.

Acción de otros pigmentos en la fotosíntesis

En todos los organismos que realizan fotosíntesis, el compuesto que da inicio a la cadena de electrones en la etapa fotoquímica es la clorofila. En las plantas existen dos tipos de clorofila: la clorofila *a* y la *b*; y en las bacterias, un tipo llamado bacterioclorofila, también de tipos *a* y *b*. Las plantas se ven de color verde porque la clorofila absorbe la energía correspondiente a longitudes de onda cercanas al rojo, al amarillo y al naranja, y rechaza las que corresponden al verde.

Pero existen pigmentos accesorios capaces de captar radiaciones que la clorofila no puede absorber y que actúan como antenas que le transmiten su excitación. Las ficobilinas, por ejemplo, son pigmentos de color rojo que se encuentran en las algas rojas, y captan luz sobre todo de color verde. Otros ejemplos de pigmentos son las xantofilas, de color amarillento, y los carotenos, que son rojo anaranjados.

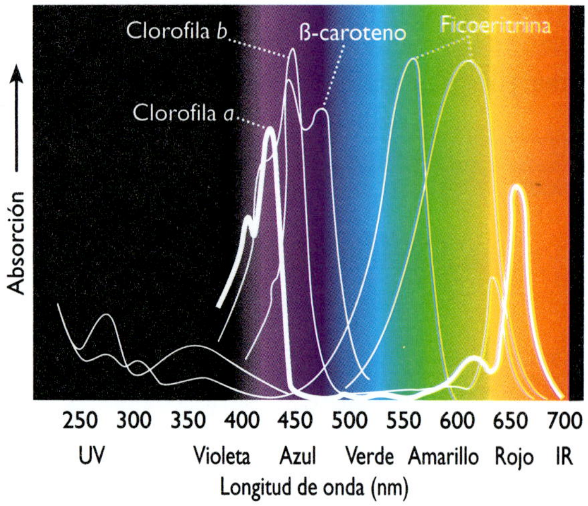

Espectro de absorción de distintos pigmentos fotosintéticos.

Las algas rojas contienen pigmentos accesorios de tipo ficobilinas que les dan color rojo, y absorben luz fundamentalmente de color verde, incapaz de ser captada por la clorofila.

La quimiosíntesis

Algunas bacterias autótrofas llevan a cabo un proceso de fijación del carbono y síntesis de monosacáridos que no utiliza la energía solar, sino que aprovecha la energía química liberada en una reacción química exergónica. Este mecanismo recibe el nombre de **quimiosíntesis**.

La quimiosíntesis consta de dos etapas similares a las de la fotosíntesis: una primera en la que se genera ATP y agentes reductores, por lo general en forma de NADH, y una segunda en la que se da la fijación del carbono o síntesis, utilizando el ATP y el NADH producidos en la fase anterior.

Las reacciones que proveen la energía para la primera parte son de oxidación, y generan una cadena de electrones, como sucede en la etapa fotoquímica, en la que el NAD^+ es el último aceptor. La mayoría de las sustancias que se oxidan son inorgánicas, y según su naturaleza permiten clasificar los organismos en:

- **Bacterias sulfurosas**: oxidan el ácido sulfhídrico (H_2S) a azufre (S).
- **Bacterias nitrificantes**: oxidan el amoníaco (NH_3) a nitritos (NO_2^-) y nitratos (NO_3^-).
- **Bacterias ferrosas**: oxidan el anión ferroso (Fe^{+2}) a anión férrico (Fe^{+3}).
- **Bacterias que oxidan hidrógeno**: oxidan el hidrógeno (H_2) a agua (H_2O).

La acción quimiosintética de las bacterias nitrificantes resulta muy beneficiosa para la agricultura porque aumenta la concentración de nitritos y nitratos en el suelo, imprescindibles para el crecimiento de las plantas.

Otras reacciones catabólicas y anabólicas: el metabolismo de biomoléculas

Todos los seres vivos metabolizan sus biomoléculas (hidratos de carbono, lípidos, proteínas y ácidos nucleicos), ya sea a través de procesos anabólicos o de síntesis, o a través de procesos catabólicos o degradativos. Los organismos autótrofos son capaces de fabricar todas ellas utilizando como sustratos iniciales los monosacáridos que construyen. En cambio, los organismos heterótrofos necesitan adquirir moléculas orgánicas con la incorporación de los alimentos, ya sea para obtener energía a través de la respiración celular o para obtener las sustancias necesarias para construir sus macromoléculas.

En el metabolismo de las biomoléculas, los procesos anabólicos reciben el nombre de síntesis o utilizan el sufijo *-génesis*, que quiere decir formación, mientras que los catabólicos reciben el nombre de hidrólisis o llevan el sufijo *-lisis*, que significa ruptura (ver tabla).

Existe una estrecha relación entre el catabolismo y el anabolismo. Los procesos degradativos o de lisis generan energía y moléculas pequeñas, que son utilizadas en los procesos de síntesis o génesis. A su vez, las macromoléculas generadas en el anabolismo pueden degradarse a través de procesos catabólicos (ver esquema).

Procesos anabólicos	Procesos catabólicos
Lipogénesis o síntesis de lípidos	Lipólisis: ruptura de lípidos
Glucogenogénesis: síntesis del glucógeno (un hidrato de carbono)	Glucogenólisis: ruptura del glucógeno
Gluconeogénesis: síntesis de glucosa	Glucólisis: ruptura de la glucosa
Síntesis de proteínas	Proteólisis: ruptura de proteínas
Síntesis de ácidos nucleicos	Hidrólisis de ácidos nucleicos

Tabla que muestra los procesos anabólicos y catabólicos más importantes.

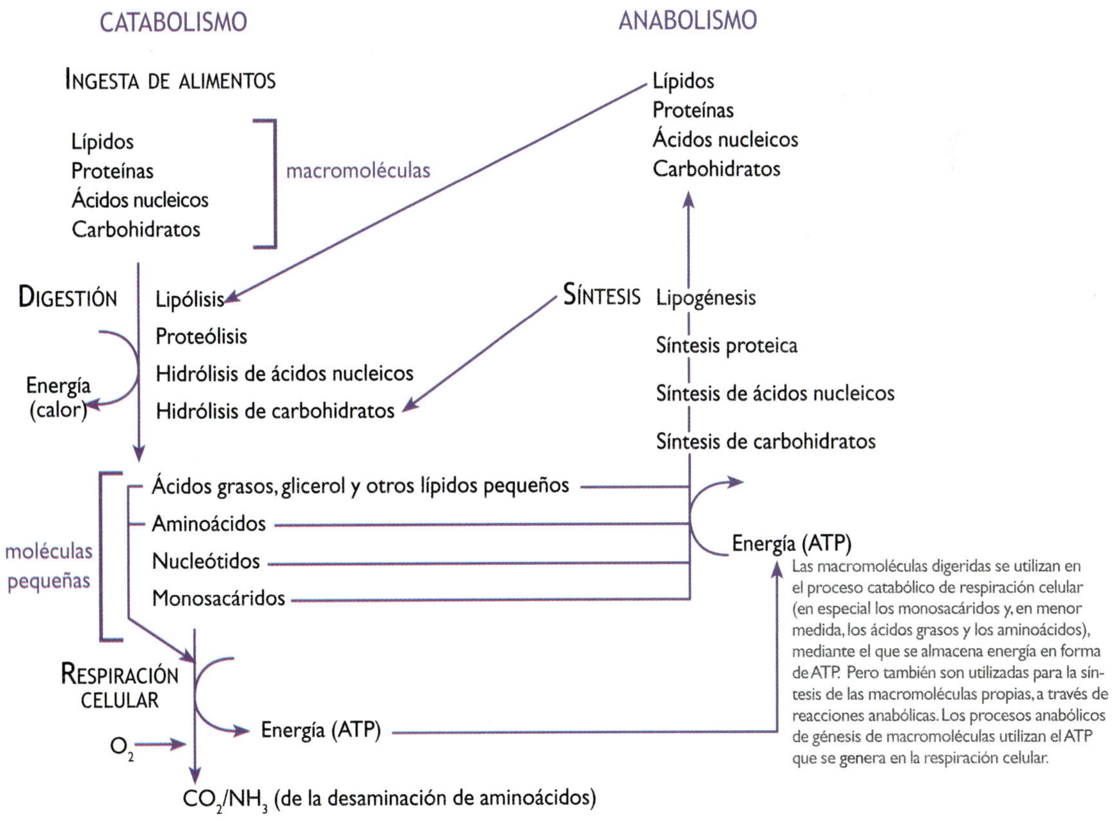

Relación entre las vías anabólicas y las catabólicas para un organismo heterótrofo.

Metabolismo de la glucosa

Aunque la glucosa es el sustrato más frecuente de la respiración celular, en su ausencia se puede utilizar derivados de lípidos y de aminoácidos, que ingresan al proceso durante el ciclo de Krebs. Sin embargo, las células de algunos tejidos, como los glóbulos rojos o las del cerebro, solo pueden utilizar glucosa. Por este motivo existen mecanismos que permiten fabricarla, como la **glucogenólisis** y la **gluconeogénesis**. En la primera, se degrada glucógeno y se liberan las moléculas de glucosa que lo conforman, y en la segunda, se fabrica glucosa a partir de aminoácidos o lípidos por una vía similar a la glucólisis, que ocurre en el sentido inverso. Estos procesos se realizan fundamentalmente en el hígado, y se desencadenan en situaciones de ejercicio excesivo o ayuno.

Metabolismo del glucógeno

Como se estudió en el Capítulo 6, el glucógeno es un polisacárido formado por la unión de muchas moléculas de glucosa. Se utiliza como reserva energética en los animales, y se acumula en el hígado y en las células musculares.

Cuando hay un exceso de glucosa en sangre proveniente de la alimentación, se utiliza este excedente en la síntesis de glucógeno a través del mecanismo anabólico de **glucogenogénesis**, primero en el músculo y luego en el hígado. Cuando baja el nivel de glucosa en sangre se rompe el glucógeno mediante **glucogenólisis**, y la glucosa resultante se libera a la sangre.

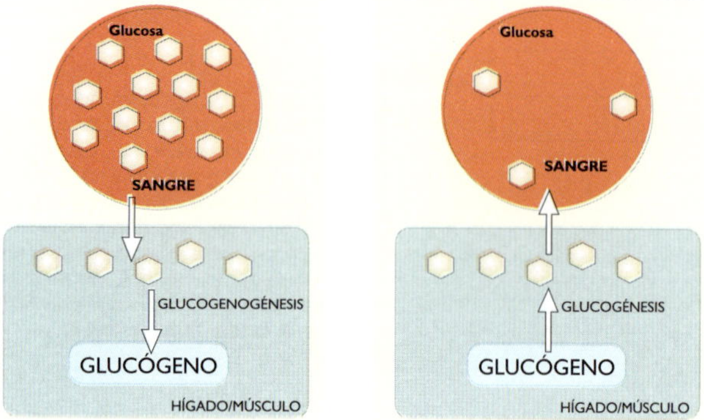

Glucogenogénesis y glucogenólisis.

Metabolismo de las grasas

Las grasas son lípidos que están formados por la unión de ácidos grasos y una molécula de glicerol. Se utilizan principalmente como reserva de energía, y se acumulan en un tipo particular de células llamadas **adipocitos**. El metabolismo de los lípidos responde también a las necesidades energéticas en el organismo. Cuando se consume toda la reserva de glucosa presente en el glucógeno, se rompen las grasas a través de un proceso catabólico de **lipólisis**, y luego se rompen y oxidan los ácidos grasos; así se obtiene acetil CoA, que ingresa al ciclo de Krebs. Cuando la cantidad de glucosa ingerida es excesiva, además de formarse glucógeno, se generan reservas en forma de grasas a través de un proceso anabólico.

El almacenamiento de fuentes de energía en forma de grasas presenta dos ventajas: como son insolubles en agua, ocupan menos espacio y pesan menos al no estar disueltas; por otro lado, cuando se oxidan los ácidos grasos se produce más ATP que utilizando glucosa.

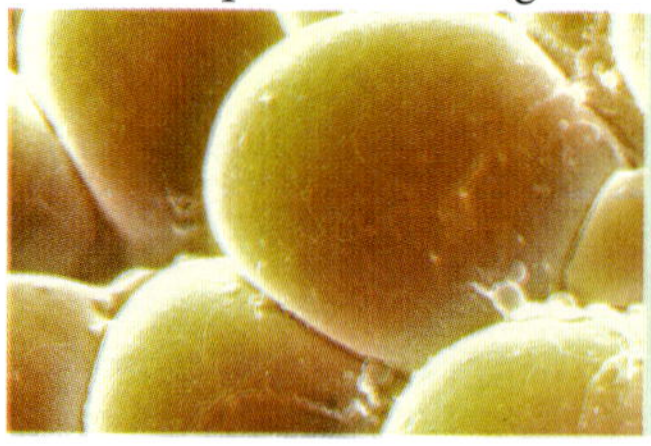

Micrografía del tejido adiposo en la que se pueden observar los adipocitos.

CIENCIA, TECNOLOGÍA Y SOCIEDAD

LUIS FEDERICO LELOIR Y EL METABOLISMO DEL GLUCÓGENO

Luis Federico Leloir (1906-1987) nació de manera circunstancial en París debido a un viaje que tuvieron que realizar sus padres argentinos cuando él estaba por nacer. Desde los 2 años vivió en la Argentina, donde realizó sus estudios y sus investigaciones sobre el metabolismo del glucógeno. Estos le valieron el Premio Nobel de Química en 1970. Leloir descubrió que en uno de los pasos de este proceso participa un nucleótido asociado a un azúcar, el UDP-glucosa.

1. Después de haber leído los temas de este capítulo, respondan a las siguientes preguntas:

- **a.** La digestión de las macromoléculas ingeridas en el alimento se da en el tracto digestivo. ¿Es una reacción endergónica o exergónica? ¿Es catabólica o anabólica?
- **b.** ¿Qué características de la molécula de ATP hacen que sea posible y ventajoso almacenar energía en ella?
- **c.** ¿En qué se diferencian las enzimas y las coenzimas?
- **d.** La respiración aeróbica y la fermentación son procesos en los que se oxida glucosa, ¿por qué son diferentes?
- **e.** ¿Por qué la fermentación tiene un rendimiento energético bajo?
- **f.** ¿Qué características tiene una vía metabólica cíclica? ¿Pueden dar algún ejemplo? ¿Cómo se llama, qué ocurre en ella y de qué proceso forma parte?

2. Indiquen si las siguientes afirmaciones son verdaderas o falsas. Justifiquen todas sus respuestas.

- **a.** La fotosíntesis es un proceso catabólico porque genera ATP.
- **b.** En las algas rojas, la fotosíntesis es efectuada únicamente a través de pigmentos rojos.
- **c.** El NAD^+ actúa como agente reductor en la respiración.
- **d.** El O_2 se reduce en la fermentación.
- **e.** El NADPH se comporta como agente reductor en la fotosíntesis.
- **f.** La glucólisis es una vía metabólica cíclica.
- **g.** La fosforilación oxidativa y la fotofosforilación dependen de un pasaje de electrones.

3. Indiquen si los siguientes ítems corresponden a la respiración aeróbica, respiración anaeróbica, fermentación y/o fotosíntesis (algunos de los ítems pueden corresponderse con más de un proceso).

- **a.** Parte se realiza en la mitocondria.
- **b.** Se oxida la glucosa.
- **c.** Se toma CO_2.
- **d.** Se desarrolla en los cloroplastos.
- **e.** Se utilizan coenzimas.
- **f.** Se genera la acumulación de protones de un lado de una membrana.
- **g.** Se desarrolla una cadena de electrones.
- **h.** Se produce CO_2.

4. Completen el siguiente cuadro comparativo.

	Respiración aeróbica	Respiración anaeróbica	Fermentación
Sustrato			
Agentes oxidantes			
Aceptor final de electrones			
Rendimiento energético			

5. Confeccionen un esquema similar al de la página 133:

- **a.** Para un organismo fotosintético.
- **b.** Para un organismo fermentador.

6. Expliquen el siguiente esquema. Indiquen también cuáles son procesos catabólicos y cuáles, anabólicos.

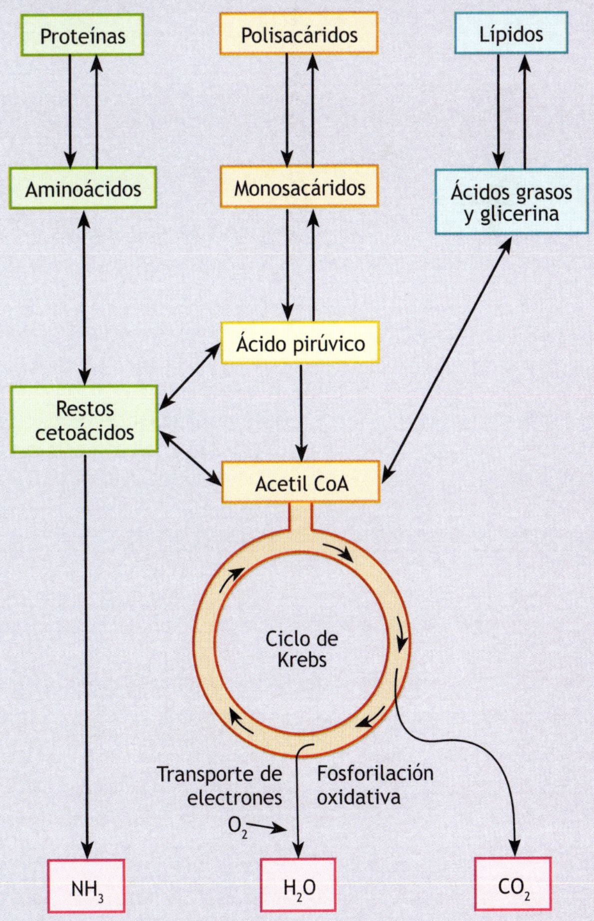

Intoxicación por metanol

Lean el siguiente texto extraído de una nota del diario ***El comercio*** de Ecuador, publicada el 22 de julio de 2011 a raíz de la intoxicación que sufrieron muchas personas por la presencia de metanol en ciertas bebidas alcohólicas.

"[...] Solo una pequeña taza de alcohol metílico o metanol puede ser mortal. Ingerir esta mezcla, que se obtiene del destilado en seco de la madera, puede causar daño hepático, falla renal aguda, afección al sistema nervioso (estado de coma) y daños irreversibles al humor acuoso (líquido transparente ubicado en la parte anterior del ojo), con ceguera que puede ser irreversible. Jorge Gaibor, director del Centro de Información Toxicológica de Guayaquil (Citox), explica que el alcohol metílico, dentro del organismo, se transforma en formaldehído y posteriormente en un elemento altamente tóxico, el ácido fórmico [...].

[...] El antídoto para casos de intoxicación es el alcohol etílico, que se obtiene de la fermentación de productos como la caña y otros vegetales y que se aplica en la producción de aguardiente artesanal. Este puede ser dado por vía oral o intravenosa.

Alberto Daccah, jefe del servicio de emergencia del hospital Luis Vernaza, detalló que el organismo produce la enzima alcohol deshidrogenasa. En los seres humanos, esta ayuda a eliminar alcoholes tóxicos. Por ello, a través de etanol, se trata de que el organismo de los intoxicados metabolice de mejor forma el tóxico ingerido [...] Hasta el mediodía de hoy, según reporte de la Dirección de Salud de la provincia, se registran 20 fallecidos y 114 personas atendidas con síntomas de intoxicación (dolor de cabeza, náuseas, vómito, dolor abdominal, dificultad para respirar y disminución de la visión)".

http://www.elcomercio.com
22 de julio de 2011

- **Preguntas para el análisis**
  1. ¿De dónde proviene el metanol con el que se adulteraron las bebidas alcohólicas? ¿Pueden afirmar que el metanol no proviene de la fermentación a partir de la cual se obtienen las bebidas? ¿Por qué?
  2. El metanol se convierte en primera instancia en formaldehído y luego en ácido fórmico (tanto uno como otro tienen un solo átomo de carbono). Esta vía metabólica es de oxidación. Para que estas reacciones de oxidación ocurran, participa una molécula que actúa también en la respiración celular. ¿Cuál creen que es y qué piensan que le ocurre?
  3. De acuerdo con su nombre, ¿cuál será la actividad de la enzima alcohol deshidrogenasa?
  4. La caña y los vegetales a partir de los que se prepara aguardiente artesanal, ¿realizan fermentación? ¿Quiénes realizan entonces la fermentación?

Verificación del balance fotosíntesis-respiración en plantas acuáticas

Las plantas acuáticas son organismos autótrofos que tienen la capacidad de realizar fotosíntesis en presencia de luz. La captación de la radiación solar se da gracias a la presencia de un pigmento verde llamado clorofila, que absorbe luz de su color complementario, principalmente el rojo. Durante este proceso, las plantas toman CO_2 atmosférico y liberan O_2. Estos organismos, además de fotosintetizar, realizan el proceso de respiración celular con el fin de obtener energía. Por el contrario, en este proceso toman O_2 y liberan CO_2.

El CO_2 es un gas que al disolverse en agua reacciona con ella y forma ácido carbónico a través de la reacción: $CO_2 + H_2O \rightarrow H_2CO_3$

Les proponemos diseñar una experiencia para poder analizar la relación entre la fotosíntesis y la respiración para una planta acuática en tres condiciones distintas:

a. En la máxima intensidad lumínica posible.
b. En baja intensidad, con poca o nula luz capaz de ser captada por el pigmento.
c. En oscuridad.

- **Para tener en cuenta**

• Las plantas acuáticas se pueden adquirir en un acuario, por ejemplo, las lentejas de agua (*Lemma minor*). Averigüen cuáles son sus características y piensen por qué son un modelo adecuado para utilizarlas en este experimento.

• Si arman los dispositivos experimentales en frascos, ¿cómo conseguirían cada condición? Pueden usar papel celofán como filtro, y recuerden cuáles son los colores que absorbe principalmente la clorofila.

• La liberación de CO_2 y su posterior disolución en el agua producirán ácido carbónico, el que pueden detectar utilizando unas gotas de jugo de repollo colorado porque cambiará de color violeta a rojo (ver página 204 del Capítulo 12).

- **Para diseñar el experimento**

1. Piensen cómo armarán los dispositivos de las tres condiciones.
2. Decidan tiempos para la experiencia y variables que medirán una vez que finalice.
3. ¿Es alguna de las condiciones la "natural"?
4. Una vez que hayan contemplado todo, escriban el protocolo del experimento y piensen cuáles serán los posibles resultados.
5. Por último, lleven a cabo la experiencia.

Lemma minor.

- **Preguntas para el análisis**

1. ¿Creen que su experimento estuvo bien diseñado? ¿Por qué? ¿Modificarían algo para mejorarlo?
2. ¿Pudieron verificar sus hipótesis? ¿En qué condición/es superó la respiración a la fotosíntesis?
3. ¿Obtuvieron alguna diferencia entre el dispositivo de baja intensidad y el de oscuridad total?

9
LA ALIMENTACIÓN HUMANA

Los seres humanos adquieren los nutrientes necesarios a través de la alimentación. Estos pueden ser inorgánicos, como el agua y los iones que forman las sales, o de origen biológico, como las vitaminas o las proteínas. El tipo y la cantidad de nutrientes que se incorporan a través de la dieta dependen de las características de los alimentos, y de las proporciones en que estos son consumidos. Una dieta carente de alguno de estos nutrientes puede provocar trastornos en la salud.

La alimentación y los nutrientes

Es frecuente encontrar en los envases de distintos productos, bebibles o comestibles, carteles que informan sobre la presencia de compuestos con alguna propiedad beneficiosa para nuestro organismo.

Algunos productos lácteos y harinas de trigo, por ejemplo, indican que tienen adicionado el sulfato ferroso, un compuesto que aporta hierro (un ion imprescindible para el transporte de oxígeno en la sangre).

Las leyendas presentes en las etiquetas también revelan la ausencia de alguna sustancia que, por el contrario, puede ser riesgosa; esto sucede con las grasas trans, cuyo consumo trae aparejado un mayor riesgo de enfermedades cardiovasculares. Por este motivo, muchos paquetes de galletitas indican en sus envases: "cero grasas trans".

Los alimentos que consumimos contienen muchas sustancias, entre las que se encuentran algunas que son fundamentales para nuestro organismo y reciben el nombre de nutrientes. Los nutrientes cumplen muchas funciones vitales, por ejemplo, se utilizan en la síntesis de biomoléculas, como proteínas o ácidos nucleicos, como fuente de energía, y además participan en la regulación de muchas reacciones. Todos los procesos en los que participan los nutrientes forman parte del metabolismo.

Alimentarse no es sinónimo de una buena adquisición de nutrientes. El ingreso de los nutrientes necesarios al cuerpo depende del tipo de alimentos que se ingieran y en qué proporciones. Muchos alimentos que ofrecen las cadenas de comida rápida contienen pocas sustancias nutritivas y aportan un contenido excesivo de grasa, sales y aditivos, lo que fomenta la generación de tejido graso y puede perjudicar la salud. Estos alimentos no deben ser la base de una dieta.

Los requerimientos nutricionales de un organismo dependen de distintos factores, como la edad y la actividad física. Durante la infancia resulta muy importante el consumo de algunos aminoácidos porque de ellos depende, entre otras cosas, el desarrollo del sistema nervioso. Asimismo, un deportista debe consumir alimentos con mayor contenido energético que una persona que realiza un trabajo sedentario.

La presencia de hierro o la ausencia de grasas trans en los alimentos son destacadas en los envases como herramienta publicitaria.

Los nutrientes

Se considera **nutriente** a toda sustancia que requiere un organismo para poder llevar a cabo sus procesos metabólicos. Se puede clasificar a los nutrientes de dos modos: de acuerdo con su naturaleza química y con la función que cumplen.

Según la primera clasificación, los nutrientes se agrupan en dos categorías: inorgánicos y orgánicos (de origen biológico). Los inorgánicos incluyen el agua y ciertos minerales. Los orgánicos están conformados, entre otros compuestos, por monosacáridos, aminoácidos, nucleótidos, ácidos grasos y vitaminas (que son un conjunto de compuestos de naturaleza química variada).

De acuerdo con la segunda clasificación, los nutrientes pueden dividirse en tres grupos: los que cumplen funciones regulatorias, los que cumplen funciones estructurales y los que cumplen funciones energéticas. Un mismo nutriente puede pertenecer a más de una de estas categorías, como sucede con los monosacáridos, que cumplen funciones energéticas y estructurales debido a que se utilizan como fuente de energía y para la síntesis de polisacáridos que forman parte de la estructura de muchas células.

Existe una tercera clasificación: algunos nutrientes deben ser adquiridos a través de la alimentación porque el organismo es incapaz de sintetizarlos. Por este motivo se llaman **esenciales**, estos son: los minerales, algunas vitaminas, ciertos ácidos grasos (como los poliinsaturados) y algunos aminoácidos. Los nutrientes no esenciales son los que puede sintetizar el organismo.

El agua, un nutriente imprescindible

El citoplasma de todas las células está formado por agua, y es allí donde ocurren las reacciones metabólicas. El agua se puede ingerir a partir de los alimentos líquidos y, en menor medida, de los alimentos sólidos.

El ser humano pierde diariamente más del 20% del agua del cuerpo y es necesario recuperarla. La orina y el sudor son algunas de las vías por las que se pierde agua. Estos son muy concentrados, si la ingesta de agua es insuficiente, o muy diluidos, si la ingesta es excesiva.

Como resultado de la respiración celular se produce agua que pasa al torrente sanguíneo, y parte de ella se elimina a través de los pulmones. El agua producto de la oxidación de nutrientes se llama **agua metabólica**.

Los camellos tienen en sus jorobas reservas de ácidos grasos que, al oxidarse, generan agua metabólica. Así, para estos animales del desierto, los lípidos son una reserva de agua.

UN NUTRIENTE ESPECIAL: EL OXÍGENO

La molécula de oxígeno es un nutriente inorgánico fundamental para la mayoría de los organismos actuales, debido a que es imprescindible para que estos lleven a cabo el proceso de respiración celular, con el que obtienen energía. Este nutriente, en el caso de los organismos heterótrofos, como los humanos, ingresa desde el aire a través del sistema respiratorio.

Los minerales

Los minerales son nutrientes esenciales que cumplen muchas funciones vitales. Algunos se requieren en gran cantidad y reciben el nombre de **macroelementos**; estos son: el calcio, el fósforo, el azufre, el potasio, el sodio, el magnesio y el cloro. Otros son necesarios en mucha menor proporción y se llaman **microelementos**, como el hierro, el manganeso, el iodo, el cobre, el cromo y el flúor.

Los minerales se obtienen fundamentalmente a través de los alimentos y de la sal de mesa. Por lo general, se encuentran en forma iónica, como cationes o aniones, y de este modo cumplen su función en el organismo.

CIENCIA, TECNOLOGÍA Y SOCIEDAD

SAL DE MESA IODADA

Según lo establecido por el Código Alimentario Argentino, el cloruro de sodio o sal de mesa debe tener un agregado de iodo. El iodo se encuentra en productos marinos, que no son consumidos por toda la población. El suministrarlo junto con la sal asegura que todos los individuos ingieran la cantidad mínima necesaria de dicho mineral.

Sal iodada.

	Elemento	Funciones	Alimentos en los que se encuentra
Macroelementos	CALCIO (Ca)	Es el más abundante en el organismo. Forma parte de la estructura de los huesos. Participa en la contracción muscular y en la coagulación.	Leche y derivados. 
	POTASIO (K)	Participa en la contracción del músculo cardíaco y en el balance del agua en el organismo.	Fruta y verduras frescas, legumbres y frutas secas.  
	MAGNESIO (Mg)	Actúa como regulador de la actividad de muchas enzimas.	Cacao, soja, frutas secas, avena, maíz y algunas verduras.  
	SODIO (Na)	Participa en la transmisión del impulso nervioso y en la regulación de la presión arterial y del volumen sanguíneo.	Principalmente en la sal de mesa. 
Microelementos	HIERRO (Fe)	Forma parte del grupo hemo de la proteína hemoglobina, encargada de transportar el oxígeno en la sangre.	Carnes rojas, hígado, yema de huevo, verduras verdes, cereales integrales.  
	YODO (I)	Forma parte de la hormona tiroidea, que regula la velocidad de muchos procesos metabólicos y determina el desarrollo del sistema nervioso en la infancia.	Mariscos y peces marinos. 
	FLÚOR (F)	Previene las caries y fortifica los huesos.	Té, pescado, espinaca.  

En este cuadro se muestran las funciones de algunos macro y microelementos, y en qué alimentos están presentes.

Los nutrientes orgánicos

Los nutrientes orgánicos provienen en su totalidad de los alimentos. Pueden ser agrupados de acuerdo con la biomolécula de la cual derivan. Los aminoácidos, los monosacáridos y los ácidos grasos son tres grupos distintos porque derivan de biomoléculas diferentes: en el primer caso, de las proteínas; en el segundo, de los polisacáridos y en el tercero, de las grasas y los aceites.

Las vitaminas

Las vitaminas constituyen un grupo de nutrientes orgánicos de naturaleza química diversa. Algunas son derivadas de nucleótidos; otras, de monosacáridos, y otras, de cierto tipo de lípidos, como el colesterol. Se las suele clasificar en dos grandes grupos: **hidrosolubles**, es decir, solubles en agua, y **liposolubles** o solubles en solventes no polares. Las hidrosolubles son nueve: la vitamina C y las ocho del complejo B (B_1, B_2, B_3, B_5, B_6, B_8, B_9 y B_{12}). Como se disuelven en la sangre, no se acumulan sino que se eliminan a través de la orina, y deben ser ingeridas continuamente. Las liposolubles son cuatro: A, E, D y K y, a diferencia de las anteriores, pueden almacenarse en el cuerpo.

Vitaminas hidrosolubles	Vitaminas liposolubles
B_1: participa en la regulación del metabolismo de los hidratos de carbono y en la transmisión nerviosa.	A: participa en el proceso de visión debido a que forma parte del pigmento ocular.
B_2: actúa como coenzima en el metabolismo de proteínas, hidratos de carbono y ácidos grasos.	D: participa en la regulación de la absorción del calcio.
B_3: forma parte de las coenzimas NAD, que participan en la respiración celular.	E: actúa como antioxidante.
B_5: forma parte de la coenzima A.	K: participa en la coagulación sanguínea.
B_9: actúa como coenzima en el metabolismo de aminoácidos y ácidos nucleicos.	
C: actúa en reacciones de óxido-reducción.	

Las vitaminas suelen ser coenzimas o formar parte de ellas, así regulan distintos procesos metabólicos. La mayoría son esenciales, con algunas excepciones, como la vitamina D, que es sintetizada en la piel gracias a la acción de la radiación solar, y las vitaminas K y algunas del complejo B, que se forman en pequeñas cantidades en la flora intestinal.

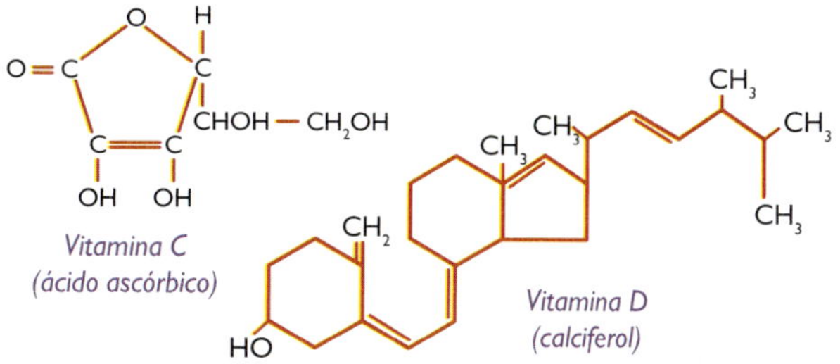

La vitamina C es hidrosoluble y deriva de un monosacárido; la vitamina D es liposoluble y proviene del colesterol.

Los nutrientes orgánicos y las funciones estructurales

Los nutrientes orgánicos son los que aportan las estructuras mínimas para la construcción de todas las moléculas de la vida que se estudiaron a lo largo de este bloque. La síntesis de dichas moléculas se da por la unión de las estructuras mínimas a través de reacciones endergónicas que pertenecen al anabolismo.

Estructuras mínimas	Biomoléculas que se forman a partir de ellas
Monosacáridos	Polisacáridos
Aminoácidos	Proteínas
Nucleótidos	Ácidos nucleicos
Ácidos grasos y glicerol	Grasas y aceites

En los alimentos, los nutrientes no se encuentran en forma de estructuras mínimas, como monosacáridos o aminoácidos, sino en forma de macromoléculas, como proteínas y polisacáridos. Durante el proceso digestivo, las moléculas grandes se degradan y se generan las moléculas pequeñas o mínimas, que ingresan a la sangre desde el intestino.

Los nutrientes orgánicos y las funciones energéticas

La respiración celular es el mecanismo mediante el cual todas las células de nuestro organismo obtienen energía a partir de la degradación de ciertos nutrientes orgánicos. Estos tienen energía química contenida en sus enlaces. Al romperse estos enlaces, la energía es liberada.

Los monosacáridos son los nutrientes que se utilizan mayoritariamente como sustratos de la respiración celular; en segunda instancia, los ácidos grasos, y en algunas condiciones extremas se degradan también los aminoácidos.

Los deportistas suelen comer pastas antes de realizar alguna actividad física porque estas, luego de ser digeridas, aportan glucosa que es oxidada en el proceso de respiración celular.

El contenido energético de los nutrientes

La energía se puede expresar en calorías (cal) o joules (J). Una caloría equivale a 4,18 joules. Cuando el valor de la energía es alto, suele utilizarse la kilocaloría (kcal), que equivale a 1 000 cal, y 1 kJ, equivale a 1 000 J. Las moléculas tienen un contenido energético que se suele expresar en kcal o KJ, e indica la energía química que estas liberarían al ser degradadas. Los lípidos son las moléculas de mayor contenido energético: un gramo de ellos aporta 9 kcal. Le siguen los hidratos de carbono y las proteínas, que liberan 4 kcal por gramo.

El contenido energético de los alimentos depende del tipo y la cantidad de compuestos presentes en ellos. Los alimentos ricos en lípidos, como el queso, la crema y los frutos secos poseen un valor calórico alto.

En las etiquetas de los alimentos se suele informar el contenido energético expresado en kcal y/o KJ.

LAS BEBIDAS ALCOHÓLICAS Y LA ENERGÍA

Las bebidas alcohólicas siempre contienen un porcentaje de etanol. El etanol es una molécula que puede ser utilizada como fuente de energía; de hecho, aporta 7 kcal por gramo. Sin embargo, estas bebidas no suelen aportar ningún otro tipo de nutriente (minerales, vitaminas, etc.), por lo que a su contenido energético se lo llama "calorías vacías".

Alimento	Contenido energético (kcal cada 100 g)	Proteínas	Hidratos de carbono	Lípidos *
Aceite de girasol	900	0 g	0 g	99,9 g
Pan blanco	233	7,8 g	49,7 g	1,7 g
Helado	209	3,9 g	21,3 g	11 g
Queso Emmental	377	29,4 g	0,2 g	28,8 g
Papas fritas (tipo chips)	533	7,8 g	49,3 g	35,9 g
Jugo de pomelo	37	0,4 g	8,7 g	0 g
Yogur natural	75	5 g	6,2 g	3,5 g
Lechuga	12	1 g	0,2 g	0,4 g

* *La suma de las masas no siempre da 100 g porque no se están especificando las cantidades de otros componentes.*

En la tabla se detalla el contenido energético de distintos alimentos, expresado como kcal cada 100 g, y se especifica la cantidad de proteínas, hidratos de carbono y lípidos que contienen. Nótese que los alimentos ricos en lípidos son los que poseen mayor contenido energético.

Alimentos ricos en distintos tipos de nutrientes

Si bien los nutrientes se obtienen a través de la alimentación, no todos los alimentos contienen todos los tipos de nutrientes. El conocimiento de los nutrientes que aportan los distintos tipos de alimentos permite la elaboración de una dieta equilibrada y completa.

- **Alimentos que contienen vitaminas**

Las vitaminas hidrosolubles se encuentran en gran porcentaje en las verduras y las frutas frescas, algunas también se hallan en la leche, en los huevos, en la carne y en ciertos cereales. Las liposolubles están en los alimentos con alto contenido lipídico, como semillas (nueces, avellanas, etc.), huevo, aceite de pescado, leche y también en algunas verduras de hojas verdes (brócoli, repollo y espinaca).

Fuentes de vitaminas hidrosolubles

Fuentes de vitaminas liposolubles

Alimentos que contienen vitaminas hidrosolubles y alimentos que contienen vitaminas liposolubles.

- **Alimentos con hidratos de carbono**

Por lo general, los hidratos de carbono se presentan como polisacáridos, como disacáridos o como monosacáridos. Es posible encontrarlos en alimentos de origen vegetal, como en el arroz, la papa y en las harinas (en forma de almidón), en la remolacha y la caña (en forma de sacarosa), y en ciertas frutas (en forma de fructosa). La leche y sus derivados son alimentos de origen animal, y contienen un disacárido llamado lactosa.

Los alimentos fabricados con harina contienen alta cantidad de almidón.

- **Alimentos que contienen lípidos**

Los lípidos se presentan tanto en alimentos de origen vegetal como animal. En el primer caso, se encuentran sobre todo en las semillas, como nueces, maníes, almendras, o en algunos frutos como las aceitunas y la palta. En el segundo caso, se encuentra en las carnes, en los huevos, y también en la leche y sus derivados.

Las paltas son una fuente de lípidos de origen vegetal. Los lípidos derivados de vegetales no contienen colesterol debido a que este es un lípido presente solo en los animales.

- **Alimentos que contienen proteínas**

Las proteínas están presentes en mayor cantidad en alimentos de origen animal, como las carnes, la leche y el huevo; aunque también se encuentran en algunos de origen vegetal, como las legumbres, la soja y la quinua.

Las proteínas completas o de alto valor biológico contienen todos los aminoácidos esenciales en cantidad suficiente y en las proporciones adecuadas. Esto no ocurre siempre, en especial con las proteínas de origen vegetal. Por este motivo, las personas vegetarianas deben procurar consumir más de una fuente proteica para asegurarse el suministro suficiente de aminoácidos esenciales.

La quinua es un cereal de la región andina que posee gran cantidad de aminoácidos esenciales.

Los minerales y el agua en los alimentos

Los minerales y el agua se encuentran en algunos alimentos, según el compuesto o elemento del que se trate. Por ejemplo, los lácteos poseen una alta cantidad de calcio, los pescados contienen yodo, las carnes rojas poseen hierro y la sal de mesa contiene sodio y cloro. Muchos alimentos sólidos tienen una gran cantidad de agua. Esto ocurre, por ejemplo, con la mayoría de las frutas, las verduras de hoja, los mariscos y los pescados.

Alimentación saludable

Para que una alimentación sea saludable debe estar conformada por una gran diversidad de alimentos que aporte todos los nutrientes necesarios y en las proporciones apropiadas. Además, debe tener un contenido energético adecuado a las necesidades de cada persona debido a que este varía según la edad, el sexo y la actividad física.

Grupos de edades	kcal/día	
	Masculino	Femenino
0-6 meses	570	520
7-11 meses	743	676
1 a 2 años	1 046	992
3 a 8	1 742	1 642
9 a 13	2 279	2 071
14 a 18	3 152	2 368
> 18	3 067	2 403

Cantidad de kilocalorías requeridas por día para individuos de actividad moderada, de acuerdo con la edad y el sexo.

De acuerdo con su composición y su contenido energético, las cantidades sugeridas para consumir de los distintos alimentos son las siguientes:

- Pastas, arroz, pan, papa, cereales (aportan hidratos de carbono que se usan como fuente de energía rápida): de 4 a 6 veces por día.
- Frutas, verduras y hortalizas (contienen minerales y vitaminas): de 2 a 3 veces por día.
- Aceite de oliva (contiene ácidos grasos esenciales): de 3 a 6 veces por día.
- Leche, yogur, queso (contienen calcio, proteínas, vitaminas): de 2 a 4 veces por día.
- Huevos (contienen proteínas y vitaminas): de 3 a 4 veces por semana.
- Legumbres (contienen proteínas, minerales y vitaminas): de 2 a 4 veces por semana.
- Carnes magras y aves (contienen proteínas): de 3 a 4 veces por semana.
- Pescados y mariscos (contienen proteínas, minerales y vitaminas): de 3 a 4 veces por semana.
- Grasas (margarina y manteca), productos de pastelería, embutidos, carnes grasas, helados (contienen gran contenido calórico): consumo moderado y ocasional.
- Agua: ocho vasos por día.

No obstante, una alimentación saludable no implica que un individuo tenga una buena salud. Para que esto suceda debe haber un equilibrio emocional y un buen vínculo con su entorno. Según la Organización Mundial de la Salud (OMS), "la salud es un estado de completo bienestar físico, mental y social, y no solamente la ausencia de afecciones o enfermedades".

Información nutricional de los alimentos

Según lo que establece el Código Alimentario Argentino, en las etiquetas y/o envases de los alimentos debe aparecer una tabla que contenga la información nutricional completa de estos. En ella debe figurar el contenido energético, la composición detallada y la cantidad presente de cada componente. Los valores suelen expresarse de acuerdo con una cantidad, en gramos o en mililitros, equivalente a una porción del alimento. A veces también se aclara el porcentaje que representan las cantidades de cada componente respecto de las dosis diarias recomendadas.

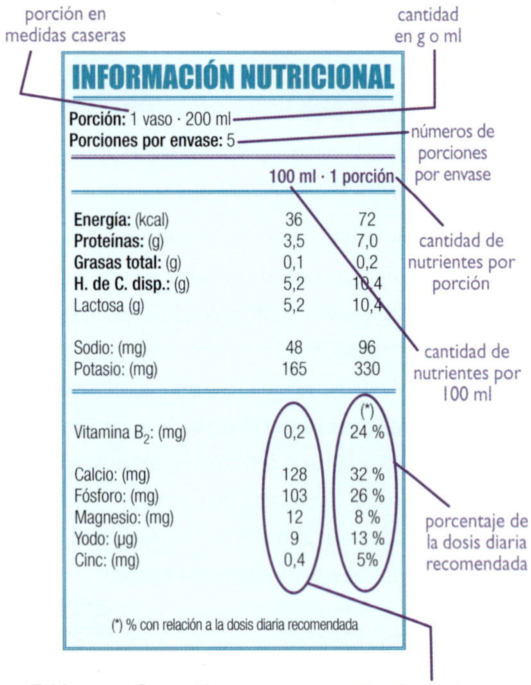

Tabla con información nutricional.

La conservación de los alimentos

El Código Alimentario Argentino establece que "un alimento alterado es el que por causas naturales de índole física, química y/o biológica, o derivadas de tratamientos tecnológicos inadecuados y/o deficientes, aisladas o combinadas, ha sufrido un deterioro en sus características organolépticas (que se perciben mediante los sentidos), en su composición intrínseca y/o en su valor nutritivo".

Los alimentos se modifican con el tiempo. Estas alteraciones se deben a procesos que ocurren en ellos, en muchos casos de índole químico, como la oxidación al contacto con el oxígeno atmosférico, o de índole biológico, como la descomposición provocada por microorganismos. Para evitar que ocurran estos cambios y/o para retrasarlos, existen formas para conservarlos.

La refrigeración y el congelamiento

La refrigeración y el congelamiento son las formas más conocidas y utilizadas de conservación de alimentos. La refrigeración se realiza entre los 2 y los 15 °C. El frío disminuye la velocidad de la actividad enzimática y la acción de los microorganismos. De este modo, se retrasan los procesos químicos y biológicos durante un tiempo, pero no más allá de los 5 ó 6 días. El congelamiento, en cambio, se lleva a cabo a una temperatura de hasta -30 °C, y mantiene casi nulas las actividades enzimática y bacteriana. El congelamiento puede provocar modificaciones en la calidad nutritiva de los alimentos, en especial de verduras de hoja y frutas, porque los cristales de hielo rompen algunas estructuras.

Se debe tener especial cuidado cuando se traen los alimentos congelados del supermercado; se deben llevar rápidamente al congelador doméstico para que no se pierda entonces la cadena de frío que impide la proliferación de microorganismos.

La pasteurización y la irradiación

La pasteurización es una técnica que se suele aplicar en líquidos, como la leche y los jugos de fruta. Se basa en el sometimiento de los alimentos a altas temperaturas, de modo que se muera la mayor parte de los microorganismos. El calentamiento se realiza durante poco tiempo y a temperaturas menores al punto de ebullición, de modo que se eliminen los gérmenes sin modificar las propiedades del producto.

La irradiación consiste en emitir radiaciones ionizantes sobre algunos alimentos durante un corto plazo. Por lo general, se realiza sobre especias, tubérculos (como la papa) y algunas frutas, como los cítricos (naranjas, limones, mandarinas, etcétera).

Tanto la pasteurización como la irradiación son métodos bactericidas debido a que matan a los microorganismos.

Otras formas de conservación

Otra forma de conservar los alimentos es mediante la desecación o deshidratación, es decir, mediante la eliminación del agua que contienen. Esto frena la acción de bacterias y hongos, lo que retrasa la descomposición. Esta técnica se realiza con frutos, como tomates, higos y damascos. En el caso de la deshidratación de la carne, además se le añade sal, la cual aumenta el poder bacteriostático. El añadido de sustancias ácidas, como el vinagre o el jugo de limón, también tiene actividad bacteriostática y puede utilizarse en la conservación de alimentos.

La técnica del "charqui" consiste en la conservación de la carne por desecación y salación.

Los aditivos alimentarios

Los aditivos alimentarios son sustancias que no constituyen en sí mismos alimentos ni aportan valor nutritivo, pero modifican algunas características y/o favorecen su elaboración y conservación.

Según el Código Alimentario Argentino, los aditivos deben ser inocuos, deben utilizarse en las cantidades mínimas necesarias y deben pertenecer a la lista de aditivos aprobados que figuran en el Código. Además deben preservar la calidad nutritiva de los alimentos, estabilizarlos y/o mejorar sus cualidades organolépticas; deben favorecer los procesos de fabricación o almacenamiento, sin enmascarar materias primas defectuosas o prácticas de fabricación inadecuadas.

Los aditivos se pueden clasificar de acuerdo con los fines con los que se los utiliza:

- **Acidulantes:** su función es modificar o regular el valor de la acidez de los alimentos. Un ejemplo es el ácido cítrico.
- **Antioxidantes:** son compuestos que se utilizan para impedir la oxidación de los alimentos debido a que son ellos quienes se oxidan. Un ejemplo es el ácido ascórbico o vitamina C.
- **Colorantes:** son sustancias que agregan o cambian el color de los productos, como la tartracina, que tiene color amarillo-anaranjado.

La tartracina es un colorante utilizado en la fabricación de jugos y golosinas, entre otros productos.

- **Conservantes:** disminuyen o retrasan la actividad de los microorganismos, como sucede con el añadido de ácido acético o el ácido sórbico.
- **Edulcorantes:** agregan sabor dulce a los alimentos, a diferencia de los hidratos de carbono, sin aportarles contenido energético como, por ejemplo, el aspartamo.
- **Emulsionantes:** permiten la formación de una emulsión al mezclar dos fases inmiscibles. Un ejemplo es la lecitina.

Muchos postres tienen lecitina como emulsionante; este aditivo les da consistencia firme.

- **Espesantes y/o gelificantes:** son sustancias que les dan más consistencia a ciertos alimentos, como lo que sucede con ciertas gomas vegetales.
- **Potenciadores del sabor:** no aportan de por sí sabor, sino que realzan el sabor propio del alimento. Un ejemplo es el glutamato de sodio.

Aditivos y salud

El Código Alimentario Argentino permite una cantidad máxima para cada aditivo alimentario, se llama **ingesta diaria admitida (IDA)** y se expresa en unidades de mg/kg de peso corporal. Las etiquetas de los alimentos suelen indicar el valor del IDA de los aditivos que contienen. Algunos aditivos, en dosis superiores a su IDA, pueden resultar tóxicos. Si bien un alimento nunca tiene valores que excedan el valor del IDA, el consumo de varios alimentos con esos aditivos puede llevar a esa situación.

El bromato de potasio ($KBrO_3$) fue un aditivo muy utilizado en las panaderías dado que mejoraba la consistencia y formación de las masas. Luego de varias investigaciones se descubrió que tenía efecto cancerígeno y se prohibió su uso.

Desde 1914 y hasta 1997, en las panaderías argentinas era muy común el uso de bromato de potasio para que el pan adquiriera más volumen y mejor aspecto.

Enfermedades vinculadas a carencias nutricionales

Una dieta saludable debe ser equilibrada, es decir, debe tener la cantidad y el tipo de nutrientes apropiados, y un contenido energético acorde a las características del individuo. Una dieta carente en nutrientes y valor energético lleva a un estado de **desnutrición**; mientras que una dieta con valor energético apropiado pero faltante en nutrientes provoca un estado de **malnutrición**.

Así como cada nutriente cumple su función específica, su carencia también trae consecuencias particulares. En algunos casos, un exceso también puede ser dañino.

Hipo e hipervitaminosis

La deficiencia de vitaminas recibe el nombre de hipovitaminosis, mientras que el exceso se llama hipervitaminosis. En ambos casos se manifiestan efectos perjudiciales para la salud.

Para cada vitamina, las consecuencias de una hipovitaminosis son diferentes. La ausencia de vitamina D produce deformación ósea y raquitismo; mientras que la falta de vitamina K genera mala coagulación. Si lo que falta es vitamina C, la consecuencia es el sangrado de encías y mala cicatrización. Un déficit de vitamina B_1 provoca daño en las fibras nerviosas y debilidad muscular.

La hipervitaminosis se presenta, por lo general, en las vitaminas liposolubles dado que se pueden acumular, y sus efectos también dependen de la vitamina en cuestión. Un exceso de vitamina A, por ejemplo, produce cefaleas, vómitos y visión borrosa.

Carencias de minerales

Al igual que las vitaminas, la ausencia de cada mineral o elemento produce un efecto diferente. La falta de calcio produce debilidad ósea; la deficiencia de hierro genera anemia, la falta de yodo produce una enfermedad de la glándula tiroides llamada bocio, y la carencia de flúor aumenta la propensión a las caries.

Deficiencia de proteínas

Una dieta baja en proteínas puede tener consecuencias muy graves, sobre todo en la infancia. Las proteínas aportan aminoácidos esenciales, que se necesitan tanto para el crecimiento del cuerpo, como para el desarrollo del sistema nervioso. La carencia de proteínas en la temprana infancia puede provocar retrasos mentales irreversibles.

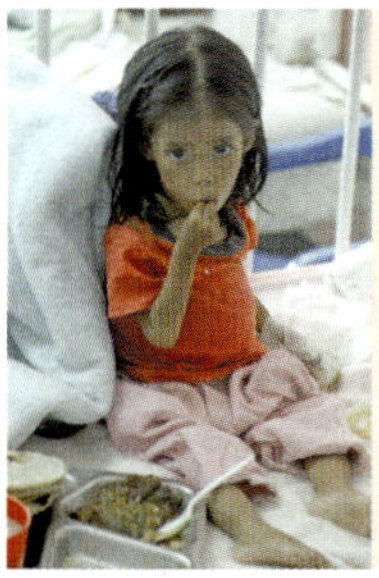

La desnutrición, en especial la falta de proteínas, puede provocar la enfermedad de Kwashiorkor. Esta enfermedad se caracteriza por un vientre prominente y muy bajo peso.

Deficiencia de hidratos de carbono

La ingesta deficitaria de hidratos de carbono provoca la utilización excesiva de ácidos grasos del cuepro para obtener energía, lo que conlleva a una enfermedad llamada cetosis, caracterizada por la presencia elevada en sangre de compuestos llamados cuerpos cetónicos, derivados de la degradación de los ácidos grasos. Sus consecuencias son pérdida de peso y dolor de cabeza o mareos debido a la escasez de glucosa en el cerebro.

Deficiencia de lípidos

El consumo deficiente de lípidos puede provocar diversas consecuencias. Por un lado, una disminución en el peso, porque se trata de nutrientes de alto valor energético. Por otro lado, dado que muchos de ellos son precursores de hormonas, su escasez puede desencadenar una producción hormonal por debajo de lo normal.

Dieta excesiva en contenido energético

La ingesta de alimentos con elevado contenido calórico lleva a la formación de tejido graso y al aumento de peso que, si es excesivo, incrementa la propensión a enfermedades cardíacas, circulatorias y respiratorias, entre otras.

Intolerancias a algunos alimentos

El consumo de ciertos alimentos específicos provoca consecuencias perjudiciales para la salud de algunas personas. Esta reacción se conoce como intolerancia, y por lo general el tratamiento consiste en no ingerir dichos alimentos.

Intolerancia al gluten

El gluten es un conjunto de proteínas presentes en las harinas de trigo, avena, cebada y centeno. La intolerancia a este producto se conoce también como enfermedad celíaca, y se desarrolla en el interior del intestino delgado. Allí, el sistema inmunológico ataca al gluten y daña el epitelio intestinal, lo que interfiere con el proceso de absorción de los nutrientes en general.

Esta enfermedad se puede manifestar a través de síntomas digestivos, como diarrea y dolores abdominales, pero también mediante síntomas que resultan de carencias de nutrientes debido a la mala absorción como, por ejemplo, anemia por falta de hierro, hipovitaminosis, osteoporosis temprana por falta de calcio, entre otras. Puede aparecer en la temprana infancia, pero también se puede desarrollar en la adultez. En la Argentina, se estima que hay alrededor de 400 000 celíacos, pero solo 25 000 saben de su enfermedad.

Existe un símbolo que permite reconocer los productos libres de gluten, junto con una leyenda que indica "Sin T.A.C.C.", que quiere decir "sin trigo, avena, cebada o centeno". Las galletitas y los panes que son aptos para los individuos con esta intolerancia están hechos con harina de maíz, de mandioca, de soja y de arroz.

Intolerancia a la lactosa

La lactosa es un disacárido presente en la leche y en sus derivados, como el yogur, el queso, la crema, la manteca, etcétera. En el sistema digestivo humano, la reacción de hidrólisis de las moléculas de lactosa que son ingeridas es catalizada por una enzima llamada β-galactosidasa o lactasa. Como se estudió en el Capítulo 6, los individuos que poseen intolerancia a la lactosa tienen muy baja cantidad de la enzima, lo que produce que la lactosa llegue hasta el colon sin ser degradada; allí es metabolizada por bacterias, y se producen gases, como el dióxido de carbono e hidrógeno, y ácidos orgánicos irritantes, que generan dolores en todo el cuerpo y diarrea.

Los individuos con esta intolerancia pueden conseguir productos con leche deslactosada.

Fenilcetonuria

La fenilcetonuria es una enfermedad genética que padecen ciertas personas que carecen de la enzima fenilalanina hidroxilasa, que transforma la fenilalanina (un aminoácido esencial) en tirosina (un aminoácido no esencial). Si un fenilcetonúrico consume fenilalanina, esta se acumula y no se produce el aminoácido tirosina, precursor de la hormona tiroidea. Su ausencia puede generar severos problemas, sobre todo en la infancia, dado que es uno de los aminoácidos que determina el desarrollo del sistema nervioso. Existe una ley en nuestro país que obliga a que los productos lleven una advertencia sobre si tienen fenilalanina.

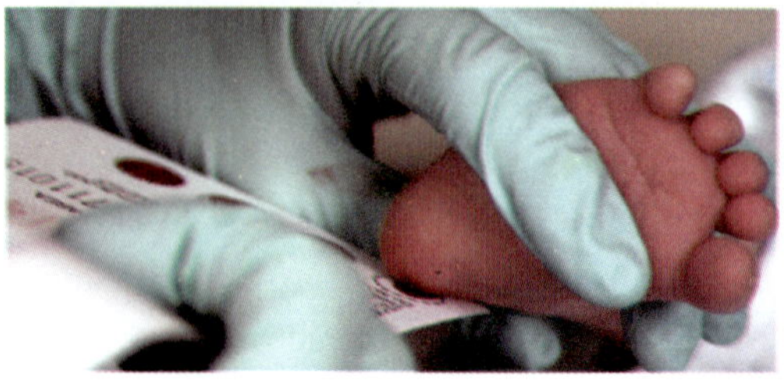

En la Argentina, esta enfermedad es una de las que se detecta en una prueba que se realiza al nacer.

Alergias

Ciertos alimentos generan alergia, como el maní, las nueces y los mariscos. En las personas que padecen estas alergias, el consumo de estos alimentos provoca una reacción inmunológica que puede ir de leve a severa, según el individuo, con síntomas como mareos, hinchazón de labios, lengua, glotis, además de diarreas y vómitos.

1. Indiquen si las siguientes afirmaciones son verdaderas o falsas. Justifiquen todas sus respuestas.

a. Una dieta con gran contenido calórico es saludable.
b. Todas las proteínas aportan todos los aminoácidos esenciales.
c. El agua no es un nutriente.
d. Un exceso de vitaminas puede ser desfavorable para la salud.
e. Todos los alimentos aportan nutrientes.
f. Los aditivos son sustancias nutritivas.
g. La refrigeración no mata a los microorganismos.
h. Se debe comer embutidos con poca frecuencia.
i. El requerimiento energético de un hombre no es igual que el de una mujer.

2. Evalúen los siguientes casos e indiquen:

a. ¿Qué puede estar faltando en esa dieta?
b. ¿Qué enfermedades podrían llegar a desarrollar si siguieran comiendo de ese modo?
c. ¿Qué le recomendarían a estas personas para que logren tener una buena nutrición?

PERSONA 1

"Como a mí no me gusta cocinar, siempre como en restaurantes. Además, como nunca tengo mucho tiempo, mis almuerzos y mis cenas son en locales de comida rápida. Por lo general, hamburguesas con papas fritas, sándwiches de milanesa o de jamón y queso, o panchos".

PERSONA 2

"Hace unos meses que dejé de comer carnes para llevar una dieta ovolactovegetariana, pero no me gustan mucho las verduras de hoja ni las legumbres. Siempre una de mis comidas es un plato de pasta. Eso sí, ¡como mucho queso!".

PERSONA 3

"No me gusta comer mucho porque siempre me siento pesada. Quizás almuerzo una manzana, y de noche como una ensaladita... pero como soy fanática de los dulces, a veces en vez de almorzar, me tomo un helado o me como un chocolate".

3. ¿Qué nutrientes tienen los siguientes alimentos? (Piensen en todos los que vieron en el capítulo). ¿Con qué frecuencia deberían consumirlos y por qué?

a. Huevos
b. Leche
c. Pescado
d. Pan
e. Aceite de girasol
f. Arroz
g. Salchichón
h. Acelga
i. Zanahoria
j. Fideos
k. Lentejas
l. Carne de vaca

4. Analicen las siguientes recetas. ¿Qué tipo de nutrientes aportan las comidas? ¿Creen que se trata de comidas saludables? Expliquen por qué alguno o ninguno de estos platos podría ser consumido por un individuo con intolerancia al gluten, a la lactosa, o con fenilcetonuria.

Receta 1:

POLLO A LA CERVEZA

INGREDIENTES

1 pollo en trozos medianos; 2 cebollas grandes; 1 lata de cerveza; 1 vasito de coñac; aceite de oliva; sal y pimienta.

Preparación:

Salpimentar bien el pollo. En una cacerola mediana, cubrir abundantemente el fondo con aceite y calentar. Trozar la cebolla en gajos grandes, cuatro o seis cada una. Dorar la cebolla un par de minutos. Subir el fuego y poner el pollo en la cazuela para que se dore ligeramente 3 o 4 minutos más. Bajar el fuego y verter la cerveza y el coñac en la cazuela. Cocinar una media hora, hasta que el alcohol haya reducido completamente y el pollo acabe de dorarse bien.

Receta 2:

TARTA DE DURAZNOS

INGREDIENTES

Masa: 2 tazas de galletas de vainilla grande, molidas; ½ taza de manteca derretida.
Relleno: 1 lata de 400 g de leche condensada; jugo de 4 limones; 300 ml de pulpa de durazno azucarada; gelatina sin sabor.
Cubierta: 100 ml de pulpa de durazno azucarada; 1 cucharada de maicena.

Preparación:

Masa: en un recipiente mezclar la galleta molida con la manteca derretida. Presionar esta mezcla en el fondo y los costados de un molde de pie. Llevarlo al horno precalentado a 180 °C (350 °F) durante 10 minutos. Retirar del horno y dejar enfriar.
Relleno: agregar a la pulpa de durazno azucarada una cucharada de gelatina sin sabor disuelta en ¼ de taza de agua caliente; cuando se vaya volviendo espesa, agregar al molde. Mezclar la leche condensada con el jugo de los limones y verterlo en el molde encima de la pulpa azucarada.
Cubierta: verter 100 ml de pulpa azucarada en una olla y agregarle la maicena, previamente disuelta en agua fría. Llevar a hervir hasta que espese. Retirar del fuego. Enfriar unos minutos y verter sobre el molde. Luego, llevar a la heladera para que cuaje durante 2 horas como mínimo.

La enfermedad celíaca

Lean el siguiente texto, en la que se habla sobre la importancia de la reciente formulación de la Ley Celíaca.

La enfermedad celíaca (EC) es una intolerancia total y permanente al gluten, conjunto de proteínas presentes en el trigo, avena, cebada y centeno (T.A.C.C.). Estas sustancias resultan tóxicas para el organismo del celíaco y afectan directamente su intestino delgado y la absorción de los nutrientes. Es un desorden autoinmune complejo en el que participa la predisposición genética, el factor ambiental (gluten) y el componente inmunológico.

Actualmente, se estima que existen alrededor de 400 000 pacientes celíacos en la Argentina. El primer estudio multicéntrico poblacional de prevalencia de la EC en pediatría determinó la presencia de la patología en 1 de cada 79 niños, mientras que en adultos es de 1 cada 167 personas. Solo 1 de cada 10 personas que padecen EC están diagnosticadas. Si la EC permanece sin diagnóstico, existe un mayor riesgo a desarrollar cáncer, trastornos autoinmunitarios, etcétera. El tratamiento consiste en una dieta exenta de gluten de por vida.

Sería extenso detallar todas las vicisitudes con las que se enfrenta un celíaco, de inclusión, sociales, religiosas (la hostia, que se toma en ceremonias religiosas católicas, tiene gluten), tratamientos de enfermedades crónicas (los excipientes de los medicamentos pueden tener gluten), etcétera.

Hace pocos días (mayo de 2011) se reglamentó la Ley 26.588 que declara de interés nacional la atención médica de la

EC, al igual que la investigación clínica y epidemiológica; la capacitación profesional en la detección temprana, el diagnóstico y el tratamiento de la enfermedad; y la difusión y el acceso a los alimentos libres de gluten.

Entre otros aspectos se destaca la elaboración de una estrategia para contribuir a la detección (incorporación de prácticas de pesquisa y dotación de kits para diagnóstico en hospitales) y el tratamiento (cobertura de obras sociales y prepagas), además de favorecer el control de los alimentos (rotulado y contenido de gluten). Por otro lado, se hace hincapié en la promoción de campañas educativas.

Fuente: Nota publicada en mayo de 2011 en el sitio de la Universidad Nacional de Rosario (www.unr.edu.ar), basada en una adaptación del texto escrito por Héctor Fabián Pelusa, doctor en Bioquímica y docente del Área Bioquímica Clínica en la Facultad de Ciencias Bioquímicas y Farmacéuticas.

- **Preguntas para el análisis**

1. ¿A qué se refiere el texto cuando dice que los celíacos se enfrentan con vicisitudes? Piensen en los menús que se ofrecen en los restaurantes, en las comidas que se sirven en las reuniones sociales, en los desayunos que se sirven en los hoteles. ¿En alguno de esos casos está contemplada alguna opción que sea apta para quienes tienen esta intolerancia?
2. El artículo menciona que la enfermedad tiene componentes genéticos, es decir, puede haber familias donde padres e hijos sean celíacos. Si se trata de familias de bajos recursos, y los niños desayunan en la escuela, ¿qué es lo que probablemente se les dé de comer? ¿Cómo podría intervenir la reglamentación de la nueva ley?

3. Muchos celíacos aún no están diagnosticados. ¿Qué riesgo corren? ¿Cómo mejorará esta situación gracias a la nueva ley?
4. Las harinas con gluten no solo están presentes en los panificados, pastas, sino también en cientos de productos, como quesos, yogures, embutidos, fiambres, caramelos, etc., incluso en los medicamentos, en los que estas se añaden como espesantes o para aumentar el volumen. Por otro lado, los productos hechos con las harinas aptas para celíacos son cuatro veces más costosos que los que no lo son. ¿De qué manera se ocuparía de esos temas la nueva ley?

Diseño de un día de alimentación saludable

Teniendo en cuenta todo lo que han visto en este capítulo, diseñen cuatro comidas para un día en las que estén presentes todos los nutrientes necesarios en las proporciones adecuadas y que no se exceda en contenido calórico. Vuelquen la información en una tabla similar a la que se muestra. Pueden agregar también el costo de los alimentos que eligieron.

Comida del día	Alimentos	Nutrientes que aportan	Costo aproximado de los alimentos
Desayuno			
Almuerzo			
Merienda			
Cena			

- **Consignas para el análisis**
  1. Expliquen en cada comida qué es lo que está aportando cada alimento.
  2. En caso de haber tomado nota del costo, multipliquen ese valor por 30 (los días del mes). Investiguen cuál es el salario mínimo y evalúen si una familia de cuatro personas que se mantiene con dos salarios mínimos puede llevar una dieta como la que diseñaron.
  3. Si la respuesta que dieron en el punto 2 es negativa, diseñen una dieta balanceada y nutritiva que pueda llevar a cabo dicha familia.

ACTIVIDAD

- **Imaginen que una persona come, en sus cuatro comidas, alimentos envasados y gaseosas.**
  1. Junten etiquetas de distintos productos de este tipo y organícenlas en las cuatro comidas.
  2. Analicen la composición nutricional de los alimentos y expliquen por qué no sería saludable comer de ese modo.
  3. Hagan un cálculo de las calorías totales que habría consumido esta persona en un día. Si se trata de un adolescente de la edad de ustedes, comparen dicho valor con el que figura en el capítulo acerca de los requerimientos energéticos. ¿Se estaría excediendo?

ENTREVISTA A LA
DRA. NORA SLOBODIANIK

Nora Slobodianik es doctora en Química egresada de la Universidad de Buenos Aires. Desarrolló actividades académicas y de investigación en la cátedra de Nutrición de la Facultad de Farmacia y Bioquímica, también de la UBA, y alcanzó en el año 2005 el cargo de Profesora Titular de dicha cátedra. En el año 2010, el Consejo Superior de la Universidad de Buenos Aires la distinguió con el cargo de Profesora Consultora Titular.

Sobre el lugar en el que se formó

Nora Slobodianik estudió su carrera de grado en la Facultad de Ciencias Exactas y Naturales, que es una de las trece facultades que dependen de la Universidad Nacional de Buenos Aires.

Esta facultad fue creada en 1952 como desprendimiento de la Facultad de Ingeniería. En esta institución se forman científicos dedicados a las ciencias de base. En ella se puede cursar las licenciaturas en Química, Física, Biología, Meteorología, Oceanografía, Matemática y Computación.

¿Qué te impulsó a seguir la carrera de Química?

Realicé mis estudios secundarios en la Escuela Normal Superior N° 4, Estanislao C. Zeballos, de la Ciudad de Buenos Aires.

Durante esos años tuve una fuerte inclinación hacia las ciencias exactas, y la elección de mi carrera universitaria fue resultado en parte de los excelentes profesores que tuve en dichas materias y, en particular, en Química.

Elegí estudiar la licenciatura en Ciencias Químicas en la Facultad de Ciencias Exactas y Naturales, Universidad de Buenos Aires.

¿Cómo eran la facultad y la carrera cuando eras estudiante?

Tuve un riguroso curso de ingreso que desarrollé en un año lectivo, e incluía: Matemática, Química, Biología, Física y Geología. Este fue de mucha utilidad pues, además de profundizar conceptos adquiridos en la escuela secundaria, permitió completar otros aspectos no incluidos en el plan de estudios.

Al finalizar mis estudios universitarios, tuve la oportunidad de ingresar a la Facultad de Farmacia y Bioquímica, y desarrollar allí todas mis actividades en la cátedra de Nutrición, donde realicé mi trabajo de tesis doctoral.

¿Cuál es el tema que investigás y en qué consiste tu tarea de investigación?

El tema central de mi línea de investigación es determinar las consecuencias de los diferentes desequilibrios nutricionales. Para poder alcanzar los objetivos propuestos desarrollamos, con mi grupo de trabajo, experiencias en modelo experimental (rata blanca de la cepa Wistar) y también estudiamos las consecuencias de los desequilibrios nutricionales en el hombre, a través de la evaluación bioquímica del estado nutricional con diferentes parámetros.

Actualmente estoy dirigiendo el Proyecto "Perfil bioquímico nutricional en diferentes situaciones patológicas", financiado por la Secretaria de Ciencia y Técnica de la UBA. Para esto contamos con la colaboración de diferentes centros asistenciales, entre ellos el Servicio de Nutrición y Diabetes del Hospital Pedro de Elizalde, el Hospital Roffo y la fundación Helios Salud.

¿Realizás también tareas docentes?

Sí, el cargo que tengo actualmente en la cátedra implica desarrollar tareas docentes, de investigación y extensión, por lo cual me desempeño como docente, tanto de grado como de posgrado.

¿Qué opinión tenés respecto de los avances de la investigación bioquímica en nuestro país y en tu campo en particular?

Considero que estamos en constante búsqueda de conocimientos y, sobre todo, de aplicación a corto y mediano plazo. Los investigadores argentinos estamos muy bien ubicados a nivel internacional. Contamos con grupos de investigación reconocidos en el mundo entero. Esto también se observa en el campo de la nutrición y de la alimentación en general.

¿Cuáles son los últimos avances en investigaciones relacionadas con el metabolismo y la nutrición?

Son muchos, todos muy importantes, pero me gustaría remarcar algunos en particular. En primer lugar, la importancia de la alimentación en la prevención de enfermedades crónicas no transmisibles, así como de algunos tipos de cáncer. Otros avances se vinculan con el impacto de la buena nutrición sobre los mecanismos de defensa, otros con el peligro del sedentarismo y la necesidad imperiosa de desarrollar actividad física. Por último, y no menos importante, se está investigando acerca de las graves consecuencias que ocasionan los trastornos de la conducta alimentaria (bulimia y anorexia), el sobrepeso y la obesidad, que lamentablemente se observan desde temprana edad.

¿Qué papel juega la rama de la bioquímica relacionada con la ingeniería genética en lo relativo a la salud?

Recordemos que la ingeniería genética consiste en la introducción, en un organismo, de fragmentos de ADN procedentes de otro ser vivo de igual o diferente especie, con el fin de modificar su material genético y los productos de expresión, en su mayoría proteínas. Se ha demostrado que esta rama de la ciencia tiene un papel relevante tanto en el área diagnóstica como en la terapéutica, ya sea en la terapia farmacológica como en la terapia génica.

PARA REFLEXIONAR EN EL AULA

1. Nora Slobodianik llegó a la conclusión de que quería estudiar química a raíz de que disfrutaba las materias relacionas con esta ciencia durante su escuela secundaria. En caso de que ustedes hayan decidido seguir una carrera universitaria, ¿se relaciona esta con alguna de las materias que están cursando actualmente en el colegio? ¿Eligieron dicha carrera porque la materia les resulta fácil, porque les gusta o por ambos motivos?
2. Nora mencionó que realizó una tesis de doctorado. Investiguen en qué consiste este tipo de tesis.
3. De acuerdo con lo que estudiaron en este capítulo, ¿consideran que es importante el trabajo de Nora? ¿Por qué? ¿Y el trabajo de los investigadores de la nutrición en general?
4. Nora hizo su licenciatura en la Facultad de Ciencias Exactas y Naturales y luego se doctoró en la Facultad de Farmacia y Bioquímica. ¿En qué creen que se parecen y en qué se diferencian las carreras que se dictan en estas dos facultades?

RESUMEN

El aroma de una rosa son moléculas de algunas sustancias volátiles que llegan a nosotros mezcladas con el aire. En los momentos previos a una competencia, los deportistas suelen ingerir pastas debido a que están constituidas por carbohidratos, que aportan energía y se digieren con facilidad. En la vida cotidiana encontramos muchos compuestos orgánicos que, además de átomos de carbono e hidrógeno, contienen otros grupos de átomos en su molécula (grupos funcionales), los cuales les confieren propiedades diferentes a los hidrocarburos. Entre los grupos funcionales más importantes podemos mencionar los alcoholes, aldehídos, cetonas, ácidos, aminas y ésteres, entre otros.

Muchos de los alcoholes son usados en la industria como solventes de lacas o como anticongelantes para autos. El más conocido de este grupo, el etanol, es utilizado como desinfectante y también en la industria de las bebidas alcohólicas. Con respecto a los aldehídos y las cetonas, muchos de ellos son empleados como aromatizantes en perfumería o como esencias en la preparación de alimentos. De todos modos, los representantes más conocidos de este grupo son el formol, usado como conservante de restos biológicos, y la propanona, cuya solución diluida se vende como quitaesmalte.

Los ácidos, en cambio, se encuentran presentes en diferentes procesos industriales para la fabricación desde detergentes y jabones hasta analgésicos, como la aspirina.

Por otra parte, los ácidos junto con las aminas se encuentran presentes en un grupo de moléculas de suma importancia para la vida: las proteínas. Estas, junto con los carbohidratos, los lípidos y los ácidos nucleicos, constituyen el grupo de las biomoléculas. Las biomoléculas son compuestos que están presentes en los organismos vivos cumpliendo diferentes funciones, ya sean energéticas, estructurales, de reserva o almacenamiento, y de transmisión de la información genética. Son generalmente polímeros complejos, formados por unidades pequeñas llamadas monómeros, a excepción de los lípidos, que no son polímeros.

En los hidratos de carbono, los monómeros se denominan monosacáridos, entre los que se destacan la glucosa y la fructosa. Otros carbohidratos de gran importancia en nuestra dieta son la sacarosa, la lactosa y el almidón.

Las proteínas constituyen el grupo de macromoléculas con mayor cantidad de funciones en los seres vivos. Esto se debe a que presentan una gran diversidad de formas o plegamientos, y es la estructura tridimensional la que determina su funcionalidad. Hay proteínas de transporte (albúmina), estructurales (queratina), de defensa (anticuerpos), reguladoras (insulina) o catalíticas, como las enzimas, entre otras. Las proteínas están conformadas por aminoácidos.

Los ácidos nucleicos intervienen en la síntesis de proteínas y en la transmisión de caracteres hereditarios, y en la pertenencia de cada uno de los seres vivos a una especie determinada.

Estas moléculas biológicas forman parte de las reacciones catabólicas y anabólicas que suceden en nuestras células, y nos permite generar y almacenar energía para subsistir. En estos procesos, como, por ejemplo, en el ciclo de Krebs (una de las etapas de la respiración celular), la glucosa, las coenzimas y una molécula conocida como ATP tienen un papel preponderante, como también lo tienen en procesos como la fotosíntesis a través de la cual se fija en muchos ecosistemas la energía del Sol.

La forma a partir de la que obtenemos energía los humanos es la alimentación. En los alimentos se encuentran los nutrientes, que son sustancias necesarias para vivir, crecer y mantenernos saludables. Existen enfermedades vinculadas con la alimentación, algunas son genéticas, como la celiaquía y la fenilcetonuria, pero otras tienen que ver con malos hábitos alimenticios.

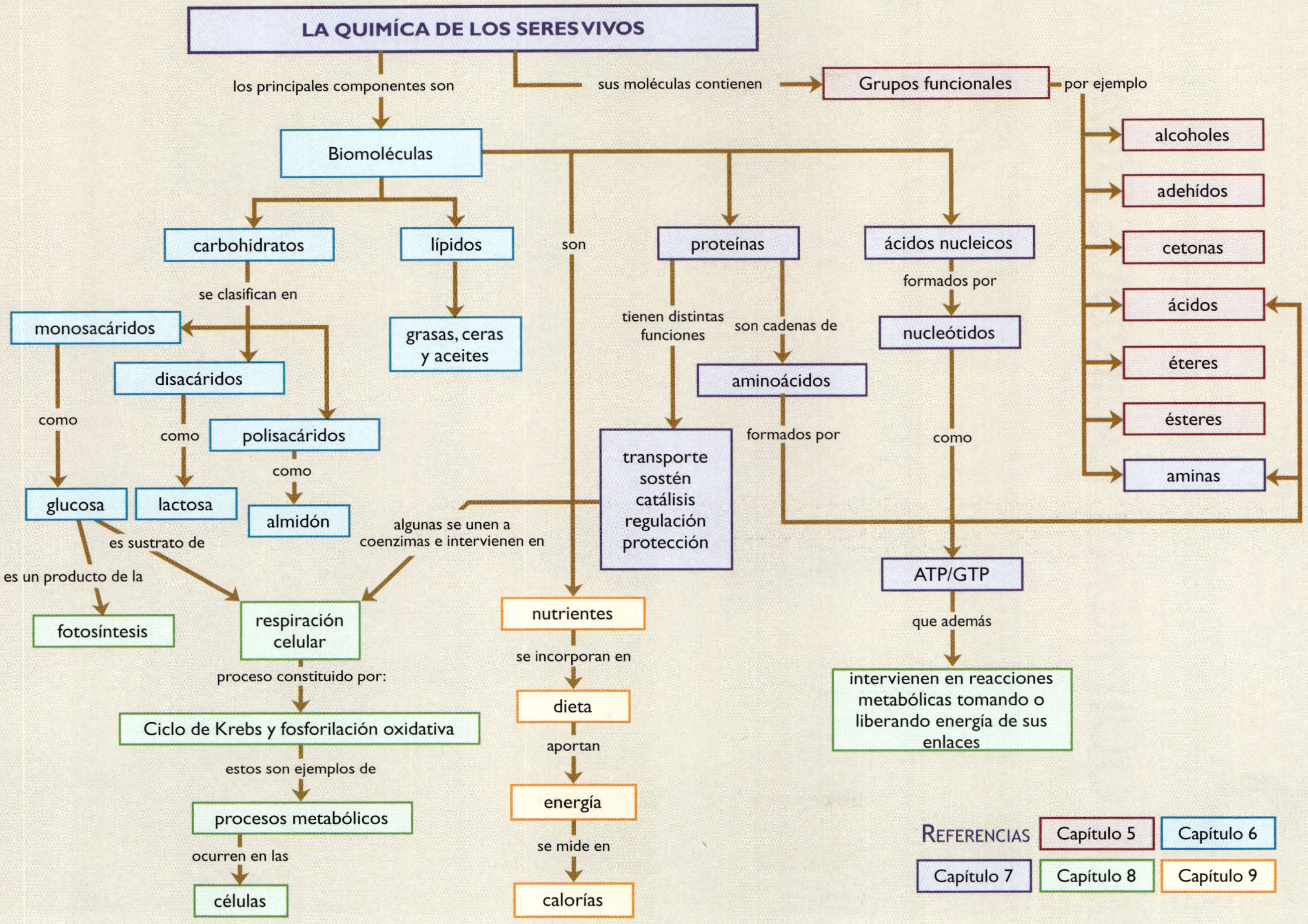
LA QUIMÍCA DE LOS SERES VIVOS
los principales componentes son
sus moléculas contienen
Grupos funcionales
por ejemplo
alcoholes
adehídos
cetonas
ácidos
éteres
ésteres
aminas
Biomoléculas
carbohidratos
lípidos
son
proteínas
ácidos nucleicos
se clasifican en
monosacáridos
disacáridos
polisacáridos
grasas, ceras y aceites
tienen distintas funciones
son cadenas de
aminoácidos
formados por
nucleótidos
formados por
como
como
como
como
glucosa
lactosa
almidón
transporte sostén catálisis regulación protección
algunas se unen a coenzimas e intervienen en
es sustrato de
es un producto de la
fotosíntesis
respiración celular
ATP/GTP
que además
intervienen en reacciones metabólicas tomando o liberando energía de sus enlaces
nutrientes
se incorporan en
dieta
aportan
energía
se mide en
calorías
proceso constituido por:
Ciclo de Krebs y fosforilación oxidativa
estos son ejemplos de
procesos metabólicos
ocurren en las
células
REFERENCIAS
Capítulo 5
Capítulo 6
Capítulo 7
Capítulo 8
Capítulo 9

BLOQUE

3

LA QUÍMICA Y LA INDUSTRIA

Micrografía de un trozo de latón (aleación de cinc y cobre).

"¿Por qué esta magnífica tecnología científica, que ahorra trabajo y nos hace la vida más fácil, nos aporta tan poca felicidad? La repuesta es esta, simplemente: porque aún no hemos aprendido a usarla con tino".

Albert Einstein, físico alemán nacionalizado estadounidense (1879-1955).

CONTENIDOS || LOS MATERIALES DE LA CORTEZA TERRESTRE | TIPOS DE REACCIONES QUÍMICAS EN LA INDUSTRIA: COMBUSTIÓN, INTERCAMBIO DE ENERGÍA TÉRMICA EN LOS PROCESOS INDUSTRIALES | EL RENDIMIENTO DE UNA REACCIÓN | LA ESTEQUIOMETRÍA EN LOS PROCESOS INDUSTRIALES | PUREZA DE LOS REACTIVOS Y RENDIMIENTO | PROPIEDADES DE LOS MATERIALES OBTENIDOS | TRATAMIENTO DE EFLUENTES Y RESIDUOS INDUSTRIALES

10

LOS RECURSOS QUÍMICOS

El planeta Tierra es un gran reservorio de minerales. Los elementos que los componen son la materia prima que dio origen a la vida en la Tierra. Esta materia, al ser transformada químicamente, permite mejorar las condiciones y satisfacer las necesidades del ser humano y su entorno.

La Tierra: una casa en el espacio

La Tierra es el tercer planeta del Sistema Solar. Sus características físicas y químicas la convierten en un hábitat privilegiado para el desarrollo de la vida.

Se divide en tres zonas denominadas núcleo, manto y corteza.

A unos 3 000 km de profundidad se encuentra el **núcleo**. En su composición predomina el hierro, pero contiene además entre 5 y 15% de níquel e impurezas de oxígeno, silicio, azufre, hidrógeno y magnesio.

El **manto** es la región ubicada entre el núcleo y la corteza terrestre. Constituye el 70% de la masa total del planeta. Se encuentra formada por rocas entre las que predominan los silicatos (que son compuestos de silicio y oxígeno) y algunos metales como magnesio, sodio y hierro. Entre el manto y la corteza existen rocas fundidas denominadas genéricamente magma.

La **corteza** es la superficie terrestre constituida por la litosfera, la hidrosfera y la atmósfera. Las interacciones entre estas tres regiones permiten la vida en la Tierra.

¿Dónde estamos parados?

La **litosfera** es la capa sólida de la corteza, y posee una gran cantidad y variedad de materiales. Su capa más superficial, llamada **suelo**, está conformada principalmente por silicio y aluminio, y su capa más interna está formada por minerales como silicatos, carbonatos, sulfuros y sulfatos. En la **hidrosfera**, se encuentran sales como cloruro de potasio y de sodio, y gases disueltos, como el oxígeno y el dióxido de carbono. En la **atmósfera**, se encuentran en forma gaseosa: nitrógeno, oxígeno, dióxido de carbono, gases inertes y agua; en menor proporción se hallan ozono y óxidos de azufre, distribuidos en diferentes capas.

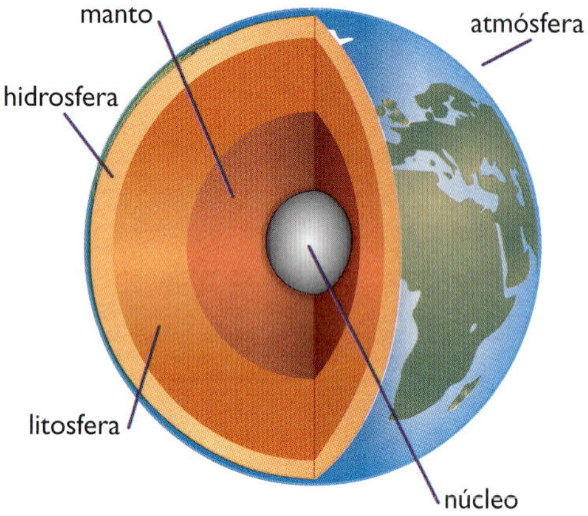

Las capas de la Tierra.

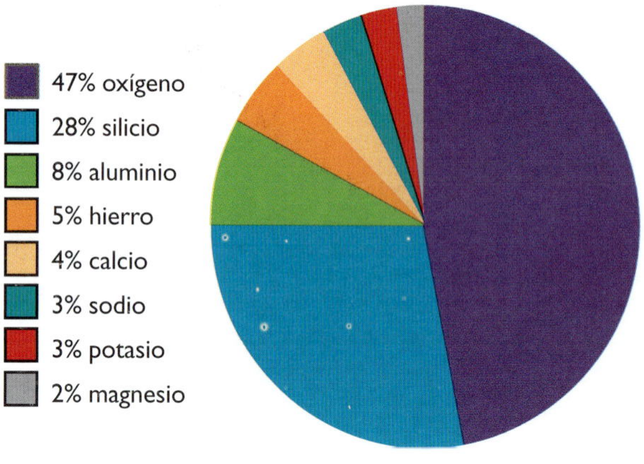

Proporciones de los elementos en la corteza terrestre.

La industria

La industria transforma las materias primas en productos que satisfacen las demandas de la sociedad. Se busca elaborar productos de buena calidad con el menor costo posible, minimizando el daño al ambiente.

En las **industrias de base**, como la petroquímica y la metalurgia, las materias primas se convierten en productos intermedios que son utilizados por las **industrias de transformación** en las que se producen bienes de consumo como medicamentos, alimentos, detergentes, electrodomésticos, automóviles, etcétera.

Las materias primas pueden ser naturales, sintéticas o de recuperación. Las naturales provienen de la corteza terrestre, como el gas natural, el agua y muchos minerales. Las materias primas sintéticas no se encuentran en la naturaleza sino que deben prepararse. Por ejemplo, el amoníaco que se usa en la producción de fertilizantes actualmente se sintetiza. Las materias primas de recuperación son materiales reciclados que pueden volver a usarse como papel, vidrio, cartón, entre otros. Sin embargo, de la actividad industrial derivan agentes contaminantes que son liberados a la corteza.

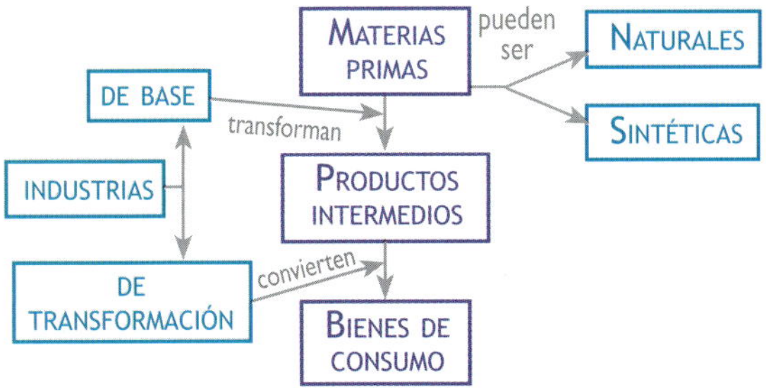

El proceso productivo

Las materias primas se preparan mediante procesos físicos y químicos de trituración, molienda, calentamiento o mezcla. Se someten a transformaciones que modifican su composición y dan origen a un producto nuevo. Estas reacciones van desde la calcinación de minerales hasta complejas reacciones de polimerización. Finalmente se obtienen los productos mediante procesos de destilación, extracción, cristalización, sedimentación o filtración, y son sometidos a pruebas de calidad físicas, químicas y, en algunos casos, microbiológicas.

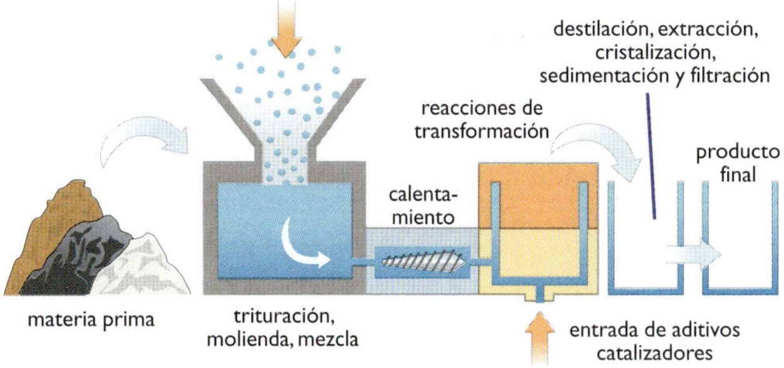

La industria elabora productos de gran versatilidad a partir de diferentes reacciones químicas.

Por descomposición de materia orgánica se obtienen fertilizantes naturales; las reacciones de combustión son de gran utilidad en la industria petrolera porque permiten la recuperación de hidrocarburos al finalizar la producción primaria y/o la secundaria; la polimerización se emplea en la fabricación de plásticos; para mejorar sus propiedades se adicionan productos como plastificantes, estabilizadores, disolventes y agentes colorantes. El papel se fabrica mediante procedimientos mecánicos y reacciones químicas que separan las fibras de celulosa presentes en las astillas de madera. La pulpa obtenida se mezcla con agua, blanqueadores, productos de relleno, apresto, pigmentos y colorantes, hasta conseguir una pasta uniforme, que se lamina mediante rodillos. A su vez, se elimina el agua para obtener una lámina de papel.

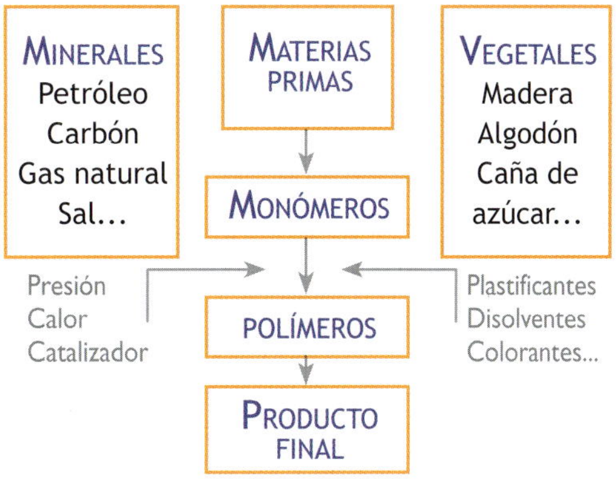

Reacciones rédox

Las reacciones **rédox** o de **óxido-reducción** se producen tanto en la naturaleza como en la industria. Las aplicaciones industriales de las reacciones rédox se relacionan, por ejemplo, con la protección catódica (destinada a prevenir la corrosión). También se producen transformaciones rédox dentro de las pilas y en la industria metalúrgica, donde a partir de minerales que son oxidados y luego reducidos se obtienen metales.

El número de oxidación

A cada átomo se le asigna un **número de oxidación** que indica la cantidad de electrones con los que participa en un enlace químico. El átomo involucrado con mayor electronegatividad tiene un número de oxidación negativo y el de menor electronegatividad, un número positivo. En las sustancias simples, el número de oxidación es igual a cero. El número de oxidación del oxígeno en óxidos, oxoácidos y sales oxigenadas es igual a −2. En el caso de los peróxidos es −1. El del hidrógeno es +1, excepto en los hidruros metálicos, que es −1. En una sustancia compuesta, la suma algebraica de los números de oxidación de todos los átomos es 0. Por ejemplo, para calcular el número de oxidación del azufre en el ácido sulfúrico se debe tener en cuenta que el número de oxidación del hidrógeno es +1 y el del oxígeno es −2. Como el compuesto es eléctricamente neutro, la suma algebraica de los números de oxidación resulta 0.

$$\overset{+1}{H}_2\overset{X}{S}\overset{-2}{O}_4$$

$$(+1) \cdot 2 + X \cdot 1 + (-2) \cdot 4 = 0 \rightarrow \boxed{X = +6}$$

El proceso rédox: un juego de electrones

En todo proceso rédox se producen dos reacciones de manera simultánea. Una corresponde al proceso de oxidación: la sustancia que se oxida cede electrones, aumenta su número de oxidación y actúa como agente reductor. La otra corresponde a la reducción: el agente oxidante se reduce, capta electrones y disminuye su número de oxidación. En ambas reacciones se intercambia la misma cantidad de electrones.

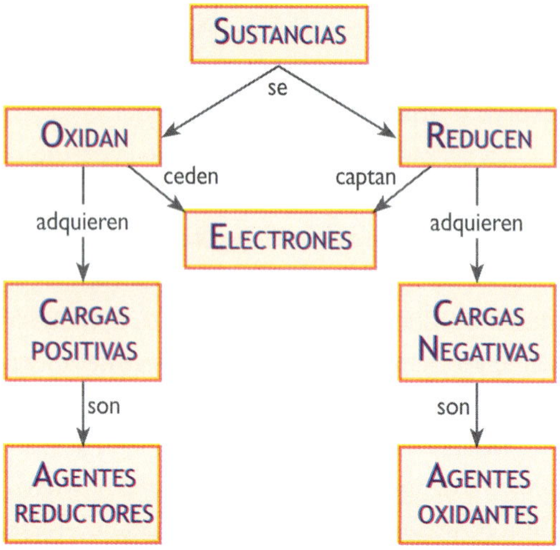

En la **serie electroquímica** o tabla de potenciales de oxidación, los elementos se ordenan según su capacidad de oxidación decreciente. El elemento con menor potencial de reducción en la serie reduce al que tiene mayor potencial. Por ejemplo, cuando se introduce un alambre de cobre (mayor potencial de reducción) en una disolución de nitrato de plata (menor potencial de reducción), se produce un depósito de plata. El cobre se oxida y pasa a la solución como ion cúprico (Cu^{2+}), mientras que el ion plata (Ag^{+}) se reduce a plata metálica. La representación se realiza a través de semiecuaciones.

- Semiecuación de oxidación (SEO):

$Cu \rightarrow Cu^{2+} + 2e$

En este proceso hay pérdida de electrones y aumenta el número de oxidación del cobre.

- Semiecuación de reducción (SER):

$(Ag^{+} + 1\,e \rightarrow Ag)\ 2$

El ion plata gana electrones, es el agente oxidante y su número de oxidación disminuye. El coeficiente 2 iguala el número de electrones intercambiados.

La ecuación que representa el proceso de forma global es:

$$Cu\ (s) + 2\,AgNO_3\ (aq) \rightarrow 2\,Ag\ (s) + Cu\ (NO_3)_2\ (aq)$$

Una pila de energía

Las pilas son artefactos que consisten en dos electrodos formados por un material conductor en contacto con un electrolito líquido o sólido, que interactúan para dar lugar a una reacción rédox. El **ánodo** (+) es el electrodo donde se produce la oxidación y desde donde se liberan electrones que pasan al otro electrodo, el **cátodo** (–), en el que se lleva a cabo la reducción. Este movimiento constante de electrones es la corriente eléctrica. Este fenómeno fue descubierto hace más de 200 años, cuando el físico italiano Alessandro Volta apiló dentro de un tubo de vidrio unos discos de igual tamaño de cinc y cobre entre los que intercaló paños humedecidos en ácido sulfúrico (electrolito). Al conectar un alambre a los discos situados en los extremos (uno de Zn y otro de Cu) obtuvo corriente eléctrica. Observó que al embeber los paños con diferentes electrolitos obtenía corrientes de distintas intensidades. A partir de los experimentos de Volta, en 1836, el químico británico John Frederic Daniell construyó una pila constituida por dos semiceldas, una con un electrodo de cobre (conductor) sumergido en una solución de sulfato cúprico (electrolito), y otra con un electrodo de cinc en una solución de sulfato de cinc. Ambas celdas están unidas por un puente salino con nitrato de potasio, dispositivo que evita el exceso de iones sulfato (SO_4^-) en el cátodo al ceder iones potasio, y que evita el exceso de iones cinc (Zn^{2+}) en el ánodo al aportar iones nitrato, con lo cual se mantiene la neutralidad eléctrica. Entre los electrodos se genera una diferencia de potencial cuya energía se calcula mediante la diferencia entre el potencial del electrodo donde se produce la oxidación y el potencial del electrodo donde se produce la reducción.

$$\Delta E = E_{\text{Oxidación}} - E_{\text{Reducción}}$$

Por ejemplo, en el caso de la pila de Volta o Daniell:

SEO: $Zn^{\circ} \rightarrow Zn^{2+} + 2\,e \quad E^{\circ} = 0{,}762\,V$

SER: $Cu^{2}+ + 2\,e \rightarrow Cu^{\circ} \quad E^{\circ} = -\,0{,}342\,V$

$\Delta E = 0{,}762\,V - (-\,0{,}342\,V) = 1{,}104\,V$

CIENCIA, TECNOLOGÍA Y SOCIEDAD

LOS PROCESOS ELECTROQUÍMICOS EN LA INDUSTRIA

Algunas materias primas se obtienen por reacciones de descomposición electrolítica que requieren un suministro de corriente eléctrica. Otro uso de los procesos electroquímicos en la industria es la **galvanotecnia.** Consiste en el recubrimiento de objetos (el cátodo) para evitar la corrosión. Como material de recubrimiento se utilizan metales como cadmio, cromo, cobre, oro, níquel, plata y estaño. Si la protección se realiza mediante el recubrimiento de un objeto metálico con una capa de látex o pintura que coagula sobre el objeto mediante la corriente eléctrica, el proceso se denomina **cataforesis**.

Pila de Volta

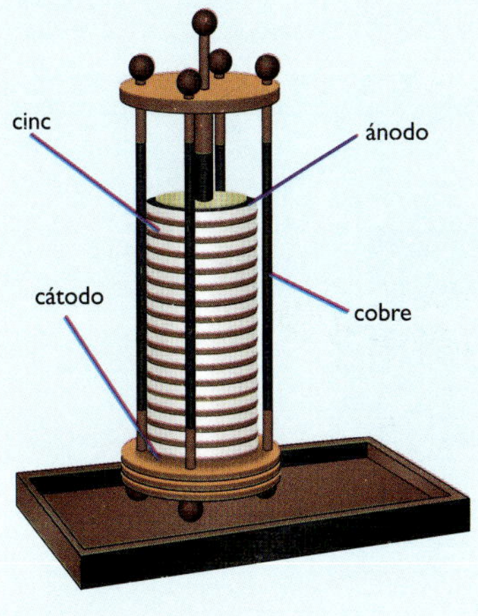

Pila de Daniell

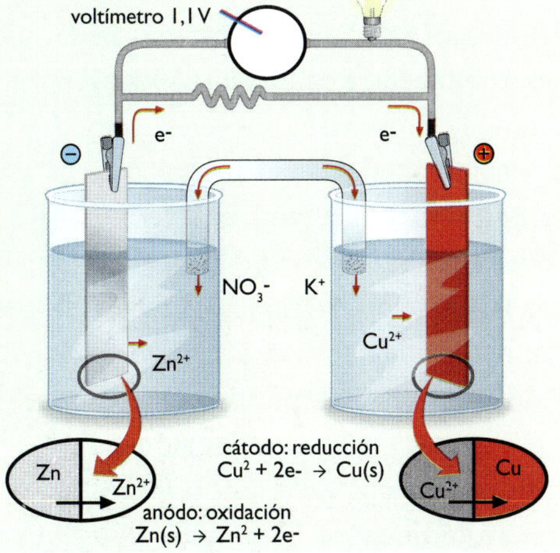

La energía en los procesos químicos

La **energía** se asocia con la capacidad para fabricar, transformar o poner en movimiento los objetos. Físicamente, se define como la capacidad para realizar un trabajo, mientras que para la tecnología y la economía es un recurso natural. Se intercambia de un cuerpo a otro y se puede almacenar.

En toda transformación se produce un intercambio energético entre el sistema y el medio. El primer principio de la termodinámica, que estudia el equilibrio térmico de los procesos físicos y químicos a nivel macroscópico, establece que la energía no se crea ni se destruye, sino que se transforma de un tipo de energía a otro.

La **ley de la conservación de energía** enuncia que "la energía total de los reactivos es igual a la energía total de los productos".

La energía puede pasar de una forma a otra. Por ejemplo, en una fábrica con máquinas que funcionan con combustible fósil, la energía química de los hidrocarburos se transforma en energía mecánica para realizar un trabajo. Cualquier tipo de energía puede transformarse íntegramente en calor, pero este no puede transformarse de manera total en otro tipo de energía.

En las reacciones químicas, para que se rompan los enlaces suele ser necesario que el sistema tome energía del medio, mientras que en la formación de enlaces se libera energía. Se produce un intercambio energético entre el sistema y el medio.

Existen reacciones que liberan o toman energía eléctrica, que implica una transferencia de electrones, como ocurre en una pila. Otras, en cambio, como la fotosíntesis, requieren energía lumínica para iniciar un proceso metabólico.

La **termoquímica** es la rama de la termodinámica que estudia el intercambio de energía térmica en las reacciones químicas. Cuando el balance entre la energía final de los productos y la inicial de los reactivos es positivo, el sistema toma calor del medio y la reacción química es **endotérmica**. En cambio, si resulta negativo, la reacción es **exotérmica** y se libera calor.

En los fuegos artificiales se libera energía al medio. Durante la cocción de los alimentos se toma energía del medio.

CIENCIA, TECNOLOGÍA Y SOCIEDAD

EINSTEIN Y LA ENERGÍA

"Hay una fuerza motriz más poderosa que el vapor, la electricidad y la energía atómica: la voluntad". Esta frase pertenece a Albert Einstein (1879-1955), físico nacido en Alemania y nacionalizado suizo y estadounidense, que fue considerado el científico más importante de los últimos 100 años.

A principios del siglo XX, Einstein postuló que la variación de energía es directamente proporcional a la variación de la masa por el cuadrado de la velocidad de la luz (c): $\Delta E = \Delta m \cdot c^2$.

La variación de la masa es insignificante en las transformaciones físicas y químicas, por lo cual esta relación fue realmente comprendida cuando el desarrollo de la energía nuclear demostró que ínfimas variaciones de masa generaban gran cantidad de energía. Por ejemplo, la variación de 1 g de materia en una reacción nuclear origina una energía de 91 013 J, equivalente a la energía necesaria para tener encendida una lámpara de 100 watts durante 28 540 años.

Albert Einstein en el año 1882.

Einstein necesitó mucha energía (y voluntad) para transformarse en una de las mentes más brillantes del siglo XX.

Una medida para cada reacción

La cantidad de energía que un sistema intercambia con el entorno es una magnitud termodinámica denominada **entalpía** (del griego, *thalpo* = dar calor). Es una propiedad extensiva que depende de la temperatura, se simboliza con la letra H y se expresa en joule y kcal. La variación de entalpía (ΔH) para una reacción es la diferencia entre la entalpía de productos y reactivos (H_P-H_R), es decir, entre el estado final y el inicial del sistema. Cuando la reacción es exotérmica, la variación de entalpía es negativa; en una reacción endotérmica, la variación de entalpía es positiva.

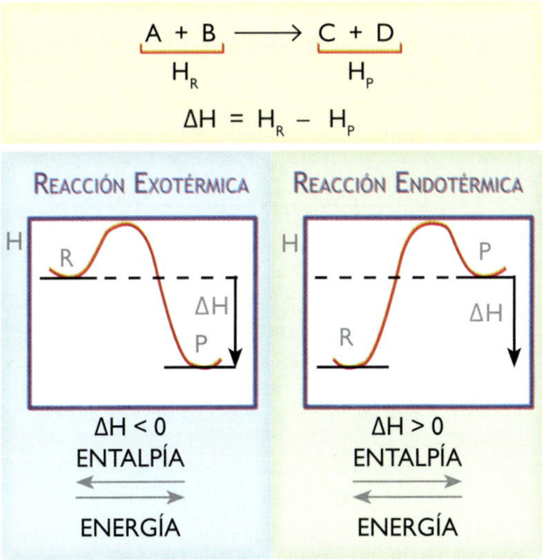

Consumo y provisión de energía

En los procesos industriales, resulta muy útil saber si una reacción es endotérmica o exotérmica, y poder cuantificar la energía intercambiada con el medio. Por ejemplo, al evaporarse, el amoníaco absorbe gran cantidad de calor, por lo que a principios del siglo XIX los sistemas de refrigeración a base de amoníaco eran muy utilizados en Europa y los Estados Unidos. En la industria siderúrgica, la producción de hierro a partir de óxido de hierro y de carbono es una reacción endotérmica, mientras que la descomposición de la piedra caliza (carbonato de calcio) requiere energía del medio. La combustión, reacción básica de muchas industrias de manufactura de productos, es un proceso exotérmico. Parte de la energía contenida en los reactivos queda retenida en los productos, y parte es liberada al ambiente en forma de calor. En algunos casos, esa liberación de calor al medio es un efecto deseado (como cuando se produce la combustión de gas natural o leña para cocinar o calefaccionar un ambiente); pero en otros casos es un efecto colateral no deseado debido a que la excesiva liberación de calor al ambiente es un tipo de contaminación. Este es el caso del calor residual que generan las máquinas de muchas fábricas y los motores de los automóviles.

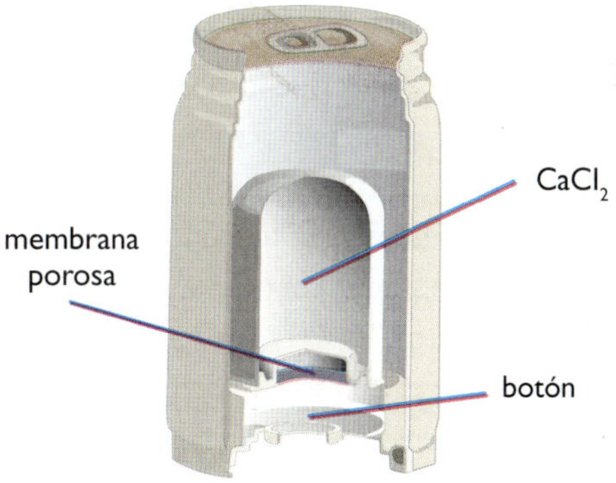

En las botellas autocalentables, se produce una reacción química exotérmica o endotérmica entre el agua y la sustancia química (cloruro de calcio, sulfato de magnesio o nitrato de amonio) que contienen. De este modo, el contenido de la botella se puede enfriar o calentar a partir de una reacción química.

EL CONSUMO EFICAZ DE LA ENERGÍA

El uso eficiente de la energía en los procesos industriales requiere identificar en qué áreas de la producción hay mayor consumo y procurar el diseño de sistemas y equipos que reduzcan el derroche energético. Una medida para conseguir un rendimiento eficiente de los combustibles utilizados en la generación de electricidad o movimiento es aprovechar el calor residual que disipan los motores para las necesidades térmicas requeridas, también se pueden evitar grandes pérdidas colocando material aislante en las tuberías. De esta forma, la industria reduce en gran medida el consumo general de energía.

Para disminuir el impacto ambiental, las industrias deberían utilizar energías renovables y potenciar el uso de las energías térmicas residuales.

El consumo de materiales en la industria

Como se vio en el Capítulo 4, el estudio de las relaciones cuantitativas involucradas en una reacción química se denomina **estequiometría**. En los procesos industriales, la aplicación de la estequiometría permite hacer proyecciones sobre las inversiones económicas que es necesario realizar en materias primas, conocer la absorción y emisión de energía, y predecir la cantidad de contaminantes que se pueden generar para buscar alternativas que eviten perjuicios en el ambiente.

En las industrias, al igual que en los laboratorios, para realizar cálculos estequiométricos en forma correcta, se escribe la ecuación química correspondiente y se balancea de modo que se cumpla la ley de la conservación de la masa (ver página 70, Capítulo 4). En todo cálculo estequiométrico, es importante conocer la concentración de las soluciones y la pureza de las materias primas utilizadas, el exceso o déficit de los reactivos, el rendimiento de las reacciones y la energía intercambiada en el proceso.

En la industria, al igual que en un laboratorio, puede ocurrir que los reactivos utilizados se encuentren en solución acuosa, lo que implica conocer cuál es su concentración. Por lo general, la concentración de un soluto está expresada en **molaridad** (M), que indica el número de moles de soluto disueltos en 1 dm^3 de solución.

En la industria alimentaria, los fabricantes deben informar las cantidades de ciertas sustancias o aditivos presentes en los productos.

Supongamos que en una fábrica de alimentos enlatados se quiere salar arvejas en conserva. Para salar el equivalente a 100 latas, el fabricante utiliza 25 000 cm^3 de solución acuosa 0,1 M de cloruro de sodio (NaCl), por lo que en cada lata hay 250 cm^3 de solución. ¿Qué cálculos será necesario realizar para averiguar la cantidad de sal que lleva cada lata y poder informarlo a los consumidores?

Para resolver esta situación problemática, en primer lugar es necesario interpretar que el dato 0,1 M significa que se hay 0,1 moles de soluto (cloruro de sodio) disuelto en 1 dm^3 de solución. Luego se calcula la masa molar del cloruro de sodio:

$$M_{NaCl} = Ar_{Na} + Ar_{Cl} = 23\ u + 35\ u = 58\ u$$

La masa de un mol de par iónico (pi) de cloruro de sodio es 58 g.

A partir de este dato se averigua la masa de 0,1 moles de soluto.

$$\frac{58\ g}{1\ mol\ de\ pi\ NaCl} = \frac{X}{0{,}1\ mol\ de\ pi\ NaCl}$$

$$X = 5{,}8\ g$$

Finalmente, se determina la cantidad de soluto disuelto en el volumen de solución empleada.

$$\frac{1\ dm^3\ de\ sc}{5{,}8\ g\ de\ st} = \frac{0{,}250\ dm^3\ de\ sc}{X}$$

$$X = 1{,}45\ g\ de\ st$$

Se deduce de esta manera que la cantidad de sal de cada lata es 1,45 g. Este valor es el que debe informar el fabricante en la etiqueta que lleva cada lata.

VOLUMEN Y CAPACIDAD

Volumen y capacidad son dos términos estrechamente vinculados que suelen utilizarse como sinónimos pero que no lo son.

El **volumen** es el lugar que ocupa un cuerpo en el espacio y se expresa en metros cúbicos (m^3), sus múltiplos y submúltiplos (dm^3, cm^3, etcétera).

La **capacidad** no es una cualidad que posea cualquier objeto sino que es característica de los recipientes capaces de contener cuerpos o compuestos, y la unidad de medición es el litro y se simboliza con la letra l (minúscula) o L (mayúscula). Una botella de 1 litro puede contener 500 cm^3 de líquido.

Otras formas de expresar la concentración

La **molalidad** (**m**) es una medida de la concentración de una solución que resulta muy útil a la hora de trabajar con grandes cantidades de material, como sucede en la actividad industrial. Esta medida indica el número de moles de soluto disueltos por cada kilogramo de solvente.

Otra manera de expresar la concentración de una solución es tener en cuenta la cantidad de unidades de un compuesto o ion presente por cada millón de unidades de un todo o conjunto; esta forma de expresar la concentración de un soluto en una mezcla se denomina **partes por millón** (ppm), 1 ppm = 1×10^{-6}. Se utiliza para expresar concentraciones muy pequeñas (llamadas trazas) de una sustancia presente en un sistema, en general se usa para determinar la concentración de impurezas.

Molalidad

En una papelera, se emplean 500 kg de solución acuosa de hidróxido de sodio (NaOH) con una concentración 2 m como blanqueador, y se requiere averiguar la cantidad de soluto.

En primer lugar, sobre la base del concepto de molalidad se deduce que hay 2 moles de soluto (hidróxido de sodio) disueltos por cada kilogramo de solvente (agua) presente en la solución.

Luego se calcula la masa molar del hidróxido de sodio, y a partir de este dato se averigua qué masa corresponde a 2 moles de soluto.

$$M_{NaOH} = Ar_{Na} + Ar_O + Ar_H = 23\ u + 16\ u + 1\ u = 40\ u$$

Dado que un mol de hidróxido de sodio tiene una masa de 40 g, entonces:

$$\frac{1\ \text{mol de pi NaOH}}{40\ \text{g NaOH}} = \frac{2\ \text{mol de pi NaCl}}{X}$$

$$X = 80\ g$$

Para determinar la cantidad de solución correspondiente a la concentración dada se realiza el siguiente cálculo:

masa soluto + masa solvente = masa solución

80 g + 1 000 g = masa solución

1,080 kg = masa solución

Finalmente, se determina la cantidad de soluto disuelto en los 500 kg de solución empleada:

$$\frac{80\ \text{g de st}}{1{,}08\ \text{kg sc}} = \frac{X}{500\ \text{kg sc}}$$

$$X = 37{,}037\ \text{g de s}$$

La masa de soluto presente en 500 kg de la solución acuosa 2 m de hidróxido de sodio es 37,037 kg.

Pureza de los reactivos

Muchas industrias emplean materias primas que provienen de minerales o de compuestos con impurezas; por lo tanto, para llevar a cabo los cálculos estequiométricos es necesario calcular el grado de pureza.

Partes por millón

El examen de una muestra de agua de una fábrica de soda revela un contenido de 272 ppm de catión sodio. ¿Qué cantidad del catión hay en 2 dm^3 del agua analizada? Al analizar el dato se deduce que hay 272 partes de Na^+ en 1 106 partes de solución.

$$\frac{272\ \text{partes de } Na^+}{1{,}10^6\ \text{partes de sc}} = \frac{272\ \text{kg de } Na^+}{1{,}10^6\ \text{kg de sc}}$$

Sabiendo que la densidad de la muestra es 1,1 $kg.dm^{-3}$
δ solución = masa de la solución/volumen de la solución, resulta:

$$m\ sc = \delta\ sc\ .\ v\ sc$$

Entonces,

$$m\ sc = 2\ dm^3 \cdot 1{,}1\ kg.dm^{-3}$$

$$\mathbf{m\ sc = 2{,}2\ kg}$$

Se debe determinar ahora la masa de catión sodio presente en 2 dm^3 de solución.

$$\frac{272\ \text{kg de } Na^+}{1{,}10^6\ \text{kg sc}} \quad \frac{X}{2{,}2\ \text{kg}}$$

$$\mathbf{X = 5{,}90 \cdot 10^{-5}\ kg}$$

El contenido de catión sodio presente en 2 dm^3 de agua analizada es 598 g.

Pureza

Una muestra de piedra caliza utilizada en la fabricación de cal tiene una pureza del 94% en carbonato de calcio ($CaCO_3$). ¿Cuántos kg de $CaCO_3$ se obtendrán al tratar 500 kg de piedra caliza?

$$\frac{94\ \text{kg } CaCO_3}{100\ \text{kg piedra caliza}} = \frac{X}{500\ \text{kg piedra caliza}}$$

$$X = 470\ \text{kg } CaCO_3$$

La cantidad de materia prima útil para la obtención de cal es 470 kg.

Rendimiento de una reacción

Por lo general, las reacciones químicas no se producen en forma completa, es decir que no progresan hasta que todos los reactivos se consumen y se convierten completamente en productos. La cantidad de producto que se obtiene en una reacción química se denomina **rendimiento de la reacción** y se vincula con la cantidad de reactivo limitante presente al inicio de la reacción. La cantidad de producto que se calcula a partir de la reacción balanceada es el máximo **rendimiento teórico**, pero este es un valor ideal. Tanto en el laboratorio como en la industria, la cantidad de producto obtenido suele ser inferior al teórico y se llama **rendimiento real**. La diferencia entre el rendimiento real y el teórico de un proceso químico se da por varias razones: que a partir de los reactivos se produzcan reacciones laterales que no generan el producto deseado o que la reacción sea reversible, por lo que partes del producto vuelvan a transformarse en reactivos (ver página 194). También suele haber pérdidas de material durante la recuperación del producto en la refinación o purificación.

Usualmente, se utiliza el rendimiento porcentual que muestra la relación entre el rendimiento teórico y el real de un proceso.

$$\text{rendimiento (\%)} = \frac{\text{cantidad real del producto}}{\text{cantidad ideal del producto}} \cdot 100$$

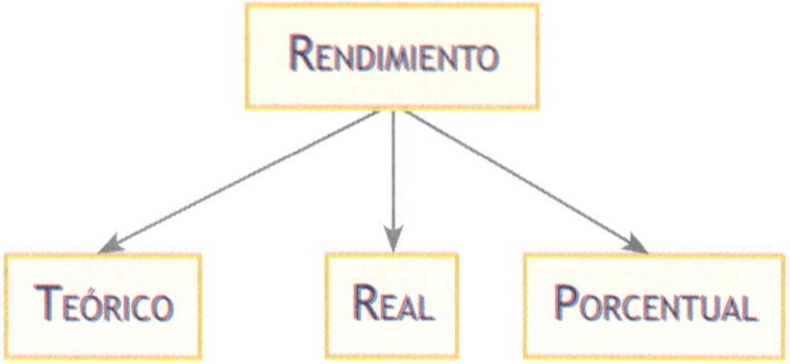

Para obtener una cierta cantidad de producto, cuando el rendimiento es menor que el teórico, se requiere utilizar una mayor cantidad de reactivo. Los químicos se ocupan de mejorar y optimizar el rendimiento de las reacciones modificando las condiciones que lo pueden afectar, como la temperatura y la presión, o introduciendo un catalizador (sustancia que acelera o disminuye la reacción) en el sistema.

CÁLCULOS DE RENDIMIENTO

Analicemos los siguientes casos

Se quiere calcular el volumen de dióxido de carbono, medido en CNPT (0 °C, 1 Atm), que se obtiene cuando se queman 96 g de carbono en presencia de suficiente cantidad de oxígeno, sabiendo que el rendimiento de la reacción es del 85%.

La ecuación química balanceada que interpreta el proceso es:

$$C + O_2 \rightarrow CO_2$$

$$\frac{12\ \text{g C}}{22{,}4\ \text{dm}^3\ \text{de}\ CO_2} = \frac{96\ \text{g C}}{X}$$

$$X = 179{,}2\ \text{dm}^3\ \text{de}\ CO_2$$

Como el rendimiento es del 85%, el volumen obtenido se calcula según:

$$V = \frac{179{,}2\ \text{dm}^3\ \text{de}\ CO_2\ 85}{100}$$

$$V = 152{,}12\ \text{dm}^3\ \text{de CO}$$

Cuando no se conoce el rendimiento de la reacción, se procede a realizar cálculos que relacionan la cantidad de producto obtenido con una determinada cantidad de reactivo.

Se quiere calcular el rendimiento de una reacción en la que, al combinar 3,4 g de sulfuro de hidrógeno con exceso de SO_2, se producen 4,1 g de azufre.

La ecuación balanceada correspondiente es:

$$2\ H_2S + SO_2 \rightarrow 3\ S + 2\ H_2O$$

De acuerdo con los cálculos de las masas moleculares, resulta que a partir de 68 g de sulfuro de hidrógeno se producen 96 g de azufre. Se plantea:

$$\frac{68\ \text{g de sulfuro de hidrógeno}}{96\ \text{g de azufre}} = \frac{3{,}4\ \text{g de sulfuro de hidrógeno}}{X}$$

$$X = 4{,}8\ \text{g de azufre}$$

El rendimiento porcentual resulta

$$\%\ \text{rendimiento} = \frac{4{,}1\ \text{g de azufre}}{1{,}8\ \text{g de azufre}} \cdot 100$$

$$V = 85{,}12\%$$

De lo cualitativo a lo cuantitativo

En los laboratorios y en la industria, se presentan situaciones a diario en las que es necesario hacer cálculos estequiométricos. Para resolver correctamente una situación problemática real relacionada con el cálculo estequiométrico se deben tener en cuenta las siguientes cuestiones:

- Conocer la fórmula y el nombre de los compuestos químicos.
- Escribir la reacción y la ecuación química balanceada.
- Considerar el reactivo limitante, la pureza, la concentración de las soluciones y el rendimiento de la reacción.

La situación problemática que se plantea en esta página permite integrar los aspectos que se tienen en cuenta en la estequiometría de un proceso.

Los químicos del laboratorio de una fábrica quieren obtener hidrógeno a partir de la reacción:

$$2\ Na + 2\ HCl \rightarrow H_2 + 2\ NaCl$$

Cuentan con 12 g de sodio cuya pureza es del 80%, y 250 cm^3 de una solución 0,5 M de ácido clorhídrico. Estos científicos deben identificar el reactivo limitante, determinar la masa de reactivo en exceso, y calcular el número de moléculas y el volumen de gas hidrógeno desprendido, medido a 25 °C y 1 004 hPa, sabiendo que el rendimiento de la reacción es del 68%.

1. Cálculo de la masa de soluto presente en la solución.

La concentración de la solución de ácido clorhídrico es 0,8 M, lo cual significa que en 1 dm3 de solución hay 0,4 moles de soluto.

Entonces:

$$\frac{1\,000 \text{ cm}^3 \text{ de solución}}{0{,}8 \text{ moles de soluto}} = \frac{250 \text{ cm}^3 \text{ de solución}}{X}$$

$$X = 0{,}2 \text{ moles HCl}$$

2. Cálculo del reactivo limitante.

La pureza del sodio es del 80%, lo cual implica que 12 g de reactivo tienen 9,6 g de sodio puro, que reaccionan con el ácido clorhídrico.

$$\frac{46 \text{ g de sodio}}{2 \text{ moles de HCl}} = \frac{9{,}6 \text{ g de sodio}}{X}$$

$$X = 0{,}42 \text{ moles HCl}$$

Como solo se dispone de 0,2 moles de HCl, este es el reactivo limitante. La masa de sodio presente no reacciona totalmente.

3. Cálculo de la masa de reactivo en exceso.

$$\frac{2 \text{ moles de HCl}}{46 \text{ g de sodio}} = \frac{0{,}2 \text{ moles de HCl}}{X}$$

$$X = 4{,}60 \text{ g de sodio}$$

La masa de reactivo en exceso = 12 g – 4,6 g de sodio = 7,4 g de sodio

4. Cálculo del número de moléculas y del volumen de hidrógeno obtenido estequiométricamente a partir del reactivo limitante:

$$\frac{2 \text{ moles de HCl}}{1 \text{ mol de hidrógeno}} = \frac{0{,}2 \text{ moles de HCl}}{X}$$

$$X = 0{,}1 \text{ mol noléculas de hidrógeno}$$

Teniendo en cuenta el rendimiento de la reacción:

$$\frac{0{,}1 \text{ mol} \times 80}{100} \quad 0{,}08 \text{ mol moléculas de hidrógeno}$$

$$\frac{1 \text{ mol de moléculas de } H_2}{6{,}02 \cdot 10^{23} \text{ moléculas de } H_2} = \frac{0{,}08 \text{ mol de moléculas de } H_2}{X}$$

$$X = 4{,}82 \cdot 10^{22} \text{ moléculas de hidrógeno}$$

Para atender a las condiciones de presión y temperatura dadas en la situación problemática se aplica la ecuación general de los gases.

$$PV = n.R.T.$$

$$V = \frac{n.R.T.}{P}$$

De acuerdo con las unidades de la constante general de los gases (R), la presión se debe expresar en atm.

$$P = \frac{1\,004 \text{ hPa} \cdot 1 \text{ atm}}{1013 \text{ hPa}} = 0{,}99 \text{ atm}$$

Reemplazando con los datos dados resulta:

$$V = \frac{0{,}08 \cancel{\text{mol}} \cdot 0{,}082 \text{ dm}^3 \cancel{\text{atm}} \cdot \cancel{K^{-1}} \cancel{\text{mol}^{-1}}\ 298 \cancel{K}}{0{,}99 \cancel{\text{atm}}}$$

$$V = 1{,}97 \text{ dm}^3$$

Los minerales: del yacimiento a la planta

En diversas industrias se utilizan materiales provenientes de los **yacimientos**, que son formaciones donde se encuentran naturalmente grandes concentraciones de minerales que pueden ser utilizados como materia prima en la industria.

Existen en el mundo numerosos yacimientos: algunos son pretolíferos, como se vio en el Capítulo 3, otros son mineros, como se verá en el Capítulo 11. Sin embargo, muchos de ellos no son explotables porque contienen minerales de muy difícil acceso o porque el proceso de extracción resulta muy costoso.

Tratamiento de materiales

Prácticamente no hay minerales que se utilicen tal cual salen de la mina. El material extraído del yacimiento se transporta a la planta de tratamiento para ser sometido a diversos procedimientos hasta que se consigue un producto que pueda ser utilizado comercialmente.

Los sistemas de tratamiento son un conjunto de procesos físicos y químicos que se realizan sobre los materiales a fin de prepararlos para su posterior industrialización.

Debido a que en muchos casos el mineral está compactado, se lo somete a un tratamiento mecánico, proceso que consiste en moler o triturar (según los casos) para reducir su tamaño.

La concentración o lavado es el proceso de enriquecimiento de algunos minerales para producir un material mejorado. Los tratamientos de este tipo son variados: pueden ser físicos como la separación magnética por medio de electroimanes, o fisicoquímicos en el caso de la flotación, técnica que aprovecha la diferencia de propiedades de flotabilidad del mineral útil y la ganga (impurezas).

El material extraído del yacimiento suele estar acompañado de otros compuestos que pueden ser aprovechados como subproductos en otras industrias, para lo cual se los somete a procesos de refinación, como sucede con el petróleo.

Otro proceso fisicoquímico al que son sometidos los minerales es la lixiviación, proceso de recuperación mediante el cual se lava el material pulverizado para extraer las partes solubles.

La pirometalurgia es un proceso que permite obtener y purificar metales mediante altas temperaturas, producidas por la quema de combustibles. Incluye la calcinación, la tostación y la reducción. La calcinación es un proceso endotérmico que descompone el mineral para formar el óxido correspondiente, vapor de agua y dióxido de carbono. En la tostación, los sulfuros metálicos se calientan en presencia del oxígeno, y forman el óxido del metal y dióxido de azufre gaseoso. Para reducir el óxido formado se suele utilizar monóxido de carbono, hidrógeno o metales reductores.

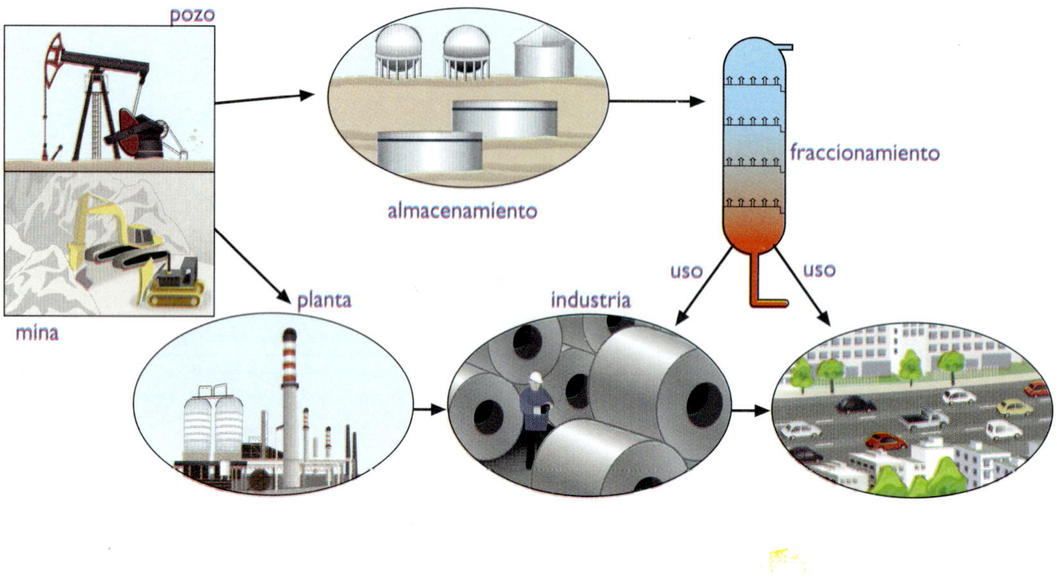

Tratamiento de efluentes y residuos industriales

La industria genera productos de desecho o **efluentes** que, en general, son arrojados al medio sin ser tratados de manera adecuada.

Bajo condiciones normales, los ecosistemas asimilan y degradan los desechos que generan mediante procesos bioquímicos que realizan microorganismos y otros seres vivos. Pero a partir de la industrialización, existe una gran cantidad de productos como polímeros sintéticos (nailon, polietileno), fertilizantes y pesticidas artificiales, que muy pocos seres vivos son capaces de degradar. Su presencia afecta el funcionamiento normal del ecosistema, es decir, son **contaminantes**. Si bien se utilizan métodos que corrigen parcialmente el daño ocasionado, estos no eliminan el foco de contaminación sino que lo trasladan a otro lugar en el que los efectos sean menores.

La contaminación atmosférica es uno de los problemas más inquietantes debido a que no solo es perjudicial para la zona donde se produce, sino que sus consecuencias pueden afectar a todo el planeta. Los contaminantes atmosféricos más comunes provenientes de fuentes industriales son los óxidos de nitrógeno, producidos en la fabricación de fertilizantes y explosivos; el monóxido de carbono (CO), emitido en gran concentración en los procesos metalúrgicos y, en menor proporción, en la quema de combustibles. Durante la combustión y la refinación de minerales y petróleo se generan dióxido y trióxido de azufre (SO_2 y SO_3) que al reaccionar con el agua atmosférica forman ácido sulfúrico, causante de la lluvia ácida.

Cada industria debe investigar las características de los agentes contaminantes que produce y la normativa vigente para su tratamiento. Identificar la composición química de los desechos, la acción microbiana que puede haber sobre ellos y la estequiometría de las reacciones que se producen, contribuye a encontrar procedimientos válidos para el tratamiento integral de los efluentes y residuos. Algunas de las técnicas implementadas logran recuperar los desechos y transformarlos en productos para su posterior utilización en otras industrias. En otros casos, se procede a la incineración de residuos, lo cual disminuye radicalmente el volumen de los desechos y genera energía que puede ser aprovechada en otros sectores de la planta industrial. Sin embargo, como efecto colateral se forman gases y cenizas que también contaminan.

Entre las metodologías más utilizadas se hallan los tratamientos fisicoquímicos, que consisten en someter el residuo a procesos de filtración, decantación, adsorción (en el caso de colorantes y detergentes), precipitación (en el caso de metales, sulfuros y fosfatos), desgasificación (para amoníaco y sulfuro de hidrógeno) y reacciones de neutralización, rédox y otras (para otros contaminantes).

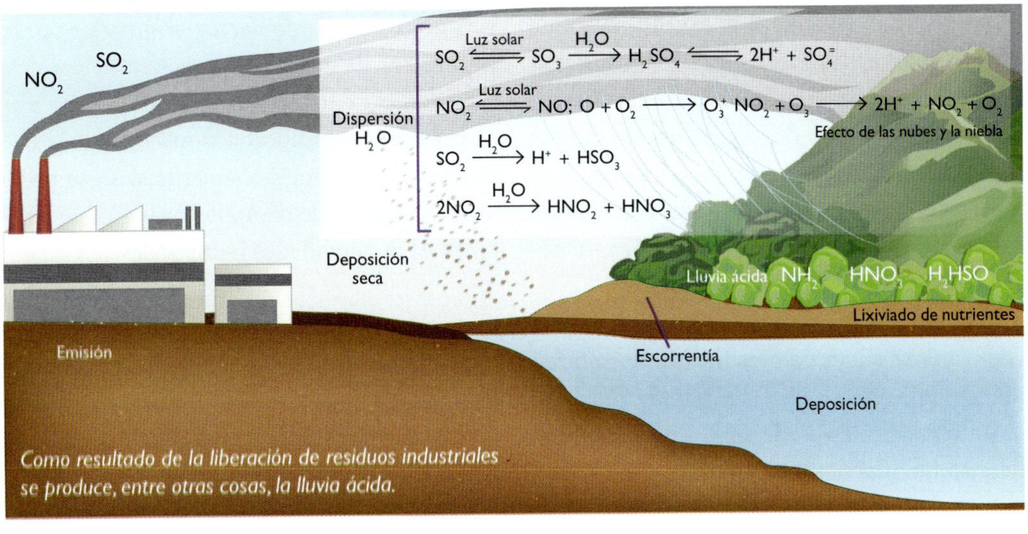

Como resultado de la liberación de residuos industriales se produce, entre otras cosas, la lluvia ácida.

La contaminación de los recursos hídricos

El volcado de materias desechables en vertederos debe estar controlado para impedir la contaminación de aguas subterráneas o superficiales. El propósito de depurar las aguas residuales es reducir su contaminación antes de que sean vertidas. En este proceso, se generan subproductos denominados fangos o barros, cuya naturaleza debe conocerse para decidir cuál es la forma de eliminación más adecuada. Los fangos minerales no tóxicos se pueden utilizar como abono, mientras que los tóxicos se almacenan en vertederos controlados, aislados de las napas freáticas, que son el primer estrato acuífero que se encuentra al perforar el suelo, y luego se incineran.

Los contaminantes orgánicos industriales son desechos de materiales sintéticos (como plásticos e insecticidas), productos naturales (como aceites o grasas) y productos del procesamiento de alimentos. Estos residuos son descompuestos por bacterias en un proceso de putrefacción, que disminuye la cantidad de oxígeno disuelto en el agua, con graves perjuicios para la flora y fauna acuáticas. Los microorganismos utilizan los desechos como alimento y lo oxidan con el oxígeno del medio para obtener energía. Como resultado se liberan CO_2 y H_2O al medio; es un proceso de respiración.

Este tipo de contaminación puede medirse de manera cuantitativa mediante la determinación de la **demanda bioquímica de oxígeno (DBO)**, que indica la cantidad de oxígeno que los agentes microbianos necesitan para remover los residuos hídricos orgánicos en determinadas condiciones (manteniendo la temperatura a 20 °C en un período de 5 días).

La DBO se expresa en partes por millón (ppm) o mg/L; sus valores indican la calidad del agua de ríos, lagos, lagunas o efluentes. Cuanto mayor es la DBO, mayor es la cantidad de materia orgánica que contiene la muestra.

Muestra	DBO (ppm)
Agua potable	0,75 a 1,5
Agua poco contaminada	3 a 10
Agua muy contaminada	10 a 50
Agua servida	100 a 400
Residuos industriales	500 a 10 000

La DBO es un índice del grado de contaminación de un cuerpo de agua.

A. Los líquidos no tratados arrojados en vertederos producen una importante contaminación de los recursos hídricos.
B. Vertedero tratado de acuerdo con la normativa vigente.

El marco legal regulatorio

En la Argentina, la contaminación ambiental está debidamente legislada a través de la ley 24 051 y su decreto 831/93, que regulan las actividades que generan, tratan y/o disponen residuos peligrosos en lugares de jurisdicción nacional, o cuando los residuos deben ser transportados por vía terrestre o por vías navegables. El decreto 674/89 dispone el régimen al que se ajustarán los establecimientos industriales "que produzcan en forma continua o discontinua vertidos residuales o barros originados por la depuración de aquellos a conductos cloacales, pluviales o a cursos de agua". Esta norma trata de mantener un adecuado nivel de calidad de las aguas subterráneas y superficiales e impedir la acumulación de compuestos tóxicos o peligrosos. Las actividades industriales son un camino para mejorar las condiciones de vida del ser humano. La búsqueda de soluciones prosperará si se analizan las metodologías más apropiadas para cada área y se realiza un permanente seguimiento, evaluación y control de las acciones correctivas que se implementan.

1. Valiéndose de la tabla periódica, indiquen el número de oxidación de cada átomo en los siguientes compuestos:

a. $NaClO_4$;
b. H_3PO_4;
c. $AlCl_3$;
d. $Mg(OH)_2$;

2. A partir de la siguiente reacción:

$$Fe + 2\,HCl \rightarrow FeCl_2 + H_2$$

a. Escriban los estados de oxidación de cada uno de los átomos.
b. Planteen las semiecuaciones de oxidación y reducción.

3. A partir de la reacción del punto 2, indiquen si las siguientes afirmaciones son verdaderas o falsas. Justifiquen cada respuesta.

a. Los cationes H^+ actúan como reductores.
b. Los aniones Cl^- actúan como oxidantes.
c. El hierro metálico se oxida.

4. Se disuelven 25 g de hidróxido de sodio (NaOH) en 160 g de agua. Si la densidad de la solución es 1,08 $g.cm^{-3}$, expresen la concentración de la solución en molaridad y molalidad.

5. ¿En cuál de las siguientes soluciones de ácido sulfúrico hay mayor cantidad de soluto? Justifiquen su elección.

a. 400 cm^3 de solución 2,5 M
b. 40 cm^3 de solución 0,1 m y d = 1,4 $g.cm^{-3}$

6. Con la ayuda de la tabla periódica representen gráficamente la pila de Ni-Cd, señalen la marcha de iones y de electrones, escriban las semiecuaciones de oxidación y de reducción, y calculen la diferencia de potencial.

7. Indiquen, justificando la respuesta, si es posible el funcionamiento de las pilas formadas por las siguientes reacciones:

a. $Zn + Hg^{+2} \rightarrow Zn^{2+} + Hg$
b. $Mg^{2+} + Ca \rightarrow Ca^{2+} + Mg$

8. Se hace reaccionar 360 cm^3 de solución de hidróxido de amonio 2 M con 120 g de óxido cúprico con una pureza del 80% para obtener nitrógeno gaseoso, agua y cobre metálico con un rendimiento del 95%, según la siguiente ecuación:

$$2\,NH_3 + 3CuO \rightarrow N_2 + 3\,Cu + 3\,H_2O$$

a. ¿Cuál es el reactivo limitante?
b. ¿Qué volumen de nitrógeno gaseoso se obtiene a 25 °C y 3 039 hPa?
c. ¿Qué cantidad de átomos de cobre se forman?

9. Resuelvan el siguiente crucigrama.

Horizontales

1. Celda en la que se produce la reducción.
3. Símbolo químico del hierro.
6. Pila que consta de dos semiceldas. (Pila de...).
7. Diferencia de potencial.
9. Partícula cargada eléctricamente.
10. Apellido del inventor de la pila.
11. Símbolo químico del elemento de número atómico 25.
12. Índice que señala la cantidad de oxígeno que los agentes microbianos requieren para remover los residuos hídricos orgánicos.
13. Abreviatura de solvente.
15. Símbolo químico del elemento situado en el período 6, grupo 8.
16. Proceso en el que un átomo gana electrones.
17. Cuando un átomo se oxida ...electrones.
19. Silicato de aluminio y potasio.
22. Magnitud termodinámica.
23. Celda en la que se produce la oxidación.
24. En contacto con el oxígeno los metales se...

Verticales

1. Símbolo químico del elemento cuya configuración electrónica es 2-8-8-2.
2. Óxido de calcio.
4. Partícula subatómica de carga eléctrica negativa.
5. Industria base relacionada con el petróleo.
8. Apellido del científico que enunció la ley de la relatividad.
14. Dispositivo que genera electricidad.
18. Unidad con que se expresa la diferencia de potencial.
20. Siglas de industria argentina.
21. Prefijo que indica absorción de calor.
22. Prefijo que identifica reacciones en las que se libera calor.

Botellas térmicas

Como se vio en este capítulo, algunos productos se comercializan envasados en recipientes térmicos en los que una reacción libera calor al contenido, o lo toma de este. En esta actividad les proponemos construir sus propias botellas térmicas.

MATERIALES

2 botellas de plástico de 500 ml, agua, cloruro de calcio ($CaCl_2$) y nitrato de amonio (NH_4NO_3).

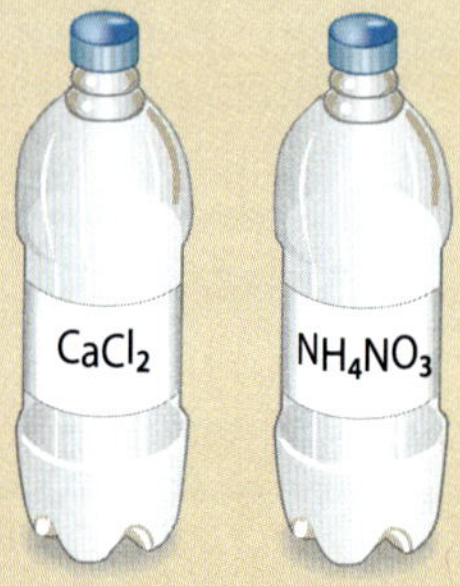

- **Para construir las botellas**
  1. Rotulen las botellas como muestra la figura. Coloquen 100 cm^3 de agua en cada una y agreguen 40 g de cloruro de calcio y 30 g de nitrato de amonio, respectivamente. Tapen y agiten.
  2. Toquen los recipientes, describan lo que perciben.

- **Preguntas para el análisis**
  1. ¿Qué proceso ocurre en cada recipiente?
  2. Investiguen acerca de las ecuaciones de las reacciones que se llevaron a cabo en cada botella. ¿Se trata de reacciones endotérmicas o exotérmicas?

Construir un zepelín

Los zepelines son vehículos aéreos muy utilizados a principios del siglo pasado como medio de transporte. En la actualidad, se los emplea con fines publicitarios.

MATERIALES

Vasos de precipitados, un erlenmeyer, un tapón con doble perforación, un globo de agua, un tubo de vidrio acodado, un embudo, hilo, ácido clorhídrico, granalla de cinc o cinc en polvo.

- **Para construir el zepelín**
  1. Para armar el dispositivo, inserten el tubo de vidrio y el embudo en el tapón de goma con doble perforación. Coloquen unas granallas de cinc en el erlenmeyer y tapen el recipiente. Fijen el globo en el tubo acodado (figura 1). Agreguen con cuidado el ácido a través del embudo (figura 2).

fig. 1

fig. 2

- **Consignas para el análisis**
  1. Escriban la ecuación química que interpreta el proceso en el interior del erlenmeyer.
  2. Planteen las semiecuaciones de oxidación y reducción. Indiquen cuál es el agente reductor.
  3. Utilizando la tabla de potenciales de oxidación, calculen la diferencia de potencial generada.

Los sulfitos

Como verán en el Capítulo 12, uno de los aditivos que se utilizan para conservar los alimentos son los sulfitos, sustancias que son eficaces para prevenir la oxidación.

Para detectar la presencia de sulfitos se tiene en cuenta la reacción rédox con peróxido de hidrógeno, en la cual el ion sulfito se oxida a ion sulfato. La ecuación química correspondiente es:

$$(SO_3)^{-2} + H_2O_2 \rightarrow (SO_4)^{-2} + H_2O$$

La solución de cloruro de bario permite reconocer la presencia de iones sulfato al observarse un precipitado blanco de sulfato de bario.

$$BaCl_2 + Na_2SO_4 \rightarrow 2\ NaCl + BaSO_4$$

MATERIALES

Manzanas o peras deshidratadas y frescas, 2 vasos de precipitados, 2 tubos de ensayo, gradilla, 2 embudos, papel de filtro, agua destilada, 2 varillas de vidrio, peróxido de hidrógeno (agua oxigenada) al 3%, solución saturada de cloruro de bario.

- **Para detectar sulfitos**
  1. Coloquen en uno de los vasos de precipitados los trozos de fruta deshidratada y en el otro, la fruta fresca.
  2. Agreguen a cada uno 20 cm^3 de agua destilada y machaquen con una varilla de vidrio. Dejen reposar 10 minutos. Filtren.
  3. En sendos tubos de ensayo coloquen 5 cm^3 de cada uno de los líquidos filtrados.
  4. Viertan en cada tubo 5 cm^3 de peróxido de hidrógeno al 3%. Agiten e incorporen 5 cm^3 de solución saturada de cloruro de bario.
  5. Comparen lo ocurrido en ambos tubos y registren sus observaciones.

- **Preguntas para el análisis**
  1. ¿Cuál es el agente reductor en la reacción de oxidación del ion sulfito?
  2. ¿En qué productos se utiliza el agregado de sulfitos y cuál es su finalidad?
  3. Argumenten sobre el balance riesgo/beneficio que trae aparejado el uso de conservantes en los alimentos.

ACTIVIDADES

- **Busquen en Internet o en diarios y revistas, información acerca de alimentos que contengan sulfitos y de las normas que existen para su dosificación.**

CONTENIDOS || LOS NUEVOS MATERIALES PARA LA SALUD HUMANA | BIOMETALES E IMPLANTES. CARACTERÍSTICAS DE LOS METALES | MINERALES METALÍFEROS | RECURSOS MINEROS EN LA ARGENTINA | LA INDUSTRIA METALÚRGICA EN LA HISTORIA | LA ACTIVIDAD MINERA | EXPLOTACIÓN MINERA E IMPACTO AMBIENTAL | PROCESOS RÉDOX EN MINERALES | LA SIDERURGIA: OBTENCIÓN DE HIERRO | METALURGIA DE COBRE | METALURGIA DE ALUMINIO

11

QUÍMICA Y METALURGIA

Desde el descubrimiento del fuego, la humanidad ha desarrollado técnicas para extraer y modificar los recursos que ofrece la corteza terrestre. Dicho empeño dio origen, entre otras tecnologías, a la metalurgia. Esta es una práctica en la que la ciencia y la técnica se unen para extraer y modificar los metales. En este capítulo se analizarán la metalurgia y la siderurgia como procesos fisicoquímicos de extracción y purificación de metales, así como sus propiedades y usos en la vida cotidiana; dónde se los halla en la naturaleza y de qué forma se presentan.

Los nuevos materiales y la salud

Desde hace algunos años, distintas disciplinas se han combinado en una nueva: la **ciencia de los materiales**, que estudia la creación de nuevos materiales para ser utilizados en campos como la medicina, la odontología, las industrias automotriz y textil, etcétera.

En medicina se están desarrollando nuevos materiales que se pueden utilizar para reparar tejidos y órganos. Se los llama **biomateriales** y son compuestos químicos que pueden ser cadenas carbonadas (similares a los hidrocarburos o a las biomoléculas), sustancias inorgánicas o compuestos mixtos.

En la actualidad, más de 40 partes del cuerpo humano pueden ser reemplazadas por dispositivos conocidos como **prótesis**. Estos implantes pueden clasificarse según el tipo de sustancias químicas que los constituyen. Hay prótesis elaboradas con materiales biometálicos, biopolímeros y biocerámicos. Deben tener bioestabilidad, es decir que no deben reaccionar con las sustancias del cuerpo. Esto es difícil de lograr debido a que los fluidos con los que están en contacto pueden tener altas concentraciones de sales (como cloruro de sodio o potasio), o un pH bajo, lo que genera un medio muy corrosivo, principalmente para las prótesis de metales.

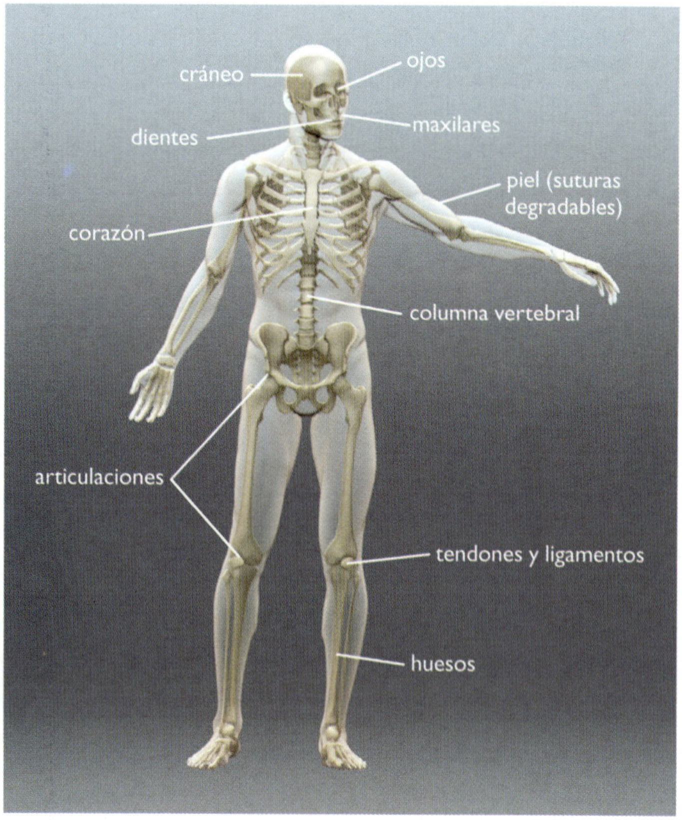

Partes del cuerpo humano que pueden ser reemplazadas por biomateriales.

Otra propiedad que deben tener los biomateriales es que deben soportar las temperaturas que se utilizan para esterilizarlos (eliminar microorganismos presentes en ellos). También deben ser biocompatibles: no deben alterar el funcionamiento del sistema biológico. Además, es muy importante que sean biofuncionales: la función del órgano o tejido que reemplazan debe estar garantizada durante todo el período de uso. En condiciones ideales, una prótesis debe funcionar durante toda la vida del paciente, de modo que no sea necesario reemplazarla. Sin embargo, en la actualidad la "vida útil" de las prótesis alcanza aproximadamente 12 años (varía de acuerdo con la prótesis), por lo que existe un gran interés en desarrollar biomateriales de mayor durabilidad acordes a la creciente expectativa de vida de la población. Otro aspecto a considerar en la selección de estos materiales es que sean livianos y de bajo costo.

Los biomateriales tienen diversas aplicaciones: en odontología (pernos, *brackets*, etc.); en oftalmología (lentes de contacto e intraoculares); en cardiología (marcapasos, válvulas cardíacas); en ortopedia (prótesis de caderas, ligamentos); en medicina estética (prótesis mamarias, reconstrucciones).

Biometales e implantes

En el caso particular de los **biometales**, además de las propiedades recién nombradas, hay que sumar otras. Deben ser resistentes a la corrosión (en presencia de los fluidos biológicos que son muy corrosivos), deben ser tolerados apropiadamente por el paciente (las concentraciones de los cationes metálicos que se liberan de manera gradual deben ser toleradas por los tejidos adyacentes); deben tener algunas propiedades como la elasticidad y la ductilidad.

Las aleaciones más utilizadas en los biometales, expresadas en porcentaje, son:

- Aleaciones de titanio: 90% Ti, 5% Al, 5% V.
- Aleaciones de cobalto: 35% Co, 35% Ni, 20% Cr, 10% Mo.
- Aceros inoxidables: 66% Fe, 18% Cr, 13% Ni, 2% Mo, y menos del 0,03% C.
- Aleaciones especiales con memoria de forma como el nitinol: 50% Ti, 50% Ni.

También se utilizan al 100% los llamados "metales nobles" que son muy poco reactivos, como oro o platino.

Las aleaciones de titanio tienen excelentes propiedades para implantes óseos (reconstrucciones, reemplazo de piezas) o fijaciones con clavos. Las aleaciones de memoria de forma se usan en ortodoncia. También se utilizan biometales en los electrodos de los marcapasos, las válvulas de corazón, etcétera.

Por lo general, la resistencia a la corrosión se debe a la formación de lo que se conoce como "pasivado", que es una capa del óxido del metal que lo protege de su posterior oxidación. Los biometales tienen menos resistencia a la oxidación que otros materiales como los biocerámicos. Además, la biocompatibilidad de los metales es baja. Sin embargo, son los mejores en cuanto a su resistencia al desgaste y golpes de alto impacto debido a que no corren el riesgo de fracturas. Por su parte, los biopolímeros presentan características ventajosas como la baja densidad (que los hace livianos) y el hecho de que sean más económicos.

Son muy pocos los metales que cumplen con las estrictas características necesarias para lograr materiales aptos para reemplazar partes óseas o tejidos humanos. De esto se deduce la imperiosa necesidad de continuar las investigaciones sobre el desarrollo de nuevos materiales.

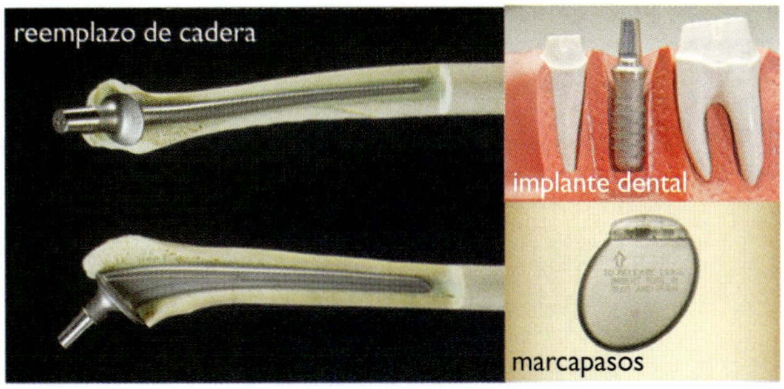

Productos médicos para implantes quirúrgicos.

Características de los metales

Los químicos consideran metales a todos los elementos de la tabla periódica que pertenecen a los grupos 1 y 2. Pero, ¿quién pone en duda las características metálicas del hierro, el cobre, el oro o la plata? Sin embargo, desde un punto de vista químico, estos son **elementos de transición**. El aluminio, el estaño y el plomo tienen también propiedades metálicas a pesar de que se encuentran en la zona de los no metales; se los denomina **metales anfóteros**. Se los considera metales porque todos ellos presentan un conjunto de propiedades que se explican por su estructura, conocida como **unión metálica**.

La unión metálica

Cualquier trozo de metal está formado por un conjunto de átomos, ordenados geométricamente en el espacio y con pocos electrones en el último nivel (1, 2 ó 3 e^-). Estos electrones pueden salir de su orbital y pasar al orbital del átomo vecino, y así desplazarse por toda la red metálica de manera aleatoria en todas direcciones y sentidos.

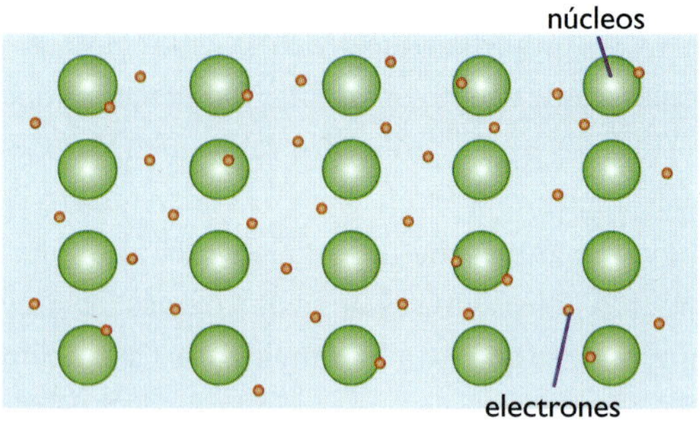

Modelo de la unión metálica.

Propiedades de los metales

Todos los metales son sólidos a temperatura ambiente (a excepción del mercurio, cuyo punto de fusión [PF] = -38,87 ºC). Los metales tienen brillo, conducen el calor y la electricidad, son relativamente blandos, maleables y dúctiles. Estas propiedades se pueden explicar con el modelo de unión metálica: el golpe o aplastamiento solo produce en la estructura del metal un corrimiento de las capas ordenadas de los núcleos y sus electrones internos. Estas son las características que los hacen tan importantes: con ellos se puede fabricar todo tipo de objetos.

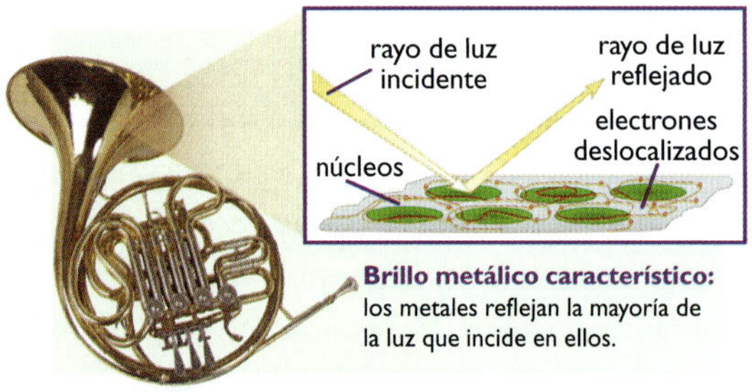

Brillo metálico característico: los metales reflejan la mayoría de la luz que incide en ellos.

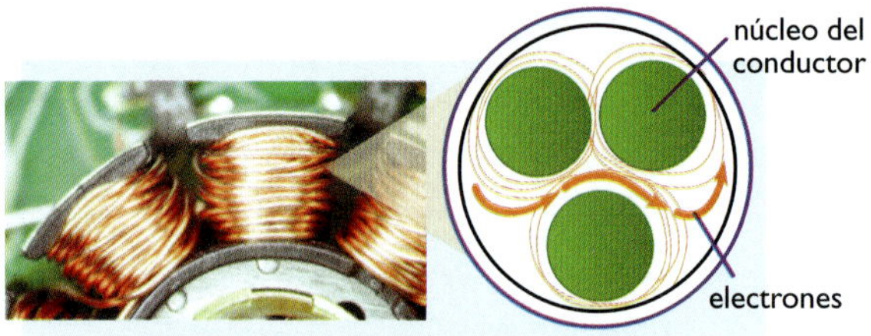

Conductividad eléctrica: al conectarlos a una fuente de corriente continua, los electrones libres del metal ordenan su movimiento desde el polo negativo hacia el positivo, así cierran un circuito de electrones sin sufrir ningún cambio. Se los clasifica como conductores de primera clase.

Colores grises-plateados-blanquecinos: en los metales que presentan estos colores, estos dependen de cuánto de la luz incidente se refleje en ellos; en los más claros, la luz se refleja casi totalmente.

La dureza es la propiedad de resistir el rayado por otros materiales. La dureza de los metales es muy baja, son materiales relativamente blandos, por eso son rayados con facilidad, en especial si son puros.

Conducción del calor: los electrones libres absorben con rapidez la energía calórica suministrada, y no se observan cambios externos. Solo cuando se acercan a sus PF, se ponen "al rojo" o "al blanco".

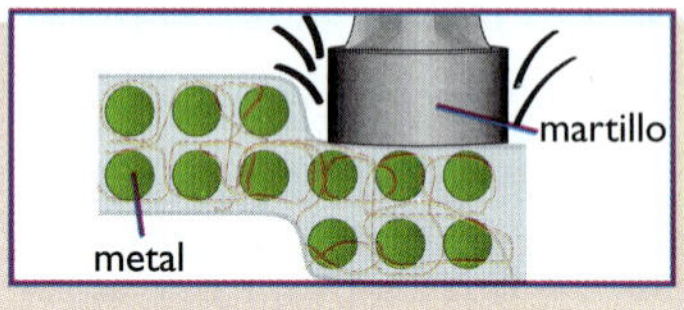

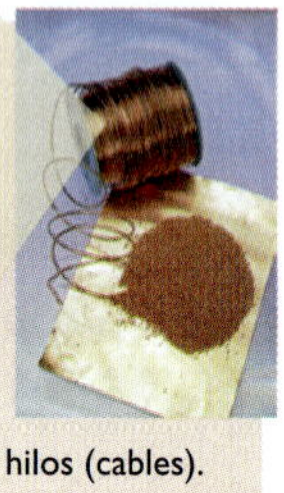

La maleabilidad es la propiedad que permite obtener láminas (hojas) del metal.
La ductilidad es la propiedad de los metales que permite que se puedan obtener hilos (cables).

Minerales metalíferos

Un **mineral** es una sustancia sólida que se forma a partir de procesos geológicos. Su composición química es constante y posee una estructura cristalina característica. La **composición química** se refiere a los elementos que forman la sustancia y la cantidad (o la proporción) de átomos de dichos elementos. Es constante porque es la misma para cada mineral, sin importar de qué parte del planeta proceda. Hay minerales denominados "nativos", que se encuentran como sustancias simples (compuestos por un solo tipo de átomos), como el oro, la plata y el cobre. Pero la mayoría de los minerales son sustancias compuestas como la **halita**, que es cloruro de sodio (NaCl) o la **galena**, que es el sulfuro de plomo (PbS).

A. *Halita.* B. *Galena y* C. *Pirita. Estas son sustancias compuestas. La pirita es disulfuro de hierro.*

Cuando el mineral está constituido por una sustancia compuesta de un elemento metálico, se dice que es un **mineral metalífero**. Se llama **mena** a un mineral que contiene en su composición un metal de interés comercial en una proporción suficiente como para que pueda ser aprovechado.

La **estructura cristalina de un mineral** es la disposición espacial de los átomos, que es lo que le confiere a los cristales formas geométricas bien definidas.

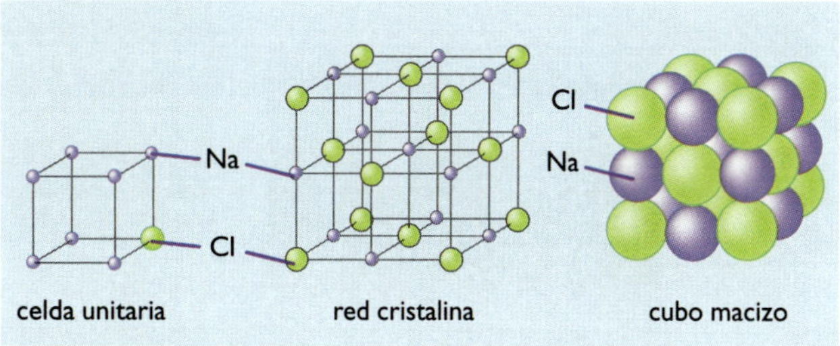

El cloruro de sodio es un mineral con estructura cristalina cúbica que puede ser representada por diferentes modelos.

Los metales más usados en la vida cotidiana son: hierro, cobre, aluminio, plomo, cinc y manganeso; son relativamente abundantes, lo cual los hace más económicos. El oro, la plata y el platino son más escasos y de mayor costo.

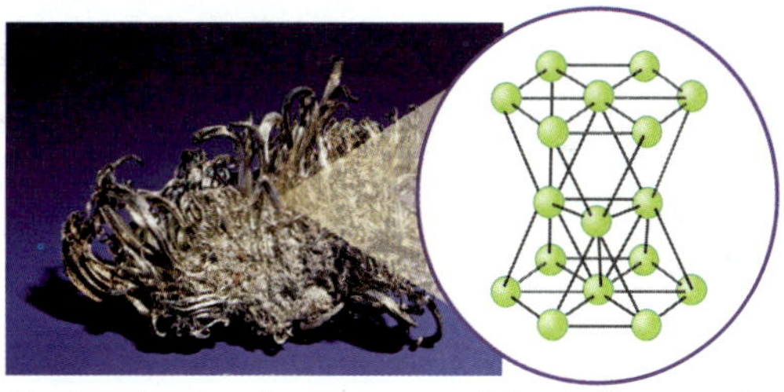

El mineral nativo plata pertenece al sistema hexagonal.

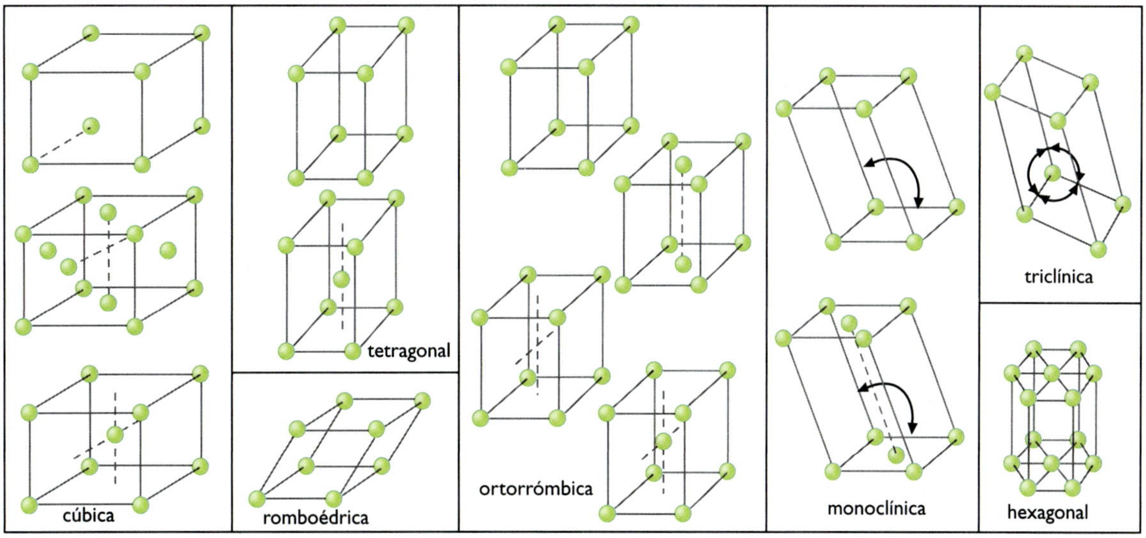

Las estructuras de los minerales fueron clasificadas en siete sistemas cristalinos (cúbico, tetragonal, hexagonal, romboédrica, ortorrómbico, monoclínico y triclínico) que a su vez tienen variantes.

RECURSOS MINEROS EN LA ARGENTINA

Desde la llegada de los españoles y los portugueses a América, la explotación de metales en estas tierras ha sido el objetivo de muchas empresas. En la actualidad, la Argentina forma parte de la gran región de explotación de cobre de los Andes. Este metal tomó importancia debido a su utilización como conductor de la electricidad. En nuestro país también existen yacimientos de oro y plata. De este último metal, la Argentina es el tercer productor de Sudamérica.

Altos Hornos Zapla. Jujuy

Salar del Hombre Muerto, Antofagasta, Catamarca

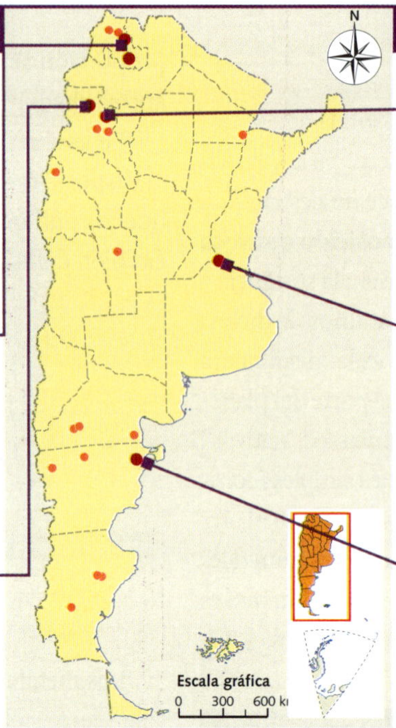

Recursos mineros en la Argentina, parte continental americana.

Minera Bajo la Alumbrera. Catamarca

Somisa, San Nicolás, Santa Fe

Aluar (Aluminios Argentinos). Puerto Madryn. Chubut

METAL	MINERAL/MENA	FÓRMULA QCA	YACIMIENTO	CIUDAD/REGIÓN	PROVINCIA
ORO	Oro nativo	Au	Minera Alumbrera	Andalgalá	Catamarca
			Agua Rica	Esquel	Chubut
			El Desquite	Ing Iacobacci	Río Negro
			Calcatreu	A 150 km Pto. S. Julián	Sta Cruz
			Vanguardia y Veladero	Peñasquito	San Juan
PLATA	Plata nativa	Ag	Minera Aguilar Pirquitas	Humahuaca Rinconada	Jujuy
			Agua Rica Navidad	Andalgalá Gastre	Catamarca Chubut
			Calcatreu	Ing. Iacobacci	Río Negro
			Cerro	a 150 km Pto. S. Julián	Sta. Cruz
			Vanguardia y Veladero	Peñasquito	San Juan
COBRE	Calcopirita Cuprita	$CuFeS_2$ Cu_2O	Minera Alumbrera Agua Rica	Andalgalá Andalgalá	Catamarca
ALUMNIO	Bauxita	$Al_2O_3.2H_2O$	Misiones		
CINC	Blenda	ZnS	Minera Aguilar	Humahuaca	Jujuy
			Mina Ángela (Navidad)	Gastre	Chubut
PLOMO	Galena	PbS	Minera Aguilar	Humahuaca	Jujuy
			Puerto Vilelas	Puerto Vilelas	Chaco
	Semseyita	$Pb_9Sb_8S_{21}$	Navidad (ex mina Ángela)	Gastre	Chubut
			Las Perdices	Las Aguadas Rinconada	San Luis
			Pan de Azúcar		Jujuy
ESTAÑO	Casiterita	SnO_2	Pirquitas	Rinconada	Jujuy
LITIO	Carbonato y cloruro	Li_2CO_3; $LiCl$	Salar del Hombre Muerto	Antofagasta de la Sierra	Catamarca
MOLIBDENO	Molibdenita	MoS	Agua Rica	Andalgalá	Catamarca
HIERRO	Pirita	FeS_2	Sierra Grande	Sierra Grande	Río Negro
	Limonita	$Fe_2O_3nH_2O$	Zapla	Zapla	Jujuy
	Hematite roja	Fe_2O_3	Las Perdices	Las Aguadas	San Luis
	Magnetita	Fe_3O_4	Farallón Negro	Dpto. de Belén	Catamarca

La historia de la metalurgia

La **industria metalúrgica** se ocupa de extraer los metales de la mena.

En la antigüedad, el **oro** se hallaba en estado puro en vetas fáciles de encontrar en las montañas. Esto condujo a su sobreexplotación durante miles de años. En la actualidad, se lo encuentra debajo de ríos y montañas, y su método de extracción es mucho más complejo, lo que lo ha encarecido. El oro es blando y puede ser forjado solo con golpes de martillo, no se oxida, y además presenta un hermoso color dorado y un brillo excepcional. Se han hallado objetos de oro en ciudades de la antigua Mesopotamia, tumbas egipcias y pirámides mayas y aztecas.

Se cree que el descubrimiento del cobre ocurrió en el antiguo Egipto de forma casual como residuo metálico, rojizo y brillante, después de calentar piedra caliza para fabricar cal u óxido de calcio: CaO. La piedra caliza o $CaCO_3$ (carbonato de calcio) puede tener incrustaciones de distintos óxidos de cobre (CuO, Cu_2O) y su calentamiento, en ciertas condiciones, puede reducir el mineral a cobre metálico (Cu). Los minerales de cobre son verdes o azules, y era fácil hallarlos en los suelos rocosos. Fue así como se inició la industria metalúrgica: con la intención de extraer el mineral que contiene al metal para aplicarle procesos y obtener el metal puro. El cobre fue muy utilizado en Egipto, Mesopotamia, China y Europa entre los años 4000 y 3000 a. C.

Cuando se descubrió el estaño comenzaron a fabricarse objetos de bronce, que es una aleación de cobre y estaño. El bronce se usó en Europa occidental desde los años 2000 hasta 1000 a. C.

Otro metal muy usado fue (y sigue siendo) el **hierro**. Hay datos arqueológicos de objetos de hierro de 2 000 años de antigüedad. El hierro empezó a usarse al agotarse los minerales de cobre y estaño, por lo que fue necesario buscar un reemplazo del bronce. Se encontraba en pequeños fragmentos diseminados en el suelo y proveniente de rocas llamadas aerolitos que caían a la atmósfera terrestre. El hierro se usó para fabricar armas y joyas en Egipto y en Grecia, lugar en el que surgió la palabra **siderurgia** para la industria del hierro, ya que *síderos*, en griego, significa hierro. Con el tiempo hubo que buscar minerales, además de los meteoritos, de los cuales se pudiera extraer hierro, y resultó que estos eran abundantes en la naturaleza, lo que significó una gran ventaja económica en el uso del bronce. No era necesaria aleación alguna y constituía un material muy adecuado para la fabricación de utensilios, herramientas y armas.

La historia llama a esta etapa la **Edad de los metales**, y la divide en tres períodos correspondientes a la cronología del auge del uso de los tres metales: la edad del cobre, del bronce y del hierro.

Objetos correspondientes a las edades de cobre (A) de bronce (B) y de hierro (C).

CIENCIA, TECNOLOGÍA Y SOCIEDAD

EL COBRE Y LA PRODUCCIÓN DE CAL

La cal sigue siendo un producto muy usado en la industria de la construcción. Se obtiene calcinando piedra caliza en una atmósfera de poco oxígeno, para lo cual se la tapa con abundante tierra.

Esta descomposición endotérmica se puede representar con la siguiente ecuación:

$$CaCO_3\,(s) \rightarrow CaO\,(s) + CO_2\,(g)$$

carbonato de calcio — dióxido de carbono — óxido de calcio

Una piedra caliza con incrustaciones de óxido cuproso puede reaccionar y liberar cobre metálico:

$$Cu_2O\,(s) + CO\,(g) \rightarrow 2\,Cu\,(s) + CO_2\,(g)$$

óxido cuproso — monóxido de carbono — cobre metálico — dióxido de carbono

El monóxido de carbono, potente reductor, se forma en una etapa de la descomposición del carbonato de calcio.

Óxido cuproso

Cobre metálico

La actividad minera

La minería es una actividad que requiere conocimientos de geología, geografía, ingeniería, química y economía. Es necesario en primera instancia ubicar geográficamente la mina y calcular su rendimiento potencial, reconocer si la explotación de las menas es rentable, analizar la posibilidad de extracción de la mena y el costo que ello implica. Estas son acciones que deben tomar las empresas mineras antes de decidir una inversión.

Tipos de minas

Las minas se clasifican en dos grandes categorías de acuerdo con la posición en la que se encuentren con respecto a la superficie: **minas a cielo abierto** y **minas de profundidad.**

A. *Mina a cielo abierto. Allí se trabaja con maquinaria pesada (excavadoras, palas cargadoras) y con gran volumen de material.* B. *Mina subterránea. Allí se trabaja con equipos pequeños que deben pasar por los túneles y galerías construidos a tal efecto.*

La minería a cielo abierto es más rentable económicamente que la explotación en profundidad debido a que se puede extraer mayor volumen de roca en menor tiempo. Además no necesita alumbrado, ventilación, ni el mantenimiento de las paredes de los túneles, y se pueden usar explosivos de cualquier tipo sin peligro de derrumbes. Sin embargo, esta práctica produce un importante impacto ambiental: para extraer los minerales se emplean miles de litros de agua, que suele ser escasa porque estas minas están en zonas áridas. A su vez, cuando se extrae oro se utiliza cianuro, que se acumula en una laguna artificial llamada "dique de cola", que en muchas ocasiones rebalsa y contamina las áreas aledañas. La exposición de las rocas del suelo a la atmósfera provoca su oxidación, esto hace que el medio se haga más ácido y que se acumulen en las napas de agua metales pesados, que son muy tóxicos.

En ambos tipos de minas, los operarios sufren debido a la permanente inhalación de polvo, que provoca enfermedades respiratorias, como fibrosis o cáncer pulmonar. La minería sigue siendo un trabajo duro, riesgoso e insalubre a pesar de las nuevas leyes y medidas de seguridad.

Funcionamiento general de una mina. Las operaciones fundamentales en cualquier mina son: arranque, carga y acarreo.

Minería e impacto ambiental

La actividad minera produce crecimiento económico, pero tiene un impacto ambiental que ya no es posible ignorar. Uno de los procesos mineros más contaminantes es la **lixiviación**, que es utilizada tanto en minas a cielo abierto como en subterráneas. En este proceso se utilizan solventes que disuelven el metal y lo separan de la mena. Si bien este método es económico, disminuye el tiempo de los procesos y evita la rotura excesiva de la roca, libera sustancias tóxicas al ambiente.

En las minas a cielo abierto, para extraer el oro se dinamita la roca de la superficie del yacimiento y se la tritura hasta pulverizarla. Luego se mezcla la roca pulverizada con soluciones que contienen cianuro (CN^-), mercurio (Hg) y ácido sulfúrico (H_2SO_4). Estos solventes son inyectados a través de tuberías que se insertan en pozos **de inyección.** Por estas tuberías, el agente lixiviante llega a la zona donde se encuentra la roca pulverizada. Una vez formada la mezcla, esta es bombeada hacia el exterior donde se inician los procesos de separación del mineral. Cuando el principal agente lixiviante se mezcla con el mineral, ocurre una reacción química en la que se obtiene oro combinado con el cianuro, del cual se separa fuera de la mina. Este cianuro es reciclado, pero el gran peligro es que el agua que se utiliza queda contaminada con trazas de este compuesto tóxico.

El lixiviado de cobre es muy similar al del oro, los agentes lixiviantes son: ácido sulfúrico, hidróxido de amonio (NH_4OH) y agentes oxidantes que contienen iones Cu_2^+ y cloruros, entre otros. Algunas de las reacciones químicas que tienen lugar son las siguientes:

- Al reaccionar con ácido sulfúrico:

$$CuO + 2\,H^+ = Cu^{(+2)} + H_2O$$

- Al reaccionar con ácido y con un oxidante:

$$2\,CuS + O_2 + 4\,H^+ = 2\,Cu^{(+2)} + 2\,H_2O + 2\,S^{(0)}$$

- Al reaccionar con cloruros:

$$2\,CuFeS + 2\,CuCl_2 = 4\,CuCl + FeCl_2 + 2\,S^{(0)}$$

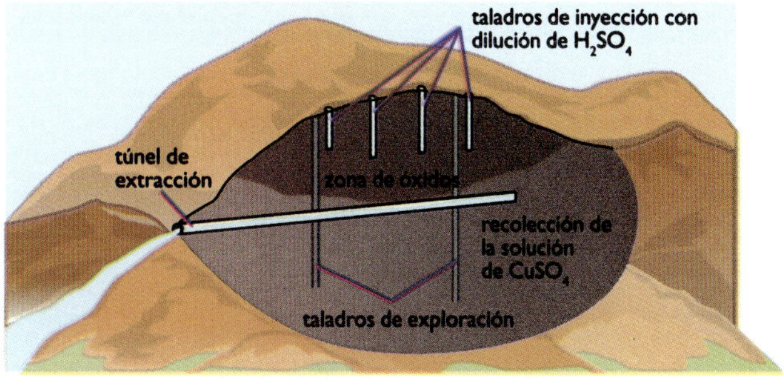

La actividad minera da trabajo a muchas familias, por eso es imprescindible que las entidades ambientalistas y los gobiernos estudien otras posibilidades de explotación con criterios de **desarrollo sustentable**, o sea, buscando un equilibrio entre dividendos y ambiente como la única solución práctica para el crecimiento económico sin perjudicar el ambiente ni la salud de las personas.

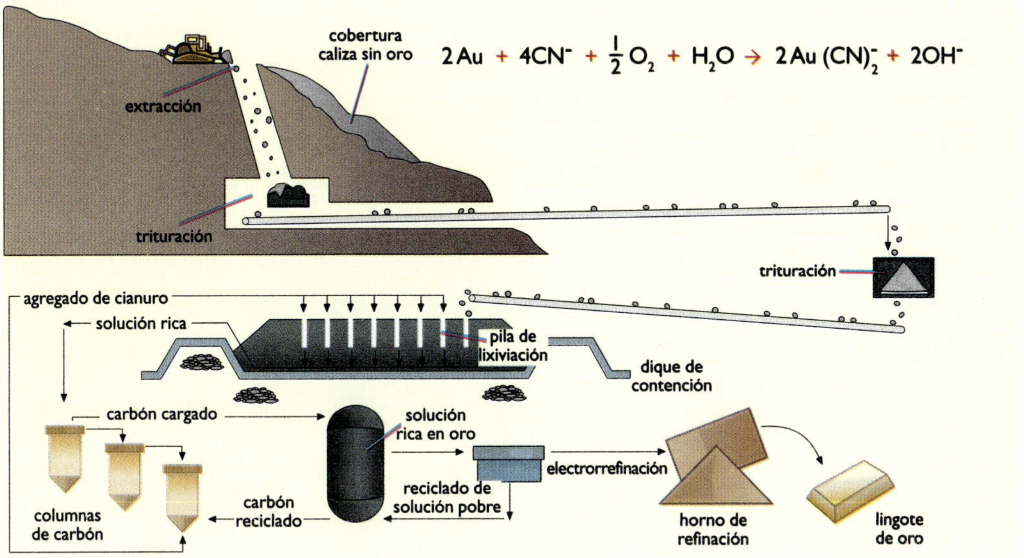

La metalurgia

La metalurgia es el conjunto de operaciones que permite extraer los metales de sus menas y procesarlos posteriormente, de este modo se logran diferentes aleaciones.

Como estudiaron en este libro, una reacción de **óxido-reducción** es aquella en la que ocurre un cambio en el número de oxidación de algunos de los elementos que participan de ella. La mayoría de los procedimientos metalúrgicos presentan reacciones rédox.

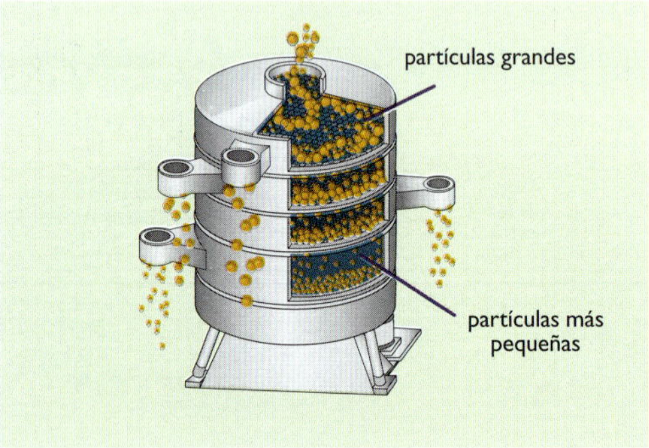

Durante la tamización se separan las partículas de acuerdo con su tamaño.

Si bien cada metal se obtiene de distintos minerales de composición química diferente, los procesos metalúrgicos se han agrupado en cuatro operaciones básicas: **concentración, tostación, reducción y afinación.**

- **Concentración o enriquecimiento del mineral:** cuando las menas llegan a la planta metalúrgica, están acompañadas de impurezas (rocas, arena, piedra caliza o arcillas) conocidas con el nombre de **ganga**, que deben desecharse antes de la extracción del metal. Mediante un proceso de **molienda** se rompe el material con molinos apropiados. Queda así un sistema heterogéneo, de distintos tamaños de partículas, que puede separarse por distintos métodos, como la tamización.
- **Tostación:** consiste en calentar el mineral molido en una corriente de aire. Es un proceso típico para menas de sulfuros, carbonatos o sulfatos metálicos. El metal del sulfuro se transforma en óxido, y el azufre se elimina como óxido sulfuroso (SO_2 gaseoso). Es un proceso rédox. Si se calculan los números de oxidación de cada elemento, se observan cambios en el elemento azufre y en el elemento oxígeno, mientras que el cinc no se modifica.

Si se parte de un carbonato ($CaCO_3$), no se necesita el insuflado de aire, por lo que el método se llama **calcinación**.

- **Reducción**: es otro proceso rédox. El óxido obtenido se calienta con carbón (hulla o coque) en hornos a altas temperaturas y se reduce a metal puro. Al mismo tiempo se agrega un material **fundente** para que reaccione con la ganga y forme sustancias (**escorias**) que flotan sobre el metal líquido y que se desechan por decantación. El metal pasa a condensadores donde luego se enfriará.

Si la ganga es arena, dióxido de silicio (SiO_2), se usa como fundente la piedra caliza (carbonato de calcio).

Tostación

se reduce (actúa como agente oxidante)

$$2Zn^{(+2)}S^{(-2)} + 3\,O_2^{\,0} \rightarrow 2Zn^{(+2)}O^{(-2)} + 2S^{(+4)}O_2^{(-2)}$$

(mena) (oxígeno del aire) (mena oxidada) dióxido de azufre de gas que se separa

se oxida (actúa como agente reductor)

Tostación de menas de sulfuro

$$CaCO_3 \rightarrow CaO + CO_2$$

carbonato de calcio — óxido de calcio — dióxido de carbono

Calcinación

Reducción

$$C\,(s) + 2\,ZnO\,(s) \rightarrow 2\,Zn\,(s) + CO_2\,(g)$$

(metal en bruto) (gas que se elimina)

Reducción de óxido de cinc

$$SiO_2 + CaCO_3 \rightarrow CaSiO_3 + CO_2\,(g)$$

arena *(ganga)* — carbonato de calcio *(fundente)* — silicato de calcio *(escoria)* — dióxido de carbono *(gas que se elimina)*

Reducción cuando la ganga es arena

- **Afinación**: es la etapa de purificación del metal obtenido debido a que contiene impurezas de la escoria, gases dispersos dentro de su masa, sulfuro y óxidos no reducidos.

La técnica que se utilice para la purificación depende del metal. Para metales de PF bajos, como el plomo o el estaño, basta con fundirlos nuevamente (con otro fundente adecuado) y separar la nueva escoria. Si se trata de mercurio o cinc, que se separan en estado de vapor, se los afina por destilación. Otros, como el cobre, se purifican por **electrólisis**.

En la afinación electrolítica, el metal impuro funciona como ánodo (electrodo positivo), y el electrolito (o sea la disolución que permitirá el pasaje de la corriente eléctrica) es una sal del metal disuelta en agua. El cátodo debe ser de algún material que no interfiera en las reacciones esperadas (por ejemplo, el platino). Las impurezas del metal quedan en el fondo de la cuba (barro anódico).

LA ELECTRÓLISIS

Se denomina electrólisis a la descomposición de sustancias, en general iónicas, a través del pasaje de la corriente eléctrica.
Se conecta una fuente de potencial eléctrico (pila o batería) a dos electrodos (barras de algún metal que no interactúe con el compuesto que se quiere separar). Esos electrodos se sumergen en una solución de la sustancia a descomponer y se cierra el circuito. Cuando los electrones que salen de la pila llegan a uno de los electrodos, este se carga negativamente (cátodo). El otro, por diferencia de potencial, queda con carga positiva (ánodo). Cada electrodo atrae a los iones de carga opuesta: los cationes o iones positivos del compuesto iónico irán al cátodo, mientras que los aniones o iones negativos se desplazarán hacia el ánodo. En los electrodos, los electrones son absorbidos o emitidos por los iones para formar los elementos o compuestos buscados.

Michael Faraday, físico inglés, descubrió en 1820 este proceso aplicado al agua.

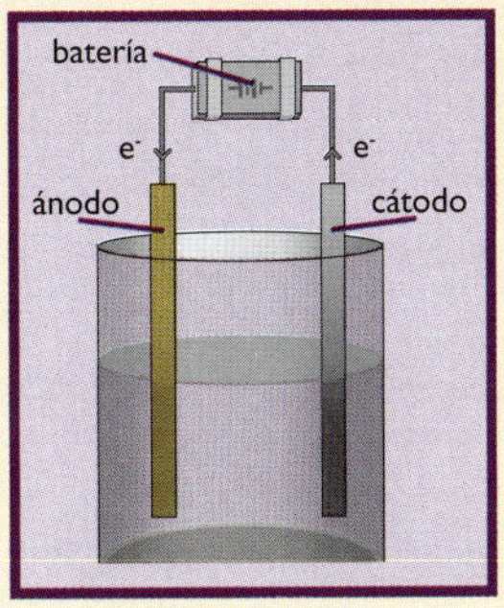

Estos procesos son generales. Algunos sulfuros, como la galena (PbS), pueden tratarse directamente con otro metal reductor, como el hierro, y así se obtiene plomo metálico. En otros casos, como en la obtención de manganeso (Mn) o cromo (Cr), se usa aluminio puro (Al) porque es un reductor más enérgico que el hierro. El método se conoce como **aluminotermia**.

AFINACIÓN

$$Cr_2O_3 + 2Al \rightarrow Al_2O_3 + 2Cr$$

Algunos metales, los alcalinos y alacalinotérreos, no se pueden obtener por medio de la reducción con carbón a menos que se haga a temperaturas muy elevadas y esto es muy caro. Estos metales se deben preparar por electrólisis de sus sales fundidas: para preparar sodio se realiza la electrólisis de cloruro de sodio.

Los metales y las aleaciones

Los metales puros son muy blandos o se oxidan con facilidad, pero se descubrió que sus mezclas potencian algunas propiedades. Las mezclas homogéneas de metales se llaman **aleaciones**. Si uno de los metales es el mercurio, reciben el nombre de **amalgamas**. En una amalgama, el mercurio pierde su toxicidad y se lo puede usar sin inconvenientes en odontología. El oro usado en joyería es principalmente una aleación de oro y cobre, cuya concentración varía. En orfebrería, el **quilate** es una expresión de la cantidad de oro presente en la aleación. El oro “18 quilates” tiene 18 partes de oro en 24 partes de aleación.

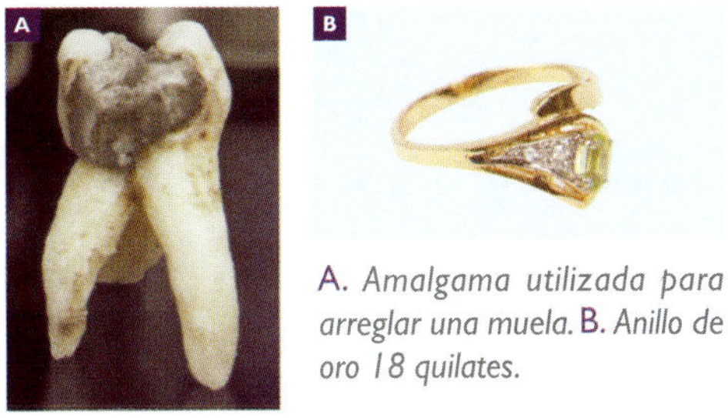

A. Amalgama utilizada para arreglar una muela. B. Anillo de oro 18 quilates.

La metalurgia del hierro: la siderurgia

El hierro se encuentra de manera abundante en la naturaleza en forma de óxidos y sulfuros. Uno de los minerales a partir de los que se obtiene hierro es la pirita. En la Argentina, los yacimientos de pirita (FeS_2) se encuentran en Sierra Grande, provincia de Río Negro.

El tratamiento de las menas de hierro es similar al usado en la metalurgia general. La tostación oxida el disulfuro ferroso (FeS_2) a óxido férrico (Fe_2O_3), el cual se reduce a hierro fundido con coque (C). Esta reducción ocurre en un **alto horno**.

Los aceros

Los aceros son fundamentalmente aleaciones de hierro y carbono. Para obtener acero se vuelca el hierro fundido en **calderos de colada**, se le quitan sus impurezas y se le agregan cantidades adecuadas de carbono (entre 0,05 y 2%) y manganeso, además de molibdeno, níquel o cromo, según el tipo de acero a fabricar. El acero conserva las características del hierro metálico, pero la añadidura de carbono y de otros elementos metálicos mejora sus propiedades. Se utilizan dos procesos para la obtención de acero: el convertidor Bessemer y el horno Siemens-Martin. Este último tiene la ventaja de producir composiciones de acero más precisas y usar chatarra, lo cual es cada vez más útil dada la importancia que ha alcanzado el reciclaje.

Más del 90% son aceros al carbono, pero existen muchos tipos de acero en función de los elementos agregados, los cuales reciben designaciones particulares según el elemento que predomina (aceros al Si o al W) o alguna característica potenciada (aceros inoxidables) o incluso en función de su uso (aceros estructurales). Comúnmente estas aleaciones se engloban bajo el nombre genérico de **aceros especiales**.

El alto horno está formado por dos troncos de conos unidos por su base. El superior, de 20 m de altura, se llama cuba, y el inferior, de 5 m, etalaje, y es el lugar de mayor temperatura (1 500 °C). La zona de unión se llama vientre y es la más ancha del horno. La zona superior de la cuba se llama tragante, por ahí ingresa el mineral, el coque y el fundente. Debajo del etalaje se halla el crisol, que recoge los materiales que salen del alto horno: el hierro y la escoria fundidos. En el fondo hay tubos, toberas, por donde se insufla aire caliente a presión para combustionar el carbón. A medida que el hierro cae por la cuba, la temperatura aumenta hasta alcanzar 1 300 °C, allí funde junto con los silicatos de calcio que forman la escoria, que flota en el hierro líquido debido a su menor densidad. El hierro fundido se llama arrabio o fundición y contiene hasta 4% de C, además de Si, P y S.

Al quitarle al arrabio las impurezas en un horno de reverbero, se obtiene el hierro dulce o forjado que contiene un 0,2% de carbono y es muy resistente. En el etalaje (1 500 °C).

$$C\ (coque) + O_2\ (g) \rightarrow CO_2\ (g)$$

$$C\ (coque) + CO_2\ (g) \rightarrow 2\ CO\ (g)\ \text{(muy reductor)}$$

El CO asciende hacia la cuba y reacciona con el óxido férrico que entra por el tragante:

$$(400\ °C)\quad Fe_2O_3 + CO \rightarrow 2\ FeO + CO_2$$

$$(600\ °C)\quad FeO + CO \rightarrow Fe\ (\text{sólido}) + CO_2$$

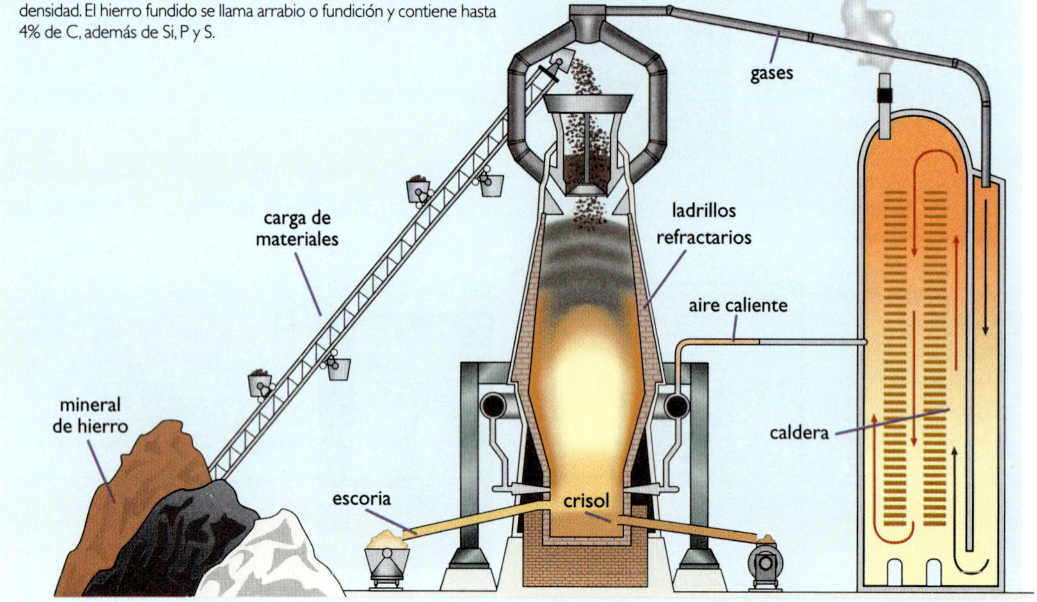

La metalurgia del cobre

El cobre, después de la plata, es el mejor conductor del calor y la electricidad. Como es abundante, tiene un costo bajo, por lo que se lo emplea en la fabricación de cables, placas y artefactos eléctricos.

Las menas más importantes de cobre son cuprita (Cu_2O), calcosina (Cu_2S), calcopirita ($CuFeS_2$), malaquita ($CuCO_3 Cu[OH]_2$) y azurita ($2CuCO_3$-$Cu[OH]_2$), estas dos últimas se usan como piedra semipreciosa y ornamental. También existe cobre nativo, en particular en el oeste de los Estados Unidos y en Chile.

Fuentes de cobre en la naturaleza. A. Cuprita. B. Calcosina. C. Calcopirita. D. Malaquita. E. Azurita. E. Cobre nativo

Para obtener láminas e hilos de un metal, este tiene que ser puro. Si se parte de menas de cobre nativo, solo hay que molerlas y lavarlas para separar el metal de la ganga. Luego se funde y se moldea. Si la mena contiene óxido o carbonato de cobre, puede aplicarse el método de **lixiviación**.

Si la mena es sulfurada (calcosina o calcopirita), hay que seguir los pasos de la metalurgia general:

- **Concentración:** por molienda y tamizado.
- **Tostación:** el metal del sulfuro se transforma en óxido y el azufre se elimina como óxido sulfuroso gaseoso, que se aprovecha para obtener ácido sulfúrico.

$CuFeS_2$	+	$3\,O_2$	→	CuO	+	$2\,SO$	+	FeO
calcopirita		oxígeno		óxido cúprico		dióxido de azufre		óxido ferroso
(sulfuro ferroso cúprico)		*(del aire)*		*(mena oxidada)*		*(gas que se separa)*		*(mena)*

- **Reducción** de los óxidos formados con coque: se realiza en un horno de reverbero a altas temperaturas. El carbono comienza una combustión incompleta, por lo que se forma monóxido de carbono, y este reduce el óxido metálico a metal puro.

$$2\,C\,(s) + O_2\,(g) \rightarrow 2\,CO\,(g)$$

$$CO\,(g) + CuO\,(s) \rightarrow Cu\,(s) + CO_2\,(g)$$

(metal en bruto) (gas que se elimina)

Al mismo tiempo se agrega un material **fundente** para que reaccione con la ganga y forme sustancias (**escorias**) que flotarán sobre el metal líquido y se desecharán por decantación. El metal pasará a condensadores donde luego se enfriará. Hay que agregar sílice (arena, dióxido de silicio) para formar la escoria (silicato ferroso).

SiO_2	+	$FeCO_3$	→	$FeSiO_3$	+	$CO_2\,(g)$
arena		carbonato de hierro		silicato ferroso		dióxido de carbono
(ganga)		*(fundente)*		*(escoria)*		*(gas que se elimina)*

- **Afinación:** el ánodo pertenece al cobre obtenido (impuro) que se quiere purificar. El cátodo es cobre puro. El electrolito es una solución de sulfato cúprico. Durante este proceso, los cationes cúpricos de la solución se acercan al cátodo (electrodo negativo), toman 2 electrones y se depositan como cobre metálico (1). Por otra parte, el cobre puro que forma al ánodo se disuelve, libera 2 electrones y se transforma en cationes cúpricos, que se dirigirán hacia el cátodo (2).

(1) $Cu^{2+} + 2\,e^- \rightarrow Cu^{(0)}$

(2) $Cu^{(0)} \rightarrow Cu^{2+} + 2\,e^-$

Las aleaciones del cobre

Entre las aleaciones más importantes del cobre se pueden mencionar el bronce y el latón. Hay distintos **bronces**; el de cañones, barcos y engranajes tiene 90% Cu y 10% Sn (si se cambian las proporciones a 80 y 20 respectivamente, mejora la sonoridad del material y se pueden fabricar campanas con él). El **latón** (67% Cu y 33% Zn) se usa para bisutería, latas, válvulas industriales y envases de sustancias inflamables porque tiene la propiedad de no hacer chispa por roce.

La metalurgia del aluminio

El aluminio está presente en un 8% en la corteza terrestre, combinado con otros elementos. Una tonelada de aluminio es suficiente para fabricar las carrocerías de siete automóviles, 60 000 latas de gaseosa o 40 000 discos de memoria de una computadora. Por su baja densidad sirve para formar aleaciones livianas con magnesio (duraluminio) que se emplean en aviación, automóviles, cámaras fotográficas, utensilios de cocina, etcétera. Dada su maleabilidad, se fabrican hojas muy delgadas de aluminio para utilizar en la cocina. Con polvo de aluminio se fabrican pinturas. El aluminio abunda en la naturaleza, principalmente como bauxita, óxido hidratado ($Al_2O_3.2H_2O$), arcilla, feldespato y mica, estos dos últimos son componentes del mármol de las mesadas. También forma parte de muchas piedras preciosas.

El aguamarina (A) es silicato de aluminio y berilio. El zafiro (B) es óxido de aluminio con impurezas de $Cr^{(+3)}$ que le confieren color verde-azulado. El rubí (C) es óxido de aluminio coloreado por los aluminatos de $Ti^{(+4)}$ y $Fe^{(+2)}$. La esmeralda (D) es silicato complejo de aluminio coloreado en verde por $Cr^{(+3)}$. El lapislázuli (E) es silicato de aluminio y sodio.

El aluminio reemplaza a otros metales en múltiples aplicaciones, es por eso que el consumo de aluminio ha crecido mundialmente. La Argentina importa menas de bauxita porque la explotación del yacimiento Camarones en la provincia del Chubut es por ahora antieconómica. Pero fabrica aluminio primario por electrólisis en la planta de Aluar (Aluminios Argentinos) en la ciudad de Puerto Madryn (Chubut). El proceso implica tres pasos:

- **Purificación de la mena:** se calienta la bauxita con solución de hidróxido de sodio. Se disuelve el óxido de aluminio pero no las impurezas que lo acompañan (óxido férrico).
- **Electrólisis**: la cuba electrolítica es de hierro cubierto de carbón y actúa de cátodo (electrodo negativo). La bauxita se mezcla con criolita (fluoruro complejo de aluminio y sodio, $AlNa_3F_6$), que hace de medio ionizante, o sea que permite que el óxido de aluminio se ionice o disocie:

$$Al_2O_3 \rightarrow 2\,Al^{3+} + 3O^{2-}$$

Los cationes Al^{3+} se dirigen al cátodo donde captan electrones y forman aluminio metálico (PF = 660 °C), que se mantiene líquido dado que la temperatura de la cuba es de 1 000 °C. A esas temperaturas, la criolita es menos densa que el aluminio líquido, y por ello este se recoge en el fondo, en un recipiente llamado **piquera**. Los aniones del oxígeno se descargan en el ánodo y oxidan al carbón de este.

- **Afinado:** se realiza por un método electrolítico.

El aluminio tiene múltiples aplicaciones. Esto ha hecho que su producción se expanda a nivel mundial.

CIENCIA, TECNOLOGÍA Y SOCIEDAD

EL ALUMINIO Y EL ALZHEIMER

A finales del siglo xx se realizó una investigación acerca de la relación entre una enfermedad neurodegenerativa, el mal de Alzheimer, y el aluminio. En numerosas autopsias realizadas a pacientes que habían muerto a causa de este mal, se encontraron altas concentraciones de dicho metal en el cerebro. Una explicación posible de esta acumulación es que los preparados ácidos (cocción con tomates, vinagre, etc.) disuelven parte del aluminio de la olla, el cual es ingerido y asimilado por el organismo. En los últimos años, los utensilios de cocina pasaron de ser de aluminio a ser de acero inoxidable.

1. Al principio del capítulo se trata el tema de los biometales. Indiquen qué cantidad de cada elemento hay en una prótesis de cobalto que pesa 240 g.

2. Las uniones metálicas suelen explicarse con una analogía: como "un mar de electrones deslocalizados, en movimiento". Esto se puede modelizar. Una forma de hacerlo es mediante esferas de telgopor inmersas en una suspensión de brillantina en agua dentro de un frasco, como se muestra en la fotografía.

a. Indiquen qué creen que representan las esferas y la brillantina.
b. Divídanse en equipos y por cada equipo diseñen un modelo de unión metálica distinto al de la foto. ¿Qué materiales usarían?
c. Presenten el modelo en la clase, y entre todos discutan sus ventajas y sus falencias.

3. El PF del Hg es -38,87 °C.

a. ¿Qué significa esto en términos físicos? ¿En qué estado de agregación se encuentra este metal a temperatura ambiente?
b. ¿Qué estado de agregación tendría el Hg si se encontrara a -40 °C?

4. La plata es el metal con mayor conductividad eléctrica y, sin embargo, los hilos conductores dentro de los cables son de cobre. Expliquen el motivo de esto.

5. Observen la siguiente fotografía, se trata del mineral pirita (FeS_2).

a. ¿Por qué en el Lejano Oeste de los Estados Unidos, en el siglo XVIII, le decían "el oro de los tontos"?
b. En las viejas películas de vaqueros, se solía repetir la escena donde un desconfiado protagonista mordía una moneda de oro cuando recibía una bolsa de ellas como forma de pago. Expliquen por qué esta podría ser una prueba válida para determinar que no lo estaban estafando. ¿Qué sucedería con la moneda si se tratase de un engaño?

6. Completen el cuadro comparativo sobre tipos de minas con las características que figuran a continuación:

Mayor superficie expuesta a la vista del paisaje, mejores condiciones de trabajo, mayor volumen de roca extraído por hora, mayor impacto ambiental, uso de maquinaria liviana y pequeña, necesidad de circuitos de ventilación, mantenimiento permanente de la infraestructura, uso de cualquier tipo de explosivos, empleo de explosivos específicos; necesidad de alumbrado

MINA A CIELO ABIERTO	MINA EN PROFUNDIDAD

7. Interpretación de reacciones mediante ecuaciones.

a. Planteen todas las ecuaciones que representen el tratamiento metalúrgico para la mena de molibdenita (MoS) y de casiterita (SnO_2).
b. Algunos sulfuros, como la galena PbS, pueden tratarse directamente con otro metal reductor, como el hierro, con lo que se obtiene plomo metálico. Planteen la ecuación que representa este proceso, e indiquen el agente reductor y el agente oxidante.

8. Hasta hace unos años las cacerolas se fabricaban con hierro o aluminio.

a. ¿Por qué se dejaron de utilizar estos metales?
b. Investiguen qué materiales se utilizan en la actualidad.
c. Averigüen por qué para fabricar chocolate o preparar una *fondue* de este alimento, aconsejan utilizar ollas de cobre. ¿Tendrá alguna relación con la temperatura de cocción?

Minería: entre la riqueza y la contaminación

Les proponemos una actividad para que realicen en clase, en la que podrán acercarse a diferentes aspectos de la obtención de metales de la naturaleza.

Para llevar a cabo este debate deberán armar **tres equipos de trabajo**. Lean atentamente las consignas asignadas para cada equipo.

- **Equipos 1 y 2:**
  a. Cada equipo debe leer uno de los siguientes artículos.
  b. Averigüen datos sobre la fuente.
  c. Elaboren un resumen sobre la postura política que sostiene el autor acerca de la minería en la Argentina.
  d. Elaboren un texto de opinión al respecto.

Ya son nueve los yacimientos mineros en la Argentina: más trabajo y más desarrollo local

[…] Aun cuando la minería parece tener que dar explicaciones todo el tiempo sobre su razón de ser, responde con hechos, proyectos, mayor generación de empleo y crecimiento. […] se explotan nueve yacimientos en Argentina, están en proceso de construcción cinco yacimientos, y se exploran otros 140. Uno de los principales escollos que tiene la minería en la actualidad es la opinión pública (quizás sea más preciso calificarla de "opinión publicada"), sin embargo, en este tipo de percepciones hay una ignorancia importante sobre los procesos que la minería utiliza hoy día. En este sentido, cabe decir que en la actualidad es una explotación altamente tecnificada, con maquinarias con los últimos avances en tecnología, que tiene muy en cuenta el terreno a explotar.

Dada su riqueza natural y su alto potencial, Argentina es el país más preciado de la industria minera mundial. Las compañías más importantes de Estados Unidos, Canadá, Gran Bretaña, Australia, Suiza, Sudáfrica y Japón ponen sus ojos en nuestro país impulsando diversos proyectos que atraviesan toda la extensión, desde Jujuy hasta Santa Cruz. […] La riqueza bajo tierra de nuestro país ha dado sobradas muestras de lo que puede dar. Ejemplo de ello es lo que ocurre con la compañía Minera Alumbrera, cuya explotación se sitúa en Andalgalá (Catamarca). Esta empresa exporta por año 23 mil toneladas de concentrados de oro, […] el precio internacional del oro se halla en unos 900 dólares la onza. […]

En la región patagónica: aquí tendrá lugar Navidad, uno de los emprendimientos de plata y plomo más grandes del mundo, ubicado en Gastre (Chubut), un pueblo de 600 habitantes. Su sugestivo nombre se debe a que los primeros resultados de laboratorio estuvieron un 25 de diciembre. De acuerdo con rumores y estudios, en este lugar existen minerales por 3 500 millones de dólares, y por esta potencialidad se disputaron la plaza dos empresas canadienses […]

Fuente: www.fundamin.com.ar/es

El derrame minero en la meseta de Chubut

Hace años, las primeras muestras de rocas extraídas a profundidad de la meseta central chubutense estuvieron listas un 25 de diciembre y por eso el emblemático proyecto se denominó nada menos que Navidad. [...] un yacimiento que guarda en sus entrañas minerales por 3 500 millones de dólares. [...] Esa riqueza se la disputaron de entrada dos empresas canadienses. El conflicto, paradójicamente, se resolvió en los tribunales canadienses, bien lejos de la intervención de la Justicia argentina.

Como ejemplo de lo que parecería repetirse, cerca de allí funcionó Mina Ángela, la mayor experiencia de minería metalífera del Chubut hasta el momento y una de las más importantes del país. Sólo quedó de ella un enorme depósito de residuos tóxicos que envenena con cadmio el agua y los animales de la zona, mientras la pobreza sigue arrastrando sus despojos por los pagos. Por eso, además del merecido tratamiento que venimos dando a los conflictos medioambientales y sociales que ya está ocasionando Navidad (a pesar de encontrarse recién en etapa de "prefactibilidad y factibilidad"), merece un párrafo aparte la tan mentada "ganancia" o "derrame" económico, argumento que permitió justificar esta avanzada minera en Chubut, luego de tres años de suspensión en el Noreste, tras el fracaso popular en Esquel.

Nadie argumentó hasta ahora con números en mano, contra este proyecto "vendido" a la opinión pública como "salvador" de una de las zonas más pobres de la provincia. Sin embargo, con el avance de las etapas de Navidad, y algunos datos que seguramente se les habrán traspapelado a los administradores de turno en la inhóspita zona de fuertes vientos, zona a la que pudo acceder en exclusiva nuestro diario, todo expone el saqueo brutal que nos espera.

Marisa Rauta, http://www.noalamina.org/mineria-argentina/mineria-chubut/el-derrame-minero-en-la-meseta-de-chubut; Asamblea de vecinos autoconvocados de Esquel por el no a la mina.

- **Equipo 3:**
  - **a.** En esta página web http://www.dsostenible.com.ar/empresas podrán leer una nota sobre el cierre de una mina en la provincia del Chubut y la remediación que hizo la empresa que la explotaba.
  - **b.** Lean el texto, busquen los términos desconocidos en el diccionario, en libros de química o en Internet.
  - **c.** Resuman los puntos más importantes para poder contar al resto de los equipos y busquen datos de quienes escriben la nota.
- **El debate**
  1. Los escritos deben resumir los contenidos investigados de modo de poder contarle a los otros equipos lo que cada grupo averiguó. Pero también hay que mostrar los pros y los contras de la industria minera en el siglo XXI en la Argentina.
  2. Como en todo debate, debe haber un mediador que hará de árbitro, puede ser el/la docente a cargo del curso.
  3. Cada equipo tiene 5 minutos para leer su trabajo. Luego, cada uno expone su parecer, con conocimiento de causa, justificando con datos numéricos extraídos de fuentes confiables. La duración de esta etapa no debe superar los 30 minutos.
  4. Finalmente se escribirá un documento que resuma las conclusiones a las que se ha arribado.

ACTIVIDADES

1. Si cuentan con una cámara de video, pueden dejar documentado el debate en formato digital.

2. Pueden armar un blog en el que traten esta problemática y en el que la gente pueda dejar sus opiniones. Suban al blog el video del debate y el documento con las conclusiones que sacaron de él.

CONTENIDOS || CATALIZADORES EN LA INDUSTRIA | CONSERVANTES | CINÉTICA QUÍMICA | REACCIONES REVERSIBLES: EQUILIBRIO QUÍMICO | CONSTANTE DE EQUILIBRIO | FACTORES QUE ALTERAN EL EQUILIBRIO: PRINCIPIO DE LE CHATELIER | TEORÍAS ÁCIDO-BASE | EL AGUA Y SU EQUILIBRIO IÓNICO | PROCESO HABER-BOSCH PARA SÍNTESIS DE AMONÍACO | EL PH | TITULACIÓN ÁCIDO-BASE

12

LA OBTENCIÓN DE COMPUESTOS QUÍMICOS

En cualquier industria es necesario un profundo conocimiento acerca de las reacciones involucradas en la obtención de los productos que se generan. Este conocimiento permite mejorar el producto, acelerar algunos procesos, disminuir los costos de elaboración y minimizar los efectos nocivos de la fabricación de productos.

Catalizadores en la industria química

Muchos métodos industriales requieren variar la velocidad a la que ocurre un proceso. Para lograrlo se recurre a sustancias denominadas **catalizadores**, que intervienen en una reacción química modificando su velocidad. A diferencia de los productos, los catalizadores permanecen inalterados al cabo de la reacción. Existen catalizadores que aumentan la velocidad de una reacción y se denominan **aceleradores**; otros, en cambio, disminuyen la velocidad, son los **inhibidores**.

La naturaleza química de los catalizadores es muy variada, pueden ser metales, no metales, óxidos, incluso macromoléculas biológicas como las enzimas (ver Capítulo 7).

Existen catalizadores casi para cualquier reacción, algunos actúan en muchas reacciones distintas, pero otros son específicos, esto quiere decir que catalizan una determinada reacción. Algunos catalizadores modifican las superficies de contacto, aglutinando o dividiendo los reactivos; otros se encastran como piezas de rompecabezas y facilitan o inhiben la reacción. Las primeras catálisis utilizadas en la industria eran heterogéneas y de contacto. Esto significa que catalizadores y reactivos están en fases diferentes (sólido-gas) donde las partículas gaseosas son adsorbidas en la superficie del catalizador.

En 1930, los catalizadores se utilizaban en las reacciones para producir derivados del petróleo, y en 1950, para producir polietileno, uno de los primeros plásticos, a partir de la polimerización de etileno.

A finales del siglo XX, la palabra catalizador empezó a asociarse al cuidado del ambiente. Desde entonces, los caños de escape de los vehículos que funcionan con combustibles fósiles tienen catalizadores que disminuyen la cantidad de gases tóxicos liberados a la atmósfera.

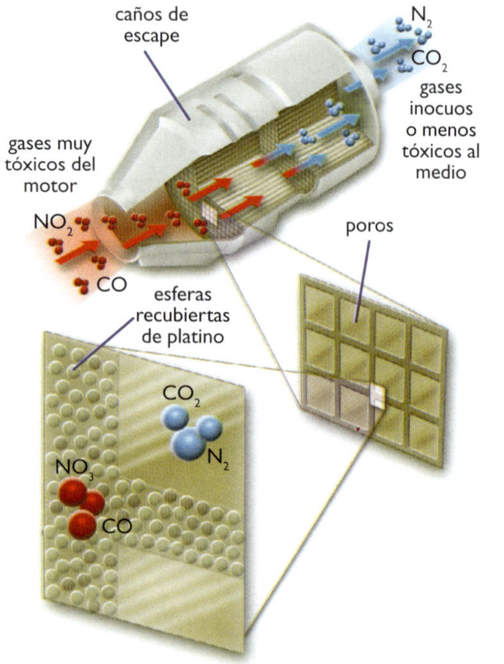

Los catalizadores de los caños de escape están hechos de filtros de cerámica que en sus poros tienen esferas recubiertas de platino, esto favorece la transformación de CO (gas tóxico producido en la combustión incompleta de los motores) en CO_2. También transforman los óxidos de nitrógeno –tóxicos– en nitrógeno gaseoso.

Los conservantes en los alimentos

Los alimentos recorren un largo camino antes de llegar a nuestra mesa. Desde que se elaboran hasta que se consumen pueden pasar días, a veces meses. Durante este tiempo es necesario retrasar su descomposición. Para esto se utilizan inhibidores de las reacciones que alteran los alimentos: los conservantes alimentarios. Existen métodos de conservación conocidos desde la Antigüedad, como deshidratar, salar, acidular o, en algunas zonas del planeta, congelar, que retrasan la actividad de los microorganismos descomponedores. Desde mediados del siglo XIX se utiliza el proceso de pasteurización (sucesivos calentamientos que eliminan bacterias y hongos).

Pero el crecimiento de la población mundial implicó la necesidad de producir alimentos a mayor escala que deben llegar frescos a los lugares de consumo. Es por eso que existe en el mercado un gran número de conservantes. Muchos son naturales y otros, artificiales.

De acuerdo con una resolución conjunta de todos los códigos alimentarios de los distintos países se les coloca a las sustancias adicionadas a los alimentos (**aditivos alimentarios**) letras y números de identificación mundial. Todos los conservantes se indican con la letra E y la nomenclatura comienza con el número 200. El primero es el ácido sórbico (E200), el sorbato de sodio es E201 y el de potasio E202, estos tres conservantes son utilizados en quesos, mantecas, mermeladas y bebidas, entre otros productos. El ácido sórbico y sus sales son aditivos naturales y no presentan toxicidad.

Los alimentos están expuestos a la acción de microorganismos que los descomponen. Los conservantes retardan la acción de hongos y bacterias sobre los alimentos.

Existen otros conservantes que son artificiales. Las sustancias que retardan o previenen la proliferación de bacterias son sulfitos (E221 al E227), y se emplean en la fabricación de vinos, frutas deshidratadas y verduras en vinagre (*pickles*). Estos conservantes se consideran peligrosos para la salud humana porque pueden provocar irritaciones del tubo digestivo, dolores de cabeza, vómitos e inhibir el efecto de la vitamina B_1, lo que puede causar deficiencia de esta vitamina. El estudio de los sulfitos todavía no ha dado prueba fehaciente de su potencial daño, por lo cual no están prohibidos. Los nitratos y los nitritos (E249 al E252) constituyen otro grupo de sustancias artificiales que se utilizan como aditivos en productos como embutidos y jamón, con el fin de protegerlos de las bacterias que causan el botulismo (*Clostridium botulinum*); pero pueden ser cancerígenos y potenciales destructores de glóbulos rojos si no se respetan las cantidades máximas a usar.

El ácido benzoico y sus sales de Na, K y Ca (E210-213) se emplean como agentes contra hongos y bacterias en condimentos, mermeladas y gelatinas de bajas calorías. A este grupo de compuestos se les atribuye problemas de toxicidad y alergias. Su acumulación en el organismo puede causar cáncer, y también pueden producir asma y urticaria si se asocian a colorantes. Por estas razones, los códigos alimentarios indican las dosis máximas que se pueden utilizar.

El uso de aditivos alimentarios plantea controversias. Los investigadores continúan con su estudio para brindar más información acerca de las consecuencias de su uso. Mientras tanto, es importante que los productores de alimentos cumplan con la normativa del código alimentario. A su vez, los consumidores deben informarse acerca de los aditivos presentes en los alimentos que consumen; para esto es indispensable revisar las etiquetas de los productos que compran.

En las etiquetas de los alimentos debe figurar la información acerca de los aditivos que contengan.

La cinética química

Los catalizadores modifican la velocidad de una reacción. Esto es objeto de estudio de la **cinética química**.

La **velocidad** (**v**) es una función que depende del tiempo. En una reacción química, lo que varía con el tiempo es la concentración de sustancias presentes. A medida que pasa el tiempo, se forman productos y se consumen los reactivos. La expresión de la velocidad de reacción es:

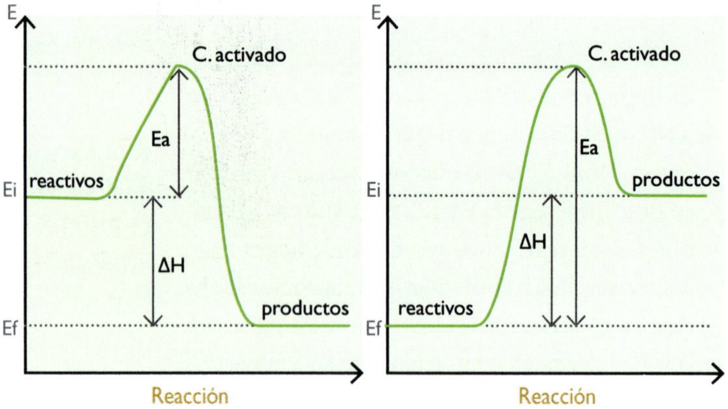

La energía de activación (Ea) varía a medida que transcurre la reacción. Estos esquemas son diferentes según la reacción sea exo o endotérmica.

$$V = \frac{\Delta\ concentración}{\Delta\ tiempo}$$

El símbolo Δ (delta) indica la variación de la concentración y la variación del tiempo.

¿Cómo ocurren las reacciones?

La **teoría de las colisiones** postula que deben existir colisiones (choques) eficaces entre las partículas de reactivos para que ocurra una reacción. Las moléculas o átomos de los reactivos deben chocar con ciertas velocidades y en determinadas posiciones para que se puedan romper sus enlaces y se generen nuevas uniones. La probabilidad de choques eficaces aumenta con la velocidad y la energía de las partículas. La **energía de activación** es el valor mínimo de energía que deben tener las partículas para que la reacción pueda comenzar. Con esta energía los reactivos se acercan y generan un estado intermedio de alta energía, llamado **complejo activado**, que luego se romperá y liberará los productos de reacción.

$$H_2 + Br_2 \rightarrow 2(H_2Br_2) \rightarrow 2\ HBr$$

Para que el Br_2 reaccione con el H_2 deben ocurrir choques eficaces.

Para conocer la velocidad de una reacción se estudia la variación de alguna propiedad física del sistema que se relacione con la concentración de las sustancias que intervienen. Generalmente, se mide la variación del color debida a la aparición o desaparición de alguna de las sustancias, o de la presión en caso de que intervengan gases.

Para la reacción general: $A + B \rightarrow C + D$, la velocidad de formación de los productos está dada por la siguiente expresión:

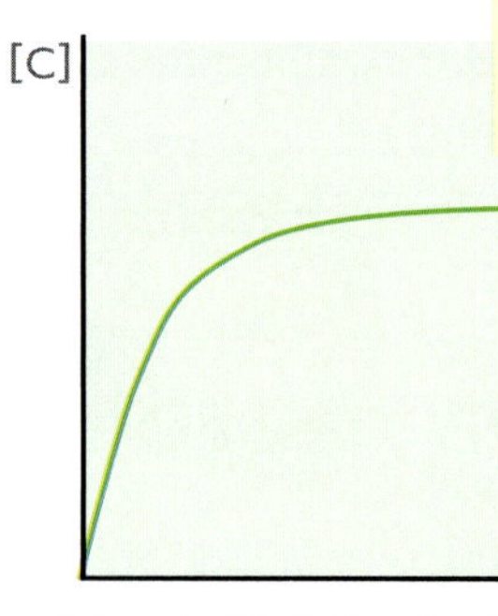

$$V = \frac{\Delta[C]}{\Delta t}$$

Gráfico de la variación de C en función del tiempo.

Debido a la estequiometría de la reacción, la curva del producto D será igual que la del C. Pero, si se pretende calcular la v de la reacción respecto de los reactivos, hay que tener en cuenta que la concentración de estos disminuye a medida que pasa el tiempo. Entonces, la expresión matemática es negativa:

$$V = \frac{\Delta[A]}{\Delta t} \quad ó \quad V = \frac{\Delta[B]}{\Delta t}$$

Factores que influyen en la velocidad de una reacción

La velocidad de una reacción aumenta o disminuye al cambiar algunos parámetros.

- **Tamaño de partícula**: la superficie de contacto de las sustancias reaccionantes influye en la velocidad de reacción. Por ejemplo, para hervir rápidamente unas papas conviene cortarlas en cubos pequeños a dejarlas enteras o en mitades. Esto se debe a que al haber un mayor grado de división (o menor tamaño de partícula), la posibilidad de contacto entre los reactivos es mayor.
- **Temperatura**: las partículas se mueven a distintas velocidades. Al aumentar la T, se incrementa la energía cinética y se producen más choques. Algunas moléculas superan así la energía de activación, y se producen más choques efectivos. Entonces al aumentar la T, aumenta la v de la reacción. Se demostró que un aumento de 10 ºC eleva al doble la velocidad de reacción.
- **Concentración:** si se aumenta la concentración de uno de los reactivos, los choques entre partículas también aumentan y con ello la velocidad de reacción. Esta relación fue hallada en 1867 por Cato M. Guldberg y Peter Waage (químicos noruegos), quienes enunciaron la ley de acción de masas, que dice que la velocidad de una reacción es directamente proporcional al producto de las concentraciones de los reactivos. Para una reacción como **A + B → C + D.**

$$V = k\,[A]\,[B]$$

Donde k es una constante de proporcionalidad, llamada velocidad específica y depende solo de T. Esta expresión matemática permite calcular la velocidad de reacción en un instante dado. Para sistemas gaseosos es conveniente trabajar con las presiones de cada sustancia (debido a que las concentraciones son muy pequeñas en el estado gaseoso).

- **Energía lumínica:** la luz, o cualquier tipo de energía radiante, puede acelerar ciertas reacciones. Los fotones interactúan con las moléculas de las sustancias porque tienen una energía semejante a la de las uniones químicas y producen un aumento en la energía cinética, lo que genera nuevos choques. Cada fotón de luz absorbido activa una sola molécula. Estas reacciones se denominan **fotoquímicas**.
- **Catalizadores:** Los catalizadores suelen actuar como intermediarios, forman complejos activados junto con los reactivos, con una energía de activación menor a la correspondiente a los reactivos solos. Luego, se separan de los reactivos y recuperan sus propiedades.

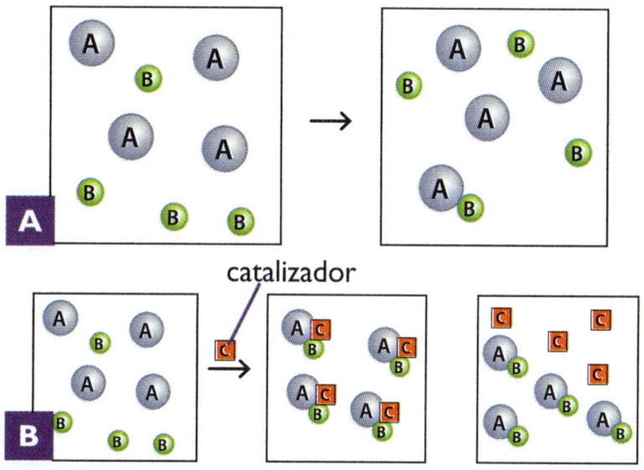

Reacción entre dos reactivos genéricos A y B, sin catalizador (A) y con catalizador (B).

La presencia del catalizador puede disminuir la E de activación, y entonces más rápidamente la mayoría de las moléculas alcanzarán dicho valor, por lo que se disminuye el tiempo en el que se lleva a cabo la reacción. Las reacciones rápidas tienen valores bajos de Ea, y las reacciones lentas, valores elevados de Ea (que disminuyen en presencia de catalizadores).

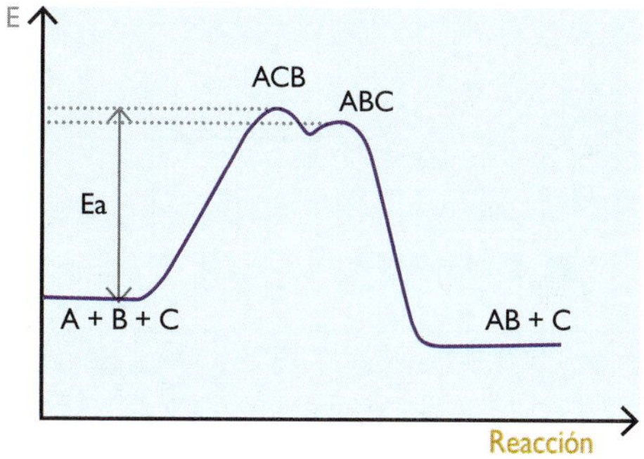

Gráfico de energía frente al progreso de la reacción, para la reacción A + B → AB, en presencia de un catalizador.

Reacciones reversibles, el equilibrio químico

La mayoría de las reacciones se terminan cuando se agota alguno de los reactivos. En estos casos, los productos no se recombinan entre sí para regenerar reactivos. Estas reacciones son **irreversibles** o totales. En cambio, una reacción es **reversible** cuando los productos reaccionan entre sí y forman los reactivos que les dieron origen. El modo de indicar este fenómeno, en una ecuación química, es con una doble flecha.

$$A + B \rightleftharpoons C + D$$

Una reacción reversible puede llegar a un punto en el que la cantidad de productos formados y de productos combinados entre sí sea la misma, y la reacción no muestre un avance en el tiempo. Se dice que se ha alcanzado un estado de **equilibrio químico dinámico:** los reactivos y los productos siguen reaccionando entre sí, aunque no se observe un cambio neto en el sistema. Ambas reacciones, directa e inversa, son simultáneas y se compensan.

Una reacción de equilibrio se inicia con una cierta velocidad que disminuye a medida que se consumen los reactivos. Mientras esto ocurre, la velocidad de la reacción inversa aumenta con la concentración de productos. Cuando se alcanza el estado de equilibrio, ambas velocidades se igualan y el sistema permanece invariable.

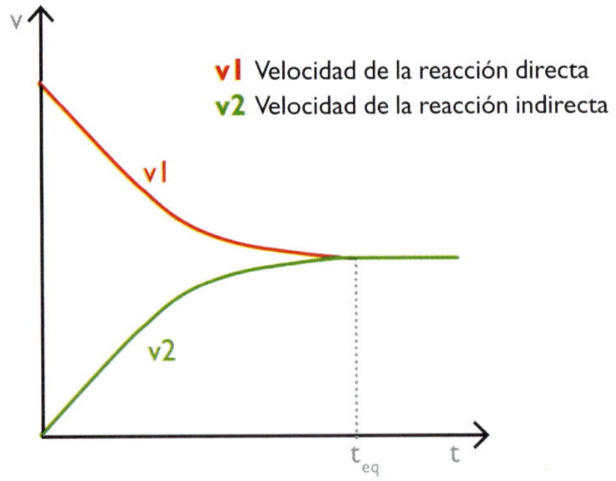

Curva de velocidad de reacción en función del tiempo, en una reacción reversible. Se observa el tiempo en el que se alcanzó el equilibrio. v1: velocidad de la reacción directa; v2: velocidad de la reacción inversa.

La constante de equilibrio

Existe una relación entre las concentraciones de todas las sustancias presentes en el estado de equilibrio que surge de la igualdad de las velocidades de la reacciones directa e inversa. Si se analiza la reacción entre los gases cloro e hidrógeno a 500 °C, la ecuación química será:

$$H_2\,(g) + Cl_2\,(g) \leftrightarrow 2HCl\,(g)$$

Si se aplica la ley de acción de masas, habrá dos constantes específicas: k_1 y k_2. Así se pueden escribir las siguientes ecuaciones:

$$(1)\quad V_1 = k_1\,[H_2][Cl_2]$$

donde V_1 representa la velocidad de la reacción directa

$$(2)\quad V_2 = k_2\,[HCl]^2$$

donde V_2 representa la velocidad de la reacción inversa

Al alcanzarse el equilibrio $V_1 = V_2$, se puede plantear la igualdad en ambas ecuaciones:

$$k_1\,[H_2][Cl_2] = k_2\,[HCl]_2$$

Esta relación también se puede expresar:

$$\frac{k_1}{k_2} = \frac{[HCl]^2}{[H_2]\cdot[Cl_2]} = \mathbf{K_c}$$

Esta **constante de equilibrio, K_c**, solo depende de la temperatura. Por convención, la expresión matemática de K_C es el cociente entre el producto de las concentraciones de las sustancias obtenidas y el producto de las concentraciones de los reactivos (elevadas a los coeficientes estequiométricos que balancean la ecuación). Para una reacción general:

aA + bB → cC + dD, la expresión de K_C será:

$$\mathbf{K_c} = \frac{[C]^c\,[D]^d}{[A]^a\,[B]^b}$$

La expresión de K_c está vinculada a valores de molaridad, o sea, la concentración de las sustancias en moles por litro.

Concentraciones de reactivos y productos

Cuando se quiere determinar la eficiencia de un proceso industrial, conocer el valor de la constante de equilibrio, así como los valores de concentración en el equilibrio, es de suma utilidad. Estas herramientas permiten hacer predicciones en relación a las variaciones del sistema que pueden existir frente a algún cambio (modificaciones en la temperatura o en la concentración de alguno de los reactivos, por ejemplo).

A continuación se plantean algunos ejemplos que sirven para saber cómo calcular la constante de equilibrio y la concentración de algunas de las sustancias que intervienen.

CONOCIENDO LAS CONCENTRACIONES A DETERMINADA TEMPERATURA, SE PUEDE CALCULAR EL VALOR DE K_C.

CASO 1

Se tiene un sistema gaseoso en equilibrio formado por hidrógeno, cloro y ácido clorhídrico. Para el siguiente sistema gaseoso en equilibrio, sabiendo que las concentraciones de reactivos y producto en el equilibrio, a una cierta temperatura y presión, son:

$$[H_2] = [Cl_2] = 1{,}5 \text{ mol/l y } [HCl] = 3 \text{ mol/l}$$

Se quiere calcular el valor de K_C.

$$H_2\,(g) + Cl_2\,(g) \rightleftharpoons 2HCl\,(g)$$

En primer lugar, se escribe la expresión de la constante de equilibrio y luego se reemplaza con los datos que nos proporciona el enunciado:

$$k_c = \frac{[HCl]^2}{[H_2]\cdot[Cl_2]} = \frac{(3\ \cancel{\text{mol/l}})^2}{(1{,}5\ \cancel{\text{mol/l}})\ (1{,}5\ \cancel{\text{mol/l}})} = \frac{9}{2{,}25} = 4$$

CASO 2

A partir del siguiente gráfico que representa la evolución de un sistema cuya ecuación es:

$A + B \rightleftharpoons C$ Se quiere calcular la K_C.

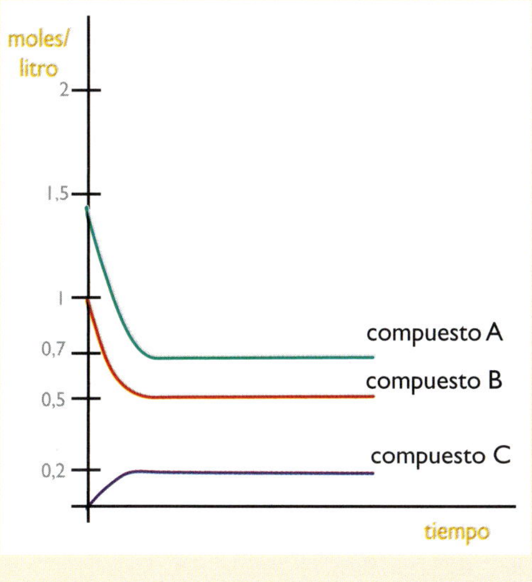

En el gráfico se observa que, a medida que pasa el tiempo, las concentraciones de los reactivos A y B disminuyen mientras que el producto C aumenta, hasta que todos alcanzan un estado de equilibrio. En este estado las concentraciones son:

A = 0,7 moles/l ; B = 0,5 moles/l y C = 0.20 moles/l

Luego, planteando la constante y reemplazando por los datos extraídos del gráfico:

$$k_c = \frac{[C]}{[A]\ [B]} = \frac{(0{,}2\ \cancel{\text{mol/l}})}{(0{,}7\ \cancel{\text{mol/l}})(0{,}5 \text{ mol/l})} = 0{,}57 \text{ mol/l}^{-1}$$

Se puede saber la concentración de alguna sustancia del sistema si se conoce el valor de K_C.

NOTA: Si alguno de los datos de las sustancias están expresados en gramos, habrá que calcular a cuántos moles corresponden, para plantear la ecuación en molaridad.

Se coloca en un recipiente cerrado de 1 litro de capacidad y a 800 °C, una mezcla gaseosa de CO y H_2O. Al medir las concentraciones de productos en el equilibrio, estas resultan: 0,07 mol/l de CO_2 (g); 8,06 mol/l de H_2 (g) y 26,6 g de CO.

Si la K_C del sistema a 800 °C vale 1,6, ¿cuál es la concentración de vapor de agua en el equilibrio?
La resolución comienza con el planteo de la ecuación:

$$CO\,(g) + H_2O\,(g) \rightleftharpoons CO_2\,(g) + H_2\,(g)$$

Luego hay que calcular la concentración de CO en mol/l:

MrCO = ArC + ArO = 12 + 16 = 28

28,0 g_________1 mol CO
26,6 g_________ x = 0,95 mol.

El recipiente es de 1 litro, entonces la concentración de CO es 0,95 M.

Ya se puede reemplazar en la expresión de K_C:

$$K_c = \frac{[CO_2]\cdot[H_2]}{[CO_2]\ [H_2O]} = 1{,}6 = \frac{0{,}07 \text{ mol/l} \cdot 8{,}06 \text{ mol/l}}{0{,}95 \text{ mol/l} \cdot x}$$

despejando y resolviendo, X = 0,37 mol/l.

Factores que afectan el equilibrio de una reacción

El equilibrio químico alcanzado por un sistema es dinámico pero no estable. Por este motivo, se pueden modificar los factores que hicieron posible llegar a dicho estado (la temperatura, las concentraciones, la presión, etcétera). Frente a esto el sistema reacciona y se modifica hasta alcanzar un nuevo estado de equilibrio, que tiene valores de concentración de reactivos y productos diferentes a los iniciales. Fueron Henry Le Chatelier, químico francés, y el alemán Karl Braun, quienes en 1884 estudiaron —de modo independiente— los efectos de perturbar un sistema en equilibrio. Los resultados de sus trabajos se pueden sintetizar en el siguiente principio:

> **"SI SOBRE UN SISTEMA EN EQUILIBRIO, ACTÚA CUALQUIER CAUSA PERTURBADORA, EL SISTEMA REACCIONA DE FORMA TAL DE CONTRARRESTAR LA ACCIÓN PRODUCIDA".**

Este principio es conocido actualmente como el **principio de Le Chatelier-Braun**.

A la izquierda, Henry Louis Le Chatelier (1850-1936). A la derecha, Karl Ferdinand Braun (1850-1918).

A continuación, se analizarán los efectos de diferentes perturbaciones a un sistema en equilibrio.

- **Desplazamiento del equilibrio por cambio en las concentraciones.**

Al agregar más cantidad de alguna sustancia al sistema en equilibrio, este se desplaza en el sentido de contrarrestar dicho agregado. Si se trata del agregado de reactivo, el equilibrio se desplaza hacia la derecha de manera de producir más producto. Si se quita una cantidad de dicho reactivo o se agrega producto, el equilibrio se desplazará hacia la reacción inversa.

- **Desplazamiento del equilibrio al modificar la temperatura.**

Para una reacción exotérmica, al calentar el sistema, este evoluciona enfriándolo, o sea, absorbiendo calor. Lo que se traduce en un desplazamiento del equilibrio hacia la reacción inversa, que es endotérmica.

- **Desplazamiento del equilibrio por acción de la presión.**

El cambio en la presión tendrá importancia si las sustancias están en estado gaseoso. Si se aumenta la presión de un sistema, a temperatura constante, disminuirá su volumen. El sistema evolucionará hacia la reacción que tenga menor número de partículas (menor número de moles), con lo que disminuye la presión.

- **Acción de los catalizadores en el equilibrio.**

Los catalizadores no modifican el punto de equilibrio. El agregado de estas sustancias colaboran para que el equilibrio se alcance con mayor o menor rapidez.

Un ejemplo de reacción en la que se puede observar experimentalmente el efecto de factores que alteren el equilibrio es la que se produce al disolver dicromato de potasio ($K_2Cr_2O_7$) en agua: se forma una solución de color anaranjado. Al agregar un ácido (que aporta H^+ al medio) no se modifica el color original debido a que el sistema forma más H_2O y más iones dicromato ($Cr_2O_7^-$). En cambio, con el agregado de una base (NaOH), comienzan a formarse iones cromato a partir de los iones dicromato en cromato y se libera H^+, que contrarresta los OH^- incorporados. La ecuación se desplaza hacia la derecha y la solución se vuelve amarilla.

$$\underbrace{2k^+ + Cr_2O_7^{2-} + H_2O}_{\text{Solución anaranjada}} \underset{HCl}{\overset{NaOH}{\rightleftharpoons}} \underbrace{2CrO_4^{2-} + 2H^+ + 2k^+}_{\text{Solución amarilla}}$$

El principio de Le Chatelier-Braun se puede confirmar no solo experimentalmente sino en los cálculos, ya que, al reemplazar los valores de concentraciones o presiones en la expresión matemática de la constante de equilibrio, se verifica el efecto.

Método de Haber-Bosch para la síntesis del amoníaco

A principios del siglo XX, el amoníaco (NH_3) se utilizaba en la elaboración de fertilizantes y explosivos. Se lo obtenía del salitre o nitro ($NaNO_3$), proveniente de Chile. Pero el químico alemán Fritz Haber halló un método para producir amoníaco a partir del nitrógeno e hidrógeno. Por su hallazgo, recibió en 1918 el Premio Nobel. En 1931 su colega Carl Bosch, recibió el mismo premio por aplicar el método en la producción de hidrocarburos. Esta forma de producir amoníaco se conoce como el **método de Haber-Bosch** y se usa desde entonces por ser mucho más barato que la utilización de salitre. Consiste fundamentalmente en la reacción:

$$N_2\,(g) + 3H_2\,(g) \rightleftharpoons 2NH_3\,(g)$$

Dado que el N_2 (g) es muy estable, requiere una energía de activación muy elevada. Haber y Bosch resolvieron este problema agregando óxido férrico como catalizador y aumentando la presión, ya que el aumento de presión desplaza el equilibrio hacia el sistema con menor volumen (en este caso, hacia el producto). Retirar el amoníaco a medida que se genera es otra forma de desplazar el equilibrio en ese sentido. El proceso se puede acelerar al aumentar la temperatura.

El hidrógeno se obtiene de la reacción de metano con agua. Como materia prima se utiliza el gas natural que, además de ese gas contiene algo de argón y compuestos organosulfurados. La primera operación es el **desulfurado**, que consiste en separar el azufre en forma de sulfuro de cinc. Luego el metano reacciona con vapor de agua, operación que se denomina *cracking* catalítico y que ocurre en dos etapas: el reformador primario y el secundario. En el reformador primario, se produce H_2 gaseoso además de CO y CO_2. Esto ocurre a 700 °C y con óxido niqueloso (NiO) como catalizador. En el reformador secundario, se insufla aire, que contiene un 78% de nitrógeno, la otra materia prima. Aquí ocurre también la combustión completa e incompleta del metano, y se eleva la temperatura a 1 000 °C. De este reformador sale una mezcla gaseosa formada por H_2 (33%), N_2 (11%), H_2O (40%) y pequeños porcentajes de CO, CO_2, CH_4 y Ar que se deben eliminar. Para ello, se condensa el agua por enfriamiento y se lleva la mezcla a un convertidor donde el CO se transforma en CO_2 por reacción con vapor de agua a 400 °C y óxido férrico como catalizador. Todo el CO_2 obtenido debe ser eliminado, para lo cual se lo transforma en sales y luego se lo recupera en estado gaseoso, como subproducto (para la fabricación de gaseosas). Se llega así a una mezcla de N_2, H_2 con mínimas cantidades de CH_4 y Ar, llamada mezcla de síntesis, la cual pasa a un compresor y entra al sintetizador. En este reactor, tiene lugar la producción del amoníaco con un rendimiento del 14-15%. Por ello la mezcla de gases de síntesis que no ha reaccionado se recircula al reactor, se retira el amoníaco condensado y se elimina el Ar —que se comercializa— y el metano (CH_4) que se lo envía a las calderas como fuente de energía. Luego, N_2 y H_2 se introducen nuevamente en el sintetizador.

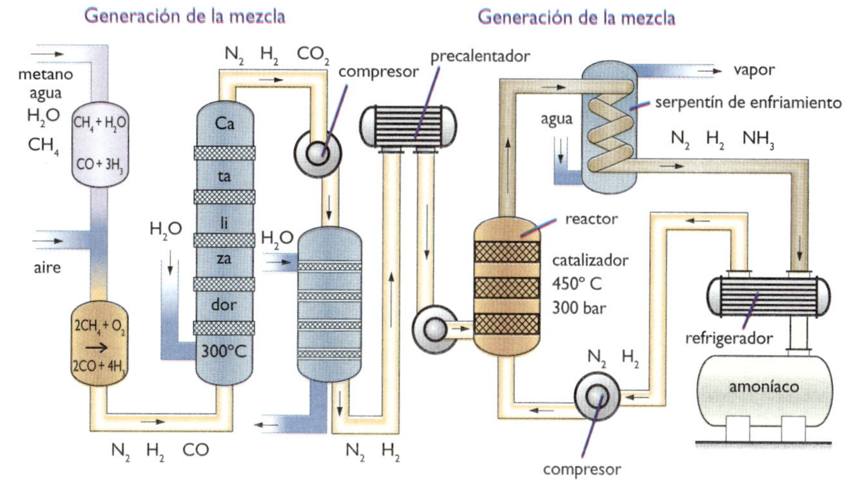

Esquema que representa el proceso de Haber-Bosch.

Equilibrio ácido-base

Las propiedades ácidas o alcalinas de las sustancias se conocen desde la Antigüedad. Aunque antes solo se las relacionaba con el sabor. La definición química de ácido data de fines del siglo XIX.

Existen sustancias que cambian de color de acuerdo a si se encuentran en un medio ácido o básico. Al preparar una infusión de té y agregarle jugo de limón, se puede observar cómo el color se aclara. Estos cambios de color se deben a la presencia de pigmentos naturales llamados **antocianinas** y **antoxantinas**. Las antocianinas presentan tonalidad roja en medio ácido y azul en medio básico. Las antoxantinas son amarillas en medio alcalino. A estas sustancias capaces de modificar su color según el medio en el que se encuentran, se las denomina **indicadores ácido-base**.

Las hortensias son indicadores ácido-base ya que cambian el color de sus pétalos según el suelo sea ácido o alcalino.

En 1887 el químico sueco Svant Arrhenius, propuso, en su **teoría de la disociación electrolítica**, que algunas sustancias al formar una solución acuosa, se separan en iones. En el caso de sales o hidróxidos, estos iones son los aniones y cationes que los constituyen. Los ácidos y bases, solubles en agua pero de características covalentes, no están constituidos por iones pero, al disolverse, el agua rompe algunos enlaces y los libera. Es decir, los ioniza. Son los iones en solución los responsables del viraje de color de los indicadores. Arrhenius definió el **ácido** como toda sustancia que en solución acuosa libera iones hidrógeno (llamados protones) y, como **base**, toda sustancia que en solución acuosa libera iones hidróxido (llamados también oxhidrilos o hidroxilos). Para Arrhenius, la **neutralización** (la combinación de un ácido con un hidróxido) no es más que la reacción de formación de agua:

$$H^+ + OH^- \rightleftharpoons H_2O$$

Se forma así un medio neutro, ni ácido ni básico.

A $HNO_3 \rightarrow H^+ + NO_3^-$

B $NaOH \rightarrow Na^+ + OH^-$

A. Ecuación de disociación electrolítica del ácido nítrico. Los H^+ son los protones (responsables del carácter ácido) y NO_3^-, el ion nitrato. B. Los hidróxidos, como el hidróxido de sodio, en cambio, muestran sus propiedades básicas por la presencia en la solución de los iones hidróxido.

La teoría de Arrhenius no explica cómo el amoníaco (NH_3) al disolverse en agua presenta carácter básico, ya que no tiene iones hidróxido. Johannes Brönsted, químico danés, y Thomas Lowry, físico-químico inglés, presentaron —de modo simultáneo pero independientemente— una nueva teoría ácido-base. En ella, plantean que un **ácido** es toda sustancia que en solución acuosa libera protones, y una **base** es toda sustancia que en solución acuosa, los capta. Dado que el proceso de ceder o ganar H^+ es reversible, cualquier ácido podría ser potencialmente una base, al captar el protón cedido, y viceversa. Se forman así pares ácido-base conjugados:

$$ACIDO_1 \rightarrow H^+ + BASE_1$$

El $ácido_1$ y la $base_1$ forman un par ácido-base conjugado. Pero como ya se había demostrado que el protón no tiene existencia libre, sino que siempre está unido a una molécula de agua, esta se comporta como la base que capta el H^+. Entonces, la $base_2$ y el $ácido_2$ forman otro par ácido-base conjugado:

$$H_2O + H^+ \rightarrow H_3O^+$$

Se establece así el equilibrio químico:

$$ÁCIDO_1 + BASE_2 \rightleftharpoons BASE_1 + ÁCIDO_2$$

Con esta teoría se puede explicar por qué las disoluciones acuosas de amoníaco son básicas.

$$\underset{B_1}{NH_3} + \underset{A_2}{H_2O} \rightleftharpoons \underset{A_1}{NH_4^+} + \underset{B_2}{OH^-}$$

El agua y su equilibrio iónico

Las reacciones reversibles en las que intervienen iones se denominan **equilibrios iónicos** o **de electrolitos**. Son electrolitos aquellas sustancias que en agua, al descomponerse, pueden conducir la corriente eléctrica.

Electrolitos fuertes y débiles

Los ácidos, bases y sales son ejemplos de electrolitos. Se los clasifica en fuertes y débiles según su potencial de disociación.

Los **electrolitos fuertes** son aquellos que en solución acuosa están casi totalmente disociados en sus iones. Las ecuaciones que representan esta disociación se escriben con una sola flecha, ya que su disociación es prácticamente completa.

$$KCl\ (aq) \rightarrow K^{+} + Cl^{-}$$

Los ácidos y las bases son fuertes o débiles según los iones que los forman y su comportamiento en solución. Por ejemplo, el cloruro de hidrógeno (HCl) es un gas que no presenta propiedades ácidas, pero disuelto en agua es un **ácido fuerte**. El Na(OH) es una **base fuerte.**

Los **electrolitos débiles** son los que, en solución acuosa, están poco disociados y alcanzan un estado de equilibrio químico iónico. Por ejemplo, el ácido metanoico o fórmico, que inyectan algunos insectos al picar, tiene una disociación parcial, o sea, es un **ácido débil**:

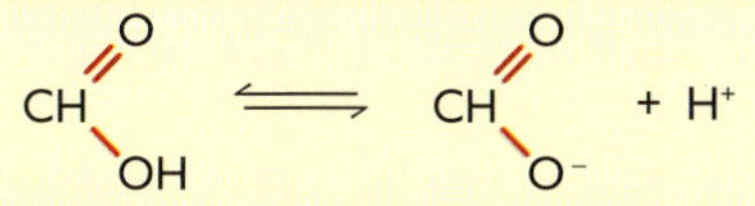

Donde el ion $CHOO^{-}$ es el metanoato.

Se puede escribir una expresión matemática para la constante de equilibrio iónico, llamada **constante de disociación** o **ionización:**

$$Kd = \frac{[HCOO^{-}]\,[H^{+}]}{[HCOOH]}$$

Las concentraciones de los iones metanoato e hidrógeno son valores pequeños ya que pocas moléculas del ácido se disocian. El numerador será menor que el denominador y la K_d tendrá un valor menor que 1. El valor experimental de la constante de disociación del ácido metanoico, a 25 ºC, es: $K_d = 1{,}77 \cdot 10^{-4} = 0{,}000177$.

La mayoría de los ácidos de uso industrial son ácidos fuertes como el clorhídrico (HCl), bromhídrico (HBr), nítrico (HNO_3), sulfúrico (H_2SO_4), que son, en general, los de mayor número de oxidación. El ácido sulfhídrico (H_2S), carbónico (H_2CO_3), los oxácidos de menor número de oxidación y los ácidos carboxílicos son ácidos débiles. Los hidróxidos de metales de los grupos 1 y 2 son bases fuertes, mientras que la disolución de NH_3 en agua forma una base débil.

Producto iónico del agua

En el agua pura (destilada o desmineralizada) las moléculas interactúan entre sí y forman pares ácido-base conjugados:

$$H_2O + H_2O \rightleftharpoons HO^{-} + H_3O^{+}$$

Nótese que:

$$\underset{\text{(libera } H^{+})}{ÁCIDO_1} + \underset{\text{(capta } H^{+})}{BASE_2} \rightleftharpoons \underset{\text{(podría captar } H^{+})}{BASE_1} + \underset{\text{(podría liberar } H^{+})}{ÁCIDO_2}$$

Esta ecuación representa el **equilibrio de disociación electrolítica del agua**.

Este equilibrio tiene una constante de equilibrio $\mathbf{K_w}$, que se indica con la letra w por la palabra *water* que significa agua en inglés. Dicha constante se denomina **constante del producto iónico del agua**, y se expresa en forma matemática como indica la siguiente ecuación:

$$Kw = [H_3O^{+}][HO^{-}]$$

El valor de $\mathbf{K_w}$, a 25 ºC, es 10^{-14}. Cabe aclarar que la concentración de agua se considera prácticamente constante, con valor 1 mol/l, y queda incluida en el valor de K_w.

La escala de pH

En el agua pura o en soluciones neutras, las concentraciones de H_3O^+ y OH^- son iguales. Si se considera esta igualdad en la ecuación del producto iónico del agua, se obtiene:

$$Kw = [H_3O^+][H_3O^+] = [H_3O^+]^2 = 1 \cdot 10^{-14}$$

De esto se deduce que:

$$[H^3O^+] = \sqrt{1 \cdot 10^{-14}} = 1 \cdot 10^{-7}\ mol \cdot l^{-1}\ 10^{-14} = [OH^-]$$

En soluciones ácidas la concentración de H_3O^+ será mayor que la de OH^-, es decir, mayor que 10^{-7}, mientras que en soluciones básicas, será menor.

El químico danés Sören Peter Sörensen, en 1909, usó una escala logarítmica para los valores de la concentración de H_3O^+ que evita el complicado cálculo con exponentes negativos. Construyó así la **escala de pH** (**potencial hidrógeno**).

El pH se define como:

$$pH = -\log [H_3O^+]$$

Si para soluciones neutras la $[H_3O^+]$ es de 10^{-7} mol/l , el pH en un medio neutro será:

$$pH = -\log [10^{-7}] = -(-7) \cdot \log 10 = 7$$

$$pH = 7$$

Por ejemplo, se puede calcular el pH de una solución de HNO_3 cuya concentración es 0,25 M, aplicando el cálculo logarítmico: $pH = -\log [H_3O^+] = -\log 0{,}25 = 0{,}60$. Se está suponiendo disociación total, ya que es un ácido fuerte: por cada mol de ácido se obtiene un mol de H_3O^+. La molaridad de la solución coincide con la concentración de iones hidronio. Si el ácido es fuerte, pero diprótico (libera dos protones por molécula), la concentración de ellos, al disociarse el ácido, será el doble de la molaridad.

También se definió **pOH** como el logaritmo en base 10 (log), con el signo cambiado, de la concentración de iones hidróxido:

$$pOH = -\log [OH^-]$$

La escala de pOH es la inversa de la de pH.

Ambas expresiones, pH y pOH, están relacionadas entre sí por la expresión de K_w:

$$Kw = [H_3O^+][HO^-] = 10^{-14}$$

Si se aplican logaritmos y se multiplica por (-1), quedará: $-\log[H_3O^+] - \log[HO^-] = -\log 10^{-14}$

Esto es equivalente a decir:

$$pH + pOH = 14$$

Si el medio es ácido, el pH es menor que 7 por lo tanto, el pOH será mayor a 7, ya que debe mantenerse la igualdad. Si, por ejemplo, se tiene una solución de KOH cuya concentración es 0,44 mol/l, se puede conocer su pH, si se supone disociación total (por ser una base fuerte) y si se calcula primero el pOH como: $-\log[HO^-] = -\log 0{,}44 = 0{,}36$. Dado que $pH + pOH = 14$, entonces: $pH = 14 - 0{,}36 = 13{,}64$. Este valor resulta lógico pues se trata de una solución fuertemente básica.

La **escala de pH** se define de 0 a 14. El valor 7 indica el medio neutro; valores menores pertenecen a soluciones ácidas; valores mayores indican medios básicos o alcalinos.

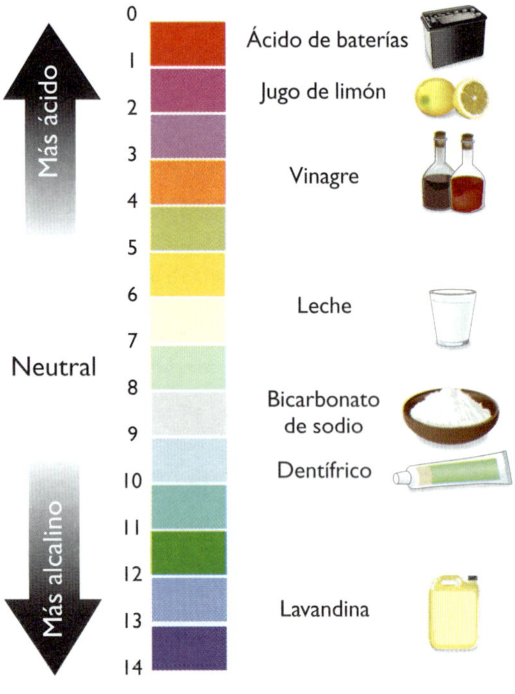

Escala de pH y materiales de la vida cotidiana.

A principios del siglo xx, Sören Sörensen era director del laboratorio de una cervecería en Copenhague, Dinamarca. Él estudió el efecto de la concentración de los iones sobre las proteínas, especialmente el ion H^+, que cambia la acidez del medio y hace que estas coagulen. Advirtió que las enzimas que aceleraban las reacciones bioquímicas de la producción cervecera trabajaban eficazmente en ciertos valores de pH y no en otros. Esto generó la necesidad de conocer rápida y fácilmente el grado de alcalinidad o acidez de una solución. Extrajo una serie de indicadores naturales, y logró una mezcla de tal proporción, que podía medir la escala de pH de 0 a 14 con bastante precisión. Hoy se conoce esta mezcla como **indicador universal**. Se comercializa líquido o en forma de tiras de papel, llamadas papel de pH. Con el indicador universal se puede conocer el pH de la solución, cualquiera sea, de modo numérico.

El indicador universal asigna un valor numérico a cada color. Esto fue calibrado por Sörensen, quien medía el pH de distintas soluciones y registraba la coloración de la mezcla.

El invento de la escala de pH resultó muy útil en la ciencia, la salud y la industria, entre otros sectores. En la industria farmacéutica y alimentaria son innumerables sus aplicaciones tanto en la fabricación como en el control de calidad de los productos.

En la agricultura, en el estudio y tratamiento de los suelos, el pH es importante porque los vegetales solo pueden absorber las sales minerales que estén disueltas en el agua, y la variación del pH modifica la solubilidad de estas. Por ejemplo, el aluminio y el manganeso son más solubles en valores bajos de pH —o sea suelos ácidos— y al ser absorbidos por las raíces son tóxicos a ciertas concentraciones. Por eso, la lluvia ácida afecta sobremanera los bosques y las tierras de cultivo. Determinadas sales minerales que son esenciales para el crecimiento vegetal, como el fosfato de calcio, son menos solubles en medios alcalinos —pH alto—, lo que hace que esté menos disponible para las plantas en tierras básicas. El rango óptimo del pH del suelo para el crecimiento de la mayor parte de los vegetales es entre 6 y 7, o sea, prácticamente neutro. Pero cada tipo de planta tiene su propio pH óptimo y es útil conocerlo a la hora de cultivarla.

En medicina, el control del pH en los análisis bioquímicos de sangre y orina se ha convertido en una rutina para detectar enfermedades del metabolismo, respiratorias, infecciones urinarias o inclusive diabetes. Por ejemplo, hay enzimas (la pepsina de los jugos gástricos) que son estables en medios ácidos, y otras (la lipasa del páncreas) que requiere alcalinidad. La sangre humana presenta un valor que oscila entre 7,35 y 7,45 debido a la existencia de mecanismos de regulación. Un pH ácido puede indicar problemas pulmonares o en riñones; uno básico puede significar deshidratación o problemas en el hígado. El pH de la piel varía entre 4,8 para los hombres y 5 para las mujeres. El pH también varía según la región del cuerpo (es más básico en axilas) y según la edad: los valores de pH son más alcalinos desde el nacimiento a la pubertad y luego en la vejez.

LOS AMORTIGUADORES DE PH

Existen soluciones que actúan estabilizando el pH. Por lo general, se trata de una sal en solución acuosa concentrada, formada por un ácido débil y su base conjugada.

Si se añaden este tipo de soluciones a una mezcla, se puede mantener el mismo valor de pH luego del agregado de pequeñas cantidades de sustancias que acidifiquen o basifiquen el medio.

Para cada valor de pH existe una solución o grupo de soluciones amortiguadoras específicas.

Son ejemplos de soluciones amortiguadoras los pares: ácido acético-anión acetato; amoníaco-catión amonio, ácido carbónico/anión bicarbonato, entre otros. Esta última cumple, junto con otras sustancias, la función de mantener estable el pH de la sangre y evitar así la acidosis.

Titulación ácido-base

Tanto en la industria como en los laboratorios, suele presentarse el problema de tener una solución ácida o básica cuya concentración se desconoce. Un método para determinar dicha concentración es el que se conoce como **titulación** o **valoración ácido-base**. Consiste en la reacción de neutralización que ocurre cuando un ácido se pone en contacto con una base, es decir, se lleva una solución ácida o básica a pH neutro mediante el agregado de un volumen de solución básica o ácida, según se requiera, de concentración conocida.

Si, por ejemplo, se tiene una solución de ácido clorhídrico (HCl), el pH será menor a 7 y es esperable que sea bajo debido a que se trata de un ácido fuerte. Así, la solución tendrá una concentración de iones hidronio mucho más alta que la del agua pura. Al agregar gotas de una solución de una base fuerte, como lo es el hidróxido de sodio (NaOH), de manera controlada, el pH aumentará gradualmente. Esto se verifica mediante un instrumento llamado pehachímetro (phmetro), que mide el pH en cada instante.

Además, a la solución se debe agregar un indicador de pH que cambie de color a medida que el medio se hace más básico.

Dentro de la solución incógnita está ocurriendo la reacción:

$$Cl^- + H_3O^+ + Na^+ + OH^- \rightarrow Na^+ + Cl^- + H_2O$$

Cuando se llega al pH neutro (7), significa que todos los iones hidronio han sido neutralizados por los iones hidroxilo de la base agregada.

Sin embargo, se sigue añadiendo base hasta que el pH sea mayor a 7. Luego se grafica el pH medido en función del volumen de base agregado (que se mide con una bureta). Así se obtiene un gráfico que cambia de curvatura para un valor de pH = 7. En este punto, el volumen agregado de base neutralizó completamente el ácido, y se lo denomina punto de equivalencia.

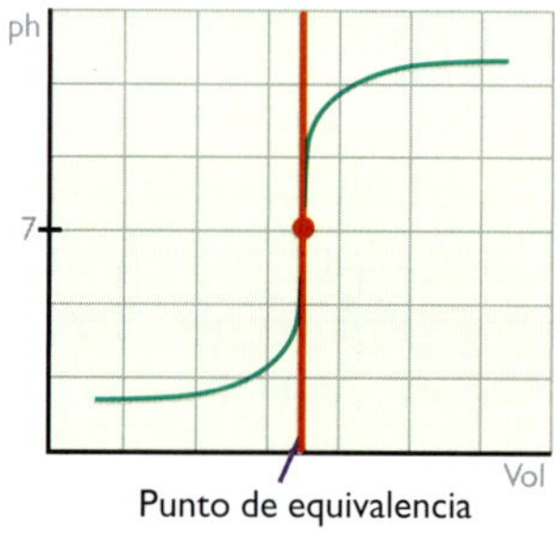

El punto de equivalencia es el volumen de base que se tuvo que agregar para neutralizar completamente el ácido.

Si se conoce la concentración de la solución básica y el volumen del punto de inflexión, se puede calcular la cantidad de ácido clorhídrico que había en la muestra, ya que cada mol de ácido aporta un mol de protones a la solución. Saber cuántos moles de OH^- se agregaron, permite saber cuántos moles de ácido están presentes en la muestra. Conociendo el volumen inicial, se determina la concentración de la muestra.

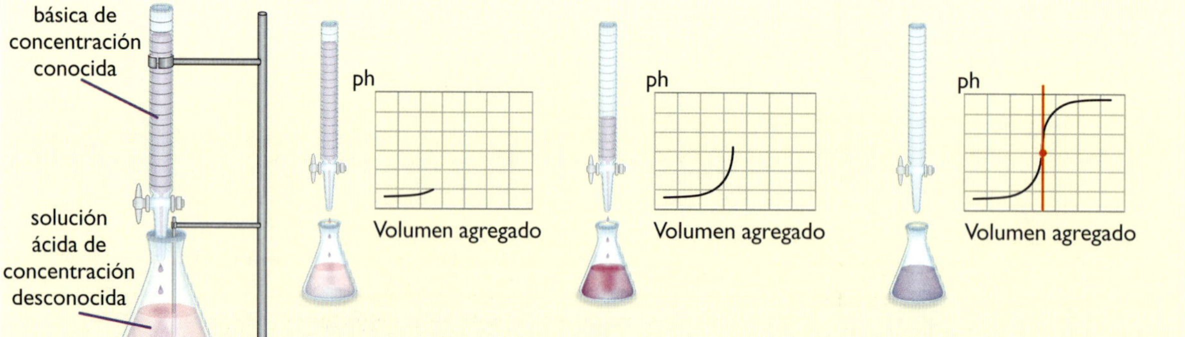

Para una titulación se coloca un erlenmeyer con la muestra incógnita sobre una plataforma móvil que lo mantiene agitado. Con una bureta se agrega la base o el ácido según corresponda. Con un pehachímetro y un indicador se mide el pH durante el proceso.

1. **Observen los siguientes dibujos e indiquen en cuál de los dos casos la reacción será más lenta. Justifiquen su respuesta**

2. **En un recipiente cerrado de 3 dm^3 se encuentra un sistema en equilibrio constituido por 0,1 moles de F_2 (g); 0,030 moles de H_2O (g); 0,36 moles de HF (g) y 0,2 moles de O_2(g).**

Calculen el valor de Kc para la reacción:

$$2\,F_2\,(g) + 2\,H_2O\,(g) \rightleftharpoons 4\,HF\,(g) + O_2\,(g)$$

3. **En un volumen de 3 litros, se ha alcanzado un estado de equilibrio a 25 °C. Los componentes del sistema son: 1,44 g de O_2 (g); 1,08 g de H_2O (g) y 0,03 mol de Cl_2 (g), y participan de la siguiente reacción cuya K_c vale 4,86:**

$$2\,H_2O\,(g) + Cl_2\,(g) \rightleftharpoons 4\,HCl\,(g) + O_2\,(g)$$

Calculen:

a. La molaridad de las sustancias;

b. La concentración de HCl en el equilibrio;

c. El número de moles de HCl en el recipiente.

4. **Calculen la concentración en el equilibrio y el número de moles en el recipiente de 4 dm^3, del reactivo Br_2 (g), en el siguiente proceso:**

$$H_2\,(g) + Br_2\,(g) \rightleftharpoons 2\,HBr\,(g)$$

La concentración del equilibrio de H_2 (g) es de 0,05 mol/l y la de HBr (g) 0,70 mol/l la Kc = $6{,}98.10^{-2}$.

5. **En la reacción de obtención de etanoato de etilo, se usa un deshidratante (sustancia que elimina el agua del sistema) para favorecer el rendimiento de la reacción. Expliquen por qué.**

etanoico + etanol $\rightleftharpoons$ etanoato de etilo + agua

6. **La siguiente reacción que muestra la formación de NH_3 por el proceso Haber-Bosch, es exotérmica. ¿Cuál será el efecto sobre el equilibrio químico si se calienta el sistema? ¿Cómo se puede mejorar la producción de NH_3 en una planta de elaboración de este producto?**

$$N_2\,(g) + 3\,H_2\,(g) \rightleftharpoons 2\,NH_3\,(g)$$

7. **Si una solución tiene una concentración de H_3O^+ de 10^{-9} mol/l:**

a. ¿Será ácida o básica?

b. ¿Cuánto vale su pH? ¿Y su pOH?

c. Repitan los cálculos para una solución de concentración 10^{-4}.

8. **El volumen del estómago adulto varía entre 100 ml cuando está en ayunas y 1 000 ml cuando está lleno. Suponiendo un estómago de 300 ml con una acidez de pH = 2 en ácido clorhídrico ¿cuántos moles de H_3O^+ contiene?**

9. **A una cierta temperatura constante, ocurre la siguiente reacción:**

$$2N_2\,(g) + 6\,H_2O\,(g) \rightleftharpoons 4\,NH_3\,(g)$$

Según el principio de Le Chatelier, ¿hacia dónde se desplazará el sistema en equilibrio si se le practica alguna de las siguientes perturbaciones?

a. Agregar NH_3.

b. Quitar N_2.

c. Quitar H_2O.

d. Quitar O_2.

10. **El siguiente gráfico representa la evolución de la reacción.**

$$2\,A + B \rightleftharpoons 2\,C$$

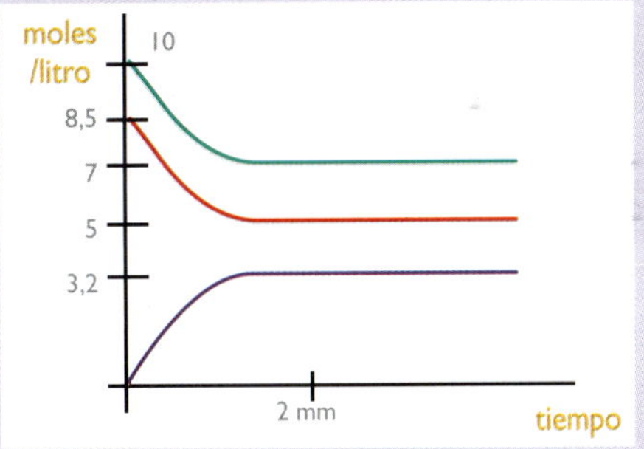

a. Planteen la constante de equilibrio que la representa.

b. Calculen el valor de K_c.

c. ¿Cuántos moles de cada uno de los reactivos se consumió durante la reacción?

11. **Un grupo de alumnos está llevando a cabo una titulación. Una vez que hicieron el gráfico de pH en función del volumen de solución de NaOH 0,5 M agregado, el punto de equivalencia es de 20 ml. Dado que el volumen inicial de la muestra ácida de concentración desconocida era de 200 ml, calculen:**

a. La concentración de ácido en la muestra si se trataba de un ácido monoprótico.

b. La concentración de la muestra suponiendo un ácido biprótico.

Indicadores ácido-base naturales

Aquellos que gustan de las ensaladas de repollo colorado, tal vez notaron que al agregar vinagre o jugo de limón, el líquido del fondo del recipiente muestra una coloración rosa fuerte. Al lavarlo con algún desengrasante se observa el azul verdoso.

Este vegetal cuyo nombre científico es *Brassica oleracea* es un excelente indicador de pH por el amplio rango de colores que adquiere al cambiar la acidez del medio.

En esta actividad les proponemos preparar su propio indicador de pH.

MATERIALES

3 ó 4 hojas de repollo colorado, papel indicador universal, alcohol común, mortero, vasos de precipitado, varilla de vidrio, pipetas, embudo, papel de filtro, gradilla y tubos de ensayo, etiquetas. Soluciones de ácido clorhídrico (HCl) e hidróxido de sodio ($NaOH$). Agua destilada. Pequeñas muestras de: detergente, desengrasante de cocina o cañerías, jabón blanco para ropa, jabón de tocador, jabón de glicerina, dentífrico, champú, leche, gaseosa incolora, jugo de limón, de naranjas, vinagre de alcohol, agua potable.

NOTA: ES CONVENIENTE QUE LAS MUESTRAS SEAN INCOLORAS O CON COLORES TENUES. SI ALGUNAS DE ELLAS TIENEN COLORES FUERTES, DEBEN INTENTAR UNA DILUCIÓN EN AGUA PARA ATENUAR EL COLOR Y PODER OBSERVAR LOS CAMBIOS.

- **Preparación del indicador**

1. Machaquen las hojas de repollo con alcohol en el mortero, previamente córtenlas en pequeños trozos.
2. Vuelquen el líquido violáceo obtenido a un vaso de precipitado y agréguenle la misma cantidad de agua destilada. Rotulen como: indicador natural de repollo colorado. Guardar para los ensayos.
3. Para saber qué colores presenta el indicador preparado en cada uno de los medios, habrá que hacer unos ensayos previos.
   a. Coloquen 0,5 cm^3 de HCl en un tubo de ensayo, 0,5 cm^3 de $NaOH$ en otro tubo y 0,5 cm^3 de agua destilada en un tercer tubo. Rotulen los tubos para no confundir los contenidos.
   b. A cada tubo agreguen 1 cm^3 del indicador de repollo colorado. Observen y registren la coloración de la solución en cada caso.

- **Reconocimiento de acidez en distintos materiales**

1. Numeren tantos tubos de ensayo como materiales hayan conseguido.
2. Coloquen en cada tubo 1 cm^3 de cada uno de los materiales a analizar y agreguen a cada uno unas gotas del indicador de repollo colorado que fabricaron. Indiquen en cada caso si el medio es ácido, básico o neutro. Para eso tengan en cuenta los resultados obtenidos en la preparación del indicador.
3. Utilizando papel indicador universal, determinen el pH de cada uno de los materiales.

4. Completen un cuadro como el siguiente:

Nº TUBO	MATERIAL	COLOR OBSERVADO	MEDIO	pH
1	Detergente			
2	Champú			
3	Gaseosa			
..	...			

- **Preguntas para el análisis**
  - **a.** El pH obtenido al medir con el papel, ¿coincide con los resultados obtenidos con el indicador natural de repollo?
  - **b.** ¿Se puede considerar que el extracto de repollo es un buen indicador de pH?
  - **c.** Expliquen qué ocurre cuando agregan vinagre o detergente a una ensalada de repollo colorado.

Equilibrio químico

El objetivo de este experimento es observar el comportamiento de un sistema en equilibrio químico y los efectos de las perturbaciones sobre el mismo.

MATERIALES

Gradilla y tubos, varilla, dos vasos de precipitado, pipeta graduada, dos pipetas-gotero, marcador, trapos, detergente, escobillas, solución de HCl (concentrado), nitrato de cobalto —u otra sal de cobalto (II), soluble en agua—, agua destilada.

- **Desarrollo de la experiencia**
  1. En un tubo de ensayo coloquen 3 cm^3 de solución de nitrato de cobalto. Rotulen el contenido del tubo. Observen y registren su color.
  2. Coloquen en otro tubo, 3 cm^3 de HCl diluido. Rotulen y registren sus observaciones.
  3. En un tercer tubo, coloquen agua destilada.
  4. Mezclen 1 cm^3 de la solución de nitrato de cobalto del primer tubo —la tercera parte, aproximadamente— con el mismo volumen de la solución de HCl. Agiten. El sistema en equilibrio que se obtuvo se representa con la siguiente ecuación:

$$\underset{\text{rojo}}{Co(H_2O)_6^{2+}} + 4\,Cl^- \rightleftharpoons \underset{\text{azul}}{CoCl_4^{2-}} + 6\,H_2O$$

Se observa el cambio de color desde el rojo del ion complejo hexa-aquo Cobalto (II) al azul del tetracloruro de cobalto (II), por el agregado del ácido clorhídrico.

  5. Agreguen 1 cm^3 de agua destilada (un producto de la reacción) y observen. Describan y registren lo ocurrido.
  6. Repitan los ensayos: agreguen 1 cm^3 de HCl (un reactivo) y vean lo que ocurre. Luego, 1 cm^3 de agua y observen. Nuevamente HCl, y observen.

- **Consigna para el análisis**

Expliquen lo sucedido teniendo en cuenta el principio de Le Chatelier.

ENTREVISTA AL

ING. MARIO BAUDINO

La ingeniería en minas es una de las ramas de la ingeniería que se ocupa de evaluar la viabilidad de un yacimiento, diseñar el tipo de mina que corresponde al sitio y de seleccionar la técnica de extracción apropiada. También se ocupa del procesamiento de los minerales y la obtención de metales a partir de estos. Es una carrera en la cual son imprescindibles conocimientos de ciencias de la Tierra y de ingeniería civil, así como de ciencias de base como la física, la química y la geología.

Sobre su formación profesional y su actividad

Mario Baudino estudió la carrera de Ingeniería en Minas en la Universidad Nacional de San Luis. Allí terminó sus estudios de grado en el año 1991.

Luego viajó a España e hizo un posgrado en la Universidad Politécnica de Madrid. Allí obtuvo los títulos de especialista en Gestión Medio Ambiental y magíster en Planificación y Gestión del Medio Ambiente y los Recursos Naturales.

Actualmente, Mario es profesor adjunto del Departamento de Minería en la Universidad Nacional de San Luis y profesor asociado en la Universidad Nacional de la Patagonia Austral.

En cuanto a su actividad en el sector privado, trabajó desde 1991 hasta mayo de 2011 como ingeniero de minas en la empresa Cementos Avellaneda S.A. En la actualidad, se desempeña como consultor principal para la empresa internacional SRK Consulting Argentina S.A. y participa en numerosos proyectos relacionados con la minería, la geología y el ambiente.

¿Qué lo impulsó a seguir esta carrera?

Me gustan mucho la naturaleza y las actividades al aire libre. Cuando empecé a estudiar no sabía si realmente me iba a gustar la carrera, pero el primer año fue decisivo. La facultad organizó numerosos viajes para conocer la actividad en el mismo lugar donde ocurría.

No tengo tradición familiar minera, pero estoy orgulloso de mi profesión y aliento a muchos a que la conozcan porque se sabe muy poco del abanico de trabajos que se generan, desde la extracción hasta la comercialización del mineral.

¿Cuál es el tema sobre el que investiga y en qué consiste su tarea de investigación?

En la UNSL (Universidad Nacional de San Luis) estoy trabajando en un proyecto que se relaciona con *softwares* mineros, que son herramientas informáticas que se utilizan para modelamientos y planificación de la explotación de yacimientos.

Integro además un grupo en la UNPA (Universidad Nacional de la Patagonia Austral) que trabaja en el "estudio de línea de base ambiental del Macizo Centro Oeste", en la provincia de Santa Cruz, donde se releva el estado actual de esa zona con un alto potencial minero antes de que las empresas empiecen a explorar y explotar estas riquezas.

¿Realiza tareas docentes?

Sí. En la UNSL me desempeño como docente en la materia Computación Gráfica de 4° año de la carrera de Ingeniería de Minas, y colaboro en la materia Evaluación Económica e Ingeniería de Proyectos Mineros.

En la UNPA (Universidad Nacional de la Patagonia Austral) dicto clases de la materia *Software* Minero en la Tecnicatura de Minas en la Unidad Académica San Julián, en la provincia de Santa Cruz.

¿Qué opinión tiene respecto de la situación y la metalurgia de los metales en nuestro país en la actualidad?

La Argentina está atravesando un momento histórico en la exploración y explotación de sus yacimientos. Las principales provincias que se encuentran desarrollando estos proyectos están teniendo un crecimiento y un desarrollo económico muy importantes. La nueva minería que se trabaja en la actualidad es moderna, innovadora, económicamente sustentable, ambiental y socialmente sostenible y responsable.

Los gobiernos, tanto el nacional como los provinciales, tienen que tener una política de Estado a largo plazo y estar presentes para hacer cumplir las leyes y controlar de manera eficiente a las empresas dentro de un marco de armonía y paz.

Con respecto a la explotación de los metales, no somos pioneros. La Argentina ha crecido en la siderurgia pero actualmente los metales son procesados en el extranjero. Este tema es un gran desafío para las empresas locales.

¿Cuáles son los últimos avances en cuanto a técnicas en la obtención de metales? ¿Son más cuidadosos del ambiente?

Aquí, sin dudas, debo orientar mi respuesta hacia las tecnologías limpias, que se vienen desarrollando y aplicando fuertemente desde el año 2002 a la fecha, con fuerte incidencia de los nuevos desarrollos hidrometalúrgicos que se han puesto en práctica en Chile, Perú (los más cercanos) y el resto del mundo.

En lo referente a la extracción metalífera, ¿existen técnicas que tiendan a una menor contaminación del medio?

La legislación vigente obliga a las empresas a utilizar tecnologías limpias sumado a la presentación por ley de estudios de impacto ambiental, que controlan las Direcciones y Secretarías de Minería y Medio Ambiente provinciales.

¿Hay alternativas a la lixiviación en la obtención de oro?

La lixiviación para la obtención de oro es rentable para las empresas y menos contaminante que otras alternativas como el método de la thiourea. Hay que seguir investigando para lograr el equilibrio entre el mínimo impacto y que el proyecto sea económicamente viable.

PARA REFLEXIONAR EN EL AULA

1. ¿Cómo se imaginan la actividad de un ingeniero en minas? ¿Qué fue lo que motivó a Mario a continuar con su carrera en la Universidad Nacional de San Luis?
2. Investiguen en Internet en qué consisten los *softwares* mineros. Busquen en Internet videos que muestren el funcionamiento de estas herramientas. ¿Qué ventajas consideran que pueden aportar a la actividad minera?
3. Discutan la siguiente afirmación de Mario: *"La Argentina ha crecido en la siderurgia pero actualmente los metales son procesados en el extranjero. Este tema es un gran desafío para las empresas locales"*. ¿Cuál es el desafío al que se refiere?
4. Investiguen en qué consisten las siguientes técnicas de extracción minera.
   a. Hidrometalurgia.
   b. Método de thiourea.
5. Investiguen acerca de los recursos mineros del Macizo Centro Oeste de la provincia de Santa Cruz, ¿qué minerales se encuentran allí?

RESUMEN

El planeta Tierra es un gran reservorio de minerales, que constituyen la materia prima que dio origen a la vida tal como la conocemos. Esta materia prima, al ser transformada químicamente, permite mejorar y satisfacer las condiciones de vida del hombre y su entorno.

Es en la litosfera donde, bajo la forma de minerales, se concentra la mayor cantidad de recursos de los cuales la industria se apropia para la obtención de materiales. Silicatos, carbonatos, sulfuros, sulfatos, yeso, mármol y caliza son algunos de sus componentes más destacados.

Las industrias químicas transforman las materias primas en productos que mejoran la calidad de vida de la población. Además, en la actualidad existe legislación para que estos procesos ocurran con el menor daño posible al ambiente. Algunas industrias son de base y se ocupan de la obtención de materiales en estado puro. Este es el caso de la metalurgia, que se encarga de extraer los metales que constituyen las rocas minerales. Otra industria de base es la petroquímica, que explora, extrae y refina el petróleo.

Estas materias primas son utilizadas por un conjunto variado de industrias para fabricar otros productos derivados, como los cosméticos, medicamentos, plásticos, detergentes, jabones y aditivos alimentarios, entre otros.

Los procesos a los que son sometidos estos recursos son variados e incluyen distintos tipos de reacciones químicas. Entre ellas podemos mencionar las reacciones de óxido reducción, pirólisis y electrólisis, muy utilizadas en la metalurgia; reacciones de polimerización, *cracking* y *reforming* en petroquímica; catálisis enzimática en la industria alimentaria, entre otras.

Para que estos procesos se desarrollen con el menor costo posible es imprescindible tener en cuenta las características de las materias primas, sus relaciones estequiométricas, así como las condiciones de temperatura y acidez del medio las cuales influyen en la cinética de las reacciones.

Muchos de los procesos industriales presentan reacciones químicas reversibles, es decir, de equilibrio como, por ejemplo, en el método Haber-Bosch para la obtención de amoníaco. En estos casos, hay que tener en cuenta diversos factores que pueden modificar el equilibrio de la reacción y, por ende, su rendimiento. La temperatura, el medio y la concentración de materias primas son algunos de ellos.

Otras reacciones típicas de algunos procesos industriales son las de equilibrio ácido-base. En estas es imprescindible controlar en muchos casos la acidez del medio. Es el momento en que se hace imprescindible el agregado de *buffer* o soluciones tampón que regulan la acidez del medio.

Por otra parte, una de las consecuencias del uso indiscriminado de la energía y la emanación de gases y el vertido de sustancias tóxicas ha llevado a un desequilibrio de nuestro medio. Metales pesados como el mercurio y el plomo, fosfatos presentes en fertilizantes, gases de azufre emanados por las chimeneas de las centrales eléctricas y el aumento de la producción de gases invernadero son algunos de los exponentes de estas actuaciones erróneas a nivel industrial.

La humanidad tiene ante sí el desafío de seguir desarrollando industrias capaces de producir nuevos materiales con menor costo ambiental posible. Este desafío es el de la la corriente denominada química verde.

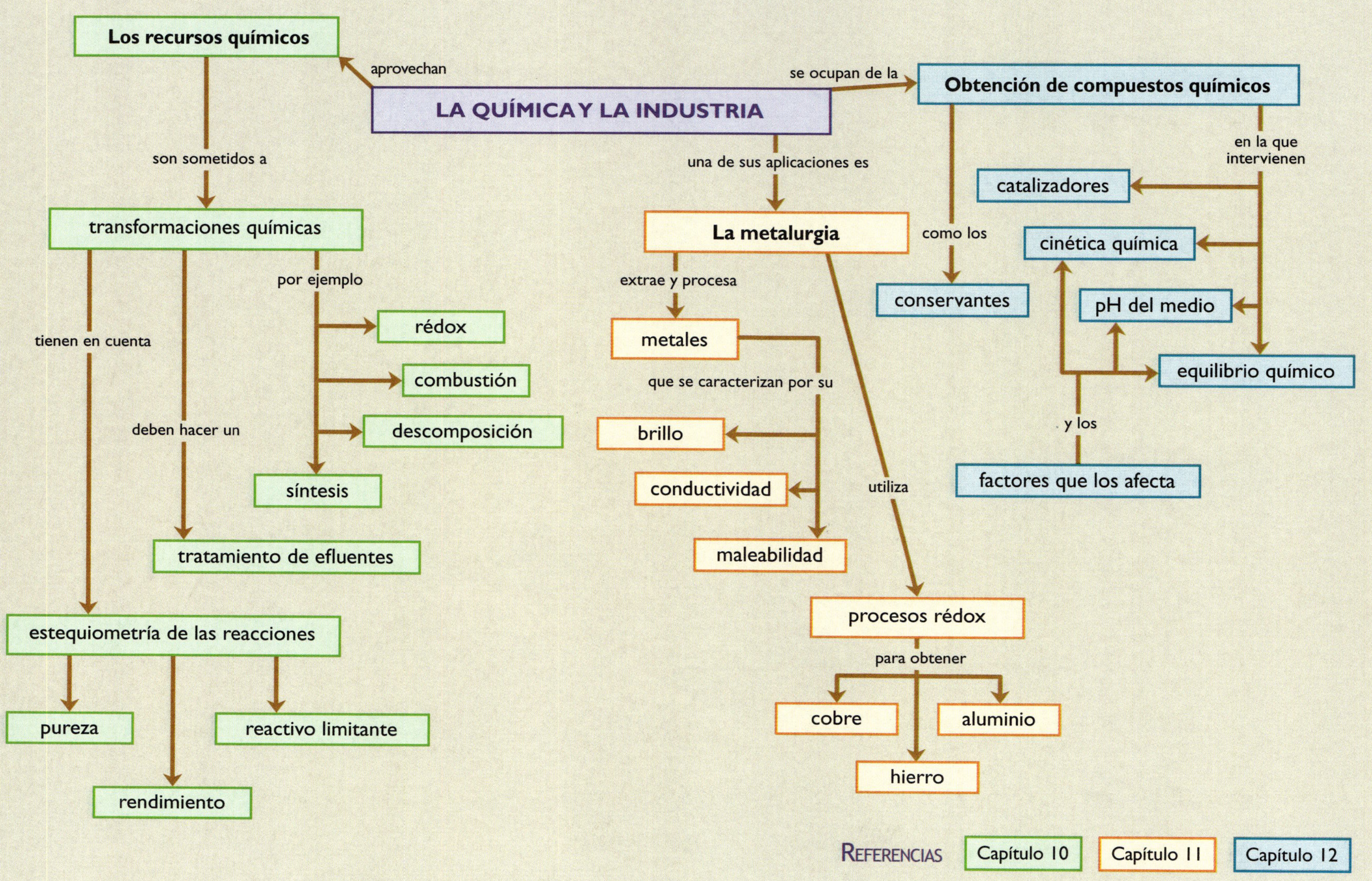
LA QUÍMICA Y LA INDUSTRIA
aprovechan
Los recursos químicos
son sometidos a
transformaciones químicas
por ejemplo
rédox
combustión
descomposición
síntesis
deben hacer un
tratamiento de efluentes
tienen en cuenta
estequiometría de las reacciones
pureza
rendimiento
reactivo limitante
una de sus aplicaciones es
La metalurgia
extrae y procesa
metales
que se caracterizan por su
brillo
conductividad
maleabilidad
utiliza
procesos rédox
para obtener
cobre
hierro
aluminio
se ocupan de la
Obtención de compuestos químicos
como los
conservantes
en la que intervienen
catalizadores
cinética química
pH del medio
equilibrio químico
y los
factores que los afecta
Referencias
Capítulo 10
Capítulo 11
Capítulo 12

LA QUÍMICA COMO EMPRENDIMIENTO HUMANO

"La vida no es fácil, para ninguno de nosotros. Pero... ¡qué importa! Hay que perseverar y, sobre todo, tener confianza en uno mismo. Hay que sentirse dotado para realizar alguna cosa y esa cosa hay que alcanzarla, cueste lo que cueste".

Marie Curie, química polaca, nacionalizada francesa.

SECCIÓN FINAL

LA QUÍMICA COMO EMPRENDIMIENTO HUMANO

Un gran paso para la humanidad

La historia y el desarrollo de la humanidad han estado siempre ligados al progreso del conocimiento del mundo, y en los últimos siglos este conocimiento es científico y tecnológico. Desde el principio de su existencia, el ser humano utilizó sus sentidos y su razón para tomar conciencia del mundo físico. La construcción de una vivienda, la fabricación del papel y la tinta, el cuidado del ambiente, la conservación de esculturas y pinturas, son ejemplos en los que la química juega un papel fundamental, y acompaña y mejora las condiciones del ser humano y su entorno.

La creciente complejidad del medio físico y cultural en el que nos manejamos crea una necesidad permanente de ampliar los conocimientos para poder desenvolvernos. La ciencia y la técnica desempeñan un papel indispensable para garantizar y mejorar el bienestar de los ciudadanos.

En campos tan variados como la salud y la alimentación, el ambiente y el hogar, la cultura y el arte, el transporte, la informática y las nuevas tecnologías, la química está presente.

En la higiene y limpieza, así como en medicamentos y alimentos, la química tiene una intervención esencial.

A lo largo de este libro, y de esta página, se han mencionado muchas de las aplicaciones de la química, veamos otros ejemplos.

Gran parte de los materiales que se utilizan en la fabricación de medios de locomoción son productos químicos. Los neumáticos, la pintura metalizada, los aditivos que mejoran los combustibles, los cinturones de seguridad y los líquidos de frenos son productos que están desarrollados gracias a la química.

Los *airbags*, dispositivos de seguridad de los autos, funcionan gracias a una reacción química cuya energía de activación está dada por un chispazo que genera el impacto de un choque. El producto de la reacción es gaseoso, por lo que, con el impacto, el gas dentro de la bolsa aumenta su volumen muy rápidamente.

La tela de los airbags *y su funcionamiento son desarrollos de la química.*

El aporte de la química también alcanza el ámbito de la informática, en la que el auge de los chips, soportes magnéticos, DVD y CD mejoran la telecomunicación.

Esta ciencia se ocupa también de la producción de fibras sintéticas como las telas usadas para fabricar impermeables, las ignífugas, las de los chalecos antibalas, entre otras. Una sola planta de fabricación de fibras sintéticas produce la misma materia prima que 12 millones de ovejas, las que necesitarían para alimentarse una superficie como la de la provincia de Misiones cubierta de pastos.

Luces y sombras de la química

A lo largo de la historia, el ser humano descubrió materiales cuyos usos no fueron siempre orientados a mejorar el estándar de vida. Un ejemplo de esto son los explosivos, que se utilizaron para enfrentarse con enemigos. Otro ejemplo son las sustancias de alta toxicidad química y biológica, como gases lacrimógenos, gas mostaza y gas sarín, utilizados en las dos Guerras Mundiales. El trinitrotolueno (TNT), que libera una gran cantidad de energía, y el agente naranja, utilizado por el ejército estadounidense en la Guerra de Vietnam, son ejemplos de armas químicas cuyas consecuencias fueron devastadoras para la humanidad.

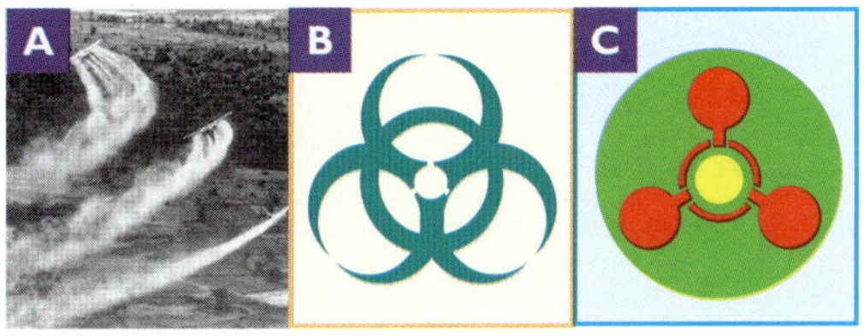

A. *El gas naranja es una mezcla de herbicidas utilizado en la Guerra de Vietnam que dejó terribles secuelas en la población de ese país. Estos símbolos advierten sobre el riesgo biológico (*B*) o químico (*C*) de una sustancia.*

El uso de agroquímicos

Los altos niveles de productividad que exige el mercado global impulsaron a la industria química y farmacéutica a desarrollar pesticidas y fertilizantes, denominados genéricamente agroquímicos, que son utilizados por los productores agropecuarios. Estos productos ocasionan alteraciones fisicoquímicas y biológicas en el ambiente.

Los pesticidas o plaguicidas son agentes químicos o biológicos utilizados para prevenir y combatir plagas o transmisores de enfermedades en animales y vegetales, también para controlar algunas malezas que compiten con los cultivos. Entre ellos se pueden mencionar: herbicidas (combaten malezas), fungicidas (combaten hongos), insecticidas (combaten insectos). Según su composición química se clasifican en organofosforados, organoclorados, carbamatos y triazinas. Muchos plaguicidas están siendo prohibidos en la Argentina y en el mundo debido a sus efectos colaterales.

Por otra parte, los fertilizantes inorgánicos son compuestos nitrogenados, fosfóricos y potásicos, cuyo uso prolongado debilita la estructura del suelo. El empleo reiterado de fertilizantes puede generar un excesivo incremento en la acumulación de nutrientes que no son absorbidos por los cultivos y dar lugar a un desarrollo de algas superior al normal. Esto ocasiona trastornos en el equilibrio biológico, lo que puede incluir mortandad de plantas y animales acuáticos.

En la actualidad, es aconsejable aplicar agroquímicos específicos y poco persistentes para reducir el riesgo de contaminación en el aire, el agua y los suelos. Como alternativa a los fertilizantes inorgánicos se propone el uso de fertilizantes de origen biológico, como estiércol, compost (producto de descomposición de residuos vegetales y animales) y abono verde (plantas enteras o raíces).

EL DDT

En 1943, se utilizó el primer plaguicida organoclorado, el DDT, descubierto y patentado por el químico suizo Paul H. Müller (1899-1965). Durante décadas fue un arma química importante en la lucha contra el mosquito *Anopheles,* transmisor de la malaria. En la década de 1970, se demostró que este compuesto es tóxico y causa daños irreparables en el ecosistema. Según la magíster Amalia Dellamea, del Centro de Divulgación de la Facultad de Farmacia y Bioquímica de la Universidad de Buenos Aires: "Aunque su uso está prohibido en la Argentina hace más de una década por el Servicio Nacional de Sanidad y Calidad Agroalimentaria (Senasa) sigue dejando rastros en diversos alimentos, pero principalmente en la leche humana y la vacuna".

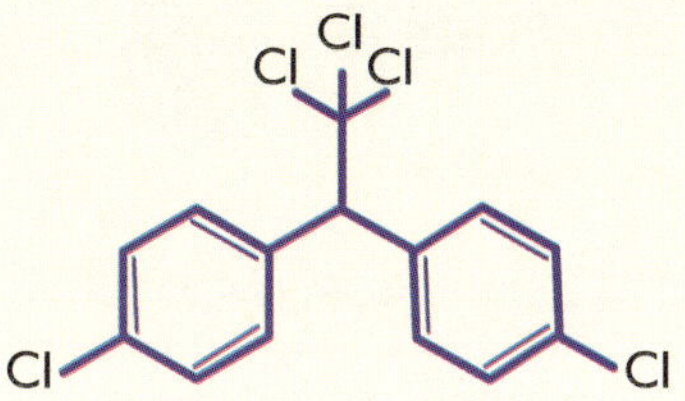

Fórmula estructural y espacial del dicloro-difenil-tricloro etano (DDT).

Un camino de la mano de la química

La adquisición progresiva de metodologías y el avance tecnológico a lo largo de la historia permitieron la constitución de la química en una disciplina.

Cuando el ser humano comenzó a indagar y manipular el medio, sus primeras experiencias fueron la utilización del fuego para transformar la materia. Así cocinó sus alimentos, y obtuvo hierro y vidrio a partir de los recursos minerales.

Durante mucho tiempo se buscó la piedra filosofal, un objeto mítico que transformaría metales en oro, y que podría producir el elixir de la vida que aseguraba la inmortalidad. Esta búsqueda se constituyó en la **alquimia**, una práctica en la que se mezclaban procedimientos similares a los de la química actual, la magia, la filosofía, y que a su vez estaba ligada a la espiritualidad.

El alquimista *(1769) de Ferdinand Landerer.*

Luego de un largo proceso, la alquimia se fue transformando en la química actual. Robert Boyle (1627-1691) fue uno de los primeros en descartar las teorías alquimistas, introdujo el método analítico y estableció el concepto de "elemento" y "compuesto químico".

En el siglo XVII, Antoine Lavoisier (1743-1794) aplicó por primera vez el método analítico cuantitativo; enunció y demostró empíricamente leyes fundamentales, explicó el fenómeno de la combustión y estableció la nomenclatura de la química moderna. A mediados del siglo XIX, el químico ruso Dimitri Mendeleiev (1834-1907) clasificó todos los elementos conocidos en su época, y estableció relaciones entre dicha clasificación y las propiedades químicas de cada elemento. De manera simultánea e independiente, el alemán Julius Meyer (1830-1895) propuso una clasificación de los elementos al relacionarlos con sus propiedades físicas, como los puntos de fusión y de ebullición. La química había dejado de parecerse a la alquimia, pero surgió en gran medida gracias a ella.

Robert Boyle | Antoine Lavoisier | Dimitri Mendeleiev | Julius Meyer

La química contemporánea

A partir del siglo XX, la química tomó un gran impulso de la mano de importantes descubrimientos como los rayos X, la fluorescencia, la radiactividad, entre otros, además del trabajo de muchos investigadores.

El desarrollo de nuevas tecnologías contribuyó a los estudios sobre la biología molecular y las investigaciones referidas a la estructura atómica. El hallazgo de isótopos radiactivos permitió el uso de marcapasos y el tratamiento contra el cáncer.

Anticipando el progresivo agotamiento de las reservas mundiales de combustibles fósiles, se comenzó a trabajar para encontrar nuevas fuentes de energía alternativa. Con tal fin se iniciaron las primeras plantas nucleares en la década de 1950, donde se llevaba a cabo la fisión nuclear. Con el correr del tiempo se advirtió que las centrales nucleares resultaban peligrosas debido a los residuos radiactivos y la posibilidad de accidentes. Desde hace algunas décadas se intenta convertir la energía solar en energía eléctrica de una manera eficiente. El desarrollo de combustibles alternativos, como los biocombustibles, son otra respuesta de la química al eventual agotamiento de las reservas de combustibles fósiles.

Para enfrentar algunos de los grandes problemas del siglo XXI, como el deterioro del medio ambiente, la escasez de agua, la falta de alimentos, el descubrimiento de nuevas enfermedades y la desaparición de las fuentes de energía convencionales, la química juega un rol protagónico, asociada con los aportes de la biología y la física.

El desarrollo sustentable

Desde hace algunos años, la población mundial se ha concientizado acerca del impacto que generan las actividades productivas e industriales en el ambiente y sobre la búsqueda de soluciones para este problema.

Esta preocupación es el eje del desarrollo sostenible o sustentable, que persigue un equilibrio entre el crecimiento económico, la inclusión social y la preservación de un ambiente saludable para las generaciones futuras.

Entre todas las definiciones que existen en la literatura científica sobre el desarrollo sustentable, la siguiente fue empleada por primera vez en 1987 en la Comisión Mundial del Medio Ambiente de la ONU, creada en 1983:

> *"Será sustentable un desarrollo que satisfaga las necesidades del presente sin poner en peligro la capacidad de las generaciones futuras para atender sus propias necesidades".*

Según sostienen Bernard Nebel y Richard Wright, autores del libro *Ciencias ambientales: ecología y desarrollo sostenible*, el progreso que tiende a mejorar la calidad de vida y la productividad debe ser evaluado teniendo en cuenta los efectos que produce en los ámbitos natural, político y social.

Si un sistema o proceso puede ocurrir sin agotar los recursos materiales o energéticos que necesita para funcionar, ni produce más contaminantes de los que puede absorber la naturaleza, es considerado sustentable.

El enorme crecimiento demográfico y el incremento general de consumo, entendido generalmente como desarrollo, pone en peligro la disponibilidad de los recursos naturales utilizados de forma masiva en la actual sociedad. Al promover el reciclaje y la reutilización de materias primas y productos, se puede evitar la degradación de los suelos, los cambios acelerados en las condiciones atmosféricas y la pérdida de biodiversidad. Las industrias químicas y petroquímicas crearon el programa *Cuidado responsable del medio ambiente*, desarrollado para lograr una mejora en los ámbito de seguridad, salud y ambiente. La Argentina participa de esta declaración desde mayo de 1992 a través de la Cámara de la Industria Química y Petroquímica.

En las estrategias utilizadas para prevenir la contaminación, la competitividad económica y la calidad ambiental se interrelacionan. Las primeras tácticas preventivas generaron cambios rápidos y fáciles de implementar, como controlar la fuga de emisiones, mejorar procedimientos o recurrir a métodos menos contaminantes y más eficientes. Superada esta etapa se hizo necesario introducir cambios tecnológicos, para los cuales los químicos juegan un rol fundamental.

REGLAS PARA EL USO DE RECURSOS NATURALES

De acuerdo con la Comisión Mundial de Medio Ambiente y Desarrollo de la Organización de las Naciones Unidas, existen tres reglas básicas en relación con los recursos naturales:

- Ningún recurso renovable deberá utilizarse a un ritmo superior al de su generación.
- Ningún contaminante deberá producirse a un ritmo superior al que pueda ser reciclado, neutralizado o absorbido por el ambiente.
- Ningún recurso no renovable deberá aprovecharse a mayor velocidad de la necesaria para sustituirlo por un recurso renovable utilizado de manera sostenible.

Química: presente y futuro

Una corriente de la química pretende procurar herramientas para prevenir la contaminación. El inicio de esta corriente, denominada **química verde**, data de principios de los años noventa y ha crecido notablemente desde entonces.

Tradicionalmente, los profesionales dedicados a la química ambiental se ocuparon de monitorear el entorno para detectar contaminantes y buscar maneras de eliminarlos o minimizar sus efectos. En la actualidad, en cambio, se buscan estrategias preventivas aplicables a los procesos industriales para maximizar la eficiencia y evitar la contaminación, diseñando productos útiles y viables comercialmente a través de etapas de producción alternativas de nula o escasa toxicidad.

Una meta a alcanzar

Desde la Revolución industrial, la demanda de bienes de consumo y energía aumentó de manera considerable, lo que alteró en gran medida el ambiente. Articular la protección de los ecosistemas con la eficiencia industrial y comercial es una meta ardua pero necesaria. Puede lograrse contando con información sobre las relaciones entre la química y la biología vinculadas a las funciones industriales y comerciales. Una cuidadosa integración de estas áreas permitirá llegar al balance requerido entre seguridad y eficacia a partir de la introducción de cambios en los enfoques de los estudios toxicológicos, en la capacitación de los profesionales y en la formación de equipos integrados por especialistas en diversas disciplinas.

Para conocer el alcance del impacto de la actividad química, e incluso el de la química verde, es necesario estudiar las interacciones ambientales teniendo en cuenta el ciclo completo de los productos en el ambiente.

En la medida en que se produzca un cambio cultural y que cada individuo pueda pensar en la relación de las personas con su entorno, se podrá contribuir de manera significativa a mejorar la calidad de vida de toda la humanidad.

DOCE FORMAS DE CUIDAR EL PLANETA

Para contribuir a resolver los problemas de contaminación, Paul Anastas y John Warner formularon en 1990 en el libro *Green Chemistry: Theory and Practice* (Química verde: teoría y práctica) los principios en los que se fundamenta la química verde.

Prevenir la generación de residuos en lugar de tratar de limpiar los desechos.

- ✓ Diseñar productos y compuestos seguros que tengan poca o ninguna toxicidad para la salud humana y el medio ambiente.
- ✓ Diseñar síntesis químicas menos peligrosas.
- ✓ Usar materias primas renovables.
- ✓ Usar catalizadores lo más selectivos posibles.
- ✓ Evitar derivados químicos innecesarios.
- ✓ Maximizar la economía atómica, procurando la incorporación de todos los materiales utilizados en el proceso en la obtención del producto final.
- ✓ Usar sustancias auxiliares inocuas (solventes, agentes de separación, etc.) y en condiciones de reacciones seguras.
- ✓ Incrementar la eficiencia energética llevando a cabo métodos de síntesis a temperatura y presión ambientes.
- ✓ Diseñar productos biodegradables.
- ✓ Analizar en tiempo real las transformaciones químicas para evitar la contaminación mediante métodos de control de formación de sustancias peligrosas.
- ✓ Minimizar los riesgos de accidentes químicos, incluidas las emanaciones, explosiones e incendios.

La investigación da sus frutos

Algunos de los fines que buscan los científicos que comparten la filosofía de la química verde son: modificar las etapas de manufactura de productos; buscar metodologías de detección, identificación, monitoreo y separación de contaminantes naturales e industriales; evitar el desperdicio o uso indiscriminado de materias primas; resolver integralmente los problemas derivados del agotamiento de los recursos no renovables; y reciclar los desechos producidos. En este sentido, son muchos los casos en los que se observa el avance.

Para economizar el uso de materias primas se diseñan reacciones en las que casi la totalidad de los átomos de los reactivos se transforman en los productos deseados, esto evita los compuestos secundarios o de desecho. Por ejemplo, en el proceso original de producción de ibuprofeno (compuesto analgésico y antiinflamatorio) que se llevaba a cabo en siete pasos, el 40% de los reactivos utilizados generaba el producto deseado y un 60%, los compuestos secundarios no deseados. En el nuevo proceso, que solo consta de tres pasos, el 77% de los reactivos produce ibuprofeno, con lo cual se reduce la cantidad de reactivos necesarios con el consiguiente ahorro de energía.

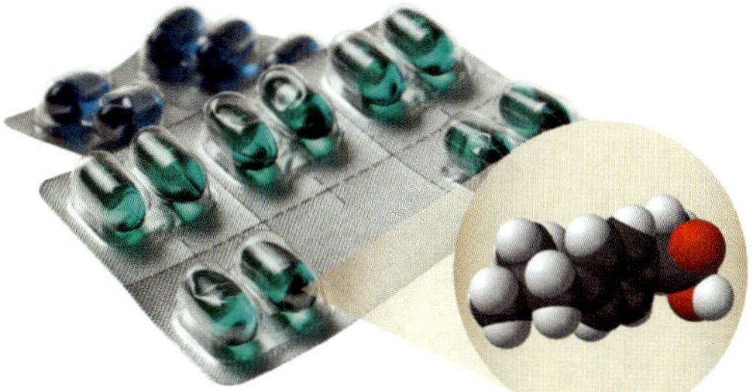

Hoy en día la producción de ibuprofeno es mucho más eficiente.

Otra forma de evitar los efectos de la industria química en el ambiente es el reemplazo de materias primas. En la fabricación tradicional de ácido adípico (utilizado en la producción de nailon, poliuretano, lubricantes y plastificantes), se emplea tradicionalmente como materia prima la bencina que se extrae del petróleo, un recurso no renovable. Además, la bencina es altamente combustible y cancerígena. Por eso se ideó un proceso en el que se sustituye la bencina por la glucosa, materia prima renovable e inocua.

Otro aporte no menos importante lo constituye la utilización de nuevos componentes de los materiales empleados en la construcción y el transporte, que los hacen menos pesados y más aislantes, con lo que se evita el derroche de energía.

A partir de madera, pasto, plantas u otros productos agrícolas de desecho se obtiene biomasa para diversos usos como combustibles no convencionales y alimentos para animales. Esto contribuye a reducir el gasto de energía y la formación de compuestos químicos sintéticos, lo que produce un impacto positivo en el medio ambiente.

Química verde espera cambiar la industria petroquímica argentina

En la industria petroquímica, los componentes del petróleo rico en carbón o gas natural a menudo son altamente tóxicos.

Según el diario *El Litoral*, en la Argentina, el Conicet está trabajando con la National Science Foundation (NSF) de los Estados Unidos en un proyecto de síntesis de biopolímeros que contienen timina, un componente con nitrógeno presente en el ADN. Estos polímeros son similares al poliestireno: plástico que comúnmente se usa en juguetes, electrodomésticos y materiales de embalaje.

El propósito de la investigación es desarrollar la mejor manera de "sintetizar nuevos polímeros mediante procesos ambientalmente benignos, estudiar su procesamiento, evaluar las propiedades, su biodegradabilidad y aplicaciones potenciales", expresó la Dra. D. Estenoz, directora del proyecto Conicet-NSF.

Los polímeros de timina se podrían usar para reemplazar los petroquímicos en la producción de medicamentos, recubrimientos, adhesivos, productos de cuidado personal, cromatografía y otras aplicaciones. "La ventaja de estos biopolímeros frente a los tradicionales radica en que son biodegradables y su síntesis tiene mínimo impacto ambiental, ya que no se emplean solventes ni aditivos tóxicos", destacó la académica.

http://www.bnamericas.com.

Dos leyes sobre recursos argentinos

Todos los miembros de una sociedad debemos tener las herramientas para poder participar de manera activa de los temas que nos involucran. Informarse sobre aquellas cuestiones que estén en debate es una responsabilidad de cualquier ciudadano. Para ello es importante contar con conocimientos básicos de índole histórica, jurídica, científica y técnica.

La ley 26.418, conocida como Ley de Presupuestos Mínimos para la Protección de los Glaciares y del Ambiente Periglacial (llamada comunmente: **Ley de Glaciares**), fue aprobada por unanimidad en la Cámara de Diputados y con media sanción por 69 de los 72 integrantes del Senado en 2008.

El proyecto dispone la creación de un inventario nacional de glaciares; promueve mecanismos para control y monitoreo de la zona, y prohíbe la instalación de industrias, la realización de actividades contaminantes, la exploración y explotación minera o petrolífera, además de la construcción de obras arquitectónicas y de infraestructura.

El 11 de noviembre de 2008, mediante el decreto 1837/08, el Poder Ejecutivo observó el proyecto de la ley 26.418 e impidió su promulgación parcial. Entre los fundamentos de dicha observación se sostiene que, si se hicieran efectivas las prohibiciones referidas a desarrollar cualquier tipo de actividad u obra en zonas cordilleranas, podría resultar afectado el desarrollo económico de las provincias involucradas. Por otro lado, se advierte que cada provincia cuenta con controles suficientes para evaluar y autorizar las actividades de infraestructura y mineras, entre otras, en plena armonía, equilibrio y cuidado del ambiente.

El 30 de junio de 1967 se publicó la ley 17.319, conocida como **Ley de Hidrocarburos**. En su artículo primero dispone que "los yacimientos de hidrocarburos líquidos y gaseosos situados en el territorio de la República Argentina y en su plataforma continental, pertenecen al patrimonio inalienable e imprescriptible del Estado Nacional". Asimismo establece que "las actividades que se refieran a la exploración, explotación, industrialización, transporte y comercialización de los hidrocarburos estarán a cargo de empresas estatales, privadas o mixtas, conforme a las disposiciones de esta ley y las reglamentaciones que dicte el Poder Ejecutivo".

En 1992 se sancionó y promulgó parcialmente la ley 24.145, que anuncia la derogación de varios capítulos de la ley anterior, y modifica el régimen jurídico vigente. Ordena transferir "el dominio público de los yacimientos de hidrocarburos del Estado Nacional a las provincias en cuyos territorios se encuentren, incluyendo los situados en el mar adyacente a sus costas hasta una distancia de doce millas marinas". También reglamenta que "continuarán perteneciendo al Estado Nacional los yacimientos de hidrocarburos que se encontraren en el territorio de la Capital Federal o en su jurisdicción sobre el lecho argentino del Río de la Plata". Además, asigna al Poder Ejecutivo Nacional la libertad para efectuar las correcciones que correspondan en la delimitación de las áreas, cuando no hubiere acuerdo con los estados provinciales pertinentes.

La explotación de recursos naturales exige un análisis interdisciplinario y políticas que permitan preservarlos sin desestimar los derechos de las provincias a mejorar sus condiciones económicas.

El Parque Nacional Los Glaciares se creó para preservar una extensa área de hielos continentales y glaciares del bosque andino-patagónico austral y de la estepa patagónica.

La actividad hidrocarburífera involucra un conjunto importante de actores institucionales, económicos y sociales.

2011, el año de la química

En el año 2007 la Unión Internacional de Química Pura y Aplicada (Iupac) sugirió la idea de celebrar un Año Internacional de la Química. Al año siguiente, el Consejo Ejecutivo de la Unesco dio su apoyo y en el 63.º período de sesiones de la Federación de Sociedades Africanas de Química (FASC) se presentó a la Asamblea General de las Naciones Unidas la resolución, respaldada por 23 naciones, que proclamaba el Año Internacional de la Química bajo el lema:

"La química: nuestra vida, nuestro futuro".

El año 2011 coincidió con el centenario de la fundación de la Asociación Internacional de Sociedades Químicas y del segundo Premio Nobel que recibió Marie Curie.

2011 C CHEMISTRY
International Year of
CHEMISTRY
2011

Logo del Año Internacional de la Química.

Esta celebración promueve el reconocimiento del rol de las mujeres en la ciencia y constituye el trampolín para hacer un balance sobre los aportes y la importancia de esta ciencia, y permite además desterrar mitos y creencias enquistadas en la sociedad a través de los siguientes objetivos:

- Concientizar al público sobre la importancia del papel desempeñado por la química y, en particular, sobre su capacidad para responder a los desafíos planteados por el desarrollo sostenible.
- Fomentar el interés de los jóvenes por la ciencia.
- Promover el entusiasmo por el futuro creativo de la química.
- Celebrar la contribución de la mujer en el desarrollo de la ciencia.
- Divulgar los aportes al conocimiento, la protección ambiental, la mejora de la salud y el desarrollo económico a través de actividades científicas, educativas y culturales.

Cotidianamente se asocia la química a lo artificial, sin embargo, todo el mundo material, sea natural o artificial, está formado por sustancias químicas.

MARIE CURIE

Marie Salomea Sklodowska nació en Varsovia, Polonia, en 1867. Hija de un físico y matemático, y de una pianista y cantante, su vida estuvo signada por la búsqueda del conocimiento y por la lucha por hacerse lugar en un mundo de hombres.

En 1891, Marie ingresó en la Facultad de Ciencias Matemáticas y Naturales de la Universidad de la Sorbona, en París. Tres años más tarde era licenciada en Física y Matemática; en ese entonces conoció a Pierre Curie, un profesor de Física con quien compartió su pasión por la ciencia y que luego sería su marido.

En el año 1896 ya se habían descubierto los rayos X y había algunos trabajos sobre la radiactividad. Marie Curie realizó una investigación sobre este último tema y como resultado escribió un trabajo llamado *Investigaciones sobre las sustancias radiactivas*, con el cual se doctoró. Esto la convirtió en la segunda mujer en la historia de las ciencias en obtener un doctorado. Su marido Pierre, que siempre la había apoyado y que había participado activamente de sus investigaciones, murió en 1906. Marie obtuvo la cátedra en la universidad que había sido de su compañero hasta 1904.

En 1934, a los 66 años, murió a causa de una leucemia provocada por la exposición a la radiación.

Marie Curie.

Su legado fueron sus hijas, Irène y Ève Curie, y el fruto de sus investigaciones, que le valieron dos Premios Nobel, el de Física en 1903 y el de Química en 1911. No patentó sus hallazgos para que toda la comunidad científica se pudiera beneficiar de sus descubrimientos. Marie Salomea Sklodowska Curie representa un ejemplo de perseverancia no solo para aquellos que se dediquen a la química, sino para todos los que han tenido que luchar contra prejuicios en los ámbitos en los que se desarrollaron. Lamentablemente, las mujeres reconocidas por sus aportes a la ciencia son pocas, sin embargo, son muchas las que dedicaron, al igual que Marie, su vida a la investigación.

El Premio Nobel de Química

Cada año, personas cuyas investigaciones, descubrimientos sobresalientes o gestiones producen un beneficio a la humanidad son galardonadas con el Premio Nobel. Estos premios se instituyeron como última voluntad del inventor de la dinamita e industrial sueco Alfred Nobel. Si bien su descubrimiento estaba destinado a la explotación minera, Nobel se sintió culpable por haberse enriquecido a través de la producción de dinamita para usos bélicos y decidió legar su riqueza a la investigación con fines pacíficos.

"La satisfacción es la única riqueza verdadera", Alfred Nobel (1833-1896).

El primer Premio Nobel de Química fue otorgado en 1901 al holandés Jacobus Henricus van´t Hoff en reconocimiento al descubrimiento de las leyes de la dinámica química y la presión osmótica en las soluciones, que es la característica principal en las relaciones de los fluidos internos de los seres vivos y la regulación del intercambio de solutos a nivel celular. El premio Nobel de Química 2011 fue para el científico israelí Daniel Shechtman por su descubrimiento de los cuasicristales, un nuevo tipo de materiales que pueden tener múltiples aplicaciones en la industria en motores diésel, sartenes y leds.

La investigación argentina y los Premios Nobel

Bernardo Alberto Houssay, médico y farmacéutico, fue la primera persona argentina y latinoamericana galardonada con el Premio Nobel de Medicina en 1947 debido a sus descubrimientos sobre el papel que desempeñan las hormonas de la glándula pituitaria en la regulación de la cantidad de azúcar en sangre. Los trabajos del Dr. Houssay se apoyaron en las investigaciones realizadas en el campo de la química, las que contribuyeron a conocer las causas y función de la glándula hipófisis en la diabetes.

"Para una voluntad firme, nada es imposible, no hay fácil ni difícil; fácil es lo que ya sabemos hacer, difícil, lo que aún no hemos aprendido a hacer bien". Dr. B. Houssay (1887-1971).

Luis Federico Leloir, científico argentino, recibió el Premio Nobel de Química en 1970, otorgado por su descubrimiento de los nucleótidos del azúcar y su papel en la biosíntesis de los hidratos de carbono. En 1932 se graduó en la Facultad de Medicina en la Universidad de Buenos Aires. Discípulo de Houssay, impulsó la creación del Instituto de Investigaciones Bioquímicas Campomar, hoy llamado Instituto Leloir.

En 1984, el argentino César Milstein compartió el Premio Nobel de Fisiología y Medicina con el británico Niels Jerne y el alemán Georges Köhler por sus trabajos en el desarrollo de anticuerpos monoclonales. El método de análisis clínicos desarrollado por Milstein y Köhler se utiliza habitualmente para resolver problemas relacionados con la inmunología, en la determinación del grupo sanguíneo, para el diagnóstico y tratamiento de diversas enfermedades, en procesos de purificación de productos en la industria farmacoquímica, en test de embarazos, etcétera.

Los hombres y las mujeres galardonados con el Nobel no son la ciencia en sí, sino que son exponentes, como las puntas de los icebergs, de una construcción mucho más grande que se hace en principio en sus equipos de trabajo, luego en las instituciones en las que se desarrollan, y gracias al apoyo y al interés de las sociedades de las que forman parte.

¿DÓNDE ESTUDIAR QUÍMICA?

La escuela secundaria, además de formar ciudadanos, ofrece una gama de posibilidades para que los alumnos tengan la posibilidad de ser profesionales en el futuro.

La química no solo se estudia en la universidad, existen numerosas carreras de extensión variable y campos en los que su aplicación y desarrollo son muy importantes para la sociedad.

Aquí les brindamos información sobre algunas de las carreras terciarias y universitarias que se relacionan con el conocimiento y la aplicación de la química.

Licenciatura en Química

Título: Licenciado en Química

- Perfil del egresado: el licenciado en Química adquiere un profundo conocimiento de todas las ramas de la química. Permite trabajar con materiales químicos en áreas de salud pública, bromatología, medio ambiente, industria, etcétera.
- Lugares y duración:

Facultad de Ciencias Exactas y Naturales - UBA, CABA: 6 años
Facultad de Ciencias Exactas y Naturales - UNPL, La Plata: 6 años
Universidad de Belgrano - CABA: 5 años
Universidad Católica Argentina - Rosario: 5 años
Universidad de Morón - Buenos Aires: 5 años
UNC Universidad Nacional de Córdoba - Córdoba: 5 años

Química industrial

Título: Químico analista industrial

- Perfil del egresado: el químico analista industrial está capacitado para efectuar análisis químicos y controles instrumentales en la industria y en laboratorios, ejerciendo el control de materias primas, productos y procesos de elaboración e instrumental.
- Lugares y duración:

Universidad Católica Argentina - Rosario: 3 años
Universidad de Morón - Buenos Aires: 3 años

Ingeniería

Título: Ingeniero químico

- Perfil del egresado: profesional dotado de una sólida formación en los procesos de transformación química y física de la materia a escala industrial. Capacitado para desenvolverse en diversas industrias.
- Lugares y duración:

ITBA - Instituto Tecnológico de Buenos Aires - CABA: 5 años
Facultad de Ingeniería - UBA - CABA: 5 años
Facultad de Ingeniería - UNPL, La Plata: 6 años

Bioquímica

Título: Bioquímico

- Perfil del egresado: el bioquímico realiza e interpreta análisis clínicos, bromatológicos, toxicológicos y de química general; es el responsable de la dirección técnica de los laboratorios de análisis.
- Lugar y duración:

Facultad de Bioquímica - UBA - CABA: 6 años
Universidad de Morón - Buenos Aires: 5 años
Universidad Juan Agustín Maza - Mendoza: 5 años

Profesorado de Química

Título: Profesor en Química

- Perfil del egresado: el profesor de Química es un profesional con sólida formación en el área. Su preparación está orientada a la formación para los diferentes niveles educativos y para dominar los procesos, métodos y actitudes que exige la condición de su profesión.
- Lugar y duración:

Instituto Superior del Profesorado J. V. González, CABA: 5 años
Instituto del Profesorado Técnico - CABA: 4 años
Universidad Nacional del Sur - Bahía Blanca: 5 años

Tecnicatura de laboratorio

Título: Técnico de laboratorio

- Perfil del egresado: está preparado para trabajar en experimentación con animales, esterilización y detección de enfermedades trasmisibles.
- Lugar y duración:

Instituto Superior de Técnicas de la Salud - CABA: 2 años
Facultad de Ciencias Exactas - UBA: 3 años
Albert Sabin - Instituto Superior Córdoba - Córdoba: 3 años

Sitios web de interés:

- Facultad de Ciencias Exactas y Naturales, UBA: http://exactas.uba.ar/
- Facultad de Ciencias Exactas y Naturales UNPL: http://www.exactas.unlp.edu.ar/
- Universidad de Belgrano: http://www.ub.edu.ar/
- Universidad Católica Argentina: http://www.uca.edu.ar
- Universidad de Morón: www.unimoron.edu.ar
- Universidad Nacional de Córdoba: http://www.unc.edu.ar/
- Instituto Tecnológico de Buenos Aires: http://www.itba.edu.a
- Facultad de Ingeniería - UBA: http://www.fi.uba.ar/
- Facultad de Ingeniería - UNPL: http://www.ing.unlp.edu.ar/
- Facultad de Bioquímica - UBA: http://www.ffyb.uba.ar
- Universidad Juan Agustín Maza-Mendoza: http://www.umaza.edu.ar/
- Instituto Superior del Profesorado J. V. González: http://institutojvgonzalez.buenosaires.edu.ar/
- Instituto del Profesorado Técnico: http://www.inspt.utn.edu.ar/
- Universidad Nacional del Sur: http://www.uns.edu.ar/
- Instituto Superior de Técnicas de la Salud: http://www.cienciasdelasalud.edu.ar
- Albert Sabin - Instituto Superior Córdoba: http://www.albertsabin.edu.ar/

ÍNDICE alfabético

[*]ES

Primera edición, tercera reimpresión.
Esta obra se terminó de imprimir
en septiembre de 2018, en los talleres de
Pausa Impresores S.R.L., Anatole France 360,
Avellaneda, provincia de Buenos Aires, Argentina.